谦德国学文库

五种遗规

训俗遗规

〔清〕陈宏谋◎撰　中华文化讲堂◎注译

团结出版社

目 录

卷 三

卷 四

《训俗遗规》序

古今之治化见于风俗，天下之风俗征于人心。人心厚，则礼让兴而讼端息矣。

【译文】古往今来的治理教化体现在形成的民风习俗中，普天之下的民风习俗体现出人情世态。人心厚道，礼让的风气就会兴盛起来，而官司争讼的陋俗就会止息了。

宏谋前奉恩命，司臬①三吴②，亲承天语③，谆谆以惟平惟允、刑期无刑为训勉。敬志于心，刻弗敢忘。赴苏之后，清理积案，不下数千余件。反复推究，始知狱讼繁多，良由人心渐习于浮薄，或因一念之差，或因纤毫之利，或系一时之忿戾，遂至激而成讼，展转纠辖，株连日众。有司承谳④，虽悉心体察，极意平反，及曲直分，而身家已破矣。

【注释】①司臬：即"臬司"的动词用法。臬司是明清时所设官职之一，即提刑按察司，主管一省的刑狱和官吏考核。②三吴：向有三种说法。一指吴郡、吴兴和会稽，一指吴郡、吴兴和丹阳，一指苏州、润州和湖州。此处是代指江苏省。③天语：谓天子诏谕；皇帝所语。④承谳：接受审理案件。

【译文】宏谋过去奉皇恩钦命为按察使，掌管江苏的刑狱与官吏考核，当面领受圣上的亲自教诲，叮嘱我以"行事公平允诚，治刑是为了无需用刑"来作为训勉。宏谋恭敬地铭记在心，片刻不敢忘记。到江苏就任之后，清理累积下来的案子数千余件不止。经过反复地推断研究，这才知晓官司争讼如此众多，大都是由于人心日渐习惯于浮躁浅薄，或是因为一念之间的差错，或是因为一纤一毫的微薄利益，或者就是一时的忿恨暴怒，于是就激变成为争讼，再经过长时间的辗转纠缠，株连的人事也越来越多。官吏判案虽然尽心加以体察，全力秉公处置以免错判，但等到分出是非曲直的时候，争讼双方的身家也多已破败了。

推鞫①之下，不禁怒然②心伤。因念与其矜恤于狱之既成，何如化导于讼之未起。夫刑所以弼教③，非竟以刑为教也。司土④者平时未尝教之，而遽以刑之，父母斯民之义其谓之何？

【注释】①推鞫：推究审问。②怒然：忧思的样子。③弼教：辅助教化。④司土：古代官名。引为当官者或地方长官。

【译文】宏谋推究审问之下，不禁忧思伤心。因而感叹：与其怜惜于既成的狱案，倒不如教化引导人民于争讼尚未发生时。须知刑法是为辅助教化而设，并不能光靠刑法来实施教化。身为地方长官，平时不曾加以教化引导，而临时忙于刑法惩治，又怎么称得上是百姓的父母官呢？

尝欲于典籍中，采其切于人心风俗，人所习而不察、动而易犯者，刊布民间，以庶几于弭患未然之计。草创未就，随有江右①之命。封疆攸寄，责任愈重。抚循化导，使者之职也。区区之心，不能自已。

公余籌火^②，手披目览，采录古今名言，汇为一帙，名曰训俗遗规。虽不敢谓所采之悉当，而凡今时所以致讼之由，与夫所以弭讼之道，盖已略备。大抵理惟取其切近，词不嫌于真率，务使人人易晓焉。

【注释】①江右：江西省。②公余籌火：公务闲暇之余。

【译文】宏谋曾尝试着从古典经籍中，采录那些贴近人心风俗的、人们习以为常而疏忽大意的、一不小心就容易触犯的内容，刊行颁布于民间，以图达到防患于未然的目的。草稿尚未完成，随后就有了江西的任命。身负巡抚之职，责任更加重大。安抚教化引导人民，本来就是作为地方官吏的职责所在。想起先前的初衷，愈加不能自已了。于是在公务之余，闲暇之时，亲自动手，认真地采集选录古今的名言，汇编成一册，命名为《训俗遗规》。虽然不敢说采录的都很精当，但只要是当今所以产生争讼的原由，以及如何化解争执的道理，都已经略为具备了。大致来说，所采录的内容，道理只求贴近时事，言词不嫌真实直率，务必使人人都能明白易懂的。

夫天良人所同具，特患无以感发之耳。贤有司苟能持此以化导，或就事指点，或因人推广，而士民众庶，翻阅之余，观感兴起，父诫其子，兄勉其弟，莫不群趋于善，而耻为不善之归，将见人心日厚，民俗日淳，讼日少而刑日清，用以仰副^①圣训于万一。是固日夕期之，而不敢不自勉者也。

乾隆七年十月二十二日桂林陈宏谋题于豫章使署

【注释】①仰副：上事而不辜负。

【译文】须知天赋的良心本来就是人人所共同具备的，只是忧虑没有机会感动生发出来而已。贤能的官吏若是能够以此汇编用来教化引导人民，或者就事加以指点，或者是随缘因人加以推广，而使得黎民百姓在翻看阅读之余，感动受益，奋起而行，父母告诫子女，兄长勉励弟妹，大家都莫不以行善为荣，以行恶为耻。不难想见人心将日渐厚道，民风习俗日渐淳朴，争讼官司日渐减少而刑法日渐清明，这样才勉强无愧于圣上的训导。这就是宏谋所以朝夕期望，而不敢不自勉的原因所在啊。

乾隆七年十月二十二日桂林陈宏谋题于豫章使署

卷一

司马温公《居家杂仪》

（公名光，字君实，宋时宰相，谥文正。）

宏谋按：正伦理，笃恩义，辨上下，严内外，居家之要道也。温公正色立朝，为有宋第一等人物。而正身以正一家，法肃意周，可为古今仪则。所著《家范》，父子、祖孙、兄弟、叔侄、夫妇，一家之中，各尽其道。皆有懿行以实之。堪与小学并传，限于卷帙，不及附刊。得此而遵循不越，亦足以整齐门内，无愧型家之道矣。

【译文】宏谋按语：整肃伦理纲常，笃行恩情道义，明晰上下尊卑，严正内外之别，这些都是治家的关键道理。司马温公在朝为官，政事严肃，是北宋第一等的人杰名流。他端正自身来端正一家之风，法式庄重而意图周全，可称得上是古今仰慕的模范人物。他所编撰的《家范》一书，分为父子、祖孙、兄弟、叔侄、夫妇等篇。可使一家上下，恪守本分，各尽所能，都有善行来落到实处。可以和《小学》一同传行于世。限于篇幅，不能全部附录。若有人能够按照本篇所讲来遵行照办的话，也足够用来整肃家风，不愧为持家有道了。

凡为家长，必谨守礼法，以御群子弟及家众。分之以职（谓掌仓廪、厩库、庖厨、舍业、田园之类），授之以事（谓朝夕所干及非常之事），而责其成功，制财用之节，量入以为出。称家之有无，以给上下之衣食及吉凶之费。皆有品节，而莫不均一（尽其所有而均之，虽粝食^①不饱，蔽衣不完，人无怨心）。裁省冗费^②，禁止奢华，常须稍存赢余^③，以备不虞。

【注释】①粝食：粗劣的饭食。②冗费：浮费，不必要的开支。③赢余：收支相抵后剩余的财物；多余，剩余。亦作"盈余"。

【译文】凡是身为一家之长者，必须严谨恪守礼仪法规，以统领家中子弟及仆人。要让每个人明白自己的职责（分别管理仓廪、厩库、庖厨、舍业、田园之类的家事），安排他们具体的事宜（就是早晚应做之事以及应对其他一些突发事件），并督促他们按时完成。制定家庭财物用度的等次，根据收入情况来决定支出。根据家产的多少，以供给家中所有人的衣食和红白喜事等费用开支。分配用度时全部都按照品级来加以节制，没有不公平合理的（如果按照收入的多少公平分配家产，即使吃的是粗茶淡饭且食不能饱，穿的是破旧衣服且衣不蔽体，大家也不会有怨恨之心）。应该裁除不必要的铺张浪费，严禁奢侈浮华。平时要经常存些家资盈余，以备不时之需。

凡诸卑幼，事无大小，无得专行。必咨禀^①于家长。（易曰：家人有严君焉，父母之谓也。安有严君在上而其下敢直行自恣^②不顾者乎。虽非父母，当时为家长者，亦当咨禀而行之。则号令出于一人，家政始可得而治矣。）

【注释】①咨禀：请教；禀告。②自恣：放纵自己，不受约束。

【译文】凡是身份低微的及所有晚辈，事务不分大小，不得擅自妄行，必须禀报请示于家长。（《易经》上说："家中要有严肃的君主，说的就是家中父母要严肃呀。"哪有严肃的家长在上，而下人、晚辈等却敢擅行放纵自己而不顾的呢？即使不是父母，但面对当时的家长，下人、晚辈等也当禀告家长后再行动。这样，家中号令都出自家长一人，家族事务才可以得到良好的管理。）

凡为子为妇者，毋得蓄私财。俸禄及田宅所入，尽归之父母舅姑。当用，则请而用之。不敢私假，不敢私与。

【译文】凡是身为儿子媳妇的，不得积蓄私有财产。薪水俸禄以及田地房屋等租金收入，应全部上交给父母公婆。若是正常合理的需用，就请示长辈来领受开支。不得藏私作假，不得暗中私拿。

凡子事父母（孙事祖父母同），妇事舅姑（孙妇亦同），天欲明，咸起，盥（洗手也）漱栉（梳头）总（所以束发），具冠带。昧爽①（天将明也），适父母舅姑之所，省问（此即礼之晨省也）。父母舅姑起，子供药物②（药物乃关身切务，人子必当亲自供进，不可但委婢仆），妇具晨馐（俗谓点心）。供具毕，乃退，各从其事。将食，子妇请所欲于家长（卑幼各不得恣所欲），退具而供之。尊长举箸，子妇乃各退，就食。丈夫妇人，各设食于他所，依长幼而坐，其饮食必均一。幼子又食于他所，亦依长幼，席地而坐。男坐于左，女坐于右。及夕，食亦如之。既夜，父母舅姑将寝，则安置而退（此即礼之昏定也）。

【注释】①昧爽：拂晓；黎明。②药物：此指刷牙用的药物，类似于现在的牙膏。

【译文】凡是儿子事奉父母（孙子事奉祖父母也一样），或是媳妇事奉公婆（孙媳妇孝敬祖父母也一样），天还没亮时，就都要早早起床，洗漱、梳头、束发，穿戴整齐。黎明，天快亮时，就要到父母公婆的住所去问安（这就是晨省之礼）。等父母公婆起来后，儿子要亲自准备好洗脸水、刷牙药（洗脸水、刷牙药等乃是关乎身体、脸面的要务，作为人子一定要亲自准备，不可推委给婢仆），媳妇要备好早点。洗漱物品、早点安放好后，再行告退，各自去忙各人之事。早餐之前，儿子媳妇要请示询问家长的需要（晚辈绝不可放纵自己的欲求），然后退下去全部备好再送上来。长辈开始动筷后，儿子媳妇们再各自告退出去用餐。儿子媳妇等用餐要另设场所，席上应遵从长幼尊卑的次序来就座，大家的饮食一定要平均如一。幼辈们再另行安排就餐的场所，也要依照长幼尊卑的次序来席地而坐。男性应就座于左边的位置，女性则应就座于右边的位置。等到用晚餐时，也要如此。到了夜里，父母公婆准备休息时，晚辈们要服侍长辈就寝后再行退下休息（这就是昏定之礼）。

居闲无事，则侍于父母舅姑之所。容貌必恭，执事必谨。言语应对，必下气怡声。出入起居，必谨扶卫①之。不敢涕唾喧呼于父母舅姑之侧。父母舅姑不命之坐，不敢坐；不命之退，不敢退。

【注释】①扶卫：扶持卫护。

【译文】平时闲居没事的时候，要侍立在父母公婆的身旁，容貌必须恭敬，做事必须谨慎；说话应答时，一定要声轻且语气柔和。长辈们日常起居及出外入内时，一定要小心地搀扶卫护。不得在父母公婆的身旁哭泣、吐痰、喧闹以至于大呼小叫。如果父母公婆没有吩咐坐下，就不得入座；没有吩咐退下，就不得随意退下。

凡子受父母之命，必籍记①而佩之，时省而速行之。事毕，则反命焉。或所命有不可行者，则和气柔声，具是非利害而白之。待父母之许，然后改之。若不许，苟于事无大害者，亦当曲从。若以父母之命为非，而直行己志，虽所执皆是，犹为不顺之子，况未必是乎。

【注释】①籍记：谓登记于簿册上。

【译文】凡是儿子接受父母的指派，必须记录在册，随身携带，不时提醒自己，赶紧行事。事情完成之后，就要返回家禀报父母。有时父母指派的事情不合理，那么应当和言悦色地把是非利害关系禀明父母。等到父母认同许可后，再罢手改行他事。如果父母不允许，而该事又无大害时，我们也应该委曲顺从。如果认为父母的指派不对，就以自己的意志自行其事，那么即使自己是对的，仍然是不孝顺的儿子，更何况自己的主张不一定完全对呢。

凡父母有过，下气怡色，柔声以谏。谏若不入，起敬起孝。悦则复谏。不悦，与其得罪于乡党州闾①，宁熟谏。父母怒，不悦，而挞之流血，不敢疾怨，起敬起孝。

【注释】①州闾：古代地方基层行政单位州和闾的连称。

【译文】凡是父母犯了过错，我们应当满面笑容、和气柔声地进行劝谏。如果父母不听劝谏，就更应对父母恭敬尽孝，等长辈们心情高兴时再行劝谏；若是长辈们仍不高兴，那么与其日后得罪乡里地方，还不如在这之前反复劝谏。如果父母因此生气，不高兴了，甚至动手体罚我们以至于流血，晚辈们也不得因此抱怨动怒，还是要恭敬、孝顺。

凡为人子弟者，不敢以富贵加于父兄宗族（加，谓恃恃其富贵，不率卑幼之礼）。

【译文】凡是为人子弟者，不得因为自己富贵而凌驾于父亲兄长宗族之上，而有失长幼尊卑之礼节（加，指凭借富贵，不遵守卑幼之礼）。

　　凡为人子者，出必告，反必面。有宾客，不敢坐于正厅（或坐书室。无书室，坐于厅之旁侧），升降不敢由东阶。上下马，不敢当厅。凡事不敢自拟于其父（杨氏复曰：告与面同。反言面者，从外来，宜知亲之颜色安否。为人亲者，无一念而忘其子，故有倚闾倚门之望。为人子者，无一念而忘其亲，故有出告反面之礼。生则出告反面，没则告行饮至，事亡如事存也）。

【译文】凡是身为儿子者，离家外出时必须向长辈禀报，回来后也必须当面禀报。家里来了宾客，不得坐于正厅（可以坐在书房。没有书房，可以坐在侧厅），不得从东面的台阶上下。上马下马的时候，不能当着厅堂的门口。凡事不可将自己与父亲等同（杨氏也曾说：告与面一样，外出回来时称面。从外面回来，应当知晓亲人身体、脸色是否安好。作为人子父母，没有一念会忘记自己儿子的，所以会有"倚闾倚门"盼望儿子归来的说法。作为人子，念念不忘自己的父母双亲，所以有"出告反面"的礼节。父母在时，外出、归来都要向双亲禀报；父母过世后，外出、归来时仍当祭祀禀报，事奉死者应和事奉生者一样）。

　　凡父母舅姑有疾，子妇无故不离侧，亲调尝药饵而供之。父母有疾，子色不满容，不戏笑，不宴游（一切不得如平时，甚则不交睫，不解衣），舍置余事，专以迎医检方合药为务。疾已[①]，复初。

【注释】①已：谓病愈；治愈。

【译文】凡是父母公婆生病，儿子媳妇没有特殊原因不得离开他们的身边，要亲自煎煮、品尝汤药糕点来服侍他们。父母生病，子女的言容仪表要端正肃穆，不准嬉闹玩笑，不许赴宴游玩（一切不得像平时一样，甚至不能睡觉，不应解衣），放下其他与治病无关的事情，专门接待医生检查、开方、配药。等父母病治好了，再回复以前的状态。

凡子事父母，父母所爱，亦当爱之。所敬，亦当敬之。至于犬马尽然，而况于人乎。

【译文】凡子女服侍父母，父母所喜爱的，子女也应当爱护；父母所恭敬的，子女也应当恭敬。对待狗、马之类的动物都是这样做的，又何况是人呢！

凡子事父母，乐其心，不违其志；乐其耳目，安其寝处。以其饮食忠（尽己之为忠），养之。幼事长，贱事贵，皆仿此。

【译文】凡是子女服侍父母，应愉悦他们的心情，遵循他们的意愿；要让他们事事顺心如意，安顿好他们的住处；以自己最好的饮食，尽心奉养他们。晚辈服侍长辈，仆从服侍主人，都依此类推。

凡子妇未敬未孝，不可遽有憎疾①，姑教之。若不可教，然后怒之。若不可怒，然后笞之。屡笞而终不改，子放妇出，然亦不明言其犯礼也。子甚宜其妻，父母不悦出。子不宜其妻，父母曰，是善事我，子行夫妇之礼焉。

【注释】①憎疾：厌恶嫌弃。

【译文】凡是儿子媳妇不敬不孝的，不可马上起厌恶嫌弃之心，应先行教导。如果教导不听，然后再严厉斥责；如果斥责不管用，然后再动用家法；如果屡次鞭打而始终不改的，是儿子应逐出家门，是媳妇应当休弃，但也不能明说她所违犯的礼法。如果是儿子非常喜欢他的媳妇，但媳妇却惹父母不高兴的，应休掉；如果是儿子不喜欢他的媳妇，但是父母认为媳妇很好，很会服侍他们的，儿子应当维持与媳妇的礼节，应当与其白首偕老。

没身不衰

凡为宫室，必辨内外。深宫固门，内外不共井，不共浴堂，不共厕。男治外事，女治内事。男子昼无故不处私室，妇人无故不窥中门①。男子夜行以烛，妇人有故，出中门，必拥蔽②其面（如盖头面帽之类），男仆非有缮修，及有大故（谓水火盗贼之类），不入中门。入中门，妇人必避之；不可避，亦必以袖遮其面。女仆无故，不出中门；有故出中门，亦必拥蔽其面（小婢亦然）。铃下苍头③，但主通内外之言，传致内外之物，毋得辄升堂室，入庖厨。

【注释】①中门：内、外门之间的门。②拥蔽：遮掩。《礼记·内则》："女子出门，必拥蔽其面。"③铃下苍头：铃下，指门卫、侍从。苍头，此亦指奴仆。

【译文】凡是建造房屋，必须内外有别。深藏的住宅要将门修缮坚固。内外不共用同一口井，不共用同一间浴室，不共用同一座厕所。男子主管外事，女子主管内事。男子白天无故不得流连私室，妇人无故不得窥视中门。男子夜间行走时要点灯烛；妇人有事一定要出中门的话，必须遮掩住面容（如盖头面帽之类）。男仆若不是因为修缮房屋，或者是意外情况（如水涝、火灾、盗贼等事），不得擅入中门。如果男仆因事进入中门，妇人必须回避；来不及回避的时候，也一定要用衣袖遮掩住面容。女仆没有特殊需要，不得出中门；如果有事要出中门的话，也必须遮掩住面容（小婢也是一样）。门卫、侍从只是主管通达内外的传话，传递内外的物品，不得动辄进入厅堂室内或厨房。

凡卑幼于尊长，晨亦省问，夜亦安置；坐而尊长过之，则起；出遇尊长于途，则下马。不见尊长，经再宿以上，则再拜；五宿以上，则四拜。贺冬①至正旦②，六拜；朔望③，四拜。凡拜数，或尊长临时减而止之，则从尊长之命。

【注释】①贺冬：庆贺冬至节。冬至，又称为冬节，二十四节气之一。古时这天有至郊外祭祀天的习俗。②正旦：正月初一。③朔望：朔日与望日。即农历每月初一和十五。

【译文】凡是晚辈对待长辈，清晨饭前应去问安，夜里睡前要安置好床铺。平常坐着的时候遇到长辈经过，就要起立以示尊敬；出门在外遇到长辈路过，就要下马以示尊敬。如果当天没有见到长辈，第二天再见到时就要行两次拜礼；五天以上没见的，就要行四拜礼。冬至节到正月初一期间，应当行六拜礼。每月逢初一或十五，行四拜礼。凡是行拜礼时，有时长辈临时让晚辈减免礼节，那么应听从长辈的吩咐。

凡受女婿及外甥①拜，立而扶之，外孙则立而受之可也。

【注释】①外甥：姐姐或妹妹的儿子。

【译文】凡是接受女婿和外甥的拜礼，应当立身而扶起他们。若是外孙的拜礼，那么立身接受就可以了。

凡节序①，及非时②家宴，上寿于家长，卑幼盛服，序立，如朔望之仪，先再拜。子弟之最长者一人，进，立于家长之前；幼者一人，执酒盏，立于其左；一人执酒注③，立于其右。长者跪，斟酒，祝曰，伏愿④某官，备膺五福，保族宜家。尊长饮毕，授幼者盏注，反其故处。长者俛伏⑤，兴，退，与卑幼皆再拜。家长命诸卑幼坐，皆再拜而坐。家长命侍者遍酢诸卑幼，诸卑幼皆起，序立如前，俱再拜，就坐。饮讫，家长命易服，皆退，易便服。还，复就坐。

【注释】①节序：节令，节气；节令的顺序。②非时：此指不时，时常。③酒注：古代酒壶，金属或瓷器制成，可坐入注碗中。最初见于晚唐，盛行于宋元时期。④伏愿：俯伏的希望，为表示愿望的敬辞。多作奏疏用语。⑤俛伏：弯下身子。此指晚辈向长辈行礼。

【译文】凡是节庆，以及时常的家宴，向长辈敬酒祝寿时，晚辈们应当礼服盛装，按长幼的顺序站立，如同每月初一、十五那天的礼仪一样，先行再拜礼。众子弟中年纪最长的一人作为代表，上前站到家长的前面；另有年纪轻的一人，手执酒杯，站立在他的左面；再另有一年纪轻的人，手执酒壶，站立在他的右面。年纪长的子弟跪下斟酒，并祷祝酒辞：衷心祝愿某公，五福齐享，保佑同族，和顺家庭。等家长饮完酒，再把酒壶酒杯交给那两位年纪轻的子弟，让他们回到原来的位置。然后，年长的子弟俯身行礼，起身，退下，与众子弟一同再次向长辈行礼。家长吩咐所有晚辈坐下，大家全部两拜之后入座。家长吩咐侍者一一为诸位子弟斟酒，诸位子弟应全部像前面一样依序起立，全部行两拜礼后再入座。饮酒完毕，家长吩咐大家换衣服，大家全部退下，重新换上便服，再回到原来的座位。

凡内外仆妾，鸡初鸣，咸起。栉，总①，盥漱，衣服。男仆洒扫厅事，及庭；铃下苍头，洒扫中庭；女仆洒扫室堂，设椅桌，陈盥漱栉靧②（洗面）之具。主父主母既起，则拂床襞（迭衣）衾。侍立左右，以备使令。退而具饮食，得闲，则浣濯纫缝，先公后私。及夜，则复拂床展衾。当昼，内外仆妾，惟主人之命。各从其事，以供百役。

【注释】①总：束发。②靧：音（huì）。洗脸。

【译文】凡是内外的男女仆役，每天鸡叫头遍时，全部都要起床，梳头、束发、洗漱、穿戴整齐。男仆负责洒扫前厅和庭院，门卫侍从负责洒扫中庭，女仆负责洒扫内室里堂，并摆设桌椅，准备好盥洗、漱口、梳头、洁面之类的用具。等到男女主人起床后，要整理好床褥，叠好衣被，然后侍立在主人身边，以听使唤。主人用餐完毕后，再退下来自己用餐。平日空闲时，就洗涤缝补衣物，公用的在先，自用的在后。到了晚上，就整理床铺展开被褥。白天的时候，无论内外男女仆役，一律听从主人的委派，各自做好自己的分内事，以备日常杂役所需。

凡女仆，同辈（兄弟所使）谓长者为姊，后辈（诸子所使）谓前辈为姨，务相雍睦。其有斗争者，主父主母闻之，即诃禁之。不止，即杖之。理曲者，杖多。一止一不止，独杖不止者。

【译文】凡是女仆，同辈（兄弟所役使的）中年幼的应称年长的为姊，后辈（子弟所役使的）则应称呼前辈为姨，务必彼此和睦相处。如果有相互吵闹打架者，男女主人听到了，应当马上斥喝禁止。如果禁而不止，应动用家法。理亏的，要重罚。如果是一人已经停止，另一人却仍不罢休，就单独教训不听喝止的那位。

（《内则》云：虽婢妾，衣服饮食，必后长者。郑康成曰：人无贵贱，不可以无礼，故使之序长幼。）

【译文】（《内则》说："虽然是婢女小妾，衣服穿着和日常饮食，也都要按照长幼尊卑的伦理实行。"东汉郑玄（康成）说过："人无论贵贱，都不能不守礼，所以才使之谨守长幼尊卑的先后次序。"）

凡男仆，有忠信可任者，重其禄。能干家事者，次之。其专务欺诈，背公徇私，屡为盗窃，弄权犯上者，逐之。

【译文】凡是男仆，如果有忠实、诚信可靠的，就给予厚禄而重用他；能干家事的，次一等。如果有专门欺骗勒索的，损公肥私的，屡犯偷窃的，搬弄是非冒犯长辈的，一律驱逐出门。

凡女仆，年满不愿留者，纵之。勤奋少过者，资而嫁之。其两面二舌，饰虚造谗，离间骨肉者，逐之。屡为盗窃者，逐之。放荡不谨者，逐之。有离叛之志者，逐之。

【译文】凡是女仆，如果有年纪到了婚嫁之时而不愿继续留下来的，就放她走。如果属于勤奋做事而过错又少的，就备上嫁妆让她嫁人。如果有两面三刀搬弄口舌的，弄虚作假编造谎言的，挑拨亲情离间骨肉的，一律驱逐出门。屡为偷盗的，驱逐出门。行为放荡有失检点的，驱逐出门。有想要出离及出卖主人之心的，驱逐出门。

朱子《增损吕氏乡约》

（吕氏兄弟四人，大中、大防、大约、大临。宋时人。）

　　宏谋按：蓝田（县名）吕氏兄弟，皆从学于伊川、横渠两先生。德行道艺，萃于一门，为乡人所敬信，故以此为乡人约。可见古人为学，不肯独善其身，亦不必居官，始可以及人也。其纲止于四条，备列其目，则已举人生善恶功过，可法可戒之事，无不具备。一乡之中，睦姻任恤①，休戚相关，何其风之淳且厚欤。余重有望于乡人，更重有望于居乡之贤者，推己及人，为善于乡，媲美吕氏之高风也。

　　【注释】①任恤：谓诚信并给人以帮助同情。
　　【译文】宏谋按：蓝田的吕氏兄弟，都师从于伊川、横渠两位先生学习。他们的德行、学问、技艺，聚集于一家，被乡里邻人所敬信，所以乡人邻里将他们的家规家法定为乡规民约。由此可见，古人读书为学，不愿独善其身，且也不一定要当官，才可以教化利益他人。吕氏乡约共四条大纲，详细列举了乡约纲目，规约中已列举的人生善恶功过，可效法、应戒除的事，无不具备。所以吕氏兄弟家乡之中，家家姻亲和睦，大家彼此互相帮助，休戚相关，乡风是多么淳朴仁厚啊。我敬重淳朴的乡人，更敬重居住在乡中那些德高望重的贤人。他们推己及人，为善于乡里，可与吕氏兄弟的高尚风操相媲美。

凡乡之约四：一曰德业相劝，二曰过失相规，三曰礼俗相交，四曰患难相恤。众推有齿德①者一人，为都②约正③。有学行者二人副之。约中月轮一人为直月④（都副正不与），置三籍。凡愿入约者，书于一籍。德业可劝者，书于一籍。过失可规者，书于一籍。直月掌之。月终，则以告于约正，而授于其次。

【注释】①齿德：年高德重的人。②都：此指县级以下的行政区划。③约正：旧时地方基层组织的头目。④直月：谓当值某月。

【译文】吕氏乡约有四条大纲：一是"德业相劝"，二是"过失相规"，三是"礼俗相交"，四是"患难相恤"。由众人推选一个年高德重的人，作为都里的约正；推选有学问德行的两人为副手。规约中规定每月轮换一人当值（都中约正和副手不参与）。乡约规定置备了三本册子，凡是愿意加入乡约管理的，记在一个册子里；德行操业值得加以鼓励的，记在一个册子里；犯了过失可以规劝改过的，记在一个册子里。这三个册子由每月当值的人保管，每月月终时，则将相关情况报告给约正，然后再移交给下月当值的人。

德业相劝

见善必行，闻过必改。能治其身，能治其家。能事父兄，能待妻妾。能教子弟，能御童仆。能事长上，能睦亲故。能择交游，能守廉介。能广施惠，能受寄托，能救患难。能导人为善，能规人过失。能为人谋事，能为众集事。能解斗争，能决是非。能兴利除害，能居官举职①。至于读书，治田，营家，济物，畏法令，谨租赋，好礼乐射御书数之类，皆可为之。非此之类，皆为无益。上件德业，同约之人，各自进修，互相劝勉。会集之日，相与推其能者书于籍，以警励其不能者。

【注释】①举职：尽职。

【译文】遇到能做的善事必定去做，听到别人指出自己的过错一定要改。能够自我修身，能够治理好家务；能够服侍父兄，能够善待妻妾；能够管教子弟，能够约束下人；能够服侍长辈，能够和睦亲友；能够慎重交友，能够守律廉洁；能够好善乐施，能够信守承诺，能够救助患难；能够教人为善，能够劝人改过；能够为人出谋划策，能够为集体办事；能够化解纷争，能够决断是非；能够为人兴利除害，居官能够为民尽职。至于读书、经营田亩、料理家业、救济他人，遵守法令，谨缴租税，学习礼、乐、射、御、书、数等类的知识，我们都可以去做；此外的事，对人对社会都没有益处。上面所说这些德行与功业，乡约中人要各自修持，互相劝勉。乡人集会之时，大家相互推举做得好的贤能者登记在册，以警诫、勉励那些后进之人。

过失相规

（犯之过六，不修之过五。）

酗，博，斗，讼（酗，谓纵酒喧竞。博，谓赌博财物，斗，谓斗殴骂詈。讼，谓告人罪恶。意在害人，诬赖争诉，得已不已者。若事干负累，及为人侵损而诉之者非）；行止逾违（逾礼违法，众恶皆是）；行不恭逊（侮慢齿德者，持人短长者，恃强凌人者，知过不改，闻谏愈甚者）；言不忠信（或为人谋事，陷人于恶。或与人要约，退即背之。或妄说事端，荧惑众听者）；造言诬毁（诬人过恶，以无为有，以小为大，面是背非，或作嘲咏①，匿名文书，及发扬人之私隐。无状可求，及喜谈人之旧过者）；营私太甚（与人交易，伤

21

于掊克②者。专务进取，不恤余事者。无故而好干求假贷者，受人寄托而有所欺者）。以上犯义之过。

【注释】①嘲咏：作歌咏来嘲讽。②掊克：聚敛；搜括。亦指搜括民财之人。

【译文】（乡约中所列违犯义之过有六种，不修习的行为过失有五种。）六种犯义之过，一是酗、博、斗、讼（酗，是纵酒喧闹；博，是赌博钱财；斗，是斗殴打骂；讼，是告发别人罪责，意在害人，栽赃诬告，已经可以了结却不愿罢休的。如果是因为受别人事件连累，或是利益被人侵害而打官司的，不在此类）；二是行为举止违规（违犯逾越礼、法，各种恶行都属此列）；三是行不恭逊（侮辱怠慢年高德重的，计较他人是非短长的，仗势欺人的，知错不改的，因受批评而变本加厉的，都属此列）；四是言不忠信（或者是为人做事却陷人于险境，或者是与人约定却违约弃信的，或者是乱说事端迷惑别人的，都属这一类）；五是造言诬毁（诬陷他人，无中生有，小题大做，表里不一；或者是写歌作词、写匿名信来讥讽别人，揭露宣扬别人隐私；或者是游手好闲，喜欢谈论他人以前过失的，都属此列）；六是营私太甚（与人交易时过于贪敛钱财的，只顾自己进取而不顾其他的，无故经常向别人借钱求贷的，受人委托却欺诈别人的，都属这一类）。以上这些都是犯义之过。

交非其人（所交不限士庶，但凶恶及游惰无行，众所不齿者，而己朝夕与之游处，则为交非其人。若不得已而暂往还者非）；游戏怠惰（游，谓无故出入，及谒见人，止务闲适者；戏，谓戏笑无度，及意在侵侮，或驰马击鞠①，而不赌财物者。怠惰，谓不修事业，及家事不治，门庭不洁者）；动作无仪（谓进退太疏野，及不恭者。不当言而言，及当言而不言者。衣冠太华饰，及全不完整者。不衣冠而入街市者）；临事不恪（主事废忘，期会后时，临事怠惰者）；用度不节（谓不计有无，过为多费者。不能安贫，非道营求者）。以上不修之过。

【注释】①击鞠：亦称打毬或击毬，也就是现代的马球，出现在唐代。

【译文】（五种不修之过）一是交非其人（所交往的虽不限士人和平民，但是凶恶或游手好闲、品行不端之人，为众人所不齿。如果自己要是朝夕与这样的人相处，就属于交友不慎了。如果是因为不得已暂时与此类人交往的，不属此列）；二是游戏怠惰（游，是无事到处闲逛，去拜见他人也只是为了享受安逸。戏，是无度嬉戏，以及故意侮辱别人，或是纵马打球，狂欢取乐。怠惰，指不务正业，不理家事，不清洁门户）；三是动作无仪（指与人交往行为粗野，态度不恭敬；或不该说话时乱说，该说话时又不出声；或衣帽服饰过于华丽，或衣冠不整洁；或衣冠不整而在公众场所抛头露面）；四是临事不恪（指忘记正事，与人约会时迟到，遇事懈怠懒惰）；五是用度不节（是说不管家产多少，奢侈浪费，或不能安于贫困而通过非法渠道获取钱财的行为）。以上讲述的是不修之过。

　　上件过失，同约之人，各自省察，互相规戒。小则密规之，大则众戒之。不听，则会集之日，直月告于约正，约正以义理诲谕之。谢过请改，则书于籍以俟。其争辩不服，与终不能改者，听其出约。

【译文】以上所说种种过失，同受乡约的人，应当各自省察，互相规戒。过失小的则应私下加以规劝，所犯过失大的则应当众告诫他改正。如果有不听规劝的，那么应当在乡人集会之日，由当月轮值者报告给约正，由约正用义理对其进行教育。那些认错并请求改过的，则登记在册留意其行为。那些经过教育依旧为自己辩解不服的，与最终不能改正的，可任其退出乡约。

礼俗相交

尊幼辈行（与父同行，及长于己三十岁以上，曰尊者。长于己十岁以上，与兄同行，曰长者。年上下不满十岁，曰敌①者。少于己十岁以下，曰少者。少于己二十岁以下，曰幼者。以上凡五等）。

【注释】①敌：相当。

【译文】尊幼辈份称呼礼节（与父同辈，以及大于自己三十岁以上的，称尊者；大于自己十岁以上，与兄长同辈的，称长者；年龄上下相差不到十岁的，称敌者；比自己年轻十岁以下的，称少者；比自己年轻二十岁以下的，称幼者。尊幼辈份关系，一般分为以上五等）。

造请拜揖（凡少者幼者，于尊者长者，岁首①，冬至，四孟②、月朔③，辞见贺谢，皆为礼见。此外候问起居，质疑白事，及赴请召④，皆为燕见⑤。尊者受谒，不报；长者岁首、冬至，具榜子⑥报之；余令子弟以己名榜子代行。凡敌者，岁首冬至，辞见贺谢，相往还。凡见尊者长者，门外下马，俟于外次。升堂，礼见四拜。燕见不拜。退则主人送于庑下⑦。凡见敌者，门外下马，俟于庑下，礼见则再拜，退则主人请就阶上马）。

【注释】①岁首：一年开始的时候。一般指第一个月。也指一年的第一天。②四孟：节令。古人把每一个季节的第一个月称为孟。孟春为一月，孟夏为四月，孟秋为七月，孟冬为十月，合称"四孟"。③月朔：每月的朔日。指旧历初一。④请召：招请。⑤燕见：古代帝王退朝闲居时召见或接见臣子。意指私见。⑥牓子：札子，便条。⑦庑下：堂下周围的走廊、廊屋。

【译文】造请拜揖礼仪（凡是少者、幼者，在岁首、冬至、四孟、月朔之时，向尊者、长者辞别、拜见、祝贺、酬谢，都要以正礼相见。此外，向尊者、长者问候、服侍起居，请求解疑答惑，禀报事情，以及出席宴请，都以私礼相见。尊者受到晚辈拜见时，不必通报；长者造访晚辈，在岁首、冬至时需用札子进行通报，其他情况下，（长者）可令子弟拿着自己的名帖代行拜访。凡是敌者之间，在岁首、冬至辞别、拜见、祝贺、酬谢时，要相互往还谢礼。凡是去拜见尊者、长者时，要在门外下马，等候于堂外；进入厅堂后，行四拜见礼，平时私下拜见时可不拜；离开时则由主人送到屋外走廊。凡是拜见敌者，要门外下马，等候于堂下廊屋，如果是礼见则行两拜礼，离开时则主人请客人在阶下上马）。

请召迎送（凡见尊长饮食，亲往投书，既来赴，明日亲往谢之。召敌者以书简，明日交使相谢。召少者用客目①，明日客亲往谢。凡聚会皆乡人，则坐以齿②。若有亲，则别叙。若有他客，有爵③者，则坐以爵。若特请召，或迎劳出钱，皆以专召者为上客，如婚礼，则姻家为上客，皆不以齿爵为序。凡有远出远归者，则迎送之，或五里三里，各期会于一处。有饮食，则就饮食之。少者以下，俟其既归，又至其家省之）。

【注释】①客目：迎客负责人。②齿：牙齿。这里借指年龄。③爵：爵位，官职。

【译文】请召迎送之礼（凡是请尊长吃饭，需亲自去送邀请书；尊长来赴宴后，第二天要亲自前往尊长处答谢。招请敌者时可以书简相传，第二天时应相互使人来答谢。招请少者时可让迎客负责人去通请，第二天时可再亲自去少者家答谢。聚会时如果都是同乡人，则按年龄大小顺序依次就座。如果有亲人同在，则另当别论。若有别的客人在，有官职的，则按官职级别大小顺序就座。如果是特别宴请，那么迎接、饯行，都应以宴请对象为上客。如举行婚礼时，则应以联姻的家人为上客，不按年龄、官职大小顺序排座。凡是亲人乡邻有远出的或远出归来的，则大家应当出门迎接或送别。大家或五里或三里，约定到某一处相会，如有条件设宴饮食，大家就一起设宴为他接风或饯行。少者以下的人，在远出者回家后，还应当到他家去看望他）。

庆吊赠遗（凡同约有吉事，则庆之。有凶事，则吊之。每家只家长一人，与同约者俱往。其书问亦如之。若家长有故，或与所庆吊者不相接，则其次者当之。凡庆礼，如常仪，有赠物。或其家力有不足，则为之借助器用，及为营干[1]。凡吊礼，初丧[2]未易服，则率同约深衣[3]往哭之，且助其凡百经营之事。主人成服[4]，则相率素服，具酒果食物往奠之。及葬，又相率致赗[5]，俟发引，则素服而送之。凡丧家，不可具酒食衣服以待吊客，吊客亦不可受）。

【注释】①营干：办事；干活。②初丧：刚刚过世，尚未沐浴更衣。③深衣：古代上衣、下裳相连缀的一种服装。为古代诸侯、大夫、士家居常穿的衣服，也是庶人的常礼服。④成服：旧时丧礼大殓之后，亲属按照与死者关系的亲疏穿上不同的丧服，叫"成服"。⑤赗（fèng）：古时送给丧家助葬的车马等物。现在一般称灵车、灵马、灵屋等。

【译文】庆吊赠遗（凡同约中人家有吉庆之事，则大家应当为他庆贺；如家中有丧事，则大家应当前往吊唁。每家只要家长一人为代表，与同约的人一起前往就行了。如果是书信慰问，也按这个办法。如果家长有事，或是与所庆贺或吊唁的人不熟悉，那么可让家长下面的人前

训俗遗规

往。凡是庆贺之礼，如通常的仪式，都会赠送礼物。倘若对方家财力难以维持礼宴，大家可以借器物给人家，并为他们谋划、操办礼事。凡吊唁之礼，如果是初丧，还没有更换衣服，那么大家应率同约着礼服前往哭吊，并且帮助他准备各种丧事应备之事。主人换上丧服后，那么大家要相继换上丧服，准备好酒水、水果、食物前往祭奠死者；到出殡前，大家又相继送上灵车、灵马、灵屋等物；等到出殡时，大家着丧服出送灵柩。凡是办理丧事的人家，不可以准备酒食和穿着平常衣服来招待吊唁的客人，吊客也不能接受酒食）。

上礼俗相交之事，直月主之；有期日①者，为之期日；当纠集者，督其违慢。凡不如约者，以告于约正而告之，且书于籍。

【注释】①期日：约定或预测的日数或时间。

【译文】上述礼仪习俗相交的事，由当值之人主持；有固定日期的，按固定日期进行；没有固定日期需要召集的，当值之人要督促大家尽快进行。凡是不按约定时间来的，要报告给约正，由约正告诫相关人员，并且记录在册。

患难相恤

水火（小则遣人救之，甚则亲往，多率人救，且吊之）。

盗贼（近者同力追捕，有力者为告之官司①。其家贫，则为之助出募赏）。

疾病（小则遣人问之，甚则为访医药，贫则助其养疾之费）。

死丧（阙②人则助其干办③，乏财则赙赠④借贷）。

孤弱（孤遗无依者，若能自赡，则为之区处，稽其出内。或闻于官司，或择人教之，及为求婚姻。贫者协力济之，无令失所。有侵欺之者，力为辩理。稍长而放逸不检，亦防察约束之，无令陷于不义）。

诬枉（有为人诬枉过恶，不能自伸者，势可以闻于官司，则为言之。有方略可以救解，则为解之。或其家因而失所者，众共以财济之）。

贫乏（有安贫守分，而生计大不足者，众以财济之。或为之假贷置产，以岁月偿之）。

【注释】①官司：官府。多指政府的主管部门。②阙：同"缺"。③干办：经办；办理。④赙赠：谓赠送丧家以财物。赙，赠送财物助人治丧。也指送给丧家的布帛、钱财等。

【译文】患难的事有七种，一是水火（如灾难小，那么派人前去救助即可；如果是大灾，就必须多带些人亲自前去相救，同时对受灾者进行慰问）。二是盗贼（如果是住得近，就协助抓捕盗贼；有权势或财力条件的，就协助他报告官府缉拿。遭遇盗贼且家里贫困的，可以资助他并为他募集款项）。三是疾病（要是小病，派人去问候即可；如是重病，就要为他帮忙求医问药。对方家里贫困的，则可为对方提供医药费用）。四是死丧（如果丧家缺少人手则可出力协助丧家办事。如果丧家缺少钱财，则可以送给丧家布帛、车马等或借给钱财）。五是孤弱（对于无依无靠的孤儿，如果是家产能自给自足的，那么可以帮助对方打理，经营收支，或者是报告官府，或者是帮他择请老师，并为他安排婚事。如果是贫困孤儿，大家应协力共同救助，不要让他流离失所。如果有人欺负孤儿，大家要尽力为他讨回公道。孤儿长大后，如果其行为不检，大家也应监督管教，不要让他误入歧途，陷于不义）。六是被人诬枉（如果同约人遭人诬陷，自己无力澄清的，有权势的人可以帮他报告官府，为他申诉；如果有人有办法可以帮他解决，那么就帮他解决。要是因这事造成这家人流离失所的，大家应当共同出钱救济他）。七是贫乏（有些安分守己的人，生活贫困，无以维生，大家应当出钱救济，也可以借钱给他购置田产，以后按年按月偿还）。

　　上患难相恤之事，凡同约者，财物器用，车马人仆，皆有无相假。若不急之用，及有所妨者，则不必借。可借而不借，及逾期不还，及损坏借物者，书于籍。邻里或有缓急^①，虽非同约，而闻知，亦当救助。或不能救助，则为之告于同约而谋之。有能如此者，则亦书其善于籍，以告乡人。

　　【注释】①缓急：指需要相助的事。

　　【译文】以上这些应患难相恤的事情，凡是同约之人，财物、器用、车马、仆人，都应当相互借用。如果不是急需用钱或是不宜外借的，那么可以不借。可以外借而不借，或是借后过期不还，以及损坏所借物品的，都要登记在册。邻居有需要相助的事，虽然不是乡约中人，但听说后也应当给予帮助；如果能力不足，帮不上忙的，那么应当告诉同约人一起为他谋划。有能够这样做的人，应当将他的善行记录在册，告诉乡人。

陆梭山《居家正本制用篇》

（先生名九韶，字子美，金溪人，象山先生之兄也。）

　　宏谋按：门内之地，至性所关。虽极愚顽之人，岂无天良之动。而有时视门内如路人，非礼犯分之事，悍然不顾者，名利之心夺之耳。于名利上看得重一分，即于天伦轻一分矣。梭山先生论居家而先之以正本。其言正本也，以孝悌忠信、读书明理为要，而以时俗名利之积习为戒，其警世也良切。至于制用之道，不过费以耗财，亦不因贫而废礼。随时撙节①，称家有无，尤理之不可易也。陆氏十世同居，家法严肃，高风笃行，可仰可师。读此，亦足以知其所由来矣。

　　【注释】①撙节：节约，节省。撙，通"樽"。
　　【译文】宏谋按：家庭这个地方，对于一个人的性情养成至关重要。即使是愚钝顽劣之人，也不会不受天理良心的影响。而有的人会视家人如陌生人，毫无顾忌，做出一些违背礼法、僭越本分的事情，都是因为被名利之心遮蔽了本有的良善啊。一个人如果把名利看得重一分，那么就会在伦理亲情上轻一分。梭山先生讲居家之道先讲正本。他说的正本，主要就是要做到孝悌忠信，读书明理；要时刻警戒世俗名利、不良习气这些污染。他以此训警戒世人，用心良苦真切。至于居家制用的原则，既不能够过分铺张浪费，也不能因为贫穷而废弃了礼法，应时刻注意节俭，根据家中情况来决定开支用度。这是不可变更的道理。陆氏家族十世同居，家法严肃，他们的高尚风操和淳厚德行，实在值得世人敬仰和效法。读了这篇文章，也就足以知道其家族兴旺的原因了。

正　本

　　古者民生八岁，入小学，学礼乐射御书数。至十五岁，则各因其材而归之四民①。故为农工商贾者，亦得入小学。七年而后就其业。其秀异者，入大学而为士，教之德行。凡小学大学之教，俱不在言语文字。故民皆有实行，而无诈伪。愚谓人之爱子，但当教之以孝悌忠信，所读须先六经论孟，通晓大义，明父子君臣夫妇昆弟朋友之节，知正心修身齐家治国平天下之道。以事父母，以和兄弟，以睦族党，以交朋友，以接邻里，使不得罪于尊卑上下之际。次读史，以知历代兴衰。究观皇帝王霸，与秦汉以来为国者，规模处置之方，功效逐日可见，惟患不为耳。

　　【注释】①四民：古时指士、农、工、商四种行业之人。
　　【译文】古时候小孩生下来八岁后，就进入小学，学习"礼、乐、射、御、书、数"这六艺；到十五岁时，就根据个人资质，选择士、农、工、商不同的出路。所以说做农民、工人、商贾的，也都要入小学学习，学习七年之后才能选择就业。其中成绩优异的，进入大学学习成为士人，重点是对他们进行德行教育。无论是小学还是大学的教育，教的不只是语言文字这些知识，更重视德行的教育。因此人们都讲求实在的德行，没有诈伪的行为。我认为人要是真爱自己孩子的话，就应该教给他们孝、悌、忠、信的德行，所读之书先要从"六经"、《论语》《孟子》开始，通晓经中大义，懂得父子、君臣、夫妇、兄弟、朋友这五伦的礼节，明白正心、修身、齐家、治国、平天下的道理。从而以此来侍奉父母，团结兄弟，和睦族人，结交朋友，接洽邻里，使之在处理尊卑、上下关系时能够遵循礼义，不得罪人。其次，要读史书，从而明白历朝历代兴衰盛亡的规律。仔细研究观察历代帝王霸主，与秦汉以来各国君王的治国安邦之略，学习的功效就会逐渐显现，只是担心他们不学习呀。

世之教子者，惟教之以科举之业，志在于荐举登科，难莫难于此者。试观一县之间，应举者几人，而与荐者有几。至于及第，尤其希罕。盖是有命焉，非偶然也。此孟子所谓求在外者，得之有命，是也。至于止欲通经知古今，修身为孝悌忠信之人，此孟子所谓求则得之，求在我者也。此有何难，而人不为耶。况既通经知古今，而欲应今之科举，亦无难者。若命应仕宦，必得之矣。而又道德仁义在我，以之事君临民，皆合义理，岂不荣哉。

【译文】世人教育孩子，唯独教育孩子以科举考试为业，希望将来能够中举登科，但这又是最难实现的。遍观一个县里面，能够应举的有几个人，能够荐举的有几个人？至于能考中进士的，则更加稀有了。实在讲，能否考中还要看个人的命运，绝对不是偶然的。这就是孟子讲的"求在外者，得之有命"。至于只想明晓经典大义、知晓古今历史，自己努力修身，做一个孝悌忠信之人，这是孟子讲的"只要求就能够得到，而且求之在我"。这有什么难的呢？但世人却不知道去求这个啊！况且既然通晓经义又知晓古今，而要参加科举考试，也不是很难的事情。如果有做官入仕的命，必然能够得中。而自己又讲求道德仁义，并以此侍奉君主治理民众，这些都符合义理，难道这不是很光荣的事吗？

人孰不爱家、爱子孙、爱身？然不克明爱之之道，故终焉适以损之。一家之事，贵于安宁和睦悠久也。其道在于孝悌谦逊。仁义之道，口未尝言之。朝夕之所从事者，名利也；寝食之所思者，名利也；相聚而讲究者，取名利之方也。言及于名利，则洋洋然有喜色。言及于孝悌仁义，则淡然无味，惟思卧。幸其时数①之遇则跃跃以喜；小有阻意，则躁闷若无容矣。如其时数不偶，则朝夕忧煎，怨天尤人，至于父子相夷，兄弟叛散，良可悯也。岂非爱之适以损之乎？

【注释】①时数：时运，运气。

【译文】人没有不爱家、不爱子孙、不爱自身的。但是如果不懂得如何爱，最终反而会带来损害。一家之事，最可贵的是能够久远保持安宁和睦，其核心在于孝悌谦逊。可惜现在的人，很少谈论仁义之道，更别说落实了。大家从早到晚追逐的，是名利；睡觉吃饭想到的，也是名利；众人聚集谈论的，也是争名夺利的方法。一谈到名利，大家脸上就露出喜悦之色；谈到孝悌仁义的话题，就觉得淡然无味，只想睡觉。如果侥幸遇到时运不错就面有喜色，稍有阻碍就心情烦躁，面无表情。如果时运不济，就早晚忧愁，怨天尤人，甚至闹到父子相对、兄弟离散的地步。这实在是值得怜悯啊。难道这不正是自以为爱子女实际上却是害子女吗？

夫谋利而遂者，不百一；谋名而遂者，不千一。今处世不能百年，而乃徼幸①于不百一不千一之事，岂不痴甚矣哉。就使②遂志临政不明仁义之道，亦何足为门户之光耶。愚深思熟虑久矣，而不敢出诸口。今老矣，恐一旦先朝露而灭，不及与乡曲③父兄子弟，语及于此。怀不满之意，于冥冥之中，无益也。故辄冒言之，幸垂听而择焉。

【注释】①徼幸：即"侥幸"，"徼"通"侥"。②就使：即使，纵然。③乡曲：乡下；穷乡僻壤。

【译文】那些谋取利益能够顺利得到的，一百个人中也难得有一个；谋取名位而能够顺利得到的，一千个人中也难得有一个。人在世上，活不过百岁，而侥幸于百千事中难得有一的事情，难道不是愚痴到极点了吗？即便幸运中了科举做了官，但是治理政事不懂得仁义之道，又怎么能够光耀门楣呢？我想了很久，而一直不敢说出口。如今年事已高，唯恐一朝过世，来不及和乡亲父老兄长子弟们谈及此事。这样，心怀不满于九泉之下，实在无益。所以冒昧说出这番话，希望你们听了之后加以选择啊。

夫事有本末，知愚贤不肖者本，贫富贵贱者末也。得其本，则末随。趋其末，则本末俱废，此理之必然也。今行孝悌，本仁义，则为贤为知。贤知之人，众所尊仰。箪瓢为奉，陋巷为居，己固有以自乐，而人不敢以贫贱而轻之。岂非得其本，而末自随之。夫慕爵位，贪财利，则非贤非知。非贤非知之人，人所鄙贱。虽纡①青紫②，怀金玉，其胸襟未必通晓义理。己无以自乐，而人亦莫不鄙贱之。岂非趋其末，而本末俱废乎。况富贵贫贱，自有定分。富贵未必得，则将陨获③而无以自处矣。斯言或有信之者，其为益不细。相信者稍众，则贤才自此而盛，又非小补矣。

【注释】①纡：系，结。②青紫：古时公卿服饰。③陨获：丧失志气。

【译文】任何事情都有根本和枝末，智慧还是愚痴，贤能还是不肖，这是为人的根本；至于贫贱还是富裕，尊贵还是低贱，这是为人末端的事情。人能把握根本，自然就能得到枝末；如果追求枝末，就会本末都失掉，这是必然的道理。人要是能够做到孝悌，以仁义为做人之本，则将成为贤人智者。有贤德和智慧的人，自然会受到众人的尊重和敬仰。即使是像颜回一样，箪食瓢饮，住在陋巷，也自有其乐，他人也不敢因为其贫贱而轻视他。这难道不是得到了其根本而枝末也随之而得吗？如果仰慕爵位，贪图财利，则不是贤德智慧之人。没有贤德智慧的人，自然会被众人所鄙视。虽然穿着官服，怀藏金玉，但是心中未必通晓伦理道德；自己不能得到真乐，而世人也没有不鄙视轻贱其人的。这难道不是追求枝末而本末都失去了吗？况且人生的富贵贫贱，都是有一定的定数，追求富贵未必能够得到富贵，反而会让自己丧失志气而无以自处。如果真能够相信这番话，则会受益匪浅；如果相信的人多，社会上的贤才自然会因此而兴盛起来，这对社会的补益可就不是一点点了呀。

古之为国者，冢宰①制国用，必于岁之秒②，五谷皆入，然后制国用。用地大小，视年之丰耗。三年耕，必有一年之食。九年耕，必有三年之食。以三十年之通制国用，虽有凶旱水溢，民无菜色。国既若是，家亦宜然。故凡家有田畴，足以赡给者，亦当量入以为出。然后用度有准，丰俭得中。怨讟③不生，子孙可守。

【注释】①冢宰：官名，即太宰。西周置，位次三公，为六卿之首。②秒（miǎo）：末端。③怨讟：亦作"怨黩"。怨恨诽谤。

【译文】古人治理国家，由冢宰负责规划全国用度开支，一定要在每年年末，五谷收割之后，然后再做全国的年度开支预算。用地的大小，根据这一年的收成来定，确保耕作三年，要盈余一年的粮食；耕作九年，要盈余三年的粮食。这样三十年下来，用盈余的粮食作为国用，那么即使遇到干旱、水灾的凶年，百姓也不会受饿。国家如此，一

陆梭山《居家正本制用篇》

个家庭也是如此。因此凡是家里有田地的，收成足够养家的，也要量入为出。这样用度才会有准则，丰俭都合适，家人之间不会生怨气，子孙能够常守家业。

今以田畴所收，除租税及种盖粪治之外，所有若干，以十分均之。留三分为水旱不测之备，一分为祭祀之用，六分分十二月之用。取一月合用之数，约为三十分，日用其一。可余而不可尽用，至七分为得中，不及五分为啬。其所余者，别置簿收管，以为伏腊[1]，裘葛[2]，修葺墙屋，医药，宾客，吊丧，问疾，时节馈送。又有余，则以周给邻族之贫弱者，贤士之困穷者，佃人之饥寒者，过往之无聊者[3]。毋以妄施僧道，盖僧道本是蠹民[4]，况今之僧道，无不丰足。施之适足以济其嗜欲，长其过恶，而费农夫血汗勤劳所得之物。未必不增我冥罪，果何福之有哉。（不但非福，且有冥罪，佞佛者可以悟矣。更有减奉养衣食，资给亲故之费。以施僧道者，其冥罪不更甚耶。）

【注释】①伏腊：亦作"伏臘"。古代两种祭祀的名称，"伏"在夏季伏日，"腊"在农历十二月。②裘葛：裘，冬衣；葛，葛布，指夏衣。泛指四时衣服。③无聊者：指贫苦无依、四处流浪的人。④蠹民：指害人的人或事物。

【译文】现在用种田地所收粮食，除去租税及种盖粪治所用之外，剩余的平均分成十份。留其中的三份作为水涝或干旱等灾害之时的备粮，一份作为祭祀之用，其余六份作为一年十二个月的正常食用。平时，按一个月所需粮食，大致分为三十份，每天食用一份，可以剩余但是不可以用完。以可用总量的七成为适，如所用不到该用的一半，则过于节省。食用后剩余的粮食，要另外造册登记收管，以作为伏腊祭祀，添置四时衣裳，修葺墙屋，寻医问药，招待宾客，吊唁办丧，看望病人或过节送礼之用。如果除此之外还有剩余，那么可以用来周济给邻族贫困残弱的人、穷困的贤良之士、饥寒困顿的佃户或者贫苦无依的流浪人。不要胡乱用来施舍给僧道，因为僧道本是害民之人。况且现今的僧道，没有不丰足的。施给那些用度充足的人，只会助长他们的嗜欲，增长他们的过恶，从而浪费了农夫用血汗辛勤劳动换来的粮食。这未必不会增长我们的冥罪，果真如此，我们又有什么福气可言呢？（这样不但非福，而且有冥罪，那些迷信佛教的人可以醒悟了。另外，更有甚者还缩减奉养衣食、资助亲朋好友的费用，用以施给这些僧道，所犯的冥罪不是更甚吗？）

陆梭山《居家正本制用篇》

其田畴不多，日用不能有余，则一味节啬（节，用之有制；啬，用之以舒）。裘葛取诸蚕绩，墙屋取诸蓄养。杂种蔬果，皆以助用。不可侵过次日之物。一日侵过，无时可补，则便有破家之渐。当谨戒之。

【译文】如果家中田亩不多，平时日用不能够有盈余，则要多加节啬（节，是指用度要有节制；啬，指财用要以舒适为度）。衣物可以通过自己蚕桑纺绩增添，修墙筑屋可以通过畜养变卖牲畜来实现，此外种一些蔬菜水果，也可以帮助添补家用。家中日常的开支，不可将次日的开支挪作今日来用，今日用了明日的财物，以后就无法弥补，这样就会使得家道日渐破败，这一点一定要谨记。

其有田少而用广者，但当清心俭素，经营足食之路。于接待宾客、吊丧、问疾、时节馈送、聚会饮食之事，一切不讲。（加意减省，不求美观也。详见下文。）免致于干求亲旧，以滋过失；责望①故索，以生怨尤；负讳通借，以招耻辱。家居如此，方为称宜，而远吝侈之咎。积是成俗，岂惟一家不忧水旱之灾，虽一县、一郡、通天下，皆无忧矣。其利岂不溥②哉。

【注释】①责望：要求和期望。②溥（pǔ）：大，广大。

【译文】如果家里田亩少而用度又很广的话，平日就要清心寡欲，节俭朴素，设法经营，使得家中足以过上温饱的生活。至于平日接待宾客、参加吊丧、看望病人、过节送礼、亲朋好友聚会吃饭，就不要讲究排场了（特意减省，不讲求美观排场。详见下文），以免至于四处请求亲戚故旧，而增加自己的过失；要求于人，向人索取，导致相互心生怨尤；不顾忌讳四处借钱，招致耻辱。家居能够如此，才能称得上适宜，从而远离吝啬、奢侈等过错。长此以往，形成习俗，那怎么会只有一家不必担忧水旱之灾呢？即使是一个县、一个郡、全天下，也都不会有水旱灾害的担忧了。这样，带来的利益岂不是很广大吗？

居家之病有七：曰笑（如笑骂戏谑之类。一本作呼。如呼卢①喧嚷之类），曰游，曰饮食，曰土木，曰争讼，曰玩好，曰惰慢。有一于此，皆能破家；其次贫薄而务周旋，丰余而尚鄙啬②。事虽不同，其终之害，或无以异，但在迟速之间耳。夫丰余而不用者，疑若无害也。然已既丰余，则人望以周济。今乃恝然③，必失人之情。既失人情，则人不佑。人惟恐其无隙，苟有隙可乘，则争媒蘖之。虽其子孙，亦怀不满之意。一旦入手，若决堤破防矣。

【注释】①呼卢：古代一种赌博游戏。共有五子，五子全黑的叫"卢"，得头彩。掷子时，高声喊叫，希望得全黑，所以叫"呼卢"。②鄙啬：吝啬。③恝然：冷漠，漠不关心的样子。

【译文】居家易犯的错误有七种：一是嬉笑（如笑骂、戏谑之类。一本作呼，如赌博、喧嚷之类），一是游手好闲，一是饮食浪费，一是大兴土木，一是争讼，一是玩物丧志，一是懒惰傲慢。家中之人只要有犯其中一种的，都可能导致家道破败；其次，可能导致家中贫薄而不得不四处与人周旋，艰难度日，或是家中丰余却为人极度吝啬。事情虽然有所区别，但其最终带来的危害，没有什么区别，只是时间的先后不同而已。那些家中丰余但却吝啬不用的，看来好像没有什么害处；然而自己家中已经丰余，那么其他人就会期望你能够周济他。现在如果漠不关心，必然会失人情。如果失了人情，那么别人便不会再帮助于自己。有些人总是担心没有机会（占便宜），只要有机可乘，就争相谋取，想分一杯羹。即使是自己的子孙，也会对他怀有不满之意。一旦他们有机会这样做了，就会像决堤的河水，堤防溃破了。

前所言存留十之三者，为丰余之多者制也。苟所余不能三分，则有二分亦可。又不能二分，则存一分亦可。又不能一分，则宜撙节①用度，以存赢余，然后家可长久。不然，一旦有意外之事，必遂破家矣。

【注释】①撙节：抑制；节制。
【译文】前面所说存留有十分之三的，是按照丰余较多的情况进行的预算开支。而那些存留不能达到三成的，则能存留二成也是好的。又如不能存留二成的，则尽量存留一分也行。如果连一成也不能存留，那么应当节制用度，以求能有所盈余，这样才能使家道长久。不然，一旦有意外之事发生，必然导致家道衰落。

前所谓一切不讲者，非绝其事也，谓不能以货财为礼耳。如吊丧，则以先往后罢为助。宾客，则樵苏①供爨清谈而已。至如奉亲最急也，啜菽饮水②尽其欢，斯之谓孝。祭祀最严也，蔬食菜羹，足以致其敬（方不是因贫乏而废礼义）。凡事皆然，则人固不我责，而我亦何歉哉。如此，则礼不废而财不匮矣。

【注释】①樵苏：柴草。形容日常生计检朴。②啜菽饮水：啜，吃；菽，豆类。饿了吃豆羹，渴了喝清水。形容生活清苦。

【译文】前面所说一切都不讲排场，并不是说那些事就不要做了，而是说不能以钱财作为礼物罢了。例如吊丧，则可以先于别人到主家去帮忙而后于别人走；如家中来了宾客，则以蔬食菜羹待客，清淡点而已。奉养双亲最是重要，即使吃豆羹喝清水，生活清苦，能让他们生活得高兴，这就叫作孝。祭祀时一定要谨严，蔬食菜羹，要足够表达对先人的敬意（而不是因贫乏而废了礼义）。如果事事都能如此，那么别人不会责备我，而我也不会有什么歉疚了。这样，既可使礼义不致废弃而又可使家中财物不致匮乏了。

前所言以其六分为十二月之用，以一月合用之数，约为三十分者，非谓必于其日用尽，但约见每月每日之大概。其间用度，自为赢缩。惟是不可先次①侵过，恐难追补。宜先余而后用，以无贻鄙啬之讥。

【注释】①先次：首先。

【译文】前面所说，以家中财物中的六成作为一年十二个月的开支用度，以预计一个月的开支用度，大致分为三十份，不是说一定要把每天的开支预算用完，只是大约估计每月每日所需的一个大概。这其中的用度，自己注意开支节约，只是不可首先超支，以免以后难以追补。应当首先节余而待后再用，以免留下吝啬小气的说辞。

世所用度，有何穷尽。盖是未尝立法，所以丰俭皆无准则。好丰者，妄用以破家。好俭者，多藏以敛怨。无法可依，必至于此。愚今考古经国①之制，为居家之法，随赀产②之多寡，制用度之丰俭，合用万钱者，用万钱，不谓之侈。合用百钱者，用百钱，不谓之吝。是取中可久之制也。

【注释】①经国：治理国家。②赀产：财产。

【译文】世人所需的开支用度，是没有穷尽的。只是不曾立法，所以丰俭都没有一定准则。喜好大手大脚讲排场的人，因为没有节制、乱用，以致家道破败；崇尚节俭的人，由于过于吝啬而导致与人结怨。如果丰俭用度无法可依，必定会导致这种结果。我现在考查古人治理国家的法度，引用为治家之法，根据家中财产的多少，制定家中开支用度的丰俭。应当使用万贯钱的，就用一万贯钱，这不能说是奢侈；应当使用一百贯钱的，就用一百贯钱，这不能说是吝啬。这是用度取用适中，以保家道长久的方法啊。

倪文节公《经鉏堂杂志》

（公名思，字正甫，归安人，宋进士，官礼部尚书。）

宏谋按：所言月计岁计子孙计，非沾沾惟利是计也。量入为出，理自如此。人之物力，止有此数，妄用则不继。饥寒交迫，急不择音^①。妄取妄求，势所必至。欲固其节，其可得乎。夫谨身节用^②，士庶宜然。而俭以成廉，尤仕宦之所急。许鲁斋言学者以治生为急，司马温公^③每问士大夫生计足否，皆此意也。

【注释】①音：通"阴"，指庇荫的地方。②谨身节用：约束自己，节约费用。③司马温公：司马光曾封爵温国公，世称司马温公。

【译文】宏谋按：这里所说的"月计""岁计""子孙计"，计算的不仅仅执着于利。根据收入的多少来定度家庭开支的限度，道理上就应当如此。我们的生活物资，只有一定的数量，如果乱用就会导致后续不继。当饥寒交迫的时候，就会急不择阴，十分窘迫。如果妄取妄求，势必导致这样的结果。这样，想要坚守其节操，能做到吗？修身饬行，节省用度，是士人百姓都应当遵循的做法。而且养成节俭的习惯，以成就廉洁之德，这更是仕宦之人所急需做的。许鲁斋说，求学之人应当以谋生营家为急要之务，司马光每次问及士大夫生活状况如何，能否维持生计，都是说的这个意思。

岁　计

俭者君子之德。世俗以俭为鄙，非远识也。俭则足用，俭则寡求，俭则可以成家，俭则可以立身，俭则可以传子孙。奢则用不给，奢则贪求，奢则掩身，奢则破家，奢则不可以训子孙。利害相反如此，可不念哉。富家有富家计，贫家有贫家计。量入为出，则不至乏用矣。用常有余，则可以为意外横用之备矣。今以家之用，分而为二，令尔子弟分掌之。其日用收支为一，其岁计分支为一。日用以赁钱俸钱当之，每月终，白尊长。有余，则趱在后月。不足，则取岁计钱足之。岁计以家之薄产所入当之，岁终，以白尊长。有余，则来岁可以举事①。不足，则无所兴举。可以展向后者，一切勿为，以待可为而为之。或有意外横用，亦告于尊长，随宜②区处。

【注释】①举事：行事，办事。②随宜：便宜行事。谓根据情况怎么办好便怎么办。

【译文】节俭，是君子具有的德行。世俗之人认为生活节俭是鄙陋的行为，这是他们缺乏远见。只要节俭，我们就能够财用富足；只要节俭，就可以清心寡欲；只要节俭，就可以兴盛家业；只要节俭，就可以安身立命；只要节俭，就可以使子孙后代长存。如果生活奢侈，我们就会日常用度供不应求；如果生活奢侈，我们就会贪求物欲；如果生活奢侈，我们就会身败名裂；如果生活奢侈，我们就会家道衰落；如果生活奢侈，我们就会失去训诲子孙的资格。节俭、奢侈的利害差异如此之大，我们怎么可以不计较？富裕家庭有富裕家庭的用度考量，贫困家庭有贫困家庭的收支计划。只要量入为出，就不至于导致家庭缺乏用度。日常用度开支有节余，就可以为意外事故开支做储备。现

43

在将家庭日常用度分成两部分, 让家族子弟分别管理。其日常收支为一部分, 年度预算收支为一部分。日常用度以租金、俸禄来应付, 每月月底结算一次, 禀报给家长。如果有节余, 则攒积到下一月用; 如果不足, 就从年度预算中支取补足。年度预算以家族资产的所有收入充当, 年终时将结算禀报家长。年度预算如果有余, 那么第二年可以办其他事; 如果不足, 那么第二年就无所谓兴起办事了。但可以展望未来, 做好兴事计划, 暂时不要行动, 待时机成熟后, 可以做时再行事。如果有意外的开支, 也要禀告家长, 根据实际情况筹划安排。

人家至于破产, 先自借用官物钱始。既先借用官物钱, 至于官物催趣^①, 不免举债典质。久而利重, 虽欲存产业, 不可得矣。故当先须留官物钱, 则无此患。仆^②奋空拳, 粗成家业。毫分积累甚难, 诸子宜体念。各存公心管干^③, 且为二十年计。日后则事难料, 又在诸子从长区处。仆之智力, 有不及矣。月河莫侍郎家甚富, 兄弟同居, 亦三十余年, 此可法也。盖聚居则百费皆省, 析居则人各有费也。然须上下和睦。若自能奋飞, 不藉父业, 则听其挈出。不可将带父业, 留以与不能奋飞者, 可也。

【注释】①催趣: 催赶, 督促。②仆: 自称的谦词。③管干: 管理, 办理。

【译文】家业败落到破产的境地, 一般是从借用官家钱物开始的。已经借用了官家的钱物, 到了官家催促偿还钱物时, 有时不免得借钱、典押。这样, 时间久了而利息也多了, 即使想要保存家庭产业, 却已经很难了。所以首先应当留足偿还官家的钱物, 如此就没有破产的忧患了。我赤手空拳, 白手起家, 勉强积累了一点家业。一分一毫家业的积累都很困难, 你们众子弟应当体念。你们要各自存公心, 一起管理好这份家业，暂且做好二十年的计划吧。日后的事情发展难以预料，这又在于你们从长计议了。我的智力，有所不及啊。月河的莫侍郎家很是富裕，兄弟们共同居住在一起，也有三十多年了，这可以作为你们效法的榜样。大家共同居住在一起，那么各种费用都能有所节省，分开居住则各种费用都需开支，难免有所浪费。但是共同生活，一定要上下和睦。如果自己能够奋起独立，不需要凭藉祖业，那么可以任他独自分开居住，不可以将父辈所创家业带走。父辈所创家业，留给不能独立奋飞的子弟，这样就行了。

人家用度，皆可预计，惟横用不可预计。若婚嫁之事，是闲暇时，子弟自能主张。若乃丧葬，仓卒①之际，往往为浮言所动，多至妄用，以此为孝。世俗之见，切不可徇，则②当随家丰俭也。

【注释】①仓卒：亦作"仓促"、"仓猝"。匆忙急迫。②则：规模，标准。

【译文】家族的日常开支，都能预算，只有意外开支无法预计。如果是婚姻嫁娶之事，在费用开支充裕时，子弟们自然能够自己处理。如果遇到丧葬之事，事起仓猝，子弟们往往会被大家的一些浮言所动，多半会造成浪费，认为这样是孝顺。这是世俗之人的见识，切不可以盲目顺从，开支标准应当根据家业的丰俭情况量力而行。

月 计

士大夫家子弟，若无家业，经营衣食，不过三端。上焉者，仕而仰禄。中焉者，就馆聚徒。下焉者，干求假贷①。今员多阙②少，待次③之日常多。官小俸薄，既难赡给④，远宦有往来道途之费，纵余无几。意外有丁忧论罢之虞，不可不备。又还家无以为策，则居官凡事掣

训俗遗规

肘。若有退步，进退在我，易以行志矣。就馆聚徒，所得不过数十。有一书馆，争者甚众。未娶，就馆犹可。既娶之后，难远离家。在己为羁旅⑤，在家则百事不可照嘱。或自有子，欲教不可。若稍有家业，则可免此患。纵不免就馆聚徒，亦不至若不可一日无馆者之窘也。至于干谒⑥假贷，滋味尤恶。不惟趑趄嗫嚅⑦，此状可恶。奔走于道途，见拒于阍人⑧，情况之恶，抑又可知。纵有所得无几，久而化为唇吻。洁特之士，化为无廉耻可厌之人。若乃假贷亲故，至一至再，亦难言矣。谚曰：做个求人而不成。此言有理。若自有薄产，无此恶况矣。吾家业虽不多，若自知节省，且为二十年计，可以使尔辈待阙⑨，不至狼狈。既免聚徒就馆，又免干求假贷。谚曰：求人不如求己。此之谓也。已作岁计簿，复作月计簿。盖先有月计，然后岁计可知。若月之所用，多于其所入，积而至岁，为大阙用矣。世间事固终归空，人固各有命，然可施智力处，亦不当不理会。又所求者在己，与夫不知义命⑩妄求者，大异也。

【注释】①假贷：借贷。②阙：空缺。③待次：旧时指官吏授职后，依次按照资历补缺。④赡给：周济，救助。⑤羁旅：长久寄居他乡。⑥干谒：为某种目的而求见。⑦趑趄嗫嚅：趑趄，同"越趄"，且前且退，犹豫不进。嗫嚅，想说而又吞吞吐吐不敢说出来。⑧阍（hūn）人：此指富贵人家的守门人。⑨待阙：等待补缺任命。⑩义命：正道，天命。泛指本分。

【译文】士大夫家的子弟，如果没有家业，要想经营生计，不外乎从三个方面着手。最好的方法是考取功名，依靠俸禄生活；中等方法，是到学馆收徒授课；下等方法，向别人求取、借贷。现在士员众多但官缺稀少，等待补缺的日子常常居多。即使做了官，但官职小的话俸禄也会很少，维持自家生计已经很难了，那么除去赴远方就职往来道途之中的费用，也就所剩无几了。同时对于如丁忧、论罢等意外之事，我

46

们不得不考虑，并且预先做好防备。而且如果对回家后的情况没有长远的规划，那么就是在任为官，遇事也会缺乏主意，受人牵制。如果我们做事预留有后退的空间，那么进退之间自己可以把握，这样要随自己的意志行事也就容易了。如果去书馆收徒授课，所得的银两也不过数十两，况且一个书馆，争相收徒授课的人甚多。如果是没有婚娶，独身一人就馆收徒授课还可以维持生计。但如果是已经成家娶妻，那么就难以远离家乡外出收徒授课了。这对自己来说是羁旅，对于家庭来说则是百事缺乏关照，无人做主。这样，即使有些人自己的孩子，自己想教育他也没有条件。如果家里稍有点产业，那么就不会有这种忧患了。即使免不了外出就馆收徒讲课，也不至于会有一日不能收徒授课便生计难以维持的困窘。至于为了生计而求见别人，向人借贷，滋味尤其难受。不仅为了生计，求人时犹豫不决，进退维谷的感觉让人觉得难以忍受，而且为此四处奔走，被富贵人家的守门人拒绝时的情况之恶，也可想而知。纵使因此有所得也不会有多少，时间稍久就化为了唇边的味道。这样，高洁之士，慢慢也会变为没有廉耻、让人讨厌的人。如果是向亲人故友借贷，一而再，再而三，也就难以开口再借了。俗话说："想要做经常求人的人也难啊。"这话说得有理。如果自己稍有一点家产，就不会有这样困窘的情况了。我家产业虽然不多，如果自己知道节省，暂时以维持二十年计算，也可以让你们子弟辈即使等待补缺任命，也不致到时狼狈了。这样既可避免去书馆收徒授课维持生计，又可避免向人求取借贷维持生活。俗话说"求人不如求己"，就是这个意思呀。作好年度收支预算帐簿，再作好月度收支帐簿。只要先作好了月结计算，然后年度结算也就可以知道了。如果月度所用，多于月度所入，那么积累到年末时，就会形成大的资金缺口。人世间的事最终会归于空，各人也的确各有天命，但是可以施展个人才能智力的地方，也不应当不加理会。再说，所追求的东西在于自己，这与那些不知道天命却有非分之想的人，有很大不同啊。

子孙计

或曰：既有子孙，当为子孙计，人之情也。余曰：君子岂不为子孙计？然其子孙计，则有道矣。种德，一也。家传清白，二也。使之从学而知义，三也。受以资身①之术，如才高者，命之习举业，取科第，才卑者，命之以经营生理，四也。家法整齐，上下和睦，五也。为择良师友，六也。为取淑妇，七也。常存俭风，八也。如此八者，岂非为子孙计乎？循理而图之，以有余而遗之，则君子之为子孙计，岂不久利，而父子两得哉。如孔子教伯鱼以诗礼，汉儒教子一经，杨震之使人谓其后为清白吏子孙。邓禹十子，人各授之一业。庞德公云："人皆遗之以危，我独遗之以安。"皆善为子孙计者，又何歉焉。

【注释】①资身：立身；资养自身。

【译文】有的人说："既然有了子孙后代，就应当为子孙后代考虑，这是人之常情。"我认为，君子怎么能不为子孙后代考虑呢？但是为子孙后代考虑，应当讲求方式方法。为子孙后代种德，是方法一；让子孙后代延续家传的清白，是方法二；让子孙后代就学进而知晓道义，这是方法三；传授给子孙后代安身立命的技能，如才智高的人，让他学习举业，考取科第功名，才智低下的，让他学习经营生计，这是方法四；保持家法整齐完备，使家人上下和睦，这是方法五；为子孙后代选择良师益友，这是方法六；为子孙后代选娶贤淑媳妇，这是方法七；使子孙后代时常保持勤俭的风尚，这是方法八。这样的八种方法，难道不是为子孙后代考虑吗？只要遵循这些道理来考虑，将余下的家业留给子孙后代，那么君子为子孙后代的生计谋划，怎么能不长久获利，而使父辈子辈两者都得益呢？如孔子教给伯鱼《诗经》、《礼记》，汉儒教给子弟们儒学经典，杨震的义行使人称他的子孙后代为"清白吏"的子孙，邓禹的十个儿子，每人分别被授予了一种技能。庞德公说："别人都留给子孙后代以危险，只有我留给子孙后代的是安全。"这些都是善于替子孙后代考虑的古人，又有什么歉疚的呢？

俭而能施，仁也。俭而寡求，义也。俭以为家法，礼也。俭以训子孙，智也。俭而悭吝，不仁也。俭复贪求，不义也。俭于其亲，非礼也。俭其积遗子孙，不智也。

【译文】一个人如果能够节俭而且能够救济他人，这是仁；如果能够节俭而且又能清心寡欲，这是义；以俭作为家法，这是礼；以俭作为子孙后代的家训，这是智。为人节俭却又悭吝，这是不仁的做法；为人节俭却贪婪，这是不符合义的行为；为人节俭但对自己的亲人吝啬，这是不符合礼的行为；为人节俭，将节俭积累下来的财产遗留给子孙，这是不智的行为。

衣以岁计，食以日计。一日阙食，必至饥馁；一年阙衣，尚可藉旧。食，在家者也，食粗而无人知；衣，饰外者也，衣敝而人必笑。故善处贫者，节食以完衣；不善处贫者，典衣而市食。

【译文】所用衣物，要以年度考虑，所吃的粮食要以日计算。一天缺了粮食，必定会让人饥饿；一年没有添置新衣服，还可以穿旧的。食物，是在家里食用，吃得粗劣一点也没人知道；衣服，是穿饰在外的，衣服破了必定被人取笑。所以善于操持贫困家庭的人，一定会节省粮食，以保证家人服饰完整；不善操持贫困家庭的人，一定会典卖了衣服而去购买粮食。

陈希夷《心相编》

（先生名抟，宋初隐士。）

宏谋按：相者之术，于眉睫方寸之间，以征毕生之休咎①。其说有时而中，此不尽关乎术数②也。形神本不相离，未有有诸内而不形诸外者。兹以心相名编，谓相从心生，心有善恶、有厚薄，而相之休咎系焉，有不啻③影之随形、声之应响者矣。推而广之，经所云惠迪吉④，从逆凶。传所云德润身，心广体胖。又云善必先知之，不善必先知之。朱子⑤释之，以为如执玉高卑，其容俯仰之类。孟子所云胸中正，则眸子瞭焉。胸中不正，则眸子眊焉⑥。皆以心为。相之义也。是理也，非术也。范太傅质⑦，自从仕，未尝废学。曰：昔有异人言，吾他日必当大任。苟如其言，无学术，何以当之。此因相而返观内照，欲求建立，以不负乎相也。有人相吕新吾⑧，指面上部位多贵。先生云："所忧不在此也。汝相予一心，要包藏⑨得天下理。相予两肩，要担得天下事。相予两脚，要踏得万事定。不然，予方有愧于面也。"此则直以心为相，不任术而任理者也。余尝慨世之离心以求相者，相云吉，则深以为喜，生冀倖心。相云凶，则抑郁无聊，生退悔心。相之有损无益也，久矣。喜兹编足以破世人之愚惑，而有助于劝戒也，故录而叙论之。人诚深明乎此，可以相人，可以为人相，可以自相。而且不妨于随时随事，皆作相者观，即以此为省己观人之则⑩可也。

【注释】①休咎：吉凶；善恶。②术数：古代道教五术中的重要内容。以阴阳五行的生克制化的理论，来推测自然、社会、人事的"吉凶"，属《周易》研究范畴的一大主流支派。③不啻：不异于。④惠迪吉：语出《尚书·大禹谟》。孔传："迪，道也。顺道吉，从逆凶。"后因以"迪吉"表安好、吉祥。⑤朱子：朱熹。⑥孟子所云一句：出自《孟子·离娄上》。瞭，明亮。眊（mào），眼睛看不清楚，引申为糊涂。⑦范太傅质：即范质。字文素，中国五代后周和北宋初大臣。赵匡胤"陈桥兵变"后，任北宋宰相。自幼好学，九岁能文，十三岁诵五经，博学多闻。其自身廉洁，从不受四方馈送，自己前后所得俸禄、赏赐也多送给孤遗。所作诗八百言，谆谆教诲，时人传诵。⑧吕新吾：即吕坤（1536年~1618年），字叔简，号新吾，宁陵人。万历二年进士，历官山西巡抚，留意风教，举措公明，擢刑部侍郎。立朝持正，以是为小人所不悦，欲中以奇祸，遂致仕，年八十三卒。⑨包藏：犹包涵；宽容。⑩则：标准，榜样。

【译文】陈宏谋说：所谓相人的方法，就是通过人的面相、五官等，来推测其一生的吉凶、祸福。这种方法有时能够说中，这不仅仅是关乎术数的原因。人的肉体与灵魂本来就不是相离的，是一体的，从来没有过有着这样的内在精神却表现出那样的外在形体。现以"心相"命名此编，讲述相从心生，心有善恶、有厚薄，而面相的吉凶好坏与这息息相关，不异于影子跟随形体、声音响应发声。推而广之，《尚书》中说"遵循道的吉利，跟从逆道的凶恶"，《礼记》中说"仁德可以滋润、保养身体，胸怀宽广则体貌安详、舒泰"，又说"善必先知之，不善必先知之"。夫子朱熹解释说，这就与因官爵、地位的高低不同，而有的低头表示恭敬，有的仰头表示高傲一样。孟子所说的"胸中正，则眸子瞭焉；胸中不正，则眸子眊焉"，都是存心的好坏所致。相的义理，在理而不在术。北宋范质范太傅，自做官后，也从未荒废过学问。他说：从前有一个异人说，我将来必定会担当大任。如果真像异人所说，但如果范质没有学问，那他又凭什么来担当大任呢？这是范质因异人为他看相而自我反省，返观内照，想要有所建树，而不辜负外在表现出来的吉相啊。曾有人为吕新吾看相，说他面相吉祥，多表现出高贵。吕新吾说："我所忧虑的不在这啊。你应该相我的一颗心，要容得下天下的理；相我的两肩，要担得起天下的事；相我的两脚，要踏得万事安定。不然，我就有愧于我吉祥的面相了。"这就是直接以心为相，不听凭术而听凭理。我曾经感慨世人脱离心而来求相，相辞说吉，就深以为喜，生起冀幸心，希望有意外的好运；相辞说凶，就抑郁无聊，遇事生退悔心。相术这种有损无益的做法，已经很久了。很高兴这篇文章足以破除当下世人的愚惑，而且有助于劝诫世人，所以特意辑录并加以叙论。人如果真能深明其中道理，那么就可以相人，可以为人相，也可以自相了。而且可以不碍于何时何事，都可以作为相者来对待，即以此作为自我反省和观察别人的准则。

心者貌之根①，审心而善恶自见。行者心之发②，观行而祸福可知。

【注释】①根：根源，根本。②发：表现，反映。

【译文】心灵是相貌的根本，审察一个人的心地，就可以知道他性格的善恶；行为是心灵的外在表现，观察一个人的行为，就可以知道他命运的吉凶。

出纳①不公平，难得儿孙长育。语言多反复，应知心腹无依。

【注释】①出纳：有两种解释，一种是在相学上的说法，所谓出纳讲的是口，出纳不公平也就是说话不公道，心口不一，这是一种。另外一种解释，出纳是讲我们钱财上的，跟人交往上的出入、取与。

【译文】出纳不公平的人，难以得到儿孙长育的福报，不是断子绝孙就是儿孙多败儿,败家败产;言语无信反复无常的人,应当可以断定没有知心朋友,没人能够依靠。

消沮^①闭藏,必是奸贪之辈。披肝露胆,决为英杰之人。

【注释】①消沮:削减;减弱。消,削减;沮,败坏。消沮,这里引申为剥削、败坏他人财物。

【译文】败坏和掩藏别人财物的人,必是奸贪不足的小人;仗义疏财、讲求信用的人,一定是心中坦坦荡荡的英雄豪杰、侠义之人。

心和气平,可卜孙荣兼子贵。才偏性执,不遭大祸必奇穷。

【译文】一个心平气和的人,可以预知他必定子孙荣贵,家庭兴旺;偏才、鬼才之人,性格执傲,倘若幸免不受大祸的,那也必定一生穷困潦倒。

转眼无情,贫寒夭促^①。时谈念旧,富贵期颐^②。

【注释】①夭促:夭,夭折;促,急促。指寿命很短,短寿。②期颐:也称人瑞,指百岁以上的老人。喻指长寿。

【译文】翻脸无情、薄情寡义之人,必定一生贫寒,夭折短寿;时时念旧,不忘旧恩的人,必定富贵绵长,长寿多福。

重富欺贫,焉可托妻寄子。敬老慈幼,必然裕后光前。

【译文】一个重视财富、欺负贫民的人,刻薄寡义,怎么可以把妻子托付给他？一个能够敬老爱老、关怀爱护晚辈的人，必定子孙荣显，光宗耀祖。

轻口出违言①，寿元短折。忘恩思小怨，科第难成。

【注释】①违言：违背义理的言语，不合情理的话。

【译文】动辄强词夺理，讲些违背义理的话，最易折损自己的寿命；忘恩负义而喜记小仇的人，难以取得科第。

小富小贵易盈，刑灾准有。大富大贵不动，厚福无疆。

【译文】小有成就就骄傲自满、目空四海的人，定会招致刑祸；大富大贵而不动心的人，必定会厚福无疆。

欺蔽阴私，纵有荣华儿不享。公平正直，虽无子息①死为神。

【注释】①子息：子嗣，后代。

【译文】恶行隐蔽、行为阴损的人，纵有荣华富贵，儿孙也享用不到。公平正直、光明磊落的人，即使没有子嗣，死后也会为神。

开口说轻生，临大节，决然规避。逢人称知己，即深交，究竟平常。

【译文】开口就是豪言壮语，说可以为你两肋插刀、赴汤蹈火的人，在大事关头、大节时刻，一定会设法躲避；逢人称知己，滥交朋友的人，与他深交下去，结果也只是平平常常。

处大事，不辞劳怨，堪为梁栋之材。遇小故，辄①避嫌疑，岂是腹心之寄。

【注释】①辄：总是，就。

【译文】面对大事而能勇挑重担、任劳任怨的人，足以成为国家栋梁之才；碰到一点小事就避嫌、不肯承担责任的人，又怎么能予以重用呢？

与物难堪，不测亡身还害子。待人有地①，无端得福更延年。

【注释】①地：余地。

【译文】与天地万物过不去，怨天尤人，不但会招来横祸，还会遗害子孙；待人处事留有余地的人，会获得意外的福禄和长寿。

迷花恋酒，闺①中妻妾参商②。利己损人，膝下儿孙悖逆。

【注释】①闺：内室。②参商：指的是参星与商星，二者在星空中此出彼没，彼出此没。古人以此比喻彼此对立、不和睦，亲友隔绝，不能相见，有差别，有距离。

【译文】寻花问柳、贪杯恋酒的人，家中的妻妾一定不和睦；损人利己、贪图小利的人，家中定会有不肖子孙。

贱买田园，决生败子。尊崇师傅，定产贤郎。

【译文】趁火打劫、贱买人家财产的人，定会生出败家子；尊师重道的人家，定会有孝子贤孙。

愚鲁人，说话尖酸刻薄，既贫穷，必损寿元。聪明子，语言木讷优容，享安康，且膺[①]封诰[②]。

【注释】①膺：接受，承当。②封诰：紫微斗数星曜之一。主社会风评佳，会遇褒赏、表彰等利于名誉之事。封章之星。象征为封赏、表彰、佳评、名声。

【译文】愚昧鲁莽，且说话尖酸刻薄的人，必定会贫穷短命。天资聪慧，可是少言寡语，举止木讷，宽容待人的人，定会安康富贵。

患难中能守者，若读书，可作朝廷柱石之臣。安乐中若忘者，纵低才[①]，岂非金榜青云之客[②]。

【注释】①低才：指才学较低之人。②青云之客：比喻官高爵显之人。

【译文】在艰苦患难之时还能够坚持自己的操守而不随波逐流的人，如果能够读书，将来定可以成为国家砥柱栋梁之才。安乐中能够忘记安乐且有忧患意识的人，纵然才学较低，未必就不能金榜题名，青云直上，功名亨通。

鄙吝[①]勤劳，亦有大富小康之别，宜观其量。奢侈靡丽[②]，宁无奇人浪子之分，必视其才。

【注释】①鄙吝：鄙指心地卑鄙，心胸狭窄；吝是吝啬、自私。指节俭。②靡丽：极度浪费；奢华。

【译文】节俭勤劳之人，有大富、小康的区别，关键看其人心量之大小；奢侈靡丽之人，有奇才也有浪子，关键看其人才学之有无。

弗以见小为守成①，惹祸破家难免。莫认惜福为悭吝②，轻财仗义尽多。

【注释】①守成：守护前人创下的成就和业绩。②悭吝：吝啬；小气。

【译文】不要把只顾眼前利益，爱占小便宜当作持家之道，这样最后难免惹祸败家。不要把生活节俭当作吝啬，惜福之人往往是仗义疏财的人。

处事迟①而不急，大器晚成。见机决②而能藏③，高才蚤④发。

【注释】①迟：缓慢，稳重。②决：决断。③藏：包藏，隐藏。④蚤：通"早"。

【译文】处事沉着稳重之人，必是大器晚成的人；胸有成竹又能藏而不露之人，必是才高而年少志得。

有能吝教，己无成，子亦无成。见过隐规①，身可托，家亦可托。

【注释】①隐规：暗中规劝。

【译文】有才能却不肯教人，自己必无成就，子女也会无所成就；见到他人有过失能够暗中规劝的人，可以托付身家。

知足与自满不同，一则矜①而受灾，一则谦而获福。大才与庸才自别，一则诞②而多败，一则实而有成。

【注释】①矜：自尊，自大，自夸。②诞：欺诈，虚妄。

【译文】知足与自满不一样，自满的人傲慢自大而招灾惹祸，知足的人谦虚本分而有福禄。大才与庸才自然有区别，庸才好虚妄吹牛而做事多有不成，大才踏实肯干而做事定有成就。

忮求①念胜，图名利，到底逊人。恻隐心多，遇艰难，中途获救。

【注释】①忮求：嫉害贪求。忮，音zhì，嫉妒，恨。

【译文】一心只妄求胜利、贪图名利之人，始终差人一筹；胸怀恻隐之心的人，即便遇到艰难，中途必会获得帮助。

不分德怨，料难至乎遐年①。较量锱铢②，岂足期乎大受③。

【注释】①遐年：高龄，长寿。②锱铢（zī zhū）：旧制锱为四分之一两，铢为二十四分之一两。比喻极其微小的数量。③大受：承担重任，委以重任。受，被委任、任用，或托付。语出《论语·卫灵公》。

【译文】只知有怨不知报恩的人，估计很难长寿；斤斤计较的人，又怎能委以重任呢？

过刚者图谋易就，灾伤岂保全无。太柔者作事难成，平福亦能安受。

【译文】过于刚强的人，做事虽然容易成功，但难保没有灾伤。过于柔弱的人，做事难以成功，福报平平但能安享。

乐处生愁，一生辛苦。怒时反笑，至老奸邪。

【译文】处于安乐时，不知感恩惜福，却多愁善感，悲观主义的人，定会一生辛苦。心中愤怒却一脸笑容，这种人城府很深，年纪越大越是奸滑。

好矜①己善，弗再望乎功名。乐摘②人非，最足伤乎性命。

【注释】①矜：夸耀。②摘：指责。
【译文】喜欢夸耀自己才能的人，不要再期望他在功名上有所进步；喜欢指责挑剔别人是非的人，最容易伤及自己的性命。

责人重而责己轻，弗与同谋共事。功归人而过归己，尽堪救患扶灾。

【译文】遇事喜欢责备别人、把责任推给别人却不会自我批评的人，是没有担当的人，不能跟他同谋共事，共患难，不会成为你真正的朋友。真正的君子都是归功于人、归过于己，能自我批评却不责备于人，所以他能够堪当大任，共患难，可以拯危机解困难。

处家孝悌无亏，簪缨①弈世②。与世吉凶同患，血食③千年。

【注释】①簪缨：古代达官贵人的冠饰。后遂借以指高官显宦。②弈世：累世，世世代代。③血食：谓受享祭品。古代杀牲取血以祭，故称。
【译文】一家人能和睦相处，孝悌传家，没有亏损，这样的家庭必定能够世世代代都有显贵儿孙，正所谓孝门出忠臣。跟世人同患难、共吉凶，有难同当，有福共享，这种人定能受到世人的爱戴、敬仰，世世代代的人民都会怀念他、敬仰他、祭祀他。

曲意周全知有后，任情激搏必凶亡。

【译文】能够委曲求全照顾到别人、甘愿自己吃亏而顾全大局的
人，必有后福。性格刚烈而任性、好勇斗狠而一意孤行之人，结局必
定是凶亡，死路一条。从历史上看，大凡早亡夭折的人都是任性、好
斗、顽固、不肯回头之人。

易变脸，薄福之人奚较^①。耐久朋，能容之士可宗^②。

【注释】①奚较：奚，何必；较，计较。②可宗：值得尊崇、效法。

【译文】容易变脸的人往往薄情寡义，对富贵的人就点头哈腰，
满脸笑容，对贫贱的人他就傲慢无礼，看不起，这是薄福之人，我们
何必与他计较？因为心地刻薄，相也就刻薄，所以遇到这样的人，我
们知道他福薄，不要跟他计较，过几年我们再去看他。能够耐久的朋
友，能共患难，所谓松柏能够历严寒，岁寒才知道松柏之后凋，这种人
道义、恩情耐久，能包容，有心量，能担当，靠得住，可以让我们以身
家托付。

好与人争，滋培^①浅而前程有限。必求自反，蓄积^②厚而事业能
伸。

【注释】①滋培：栽培，养育。②蓄积：积聚，储存。

【译文】喜欢争强好胜、争名夺利的人，只看重眼前利益，眼光短
浅，滋培的福缘一定浅薄，因而前程有限，不可能成大气候。遇事能够
反求诸己、自我检讨的人，他蓄积的福缘一定深厚，将来事业一定能

够大成,定得功名富贵。

少年飞扬浮动①,颜子之限②难过。壮岁冒昧昏迷③,不惑之期④
怎免。

【注释】①飞扬浮动:指骄横放纵,心气浮躁不安。②颜子之限:指
颜回的死亡年限。颜子,指颜回,其短命,仅29岁而亡(一说31岁,一说40
岁)。③冒昧昏迷:冒昧指无知妄为,鲁莽轻率;昏迷指沉迷、沉醉、糊涂。
④不惑之期:不惑,遇到事情能明辨不疑。以此作为40岁的代称。

【译文】少年人往往好出风头、喜表现,因而心浮气躁,往
往三十岁也就难过了。古代早发的才子,很少过三十岁的,像骆宾
王、王勃这类的所谓才子,都是三十岁上下就亡逝了。为什么?福都
享尽了,没有积后福。所以少年人最重要的是充实自己的才干,加
厚自己的德行,求大器晚成,不求少年得志。壮年还行事鲁莽、做
事没有大局观念、迷惑颠倒的,四十岁的年限上很可能有灾难。

喜怒不择轻重,一事无成。笑骂不审是非,知交断绝。

【译文】喜怒无常,感情用事,且不分场合随便说话、随便发脾气
的人,容易与别人起矛盾,不善于跟人配合、合作,结果没有人来帮助
他,所以一生就很难有成就。讲话随便,喜欢有事没事拿他人开玩笑的
人,即使是知心朋友也会渐渐断绝往来,所以我们讲话一定要注意厚
道、口德,这才能够长久拥有真正的朋友。

济急拯危,亦有时乎贫乏,福自天来。解纷排难,恐亦涉乎图
圄①,神必佑之。

【注释】①圉圄：监狱。借指牢狱之灾。

【译文】一个有慈悲心、能够在危难中拯救他人的人，虽然有时也会遭遇贫困，但他将来定会福报无穷，自有天赐之福。一个能够为他人分忧解难的人，虽然有时可能会招致牢狱之灾，但是他的心真诚正直，上天必会保佑他，最后他定能名扬四海，后福无穷。所以我们有时候看一件事情，看它的结果，要把眼光放长远，不能短视。

饿死岂在纹描①，抛衣撒饭。瘟亡不由运数②，骂地咒天。

【注释】①纹描：相学术语，也叫作腾蛇纹入口，就是法令纹（就是鼻子下面这两条叫法令纹）一直入到口里。相传这种面相注定是会饿死的。②运数：运气，命数。

【译文】被饿死的人仅仅是因为面相上有纹描吗？饿死是因为他们抛衣撒饭，浪费粮食，浪费衣物，是他们糟蹋资源，不肯惜福。得瘟疫而亡的人不是因为运数不好，而是这些人自己造孽还常常怨天尤人，指天骂地，把阴德丧尽了，最后遭横祸而死。

甘受人欺，有子忽然大发。常思退步，一身终得安闲。

【译文】如果一个人能够甘心忍受别人欺辱，逆来顺受，他的后代子孙定会发达，后福无穷。如果一个人常常退后一步谦让别人，不与人争，与世无求，那他一生定会自在安闲。所以真的是性格决定命运，你想得一生安乐，你要有一种知足常乐的性格，你想有福报，你要有一种忍耐、好施的心态。

举止不失其常，非贵亦须大富。寿可知矣。喜怒不形于色，成名还立大功。奸亦有之。

【译文】如果一个人的行为举止，都跟"仁、义、礼、智、信"这五常相应，荣辱不惊，那么这种人非贵也是大富，而且寿命会很长久。福报是跟自己的德行、修养成正比例的。喜怒不表现在脸上的人，往往能够成大名、立大功，因为这种人涵养很深，谋略很深，所以他能够成就功名大业。但是这种人也可能是一种奸雄，例如曹操。

无事失措仓皇①，光如闪电。有难怡然不动，安若泰山。

【注释】①失措仓皇：匆忙慌张，不知所措。
【译文】没事慌慌张张，不知所措，心里没有一点定力、耐心的人，即使是偶尔有点小成绩，也会有如闪电一样，一瞬即逝，所以不可能有大成就。即使灾难现前，还能怡然不动，镇定自若，有如泰山，这样的人自然会生活安定，有大福报。

积功累仁，百年必报。大出小入，数世其昌。

【译文】喜欢修善积德之人，善报无穷，即使是百年以后，儿孙也能享他的福报。甘愿自己吃亏，乐善好施的人，其家道必定数世昌隆。

人事可凭，天道不爽。

【译文】功名富贵、名闻利养，可以凭借人事去努力争取，但是能否达到，还要看天道因果的报应，因果的报应从来不会有差错。

如何飧刀饮剑①？君子刚愎自用，小人行险侥倖。如何投河自缢？男人才短蹈危，女子气盛见逼。

【注释】①飧刀饮剑：飧（sūn），也作餐。即自刎、自杀、寻短见。

【译文】一个人为什么会飧刀饮剑寻短见？这有两种人。一种是君子，因为刚愎自用，固执己见，不听人劝，所以最后导致一败涂地，没脸见人，只好自刎。另外一种是小人，私心很重，损人利己心太强烈，铤而走险，结果最后败事了，只好自杀。一个人为什么会投河自尽？这也分两种情况。一种是男人才短，可是他偏偏想干大事，结果自不量力，铤而走险，步入危险的境地。一种是女子，女子本应柔和，以柔为美，可是她气太盛，很刚强，又遇到外境逼迫，这时候也很容易出现投河自尽的结局。这些都是所谓的性格决定命运，当然人有正直刚强之气是好的，但是我们也要注意能够内刚外柔，能屈能伸，特别是在危险的境地。

如何短折亡身？出薄言，做薄事，存薄心，种种皆薄。如何凶灾恶死？多阴毒，积阴私，有阴行，事事皆阴。

【译文】一个人为什么会夭折、早逝？原因是他讲话刻薄，做事刻薄，存心刻薄，身口意都刻薄，得到的果报那就是夭折亡身。为什么有的人会遭遇天灾横祸而死？原因是他心怀阴毒，积的是阴私的恶事，行为恶、心里恶，而且还是阴恶，事事皆阴。人虽不知道他有这些阴毒，但天报应之，天来收拾他，所以落得个凶灾横死。

如何暴疾而没？色欲空虚。如何毒疮而终？肥甘凝腻①。

【注释】①肥甘凝腻：指肥美多脂的食品。

【译文】为什么一个人会突然暴病而死？大部分都是因为恣情纵欲，精气耗尽。所以古人讲"色字头上一把刀"，色欲杀人不见血的。所以这个一定要防范，心不要有邪思，要断除欲念，自然就感得长寿福报。为什么一个人会得毒疮而终？原因是这些人饮食上肥甘凝腻，贪图享受，没有节制。

如何老后无嗣？性情孤洁。如何盛年丧子？心地欺瞒。

【译文】一个人为什么到老了还没有儿孙、没有后代？大多是因为他性格孤傲、偏执，而且容不下看不顺眼的东西。正所谓"地至秽多生物，水至清则无鱼"。一个人为何会在年富力强，事业如日中天时丧子？大多是因为背地里干了不少伤天害理的事，亏心事做多了，招致这种报应。

如何多遭火患？刻剥民财。如何时犯官符？调停失当。

【译文】为什么有的人会常常遇到火灾、盗贼？大概是因为搜刮民财，贪图利益，损人利己。为什么有些人经常遭遇牢狱之灾？大多是因为自己调停失当，使别人有了牢狱之灾，结果自己也有了牢狱之灾。

何知端揆首辅①？常怀济物之心。何知拜将封侯？独挟盖世之气。

【注释】①端揆首辅：端揆，指相位，宰相居百官之首，总揽国政，故称。首辅，明代对首席大学士的习称，相当于宰相。
【译文】为什么有的人能高居一人之下、万人之上的相位？这大多是因为他有仁爱心，有慈悲心，救济别人，救济众生。人如何能够封侯拜将？因为他有盖世的气概，有广大的胸襟，他就有这么高的福禄。所以人志向要广大，气量要广大，自然福报也就大。

何知玉堂金马^①？动容清丽。何知建牙拥节^②？气概凌霄。

【注释】①玉堂金马：玉堂，汉代殿名；金马，汉代宫门名，也称"金门"。旧时比喻才学优异而富贵显达。②建牙拥节：建牙，指古代将军出征，他在军前立的一面旗子，这里指镇守一方的将领。拥节，指古代元帅用的一种特殊的帅印，这里指统率一方、镇守一方的大将。

【译文】什么样的人能以才学博得功名呢？那些格局清丽、神清气秀的人可以。什么样的人能够担当重任，镇守一方呢？那些志存高远，气概凌霄的人可以。

何知丞簿下吏？量平胆薄。何知明经教职？志近行拘。

【译文】为什么有的人一生只能当个丞簿下吏之类的小职员呢？因为他们量小胆薄无大志。为什么有的人通明经典却只能以教书糊口呢？因为他们胸无大志，行为拘谨。

何知苗而不秀^①？非惟愚蠢更荒唐。何知秀而不实^②？盖谓自贤兼短行。

【注释】①秀：成才。②实：结果。
【译文】为什么有些人看着是好苗子却成不了才呢？不仅是因为他愚蠢，不懂为人处世，更是做事荒唐、怪异。这种人自然很难成才，很难成功。为什么有些人有才能有能力却没有成就呢？因为他自高自大、自满，而且德行上还有了亏欠，做了缺德的事，这种人最后也是没有好结果的。

若论妇人，先须静默①。从来淑女，不贵才能。

【注释】①静默：宁静沉默，不发出声音。

【译文】看一个妇女的德行，首先要求她能够安静，能够沉稳、安详，少言寡语，这种妇女她自然就有好德行。真正德行美好的女子，她不看重才能，对于显示自己的才华一点也不看重。所以女子以纯静、娴静为美，不是以她的才华怎样显露为美。

有威严，当膺①一品之封②；少修饰，准掌万金之重③。

【注释】①膺：接受，承当。②一品之封：封为一品诰命夫人。③万金之重：极多的钱财，用以形容贵重或比喻贵重之物。

【译文】如果一个女子有德行，且还有几分威严，这样的人将来必定是自己显贵或者是家族显贵。如果一个女子生活起居都很节俭，不注重妖冶的打扮，一定能够掌握万金之重，能管理大的家业。

多言好胜，若然有嗣必伤身。尽孝兼慈，不特①助夫还旺子。

【注释】①不特：不仅，不止。

【译文】一个女子如果多言好胜，太过强势，即使她有儿女，她的身体也不会好。为什么？好胜伤身。一个能尽孝且仁慈的女子，她孝顺公公婆婆，慈爱儿女，相夫教子，不仅是夫君的好帮手、贤内助，而且还旺子孙，后代都会兴旺发达。

贫苦中毫无怨詈①，两国褒封②。富贵时常惜衣粮，满堂荣庆。

【注释】①怨詈：怨恨咒骂。②两国褒封：两国，比喻婆家、娘家。褒封，褒扬封赏。

【译文】生活虽然贫苦，但是她毫无怨言，能甘心忍受，安分守己。这样的女子必定会受婆家和娘家的赞叹、恭敬。富贵的时候她还能够惜福，不奢侈浪费，那么将来必然会满堂荣庆，家和人乐。

奴婢成群，定是宽宏待下。赀财①盈箧，决然勤俭持家。

【注释】①赀财：钱财，财物。赀，通"资"。

【译文】如果家里的奴婢很多，且能够和谐相处，定是女主人宽宏大量，待下人温和厚道的结果。如果家里赀财盈箧，一定是因为女主人勤俭持家而来。

悍妇多因性妒，老后无归。奚婆①定是情乖②，少年浪走③。

【注释】①奚婆：奚指女奴、奴隶、仆人；婆指老年的女仆。②情乖：性情乖张。③浪走：四处奔走；胡乱奔走。

【译文】凶蛮泼辣的悍妇，多因嫉妒成性，自己晚年多半孤独无依，所谓老来无后，流离失所，晚景悲凉。到了老年还当人家的奴婢，她年轻的时候定是性情乖张，任性放荡，不守礼法，年轻时四处乱走，最后到晚年也是晚景悲凉。

为甚欺夫？显然淫行。缘何无子？暗里伤人。

【译文】为什么她敢欺负丈夫（在古代，丈夫是一家之主，女子在家里的地位一般低于丈夫）？显然她肯定是有了外遇（只有在外有了依靠，才会如此大胆）。为什么她到老了还没有儿女？肯定是她心里面嫉妒别人，阴毒谋害他人，所以自己最后老来无子。

合①观前论，历试无差。勉教后来②，犹期善变。

【注释】①合：综合。②后来：后来人，后人。

【译文】综合上面种种相来看心，从心显示的行为来预卜祸福，从来都没有差错。希望通过这篇《心相编》，能够勉励教育后来者，更期望能够读后有所改变。

信乎骨格步位①，相辅而行。允矣血气精神②，由之而显。

【注释】①骨格步位：这是相学里的说法。指人体骨格、相貌所表现出来的气质、仪态等。②血气精神：中医用来说明人体能量的名词。

【译文】骨格与步位是相辅相成的，这点可以确信，可以通过这看出一个人是富贵相还是贫贱相。血气与精神互为表里，这是确信无疑的，通过这可以看出一个人的气质、学识、德行。

知其善而守之，锦上添花。知其恶而弗为，祸转为福。

【译文】我们要知其善且能守住善道，进而锦上添花，更上一层楼，那我们的福报会更大、更长。如果我们知道什么是恶的，就不再去造恶，赶快改正过来，如此改过自新则可转祸为福。正所谓相由心生，相由心转。

袁氏《世范》

（先生名采，字君载，宋时衢州人，官至监登闻检院。）

宏谋按：王道^①本^②乎人情，至理^③不离日用。朱子言道之费^④，而曰近自夫妇居室之间，远而至于圣人天地之所不能外，道岂遗于卑迩^⑤哉。篇中所言妇子居室之事，准乎人情，协乎天理，设身处地，即病即药，几于纤悉^⑥不遗矣。兹录其切要^⑦者，以为训焉。

【注释】①王道：指古时以仁义统治天下的政治主张。②本：根本，根源。③至理：最精深的道理，犹真理。④费：广大。⑤卑迩：卑，低下，小。迩，近处，范围狭小。⑥纤悉：细微详尽。⑦切要：要领，纲要。

【译文】陈宏谋说：王道来源于人情，精深的道理就存在于我们的日常生活中。朱熹夫子在阐说道的广大时，说道从近处讲存在于夫妇之间，从远了来讲存在于圣人、天地所不能到达的地方。道又怎么只遗存在低微之处呢？《世范》篇中所说的夫妇居室之间的事，合乎人情标准，与天理和谐；篇中所述，处处设身处地为人着想，什么病施什么药，细微详尽得几乎没有任何遗漏。现在将《世范》中的要点辑录下来，作为训言。

睦 亲

人之至亲, 莫过于父子兄弟。而父子兄弟, 有不和者, 父子或因于责善, 兄弟或因于争财。有不因责善争财而不和者。世人见其不和, 或就其中分别是非, 而莫明其由。盖人之性, 或宽缓, 或褊①急, 或刚强, 或柔懦, 或喜闲静, 或喜纷挐②, 或所见者小, 或所见者大, 所禀③自是不同。父必欲子之性合于己, 子之性未必然。兄必欲弟之性合于己, 弟之性未必然。其性不可得而合, 则其言行亦不可得而合。此父子兄弟不和之根源也。况临事之际, 一以为是, 一以为非。一以为当先, 一以为当后。一以为宜急, 一以为宜缓。其不齐如此。若互欲同于己, 必致于争论。争论不胜, 至于再三, 至于十数, 则不和之情, 自兹而启④, 或至于终身失欢。若悉悟此理, 为父兄者, 通情于子弟, 而不责子弟之同于己。为子弟者, 仰承于父兄, 而不望父兄惟己之听。则处事之际, 必相和协, 无乖争之患。孔子曰: "事父母几谏, 见志不从, 又敬不违, 劳而不怨。" 此圣人教人和家之要术, 宜熟思之。(语云 "识性可与同居", 正谓此也。)

【注释】①褊: 通 "偏"。气量狭小; 急躁。②纷挐: 亦作 "纷拏"。纷扰繁盛的样子。③禀: 禀性, 性情。④启: 发生。

【译文】对于人而言, 关系最亲的莫过于父子和兄弟了。然而, 父子、兄弟间有相处不和睦的, 或者是因为父亲对孩子期望过高, 要求过严, 或者是因为兄弟之间互争家财。但有些家庭不和睦, 既不是因为父亲对儿女要求过严, 也不是因为兄弟之间争夺家产。周围的人看见他们不和, 有的便想从中分辨出谁是谁非, 但最终也找不到原因。大概人的性情, 有的宽容缓和, 有的偏激急躁, 有的刚戾好强, 有的优柔懦弱，有的喜欢闲雅恬静，有的喜欢纷纷扰扰，有的人识见短浅，有的人识见广博，各自的禀性气质不同而已。做父亲的想要自己子女的脾性符合自己的要求，但做子女的脾性未必是这样；做兄长的想要强迫弟弟的性格和自己的一样，但弟弟的性格却未必如此。他们的性格不可能做到一样，所以他们的言行也就不可能相合。这就是父子、兄弟间不和睦的最根本的原因。况且面临事情的时候，大多认为自己是正确的，但对方却认为是错误的；一方认为应当先做，一方认为应当后做；一方认为应该快点，一方认为应该慢点。双方观点竟然如此不一样。如果彼此都希望对方同意自己的意见，必然会导致争辩，争辩不分胜负，以至于三番五次，更至于上十次，这样父子、兄弟之间自然便会产生矛盾，有的甚至终生不和。如果人们都能清楚地明白这个道理，做父亲和兄长的对子女与弟弟通情达理，不再强迫他们按照自己的意愿去做；做子女和弟弟的，应当听取父兄的意见，不要期望他们只听取自己的意见，那么在处理事情的时候，必定会关系和睦，没有了争吵的祸患。孔子说："侍奉父母时，如果他们有不对的地方，要多次婉言劝谏。如果自己的意见没被采纳，也必须恭恭敬敬不得违逆，做事时也毫无怨言。"这就是圣人教给人们使家庭和睦的重要方法，我们应该认真思考。（俗话说"识性可与同居"，说的就是这个意思。）

自古人伦^①不齐，或父子不能皆贤，或兄弟不能皆令^②，或夫流荡，或妻悍暴。少有一家之中，无此患者。虽圣贤亦无如之何。譬如身有疮痍疣赘，虽甚可恶，不可决去，惟当宽怀处之。能知此理，则胸中泰然矣。古人所以谓父子兄弟夫妇之间，人所难言者，如此。（宽怀而外，还当循理以化之，积诚以感之。最忌者，忿恨激烈也。）

【注释】①人伦：人类。伦，辈，类。②令：美好。

【译文】人世间自古以来就是贤达和不肖之人混杂不齐，有的父子不能同样贤达，有的兄弟不能同样美善，有的丈夫放荡不务正业，有的妻子强悍泼辣，很少有家庭能免除此患的。即使是圣贤之人，也是无可奈何。就像身上长满各种疮毒，虽然很可恶，却不能够除去一样，只有放宽心怀对待才行。如果能明白这个道理，那么对待这种情况心中也就会坦然了。古人所说的父子、兄弟、夫妇之间有难言之隐，说的就是这些。（对人除了要多宽容以外，还要再晓之以理，动之以情，以义理、真诚逐渐感化他，最忌讳的是以忿恨激烈的态度对人。）

人言居家之道，莫善于忍。然知忍而不知处忍之道，其失尤多。盖忍或有藏蓄①之意，人之犯我，藏蓄而不发，不过一再而已。积之既多，其发也，如洪流之决，不可遏矣。不若随而解之，曰此其不思尔，曰此其无知尔，曰此其失误尔，曰此其所见者小尔，曰此其利害②宁几何。不使入于吾心，虽日犯我者十数，亦不至形于言色。然后见忍之功效甚大，此所谓善处忍者。

【注释】①藏蓄：隐藏，蓄积。②利害：关系，干系。

【译文】人们常说维持家庭和睦的方法，莫过于忍耐。然而，如果只知忍耐却不知道如何去忍耐，那么犯的错误就会很多。忍耐中有隐藏、蓄积的意思，别人冒犯了我，我隐而不发。这种方法只能使用一两次。如果心中积蓄的不满过多，发泄之时，就会像决口的洪流势不可遏。与其这样，不如随时随地将心中的愤懑自行化解，不存留于胸中为好。且不妨这样对自己说：他这样做是没有经过思考的，他这样做是因为无知，他这样做是他的失误，他这样做是目光短浅、见识浅陋的原因，他这样做对我来说又有多大的干系呢？不使不和之事进入我的心中，即使他每天冒犯我十几次之多，我也不至于表现出不满之色。

只有这样，才能看出忍耐的功效是多么巨大。这才是善于忍耐的人。

　　骨肉之失欢，有本于至微，而终至不可解者。止①由失欢之后，各自负气，不肯先下气②尔。朝夕群居，不能无相失③。相失之后，有一人先下气与之话言，则彼此酬复④，遂如平时矣。

　　【注释】①止：至，到。②下气：放下怨气。③相失：相互失礼，即矛盾。④酬复：应答，对答。借指关系恢复。
　　【译文】亲人之间不和睦，往往缘于细微之事，而最终导致产生了难以解决的矛盾。其原因往往是在产生矛盾之后，彼此各怀怨气，谁都不肯先放下怨气，向对方认错。人与人朝夕相处，不可能相互之间没有矛盾，倘若其中一人能主动与对方平心静气地把话说开，那么彼此的关系就会恢复，就和平时一样和睦了。

　　高年之人，作事有如婴孺①。喜得钱财微利，喜受饮食果实小惠，喜与孩儿玩狎②。为子弟者，能知此而顺适其意，则尽其欢矣。（孝顺二字，理本如此。）

　　【注释】①婴孺：婴儿，小孩。②玩狎：玩耍，嬉戏。
　　【译文】年纪大的人，做事有时也会像小孩一样，喜欢在钱财上占些小便宜，喜欢得到一些饮食、水果之类的好吃的东西，并且很愿意和小孩子一起玩耍。为人子弟的，如果能明白这个道理并顺从满足老人的心愿，那么就能尽其所欢了。（"孝顺"两个字的意义，本来就是这样。）

　　父母见诸子中有独贫者，往往念之，常加怜恤。饮食衣服之分，或有所偏私。子之富者或有所献，则转以与之。此乃父母均一之心。

而子之富者，或以为怨。此殆^①未之思也，若使我贫，父母亦移此心于我矣。

袁氏《世范》

【注释】①殆：大概，也许。

【译文】为人父母的，看到几个孩子中有一个独独生活过得很贫苦，往往就会多挂念他，因此常常对他加以贴补体恤，在分配衣服、饮食之时，对他或许会有所偏爱。孩子中富裕的有时会孝敬父母东西，父母则会把这些东西转给贫子。这是父母希望孩子们过得同样幸福的心思啊。但是这种做法，富裕的孩子或许会抱怨。他们大概没想过，如果是我生活贫困，父母同样会把这份爱心转移给我啊。

　　同母之子，而长者或为父母所憎，幼者或为父母所爱，此理殆^①不可晓。窃尝细思其由。盖人生一二岁，举动笑语，自得人怜。虽他人犹爱之，况父母乎。才三四岁，至五六岁，恣性啼号，多端乖劣。或损动器用，冒犯危险。凡举动言语，皆人之所恶。又多痴顽，不受训戒。故虽父母，亦深恶之。方其长者可恶之时，正值幼者可爱之日。父母移其爱长者之心，而更爱幼者。其憎爱之心，从此而分。最幼者当可恶之时，下无可爱之者。父母爱无所移，遂^②终爱之。其势或如此。为人子者，当知父母爱之所在。长者宜少让，幼者宜自抑。为父母者，又须觉悟，稍稍回转，不可任意而行，使长者怀怨，幼者纵欲，以致破家。

【注释】①殆：几乎。②遂：于是。

【译文】同为一母所生，长子大多不被父母所喜欢，幼子大多为父母所厚爱，这个道理几乎很难让人理解。我曾经私下细细思索其中的原因，大概小孩子在一二岁时，举止行为、言谈笑语惹人喜爱，即使别人见了，也会喜欢，何况是父母呢？三四岁到五六岁的孩子，常纵声哭闹，行为大多恶劣不听话，时而打破器物，做些危险之事，他们的言语行动，都让人们讨厌。加上淘气顽皮，不听规劝，所以即使是父母也会很厌恶他。当长子正处让人讨厌之时，恰恰是幼子惹人喜爱之时，于是父母便把对长子怜爱的心思慢慢转移到了幼子的身上。父母对孩子的爱憎之心，从此就有了区分。当幼子到了让人生厌的年龄时，后面已没有可以移爱的孩子了。由于父母的爱已没有可转移的地方，于是便自始至终一直疼爱幼子了，对孩子的爱憎趋势大多便是这个样子了。作为人子，应当知道父母的那份爱之所在。做长子的应当稍稍让着小的，作为小的也应当要自我克制。做父母的也应当明白这道理，稍稍纠正，不能纵意而行，使大的心存怨恨，小的因此放纵，以至于家庭破败。

兄弟子侄同居，至于不和，本非大有所争。由其中有一人设心^①不公，为己稍重。虽是毫末，必独取于众。或众有所分，在己必欲多得。其他心不能平，遂启^②争端，破家荡产，驯小得而致大患。若知此理，各怀公心，取于私，则皆取于私；取于公，则皆取于公。众有所分，虽果实之属，直^③不数十钱，亦必均平，则亦何争之有。

【注释】①设心：用心，居心。②启：发生。③直：通"值"。价值。
【译文】兄弟子侄生活在一起，产生不和，本来就不是因为有什么大的争执或意见分歧，大多是由于其中有人居心不公、总以自身利益居首造成的。这种人即便是蝇头小利，也必定要独自占取，大家分东西时，他总是要多拿一份。这样一来，其他人心中感觉愤愤不平，于是便会引起争端，以至于倾家荡产，因贪图小利而导致了大祸患。假如人们都知道这个道理，能各持公允之心，该私人出钱的就从私人那里支取，该公家出钱的就从大家的财物中支取。大家有东西分时，即便是果实之类的小东西，价值不过数十文钱，也必定平均分配，那么又有什么值得争的呢？

兄弟子侄同居，长者或恃长凌幼，专用其财，自取温饱。簿书①出入，不令幼者知。幼者至不免饥寒，必启争端。或长者处事至公，幼者不能承顺。盗取其财，以为不肖②之资，尤不能和。若长者总提大纲，幼者分干细务，长必幼谋，幼必长听，各尽公心，自然无争。

【注释】①簿书：此指家中财产账目。②不肖：品行不好，没有出息。

【译文】兄弟子侄生活在一起，有的兄长会仗着年长的优势欺凌小的。他们独占财物，只顾自己温饱，家中账目的收支，不让年幼者知道。如此年幼者不免会渐至饥寒，必然会引发争端。有时，兄长处理家事极为公正，年幼者却不懂事，不顺从，偷偷盗取家中财物，去干一些鸡鸣狗盗之事，这样，家庭就不可能和睦了。如果兄长能够总管家庭大事，年幼者分担一些细琐家务，兄长处处为年幼者打算，年幼者严格遵从长者的话，大家都尽公允之心，自然就没有纷争了。

兄弟子侄，贫富厚薄不同。富者既怀独善之心，又多骄傲；贫者不生自勉之心，又多妒嫉。此所以不和。若富者时分惠其余，不责其不知恩；贫者知自有定分，不望其必分惠，则亦何争之有。

【译文】兄弟子侄，他们的贫富厚薄状况各有不同。富裕的人不仅总想着只顾自己，而且又非常骄横傲慢；贫穷的人不想着自我勉励，自力更生，还总是喜欢妒嫉。这就是兄弟子侄间产生矛盾的原因。如果富裕的人将自己剩余的东西不时分点给别人，而不期望着别人感恩回报；贫穷的人懂得贫富乃命中注定，也不期望别人一定会分给自己一些财物，那么又有什么可争斗的呢？

朝廷立法, 于分析^①一事, 非不委曲^②详悉。然有果是窃众营私, 却于典买契中, 称系妻财置到, 或诡名置产。又有果是起于贫寒, 不因^③祖父资产, 自能奋立, 营置财业。或虽有祖父财产, 而其实不因于众, 别自植立私财。其同宗之人, 必求分析。至于经县经州, 累十数年, 各至破荡而后已。若富者能反思, 果是因众成私, 不分与贫者, 于心岂无所歉。果是自置财产, 分与贫者, 明则为高义, 幽则为阴德。又岂不胜如连年争讼, 妨废家务, 及资备裹粮, 与嘱托吏胥, 贿赂官员之徒费耶。贫者亦宜自思, 彼虽窃众, 亦由辛苦营运, 以至增置, 岂可悉分有之。况实彼之私财, 而吾欲受之, 宁^④不自愧。苟能知此, 则所分虽微, 必无争讼之费也。

【注释】 ①分析: 分家。②委曲: 周全, 详尽, 详细。③因: 依靠。④宁: 难道。

【译文】 国家对于家庭财产的分割, 立法不是不周全, 然而仍有人明明是在损公肥私, 却在典卖契约中把家族的公有财产说成是妻子陪嫁的私产, 有的竟用化名来购置私产。还有人确实是出身于贫寒, 不依靠祖辈父辈的遗产, 而通过自己的勤奋, 发家置业。还有的虽有祖辈、父辈的遗产, 却不像别人那样谨守先辈产业不变, 而是自己另置私有产业, 他的同宗, 却一定要求分割他的财产。以至于闹到县、州等各级官府, 告状诉讼数十年, 彼此弄到倾家荡产才罢休。如果富裕的人能够反思一下, 果真是自己损公肥私, 不把多余的财物分给贫穷的亲戚, 那么你心中就没有一点歉意吗? 果真是自己呕心沥血置办的家产, 把它们分一部分给贫穷的亲戚, 明面上是一种高尚的义举, 暗地里也是在积阴德。难道这不比常年打官司, 妨碍, 荒废家业, 花费大量钱财, 与胥吏周旋、贿赂官吏强得多吗? 贫穷的人也应该自我反省, 就算别人当初确实损公肥私, 也需要辛苦经营才能使财富逐渐积累, 怎么能把他的财产全部分给别人呢？何况实是人家自己的私财，而我却想得到它，难道不觉得着愧吗？假如大家能够这样，即便自己所分到的财物很少，也一定不会费钱费力地打官司了。

人有兄弟子侄同居，而私财独厚。虑有分析，则买金银之属而深藏之。此为大愚。若以百千金银计之，用以买产，岁收十千。十余年后，所谓百千者，我已取之。其分与者，皆其息也。况百千又有息焉，用以典质①营运，三年而其息一倍。则所谓百千者，我已取之。何为藏之箧笥②，不假此收息以利众也。余见世人，将私财假于众，使之营家，久而止③取其本者，其家富厚，均及兄弟子侄。绵绵不绝，此善处心之报也。亦有窃盗众财，或寄妻家，或寄内外姻亲之家，终为其人用过，不敢取索，及取索而不得者矣。亦有作妻家姻亲置产，为其人所掩有者矣。亦有作妻家置产，身死而妻改嫁，举④以自随者矣。凡百君子，幸详鉴此，止须存心。

【注释】①典质：典押。以物为抵押换钱，可在限期内赎回。②箧笥（qiè sì）：藏物的竹器，多指箱和笼。③止：仅，只。④举：全。

【译文】有的人与兄弟子侄共同生活在一起，自己却独自拥有很多财物，因担心财产会被分割，于是去买了金银之类的东西深藏起来。这是很愚蠢的做法。如果以成百上千的金银计算，用来购置田产，一年收入十千，那么十多年之后，所谓成百上千的财物，我就可以得到了。那些分给家人的，只需所购置田产利息而已，何况百千金银购置的田产还有利息呢。如果用这些金银来经营典当行业，三年利息就可以增加一倍，那么可以说百千的金银我又有了。为什么要把这些金银藏在箱子里，而不借此机会收取利息又可分利于大家呢？我曾经看见有人将自己的私人财产借给家人，让家人用这些钱来经营生计，很长时间也只收取本金。他的家庭逐渐富裕，并延及兄弟子侄，福惠绵绵不绝，这就是以善心处理钱财得到的回报。也有人偷偷窃取公共财物，或寄放在妻子娘家，或寄放在有内外姻亲的亲戚家，最后却被别人挪用了，不敢去索取，或去索要也要不回。也有人以妻家或姻亲之家的名义购置了田产，却又被别人占有的。还有以妻子名义购置田产的，自己去世后妻子改嫁，把全部财物都带走了。众多君子，希望能详细借鉴此事，警惕自己的存心。

兄弟同居，世之美事。其间有一人早亡，诸父与子侄，其爱稍疏，其心未必均齐①。为长而欺瞒其幼者有之，为幼而悖慢其长者有之。同居交争，其相疾②甚于路人。前日美事，至甚不美，岂不可惜。故兄弟当分，宜早有所定。兄弟相爱，虽异居异财，亦不害为孝义。一有交争，则孝义何在。

【注释】①均齐：均衡，齐整，一致。②相疾：相互厌恶，憎恨。

【译文】兄弟之间成年后还能共同生活在一起，是一件很好的事。但如果其中有人早早过世，叔伯与侄儿之间的情感便会逐渐疏远，他们的心志也未必会一致。有作为长者欺骗、隐瞒晚辈的情况，有作为晚辈违逆、轻慢长者的情况，生活在一起的家人相互争吵，他们相互厌恶甚至比对陌生人还过分。本来生活在一起是好事，现在就变得不那么好了，这不是很可惜的事吗？所以，兄弟到了应当分家另过的时候，应该早点做出决定。兄弟之间有感情，虽是分了家财另过，也不妨碍孝义。住在一起，一旦发生争吵，那么孝义又在哪里呢？

兄弟子侄，有同门异户而居者，于众事宜各尽心，不可令小儿婢仆，有扰于众。虽是细微，皆起争之渐①。且众之庭宇，一人勤于扫洒，一人全不之顾，勤扫洒者，已不能平。况不之顾者，又纵其小儿婢仆,常常狼藉,且不容他人禁止。则怒詈②失欢,多起于此。

袁氏《世范》

【注释】①渐:事物的开端。②詈(lì):骂,责骂。

【译文】兄弟子侄有同居一个院落而分开生活的,处理公共事务时,大家都应该各自尽心尽力,不能让小孩子、佣人等扰乱大家的生活。即使是非常细微的事,都有可能成为引起大争执的开端。况且大家共居一个院子,一个人洒扫勤快,另一个人却全然不顾,那么洒扫勤快的人不平衡的心理渐起。何况不勤洒扫的人,有时还纵容自己的小孩子或佣人,把院子搞得乱七八糟,而且不容许别人去禁止。那么相互怒骂、不愉快的事,多数就因此发生。

人有数子,无所不爱。而于兄弟,则相视如仇雠。往往其子因父之意,遂不礼于伯父叔父者。殊①不知己之兄弟,即父之诸子;己之诸子,即他日之兄弟。我与兄弟不和,则我之诸子,更相视效②,能禁其不乖戾③否。子不礼于伯叔父,则不孝于父,亦其渐也。故欲吾之诸子和同,须以吾之处兄弟者示之。欲吾子之孝于己,须以其善事伯叔父者先之。

【注释】①殊:竟,竟然。②视效:仿效。③乖戾:乖悖违戾,抵触而不一致。今称急躁、易怒为性情乖戾。

【译文】一个人不管有几个儿子,没有不喜爱的。但是对于自己的兄弟,却往往视如仇敌。常常是儿子因循父亲的意思,就对伯父、叔父无礼。竟不知自己的兄弟就是父亲的几个儿子,自己的几个儿子将来也会成为兄弟;我与亲兄弟不和睦,那么我的几个儿子也争相仿效,又怎么能阻止他们彼此乖违不和呢?儿子们对伯父、叔父无礼,那么渐渐也会发展到不孝于父亲。所以想要使我的几个儿子和睦相处,必须以我与兄弟和睦相处为例示范给他们看;想要使我的几个儿子孝顺于自己，必须要先让他们学会好好侍奉伯父、叔父。

凡人之家，有子弟及妇女，好传递言语，则虽圣贤同居，亦不能不争。且人之作事，不能皆是，不能皆合他人之意，宁^①免其背后评议。背后之言，人不传递，则彼不闻知，宁有忿争^②。惟此言彼闻，则积成怨恨。况两递其言，又从而增易之。两家之怨，至于牢不可解。惟高明之人，有言不听，则此辈自不能离间其所亲。

【注释】①宁：怎么，难道。②忿争：愤怒相争。

【译文】大凡家中，如果有子弟或者妇女喜欢传递言语、搬弄是非的话，那么即使是与圣人一起生活，也不能不发生矛盾。况且人们做事，不能事事正确，不能都满足别人的心意，怎么能避免别人在背后的议论呢？背后说的话，别人不传递，那么彼此就不会知道，又怎么会有纷争呢？只有这个人的话被那个人听到了，才会积累成怨恨。何况是两头传话，中间又添油加醋，于是两家之间的怨恨，就再也解不开了。只有高明的人，有闲话也不去听，那么这些人自然无法离间与他亲近之人的关系了。

同居之人，或相往来，须扬声曳履^①，使人知之。虑其适议及我，则彼此愧惭，进退不可也。又有好伏于幽暗之处，以伺人之言语，此生事兴争之人也。然人之居处，不可谓僻地无人，而辄^②讥议人。虑或有闻之者。俗谓墙壁有耳，又曰日不可说人，夜不可说鬼。

【注释】①扬声曳履：扬声，高声。曳履，拖着鞋子，形容闲暇、从容。②辄：就，总是。

【译文】大家在一起生活，有时会相互走动，这时必须先出声招呼，步履从容，以便让人知道。这是考虑到如果对方正好在议论我，怕听到后彼此尴尬，进退不得。又有些人喜欢躲在幽暗之处，以偷听别人的谈话，这是喜欢惹事生非的人。然而有人居住的地方，不可以说是偏僻无人之地，因而就随便讥笑议论别人。我们应考虑到或许会有人听到。正如俗话所说"隔墙有耳"，又说"白天不可议论人，夜晚不可议论鬼"。

　　人家不和，多因妇女以言激怒其夫，及同辈。盖妇女所见，不广，不远，不公，不平。又其所谓舅姑①伯叔妯娌，皆假合②强为之称呼，非自然天属，故轻于割恩③，易于修怨④。非丈夫有远识，则为其役而不自觉。一家之中，乖戾生矣。于是有亲兄弟子侄，隔屋连墙，至死不相往来者。有无子而不肯以犹子⑤为后，有多子而不以与其兄弟者。有不恤兄弟之贫，养亲必欲如一，宁弃亲而不顾者。有不恤兄弟之贫，葬亲必欲均费，宁留丧而不葬者。其事多端，不可概述。亦尝见有远识之人，知妇女之不可谏诲，而外与兄弟相爱，常不失欢。私救其所急，私赒其所乏，不使妇女知之。彼兄弟之贫者，虽深怨其妇女，而重爱其兄弟，分析之际，不敢以贫故，而贪爱其兄弟之财产者。盖由见识高远，不听妇女之言，而先施之厚，因以得兄弟之心也。

　　【注释】①舅姑：公公婆婆。舅，公公；姑，婆婆。②假合：聊为凑合。③割恩：弃绝恩情。④修怨：报宿怨，结怨。⑤犹子：侄子。
　　【译文】一个家庭不和，多数是因为家里妇女用言语激怒了丈夫，或者是同辈家人。大概是因为妇女的见闻不广、见识短浅，或是不公正、不公平；还有的是因为所称呼的公公婆婆、伯父叔叔、妯娌，都是聊为凑合，勉强叫的，而不是自然而然称呼的。所以他们能够轻易割舍恩义，随随便便就结下仇怨，除非其丈夫有远见卓识，否则就容易在不知不觉中被其牵着鼻子走。这样，家中也就会出现不和睦状况了。于是，有些亲兄弟亲子侄，即使隔屋而居、连墙为邻，也到死不相往来；有没有子嗣的人不肯以侄子为后，而有几个儿子的不愿将其中一个过继给兄弟的；有不体恤兄弟家境贫穷，而在奉养双亲时要求一切用度平摊，否则宁愿舍弃父母恩义也不顾的；有不体恤兄弟经济困难，而在归葬父母时必须均摊费用，否则宁可停棺于厅而不让父母入土为安的。像这样的事情还有很多，无法一一列举。我也曾经见过一些有见识的人，知道妇道之人不可用言语道理来劝说，其规劝也不可尽信，因而在外与兄弟们交往时相互爱护，不失和睦。常私下里救济些财物为兄弟救急，或私下里施送些东西解兄弟之乏，却又不让妻子知道。这样，较困难的兄弟虽然内心怨恨兄弟之妻，却因为敬重爱戴自己的兄弟，到了分家分财产的时候，也不敢借自己贫困的缘故去贪图兄弟的财产了。这大概就是因为见识高远，不听信妻子的挑拨离间之辞，而能够预先厚待自己的兄弟，因而赢得了兄弟的敬重之心吧。

妇女之易生言语者，又多出于婢妾之构斗①。婢妾愚贱②，尤无见识。以言他人短失，为忠于主母。若妇女有见识，能一切勿听，则虚佞③之言，不敢复进。若听之信，则必再言之，使主母与人，遂成深雠。为婢妾者，方洋洋得志，仆隶亦多如此。若主翁听信，则房族亲戚故旧，皆大失欢矣。

【注释】①构斗：钩心斗角。②愚贱：愚昧卑贱。③虚佞：虚妄谄媚的话。

【译文】妇女喜爱说闲话的原因，又往往是因为婢妾之间的争斗。那些奴婢和侍妾往往愚昧卑贱，尤其没见识。她们喜欢以在背后说别人坏话的方式来表示对主人的忠心。如果女主人有见识，能够不听信这些闲言碎语，那么奴婢和侍妾也就不敢再对女主人说些虚妄谄媚的话了；如果女主人听信这些话，那么婢妾日后一定还会再说个不停，使女主人与别人最终结成大怨。这样，那些做婢妾的，才感到洋洋得意，其他的佣人，大多也是这样的。如果主人听信这些谗言，那么本族、亲戚、朋友之间，便都会闹出矛盾来。

寡妇再嫁，或有孤女①年未及嫁，如内外亲姻，有高义者，宁若与之议亲②，使鞠养③于舅姑之家，俟其长而成亲。若随母而归义父④之家，则嫌疑之间，多不自明。

【注释】①孤女：少年丧父或父母双亡的女子。②议亲：是中国传统婚礼礼节之一，亦称议婚。③鞠养：抚养。④义父：此指继父。

【译文】寡妇准备再嫁，如果有未到出嫁年龄的女子，本宗族或其他亲戚中德义较高的人，应该为她们张罗议定亲事，让她们居住到婆家，等到小女孩长大后再为她成亲。假如跟随母亲到继父家生活，就容易产生一些说不清道不明的嫌疑。

妇人有以其夫蠢懦，而能自理家务，计算钱谷出入，人不能欺者。有夫不肖，而能与其子同理家务，不致破荡家产者。有夫死子幼，而能教养其子，敦睦①内外姻亲，料理家务，至于兴隆者。皆贤妇人也。而夫死子幼，居家营生，最为难事。托之宗族，宗族未必贤；托之亲戚，亲戚未必贤。贤者又不肯预②人家事，惟妇人自识书算。而所托之人，衣食自给，稍识公义，则庶几③焉。不然，鲜不破家。

【注释】①敦睦：使和睦。②预：参与。通"与"。③庶几：大概可以，差不多。

【译文】妇女中，有因为丈夫蠢笨怯懦而自己操持家务、掌管钱粮出入事务，使得别人不敢小觑欺侮的；有因为丈夫不务正业，就同孩子们一起打理家务，使得家庭幸免于破败的；有丈夫早死而儿子尚小，却能教养孩子，使内外亲戚、家族之间和睦，并能料理家务，甚至使家庭兴旺发达的，这些都是贤惠能干的女子。对于妇女来说，丈夫早死而孩子年幼，这是维持家庭生活最困难的时期。如果把家事托付给同宗同族的人，宗族的人未必是贤良的人；托付给亲戚，亲戚也未必是贤良的。而且贤良的人大多不肯多管别人家私事。只有妇女能够自己识文断字，计算收支，且所托付的人能够衣食自给，稍稍懂得公义道理，那么大概可以渡过这个难关吧。不然的话，很少有不家道破败的。

有男虽欲择妇，有女虽欲择婿，又须自量我家子女如何。如我子愚痴庸下，若娶美妇，岂特①不和，或有他事。如我女丑拙狠妒，若嫁美婿，万一不和，卒为其弃出者有之。凡嫁娶因非偶而不和者，父母不审之罪也。（相女配夫，量桩系马，虽属俗语，却有至理。）

【注释】①岂特：难道只是；何止。

【译文】家中有男孩要娶媳妇，或有女孩要定夫婿，做父母的必须考虑自家子女的条件如何。如果自家儿子愚笨平庸，却娶了一个美貌女子为妻，不只会夫妻不和，还会发生其他事情。如果自家女儿丑笨还爱争风吃醋，却嫁了一个好女婿，万一夫妻不和，难免最后被人家抛弃。大凡男女婚嫁后因为不般配而导致双方不能和睦相处的，都是做父母的事先没有考虑周全的过错。（"根据女儿的条件为她选择合适的夫婿，选择合适的木桩拴系马匹"，这虽是俗话，但却有大道理。）

古人谓周人①恶媒，以其言语反复。绐②女家，则曰男富。绐男家，则曰女美。近世尤甚。绐女家，则曰男家不求备礼，且助出嫁遣之资。绐男家，则厚许其所迁之贿，且虚指数目。若轻信其言而成婚，则责恨见欺，夫妻反目，至于仳离③者有之。大抵嫁娶固不可无媒，而媒者之言，不可尽信如此。宜谨察于始。

【注释】①周人：指心思细腻，考虑周全之人。②绐：古同"诒"，欺骗；欺诈。③仳离：离弃、离别。

【译文】古人说"心思缜密的人"是"讨厌的媒人"，这是因为媒人大都满嘴谎言，不可信的缘故。他们在女方面前，则说男方富有；在男方面前，则说女方美丽。这种风气近代尤其严重。他们面对女家，则说男家不要求备什么嫁妆，且愿意助他们出嫁妆费用；面对男家，则说女方会有许多陪嫁之物，且假报数目。如果双方轻易相信了他们的话而成婚，最后双方因此相互责怪，并怨恨被对方欺骗，因而夫妻反目，甚至于离婚的也有。一般来说，嫁娶固然不可以没有媒人，但对媒人的话，不可以全部相信。双方在最开始时就应当谨慎观察了解。

嫁女须随家力，不可勉强。然或财产宽余，亦不可视为他人，不以分给。今世固有生男不得力，而依托女家，及身后葬祭，皆由女子者，岂可谓生女之不如男也。大抵女子之心，最为可怜①。母家富而夫家贫，则欲得母家之财，以与夫家。夫家富而母家贫，则欲得夫家之财，以与母家。为父母及夫者，宜怜而稍从之。及其有男女嫁娶之后，男家富而女家贫，则欲得男家之财，以与女家。女家富而男家贫，则欲得女家之财，以与男家。为男女者，亦宜怜而稍从之。若或割贫益富，此为非宜，不从可也。

【注释】①可怜：指怜悯。
【译文】嫁女置办嫁妆时应该根据家庭实际情况量力而行，不可以勉强。但如果家财殷实，也不可把她看作外人而不分给她财产。现今社会，本就有生了儿子却不能依靠，而需依靠女儿家，甚至死后祭葬事宜都要靠女儿操办的，又怎么能说生女儿不如生男孩呢？一般来说，女人的心思最易怜悯他人。如果娘家富而婆家穷，就想得些娘家财物来接济婆家；如果婆家富而娘家穷，就想从婆家得些财物接济娘家。作为父母亲和丈夫的，对此应怜惜和宽容她。等到自己的儿女长大成婚后，如果儿子家里富而女儿家里穷，就会想从儿子家拿些钱财接济女儿家；如果女儿家里富而儿子家里穷，则会想从女儿家里得些钱财来接济儿子。作为儿女的，对此也应该宽容一些。但是，如果是把贫家的财物往富家拿，这就不对了，不顺从她便是应该的了。

亲戚中有妇人，年老无子，或子孙不肖，不能供养者，当为收养。然又须关防^①，恐其身故之后，其不肖子孙称其人因饥寒而死，或称其人有遗下囊箧之物，妄经官司，不免有扰。须于生前令白之于众，质^②之于官，则免他患。大抵为高义之事，须令无后患。

【注释】①关防：防守，警备，防范。②问明，辨别。

【译文】亲属中有些妇人年纪大了没有子孙，或子孙不孝顺，因而得不到赡养的，我们应该奉养她们。然而我们又要注意防范，惟恐她们死后，她们的那些不肖子孙会说什么她们是因为被你收养后不给衣食而挨饿受寒死的，或者说死者留下了财物被你占有，因而胡搅蛮缠打官司，不免会扰乱你的生活。所以，我们必须在收养她们前，把她们的情况向大家说清楚，并在官府备案，这样就可以免除今后产生祸患了。一般说来，做好事之前，必须要考虑周全，免除后患。

遗嘱之文，皆明贤之人，为身后之虑。然亦须公平，乃可以保家。如劫于悍妻黠妾，因于后妻爱子中，有偏曲^①厚薄。或妄立嗣，或妄逐子。不近人情之事，不可胜数，皆所以兴讼破家也。

【注释】①偏曲：不公正。

【译文】所谓遗嘱，大多是有见识的人因为顾及到自己死后会发生什么争执，而生前预写的如何处置自己死后事宜的文书。但是遗嘱也必须公平，才能保全家庭免生是非，和睦兴旺。例如因为胁制于妻妾的凶悍狡诈，便在立遗嘱时对于自己的后妻或孩子有厚有薄，偏私不公，或随便更改继承权，或轻易地驱逐孩子出门等。这种种不合乎人情礼义的事，多不胜数，都是引发家庭纠纷而使家业破败的原因。

处 己

富贵自有定分①。造物者②既设为一定之分，又设为不测之机。使天下之人，朝夕奔趋，老死而不觉。不如是，则人生天地间，全然无事，而造化③之术穷矣。然奔趋④而得者，不过一二。奔趋而不得者，盖千万人。世人终以一二者之故，至于劳心费力，老死无成者，多矣。不知他人奔趋而得，亦其定分中所有者，虽不奔趋，亦终必得。前辈谓生死贫富，生来注定，君子赢得为君子，小人枉了为小人。此言甚切，人自不知耳。

【注释】①定分：宿命论的说法，称人事均由命运决定，人力难以改变。②造物者：万物的创造者。③造化：创造，化育。④奔趋：奔走，追求。

【译文】富贵，是命中注定的，不可强求。造物者在创造万物时既设定了确定的成分，又设定了变化不定的几率，令天下的人们朝夕奔走，至死不觉。如果不是这样，那么人生在世，无所事事，天地万物的创造、化育也就不存在了。然而，人生在世，忙碌一生，真正能够收获成功的，不过十分之一二，而忙碌一生无所成就的，则千千万万。世上终究因为那一二分成功者的缘故，劳心费力而一生无所成就的人，太多了。他们不知道别人通过努力有所收获，其实也是他命中注定就有的，即使是不去努力追求，他们终究也会有所收获。过去古人所说死与生、穷与富，是天生注定的，君子因为有机缘，所以不需花费大力就能有所收获；小人因为没有机缘，哪怕再努力也无所成就，只能冤枉做了小人。这些话说得很实在，只是大多数人不明白而已。

凡人谋事，虽日用至微者，亦须龃龉①而难成，或几成而败，既败而复成。然后其成也，永久平宁，无复后患。若偶然而成，后必有不如意者。静思此理，可以宽怀。

【注释】①龃龉（jǔ yǔ）：指上下牙齿对不齐。比喻意见不合，互相抵触。

【译文】大凡我们谋划一件事情，即使是日常生活中最细微的事，也一定会有一些磨擦发生而难以成功，或者快成功时又失败了，已经失败后经过努力却又成功了。然而只有经过这样反复得到的成功，才能保持永久、平安，不再有失败的后患。如果是偶然间轻易成功的事情，将来一定会有不如意的事情发生。静下心来好好思考一下这个道理，对于事物的成败也就能够释怀了。

人之性行，虽有所短，必有所长。与人交游①，若常见其短，不见其长，则时日不可同处。若念其所长，置其所短，虽终身与之交游，可也。

【注释】①交游：交际；结交朋友。

【译文】人的品性虽有不足，但一定也有长处。与人交往，如果常常只看见别人的短处，而无视别人的长处，那么，就连一刻也难以与人相处；如果常想着别人的长处，而不去计较别人的短处，就是终身交往也能和睦相处。

处己接物，常怀慢心、伪心、妒心、疑心者，皆自取轻辱于人，君子不为也。慢心者，自不如人，而好轻薄人。见敌己以下之人，及有求于我者，面前既不加礼，背后又窃讥笑。若能回省①其身，则愧汗浃背矣。伪心者，言语委曲，若甚相厚，而中心乃大不然。一时之间，人所信慕。用之再三，则踪迹露见，为人所唾去矣。妒心者，常欲我之高出于人，故闻有称道人之美者，则不以为然。闻人有不如己者，则欣然笑快。此何加损于人，只厚怨耳。疑心者，人之出言，未尝有心，而反复思绎②，曰此讥我何事，此笑我何事。与人缔怨③，常萌于此。贤者闻人讥笑，若不闻焉，此岂不省事。

【译文】待人接物时，总是怀着傲慢、虚伪、嫉妒或怀疑心态的人，都是自取侮辱于人，这是君子不会做的事。怀有傲慢之心的人，明明自己不如人，却喜欢轻薄别人；见到地位低于我，以及有求于我的人，不仅当面不以礼相待，而且背后还暗地里讥笑人家。这种人如果能自我反省一下，那么可能会惭愧得汗流浃背。怀有虚伪之心的人，话语委婉动听，好像待人很是厚道，但心里却大不相同。这种人一时之间还可让人相信，但多次与人打交道后，他的真面目就会暴露无遗，最终被人所唾弃。怀有嫉妒之心的人，常常想使自己高人一等，所以听到有赞美别人的话时，就不以为然；听到别人有不如自己的地方，就感到欣慰、得意。这种行为对别人又有什么损害呢？只不过增加了别人对自己的怨恨而已。怀有疑心的人，对别人可能随口说说的话语，却也要反复思索，想"他这是在讽刺我什么呢？他那又是在嘲笑我什么事呢？"这种人与别人结怨，往往就是从此开始的。贤明的人听到别人的非议，就像没听见一样，这岂不是省却了许多烦恼事？

忠信笃敬，先存其在己者，然后望其在人者。如在己者未尽，而以责人，人亦以此责我矣。今世之人，能自省其忠信笃敬者盖寡，能责人以忠信笃敬者皆也。虽然，在我者既尽，在人者亦不必深责。今有人能尽其在我，乃欲责人之似己。一或不满吾意，则疾①之已甚。亦非有容德者，只益贻②怨于人耳。

【注释】①疾：痛恨。②贻：遗留，留下。
【译文】忠诚、有信、厚道、恭敬，这些品德应该先要求自身具备，然后才可能希望别人具有。如果自身没有完全达到这些要求，却以此来苛求别人，别人也会以此来要求我们。现在的人，能够自我反省自己是否做到了忠诚、有信、厚道、恭敬的人，是很少的，而以忠诚、有信、厚道、恭敬来要求别人的却比比皆是。其实，即使自己做到了这些，也不必要求别人一定要做到。现在有的人能够自己做到待人忠诚、有信、厚道、恭敬，却又要求别人也都像自己一样，稍有不称他的愿，就心生痛恨，怨恨人家。这种人不是有容人之德的人，只会加深与别人的仇怨。

凡人行己，公平正直，可用此以事神，而不可恃此以慢神。可用此以事人，而不可恃此以傲人。虽孔子亦以敬鬼神、事大夫、畏大人为言，况下此者哉。

【译文】人能够自己做到公平正直，可以以此来事奉神灵，但不能仗此来怠慢神灵；可以以此来对待别人，但不能以此来轻慢别人。即使是孔子也说要敬畏鬼神、事奉大夫、顺从圣人，何况是庶民百姓呢?

人之处事, 能常悔往事之非, 常悔前言之失, 常悔往年之未有知识。其德之进, 所谓日加益而不自知也。

【译文】人们处事之时, 如果能够常常忏悔以往做过的坏事, 忏悔过去说过的坏话, 为过去的无知感到羞愧, 那么他的品德修养就会日有所进却不自知。

凡人为不善事而不成, 不必怨尤。此乃天之所爱, 终无祸患。如见他人为不善事常称意者, 不须多羡, 此乃天之所弃。待其积恶深厚, 从而殄灭①之。不在其身, 则在其子孙也。

【注释】①殄灭: 消灭, 灭绝。
【译文】凡是人做坏事却不成功, 不应该怨天尤人。这是上天对他还有所爱护, 让他最终没有招来祸患。如果看见他人做坏事常常成功, 也不必有羡慕之心。这是上天已经厌弃他的结果。等到他积累的罪恶多了, 从而一举消灭他。如果报应没降临在他身上, 那么就会报应在他的子孙后代身上。

人之平居, 欲近君子而远小人者, 君子之言, 多长厚端谨。此言先入于吾心, 及乎临事, 自然出于长厚端谨矣。小人之言, 多刻薄浮华。此言先入于吾心, 及乎临事, 自然出于刻薄浮华矣。且如朝夕闻人尚气①好凌人之言, 吾亦将尚气凌人而不觉矣。朝夕闻人游荡不事绳检②之言, 吾亦将游荡不事绳检而不觉矣。如此非一端, 非大有定力, 必不免渐染之患也。

【注释】①尚气：好胜，赌气；意气用事。②绳检：规矩，法度。

【译文】人们在日常生活中，都想结交君子而远离小人，是因为君子的言论，大多是厚道老实、端庄严谨的。这种言论先进入我的心中，等到遇事之时，我自然也就会有忠厚老实、端庄严谨的风范了。小人的言论，多半是刻薄浮华的，如果这样的言论首先进入我的心中，等到遇事之时，我自然也就会有刻薄浮华的言论。正如早晚听到的都是赌气、盛气凌人的话，我也就会变得意气用事，盛气凌人，自己却不明白；早晚听到的都是放荡无忌、不遵法纪的言论，我也会变得放荡无忌、目无法纪却不自知。像这种事情出现的不止一件，如果不是自控能力很强的人，必定免不了逐渐被熏染的结果。

老成之人，言近迂阔①。而更事已多，情理自透。后生虽天资聪明，而见识终有不及。后生类以老成为迂阔。及至年齿渐长，历事渐多。方悟老成之言，可以佩服，然已在险阻备尝之后矣。

【注释】①迂阔：迂腐而不切合实际。

【译文】年迈之人，其言论有时会显得迂腐而不切实际，但老年人经历的世事多，事物的情理自然看得透彻。年轻人虽然天资聪颖，但人生的阅历、见识终究不能与老年人相比。年轻人总认为老年人迂腐而不切合实际，等到自己年岁渐长，经历的世事渐多，才能体会到老人的话，值得人佩服。但是这已是在自己备尝艰辛之后而体悟的了。

人有过失，非其父兄，孰肯诲责。非其契爱①，孰肯谏谕②。泛然③相识，不过背后窃议之耳。君子惟恐有过，密访人之有言，求谢而思改。小人闻人之有言，则好为强辩，至绝往来，或起争讼者，有矣。

袁氏《世范》

【注释】①契爱：友好，亲爱。②谏谕：亦作"谏喻"。劝谏讽喻；劝谏晓喻。③泛然：一般，普通。

【译文】人有了过错，不是他的父母兄长，谁会去教诲责备他呢？不是与他情投意合的朋友，谁肯来规谏劝告他呢？关系一般的人，不过是背后私下议论议论他罢了。品德高尚的君子总是担心自己犯有过错，便私下打听别人对自己不好的议论，并感谢别人而考虑如何改正过错。品德低下的小人听到别人对自己的议论，就喜欢强行为自己辩解，甚至断绝与朋友的往来，或者为此而对簿公堂的也有。

人有善诵我之美，使我喜闻而不觉其谀者，小人之最黠①者也。彼其面谀我而我喜，及其退与他人语，未必不窃笑我为他所愚也。人有善揣人意之所向，先发其端，导而迎之，使人喜其与己暗合者，亦小人之最黠者也。彼其揣我意而果合，及其退与他人语，又未必不窃笑我为他所料也。（君子与人为善②，能者所见略同，又当别论。）

【注释】①黠：狡猾。②与人为善：与，赞许；为，做；善，好事。指赞赏人学好。

【译文】那些善于颂扬我的优点，让我喜欢听他所说的话而不觉得他是在阿谀奉承的人，是小人中最狡猾的一种。他当面奉承我而令我高兴，等他回去与别人谈论时，保不准暗地里在嘲笑我被他愚弄了呢。有些人善于揣摩别人的心思，先开个头，引导别人并且迎合别人的心意，使别人高兴他的言论和自己的暗相契合，这也是小人中最奸邪的一种。他揣摩我的心意并且果然与我的心意相符，等他回去和别人谈论时，又未必不暗地里嘲笑我的心思被他猜测到了。（大德大贤的人赞赏别人做好事，有才能的人，他们的看法会大略一致，这又另当别论，不能当作是阿谀奉承之言。）

大抵忿怒之际，最不可指人隐讳之事，而暴其父祖之恶。吾之一时怒气所激，必欲指其切实而言之。不知彼之怨恨，深入骨髓。古人谓伤人之言，深于矛戟是也。俗亦谓打人莫打膝，道人莫道实。

【译文】一般来说，人在愤怒的时候，切记不要揭露他人的隐私，或暴露别人祖辈、父辈所做过的恶事。我们有时可能会被一时的怒气所激，揭露人家的短处来攻击人家，却不知道别人对我们的怨恨由此而深入骨髓。古人说"言语对人的伤害，比长矛剑戟还要厉害"，说的就是这个道理啊。俗话也说："打人不要打膝盖，说人不要揭短处。"

亲戚故旧，因言语而失欢者，多是颜色①辞气②暴厉，能激人之怒。且如谏人之短，语虽切直，而能温颜下气，纵不见听，亦未必怒。若平常言语，无伤人处，而词色俱厉，纵不见怒，亦须怀疑。古人谓怒于室者色于市。方其有怒，与他人言，必不卑逊。他人不知所自，安得不怪。故盛怒之际，与人言语，尤当自警。前辈有言，戒酒后语，忌食时嗔，忍难耐事，顺自强人。常能持此，最得便宜。

【注释】①颜色：表情；神色。②辞气：言辞、语气。
【译文】亲朋好友、故交旧识，因为言语不当而感情破裂的，多半是因为态度、言辞或语气过于粗暴、严厉，所以激起了别人的愤怒。比如规谏别人的过失时，语言虽然恳切直爽，但如能和言悦色，纵使不被对方听取，也不至于惹怒对方。平常说话，本没有伤人的地方，但如果言辞声色严厉，即使没有惹怒对方，也会引起人家怀疑。古人说："在家里生气的人在外面也难免会带有怒色。"人正值生气的时候，与别人说话，一定不会表现得谦逊。别人不知道是什么原因，怎么能不见怪呢？因此在愤怒的时候，与别人说话时自己尤其要警惕。古人曾经说过，警惕酒后说话，忌讳饭时生气，忍受难以忍受的事，面对自以为是的人态度和顺。如果我们能经常这样做，定是有好处的。

　　士大夫居家，能思居官之时，则不至干请①把持，而挠时政。居官能思居家之时，则不至狠愎暴恣②，而贻人怨。不能回思者，皆是也。故见任官每每称寄居官③之可恶，寄居官亦多谈见任官之不韪。并与其善者而掩之也。

　　【注释】①干请：请托。②狠愎暴恣：狠愎，凶狠固执；暴恣，指凶恶，残暴。③寄居官：指本为朝廷官员，而今赋闲在家的人。
　　【译文】士大夫闲居在家时，如果能够想想在朝为官时的所做所为，就不至于再去行贿当权者而干预政治了；做官时如果能够想想闲居在家时的心情，就不至于刚愎自用，残暴恣肆而招人怨恨了。那些不善于反省过去的人，都是如此。因此现任官员往往都说赋闲在家的前任官员的不好，而赋闲在家的前任官员也总是说现任官员的不是，并将对方的优点都掩盖了。

　　小人以物市于人，弊恶①之物，饰为新奇；假伪之物，饰为真实。如绢帛之用胶糊，米麦之增湿润，肉食之灌以水，药材之易以他物。巧其言词，止于求售。误人食用，有不恤②也。其不忠也，类如此。负人财物，久而不偿。人苟索之，期以一月。如期索之，不售③。又期以一月，又不售。至于十数期，而不售如初。工匠制器，要其定资，责其所制之器，期以一月。如期索之，不得。又期以一月，又不得。至于十数期，而不得如初。其不信也，类如此。小人朝夕行之，略不之怪。

为君子者，往往忿懥④，直欲深治之，至于殴打论讼。若君子自省其身，不为不忠不信之事，而怜小人之无知，及不得已，而为自便之计，至于如此，可以少置之度外也。

【注释】①弊恶：恶劣，破旧。②不恤：不顾及；不忧虑；不顾惜。③不售：没有应验、实现。④忿懥(dì)：也作"忿懥"。发怒。

【译文】小人在市场上卖东西，质量低劣的物品，也能够修饰得新颖奇特；假冒伪劣的产品也能做得跟真的一样。比如用胶糊来处理丝绢布帛使之更有光泽，让米麦变得更湿润，肉里注上水以增加重量，用便宜的东西来替代名贵药材。他们花言巧语，旨在把东西卖出去，至于是否误了别人的饮食、使用，他们根本不管。这些人的不忠厚，多数就是这样。欠了别人钱财，拖了很久也不偿还，如果人家来索要，就答应一个月以后偿还，结果到期了向他要时他又不给，说再过一个月后偿还，到期后索要时仍然不偿还，有的甚至这样约了十多次可他们还是没有偿还。请工匠制造东西，给了他定金，要求他所制造的东西，一个月后交货。到了日期去要时，他没有交货。又说好再过一个月交货，到期了向他索要，他又不交货，以至于约了十多次，还是像当初一样没能拿到东西。这些小人就是这样不讲信义。他们每天做着不讲信义的事，所以也不以为怪。但是正人君子，对这些行为往往会深感气愤，只想要严惩他们，甚至于殴打控告他们。如果君子能够经常反省自己，不做不忠不信的事，并且可怜小人的无知，想想他们可能是不得已，为了自安、自利才这样做的。这样，君子也就不会为此上心了。

张安国舍人，知抚州日，有卖假药者。出榜戒约曰：陶隐居①孙真人②，因本草③千金方④，济物利生，多积阴德，名在列仙。自此以来，行医货药，诚心救人，获福者甚众。不论方册⑤所载，只如近时，此验尤多。有只卖一真药，便家资钜万。或自身安荣享高寿，或子孙及第。又曾见货卖假药者，其初积得些少家业，自谓得计。不知冥冥之中，自家合得⑥禄料⑦，都被减剋。或身有横祸，或子孙非理破荡者。盖缘买药之人，多是疾病急切，将钱告求卖药之家。孝子顺孙，只望一服见效，却被假药误赚。非惟无益，反致损伤。人命最重，无辜被祸，其痛何穷。舍人此言，岂止为假药者言之。有识之人，自宜触类。

【注释】①陶隐居：指陶弘景，中国南朝齐、梁时期的道教思想家、医药家、炼丹家、文学家，人称"山中宰相"，卒谥贞白先生。南朝齐梁时期的道教茅山派代表人物之一。著述有《本草经集注》《集金丹黄白方》《二牛图》等。②孙真人：孙思邈，唐代著名的医师与道士，是中国乃至世界史上伟大的医学家和药物学家，被后人誉为"药王"。　一生著书八十多种，其中以《千金药方》、《千金翼方》影响最大，合称为《千金方》，它是唐代以前医药学成就的系统总结，被誉为我国最早的一部临床医学百科全书，对后世医学的发展影响极深远。③本草：陶弘景的著作《本草经集注》。④千金方：孙思邈的医学著作。⑤方册：简牍；典籍。⑥合得：方言：合算；应得。⑦禄料：钱料，俸禄。

【译文】张安国舍人主管抚州的时候，发现有卖假药的人。于是张榜告示说："陶弘景与孙思邈，因为分别写了《本草经集注》《千金方》，救济苍生，积了很多阴德，最后名列仙籍。自他们以来，行医卖药之人，大都诚心诚意救人，因此获益的人很多。不用说地方典籍上记载下的，就说现在，应验的就很多。有的人只卖一种真药就积累了钜万家资。他们有的自身安乐荣华，享有高寿，有的因此而子孙及第。我曾亲眼看见卖假药的人，最初赚了些小钱，自以为得到了生财之道，却不知冥冥之中，自家应得的财物已减少了，或是自己屡遭横祸，或是子孙毫无道理地倾家荡产。大概是因为买药的人，多数是重病在身，于是拿钱去卖药人家求药，病患家的孝子贤孙只希望一服药见效就好，却没想到被假药耽误了，不但没有治好病，反而加重了病情。万物之中人命是最宝贵的，无辜被假药害命，这是多么令人伤痛的事啊！"张安国舍人的这些话，难道只是对售卖假药之人说的吗？有识之士，自然应该触类旁通多想想。

起家^①之人，生财富庶，乃日夜忧惧，虑不免于饥寒。破家之子，生事^②日消，乃轩昂自恣^③，谓不复可虑。所谓吉人凶其吉，凶人吉其凶。此其效验，常见于已壮未老、已老未死之前。识者当自默喻。

【注释】①起家：创业。②生事：指产业。③自恣：放纵自己，不受约束。

【译文】创立家业的人，积聚了财富之后，就会天天忧虑，担心将来会陷入饥寒交迫的境地；败坏家业的人，使家财逐渐减少，但还气宇轩昂地放纵自己，说没什么可忧虑的。这大概就是所谓的"有福之人把有福当作不幸，而无福之人却以不幸当作好事"吧。这句话常常应验在已经是壮年但还未老，或是已老但还没死之人的身上。有见识的人应当自己默默地领会这个道理。

人有困苦无所诉，贫乏不自存，而朴讷^①怀愧，不能自言于人者。吾虽无余，亦当随力周助。此人纵不能报，亦必知恩。若其人本非窘乏，而以作谒为业，遍干富贵之门。有所得，则以为己能。无所得，则以为怨雠。今日无感恩之心，他日无报德之事。正可以不恤不顾待之。岂可割吾之不敢用，以资他之不当用。

【注释】①朴讷：质朴而不善言辞。

【译文】有些人有了困苦却无处诉说，贫穷得无法生存却又质朴木讷，心怀愧疚，不好意思求助于人。碰到这样的人，我虽然手头没有余资，也还是会尽力帮助他。这种人即使不能回报我，也一定会心怀感恩。有些人本来并不贫困，却四处去富贵之人家中请求施舍，并以此为业。他们得到了别人的施舍，就认为自己有才能；得不到人家的施舍，就和别人结下仇怨。这种人现在不会有感恩别人的心，将来也不会报答别人的恩德，对这种人完全可以不管不顾，又怎么能拿出我平时都不舍得用的钱财，去资助他做不该做的事呢？

居乡及在旅，不敢轻受人之恩。方吾未达时，受人之恩，每见其人，当怀敬畏，而其人亦以有恩在我，常有德色①。及吾荣达之后，遍报，则有所不及，不报，则为亏义。前辈见人仕宦，而广求知己戒之曰：受恩多，则难以立朝。宜详味此。

【注释】①德色：指自以为对人有恩德而表现出来的神色。

【译文】居住在家或是旅居在外，不可以轻易接受别人的恩惠。在我没有发达之时，受了人家的恩惠，每次见到施恩于我的人，常常心怀敬畏。而那人也因为觉得有恩于我，所以常在脸上表现出来。等到我显达之后，要想报答所有的恩人，恐怕难以做到；但如果不报答的话，情理上又有亏欠。前辈之人曾见有人做官时，广求知己并告诫说："受别人的恩惠多了，就很难在朝廷中立足。"应该仔细体会体会这句话。

今人受人恩惠，多不记省。而有所惠于人，虽微物，亦历历在心。古人言施人勿念，受施勿忘，诚为难事。

【译文】现在的人接受了别人的恩惠，大多不会记在心里，但是如果自己有恩于别人，即使是只给了别人一点点微不足道的东西，也会清楚地记在心里。古人曾说："不要记住你对别人的恩惠，不要忘记别人对你的恩惠。"要做到这一点确实是很困难的事。

居乡不得已而后与人争，又大不得已而后与人讼。彼稍服其不然，则已之。不必费用财物，交结胥吏，求以快意，穷治其雠。至于争讼财产，本无理而强求得理。官吏贪缪①，或可如志。宁②不有愧于神明。雠者不伏③，更相诉讼。所费财物，十数倍于其所直④。况遇贤明有司，安得以无理为有理耶。大抵人之所讼，互有短长。各言其长，而掩其短。有司不明，则牵连不决，或决而不尽其情，胥吏得以受赃而弄法。蔽者之所以破家也。（有理而讼，尚至破家无益，况无理耶。此平情⑤之论，保家之策。三复斯言，必无好讼之事。）

【注释】①贪缪：贪婪悖谬。缪，通"谬"。②宁：难道。③不伏：不服。④直：通"值"。⑤平情：衡量。

【译文】住在乡里，只有实在不得已时才能去和别人争论，也只有在问题大到不能解决时，才能和别人打官司。如果对方认错了就算了，不必耗费物去勾结官吏，为满足自己而严惩对方。至于和别人打官司争夺财产，本来就是没道理却强词夺理。如果遇到贪官污吏，或许可以达到自己的目的，但这样做难道不觉得有愧于神明吗？对方如果不服判决，便会上诉。这样，所耗费的钱财比所要争夺的东西要多出十几倍。况且如果是遇到贤明的官吏，怎么可能把无理说成有理呢？大多来说，打官司的人，各有长短。他们各自陈说自身的道理而遮掩自己的无理。官吏如果不能明察，就会牵连众多而无法判决，或者是判决不符实情。衙役有机会贪赃枉法，糊涂之人便会因此而破败家财。（占据道理而打官司，还会导致家道破败，何况无理呢？这是权衡各种情况而论，是保家的策略。反复思考这些道理，必定不会有那么多官司。）

治　家

居家在山村僻静之地，须于周围要害去处，置立庄屋，招朴实之人居之，火烛窃盗，可以即相救应。

【译文】居住在山村偏僻的地方，必须在房子周围的要道处设立田庄，招引一些老实本分的人家来居住。这样，如遇有火灾或盗贼，就可以及时相互救应。

凡夜犬吠，盗未必至，亦是盗来探试，不可以为他而不警。夜间遇物有声，亦不可以为鼠而不警。

【译文】凡夜里有狗叫，不是有盗贼来了，也必是盗贼来踩点打探，千万不要以为只是狗叫而放松警惕。夜里听到什么东西响，也不要以为是老鼠就不警惕。

屋之周围，须令有路可以往来。夜间遣人十数遍巡之。居于城郭，无甚隙地。亦为夹墙，使逻者往来其间。若屋之内，则子弟及奴婢，更迭巡警。

【译文】房屋周围，必须要有路可以进出来往，夜里要派人多次巡逻。如果居住在城里，即使房子与房子之间没有多少空地，也要想办法建造夹墙，使巡逻的人可以在其间走动。如果在屋院内，就由子弟、奴婢们轮班值守。

夜间觉有盗，便须直言有盗。徐起逐之，盗必且窜。不可乘暗击之，恐盗之急，以刃伤我，及误击自家之人。若持烛见盗，击之犹庶几。若获盗而已受拘执，自当准法，无过殴伤。

【译文】夜里发觉有盗贼，就应当直接大喊："有贼！"然后再起身去追贼。盗贼知道自己已被发现，必然会抱头鼠窜。这时不可乘黑追袭盗贼，恐怕盗贼在情急之下，会用利刃伤害你，还可能会误伤自家的人。如果拿着火烛与盗贼相遇，攻击盗贼是可以的。如果盗贼已被抓获，应当按国家的相关法律办事，不能过分殴打他。

劫盗虽小人之雄，亦自有识见。如富家平时不刻剥，又能乐施，又能种种方便，当兵火扰攘之际，犹得保全，至不忍焚毁其屋。凡盗所快意于焚掠污辱者，多是积恶之人。富家各宜自省。

【译文】土匪劫盗虽说是小人中的英雄，但也有他自己的想法。富人们如果平时不苛刻盘剥穷人，又乐善好施，并为人们提供各种方便，那么土匪在烧杀抢掠的时候，仍然会保全他们，并且也不会忍心烧毁他们的房屋。土匪们大肆抢夺焚烧的，大多是那些罪恶累累的为富不仁之人。因此，富人们应当自我反省一下自己的所作所为。

居家或有失物，不可妄猜疑人。猜疑之当，则人或自疑，恐生他虞。猜疑不当，则真窃者反自得意。况疑心一生，则所疑之人，揣其行坐辞色，皆若窃物，而实未尝有所窃也。或已形于言，或妄有所执治，而所失之物偶见，或正窃者方获，则悔将若何。

【译文】在家里有时会丢失东西，这时，不能胡乱猜疑别人。因为，如果猜中了，就会让小偷感到心虚，恐怕会生出其他事端；如果猜疑不当，那么偷东西的人反而会自鸣得意。何况疑心一起，你看你所怀疑之人的举止言行，都像偷东西的人，而实际上被怀疑的人很可能并没有偷东西。或者你把这种怀疑说出去，或者毫无根据地把被怀疑人抓去治罪，而丢失的东西却又突然找到了，或者是真正偷东西的人刚刚被抓住，这时，你再后悔又有什么用呢？

居宅不可无邻家，虑有火烛，无人救应。宅之四围，如无溪流，当为池井。虑有火烛，无水救应。又须平时抚恤邻里有恩义。有士大夫，平时多以官势残虐邻里。一日为雠人火其屋宅，邻里更相戒曰：若救火，火熄之后，非惟无功，彼更讼我以为盗取他家财物，则狱讼未知了期。若不救火，不过杖一百而已。邻里甘受杖，而坐视其大厦为煨烬①。此其平时暴虐所致也。

【注释】①煨烬：灰烬，燃烧后的残余物。

【译文】我们选择居家之所时，周围不可以没有邻居。否则一旦遇到火灾，就没有人前来救应。住宅的四周，如果没有溪流，就应当挖个水池或水井。否则一旦失火，将会无水来灭火。此外，平时还要多帮助邻居，与邻里搞好关系。有位士大夫，平日常仗势残害邻里。一天有仇人来放火烧他的房子，邻居们反而互相告诫说："如果去救火，火被扑灭后，大家不但没功，他反而还会诬告我们偷了他家的东西。那样，官司不知要打到什么时候。如果我们不去救火，最多不过被打一百杖而已。"邻居们甘愿被杖打一百，也不愿去救火，坐视他家房屋烧为灰烬。这就是他平时残害邻居百姓的结果啊。

富人有爱其小儿者，以金银珠宝之属饰其身。小人于僻静处，坏其性命，而取其物。虽闻于官而置于法，何益。

【译文】富人们因喜爱自己的小孩，就用金银珠宝之类的装饰品来打扮他们。一些贪财的小人就会在僻静无人的地方杀死小孩，而夺走他们身上的饰物。这样，即使你报了案而官府也将其治了罪，但又有什么用呢？

人之居家，井必有干^①，池必有栏。深溪急流之处，峭险高危之地，机关触动之物，必有禁防。不可令小儿狎而临之。脱有疏虞，归怨于人，何及。

【注释】①干：栏杆。

【译文】我们居家，水井周围必须要围上栏杆；池塘边上一定要装上栅栏；深溪急流、峭崖险滩等又高又险及设有机关装置的地方，必须要设防，不能让小孩接近玩耍。否则稍有疏忽，出了危险，就算归怨于人也来不及了。

人家有仆，当取其朴直谨愿，勤于任事，不必责其应对进退之快人意。人之子弟，不知温饱所自来者，不求自己德业之出众，而独欲仆俏黠之出众。费财以养无用之人，甚而生事为非，其害不细。

【译文】雇有仆人的人家，应当雇用那些朴实、正直、谨慎，且做事勤勉的人，不一定非要他能做到言行恰如其分。有些人家的子弟，不知温饱从哪儿来，不求自己的品德和学业出众，却单独要求仆人俊俏聪慧而出众。花费钱财来供养一些无用之人，甚至惹是生非，这样对社会的危害也不小啊。

奴仆小人，就役于人者，天资多愚。作事乖舛背违^①，不能有便当省力之处。如顿放什物，必以斜为正。如裁截物色，必以长为短。

若此之类，殆非一端。又性多忘，嘱之以事，全不记忆。又性多执，自以为是。又性多狠，轻于应对，不识分守②。所以顾主于使令之际，常多叱咄。其为不改，其言愈辩。顾主愈不能耐，于是棰楚③加之。或失手而至于死亡者，有矣。凡为家长者，于使令之际，有不如意，当云小人天资之愚如此，宜宽以处之。多其教诲，省其嗔怒，可也。如此，则仆可免罪，主者胸中亦安乐，省事多矣。至于婢妾，其愚尤甚。妇人既多褊急狠愎④，暴忍残刻，又不知古今道理。其所以责备婢妾者，又非丈夫之比。为家长者，宜于平昔，常以待奴仆之理谕之，其间必自有晓然者。

【注释】①乖舛背违：乖舛，谬误，差错；背违，背逆违反。②分守：本分职守。③棰楚：棰，木棍；楚，荆杖。古代打人用具，引申为杖刑的通称。④褊急狠愎：褊急，气量狭小，性情急躁。狠愎，凶狠固执。

【译文】奴仆下人这些为别人服务的人，多半资质愚钝。他们做事乖舛背违没有规矩，不能想些方便省力高效的办法。例如摆放东西，就是歪的也说是正的；裁剪截取物料时，明明是长的却认为短了。像这类的事情，也不是一件两件。他们记性又不好，叮嘱他们的事，总是记不住；性情固执，自以为是；性格狠戾，又不注重语言乱说话，不知道自己的职分。所以主人在令他们做事之际，常常会大声斥责。如果他们依旧如故不改，且越来越喜欢为自己辩解，主人因此更加不能忍受，于是棍棒加身，有时偶尔失手而致打死的情况也是有的。作为一家之长，在下令让别人做事之时，有稍不如意的，应当考虑下人的资质本就是这样愚钝的，因此应当宽厚处理，要多些教诲，少些嗔怒，这样才是啊。如此一来，奴仆们可以免遭罪责，主人心里也就可以多些安乐，省事多了。至于女婢，她们更愚昧。妇人们多半心胸狭窄、固执、狠毒，又不明白古今做人处世的道理。主人所以责备女婢们，又不同于丈夫对她们的责备。作为一家之长，应当在平时常常用对待奴仆的道理来教化她们，她们中肯定有人会慢慢明白道理的。

人之居家，凡有作为，及安顿什物①，以至田园仓库厨厕等事，皆为之区处。然后三令五申，以责付奴仆。犹惧其遗忘，不如吾志。今有人，一切不为之区处。凡事无大小，听奴仆自为谋。不合己意，则怒骂鞭挞继之。彼愚人，止能出力以奉吾令而已，岂能善谋，一一暗合吾意？若不知此，自见多事。

【注释】①什物：物品。

【译文】居家生活，凡是持家有道的，对于家中物品摆放的位置、方向，甚至对田园、仓库、厨房、厕所等处物品的摆放，都是有所安排的。然后多次命令和告诫大家，并由奴仆们负责实施。这样，还常担心他们遗忘，怕做得不如我的意。但现在有的人，却一切都没有规矩，凡事不分轻重，随意处置，任意由佣人们自己拿主意。如果他们做得不合自己的意，就大声责骂或鞭打他们。他们是愚笨之人，只知道出力来听我们的命令行事，又怎么能拿出主意，使之都一一满足我的心意呢？如果不明白这个道理，那就是自己找事了。

寿昌胡侪彦特之家，子弟不得自打仆隶，妇女不得自打婢妾。有过，则告之家长，家长为之行遣①。妇女擅打婢妾，则挞子弟。此贤者之家法也。

【注释】①行遣：指处置，发落。

【译文】寿昌的胡侪彦特之家规定，子弟们不可以私自责打奴仆，妇女们不可以私下打骂婢妾。如果仆隶、婢妾有了过错，就告诉家长，由家长对他们进行处置。如果妇女们擅自责打了婢妾，则将对她们的小孩进行鞭杖责罚。这是贤德之家的家法规矩啊。

婢仆有过，既已鞭挞，而呼唤使令，辞色如常，则无他事。盖小人受杖，方内怀怨。而主人怒不之释，恐有轻生而自残者。

【译文】婢仆们犯了过错，如果已经对他们进行处罚了，而在使唤他们做事时，能够言语、神态像往常一样，那么就不会有其他事发生了。为什么这样说呢? 原因是婢仆们受了杖责，心中怀有怨气，而主人又不放下心中的怒气，这样恐怕有些婢仆们会想不开而轻生或自残。

婢不厌多，教之纺绩，则足以衣其身。仆不厌多，教之耕种，则足以饱其腹。大抵小民有力，足以办衣食。而力无所施，不能自活，故求就役于人。为富家者，能推恻隐之心，蓄养婢仆，乃以其力还养其身，其德大矣。而此辈既得温饱，虽苦役之，彼亦甘心焉。

【译文】家中女婢们不怕多，只要教她们纺纱织布，就有足够的衣服给她们穿了; 男仆们不怕多，只要教他们耕地种田，就足够让他们吃饱了。一般而言，平民百姓只要有力气，就足可自谋生活了。而那些有力却无处可使的人，不能养活自己，所以只有求助于人，为别人打工做事以求养家糊口。作为富有的家庭，能够心怀恻隐之心，供养婢仆，这是让婢仆们自食其力，是大功德呀。而这些婢仆们既然得到温饱了，所以即使是劳动很辛苦，他们也心甘情愿。

婢仆宿卧去处，皆为检点，令冬时无风寒之患。以至牛马猪羊猫狗鸡鸭之属，遇冬寒时，各为区处牢圈栖息之处。此仁人之用心，视物我为一体也。

【译文】婢仆们住宿休息的地方，都要多检查维护，使冬天时不会有风寒的隐患。甚至于牛、马、猪、羊、猫、狗、鸡、鸭之类的家禽家畜，遇到冬天寒冷时，也要分别为它们设立牢圈等栖息的地方。这是有仁德的人的用心，因为他们把物、我当作一体了。

飞禽走兽之与人，形性虽殊，而喜聚恶散，贪生畏死，其情则与人同。故离群，则向人悲鸣。临庖，则向人哀号。为人者，既忍而不之顾，反怒其鸣号者，有矣。胡不反己以思之。物之有望于人，犹人之有望于天也。物之鸣号有诉于人，而人不之恤，则人之处患难死亡困苦之际，乃欲仰首叫号，求天之恤耶。大抵人居病患不能支持之时，及处图圄不能脱去之时，未尝不反复？究省，平日所为，某者为恶，某者为不是。其所以改悔自新者，指天誓日可表。至病患平宁，及脱去罪戾，则不复记省。造罪作恶，无异往日。余前所言，若言于经历患难之人，必以为然。犹恐痛定之后，不复记省。彼不知患难者，安知不以吾言为迂。

【译文】飞禽走兽与人相比，虽然形状、性情不同，但是它们喜欢相聚而讨厌离散，贪生怕死的性情与人却是一样的。所以，离群了，它们就会向人悲鸣；将要被人宰杀时，就会向人哀号。作为人，有些人不但忍心不顾，反而厌烦它们的哀鸣。我们为什么不反过来想想，动物在危难时希望人能救助它们，犹如人在危急时刻寄希望于上苍一样。动物哀鸣着求助于人，而人却不怜悯它，那么当人处于患难、死亡、困苦的时候，为什么却想仰头呼号，祈求上苍的可怜呢！大概人只有在生重病支持不住的时候，在身陷图圄不能逃脱的时候，才会反复追究、反省自己平时的所作所为，哪些是恶的，哪些是错的吧。这时，他们指天发誓，要痛改前非，改过自新的心情是确凿的。但是，一旦病痛解除，或是安然脱离牢狱，就忘记了发过的誓言，造罪作恶，与往日没什么两样。我前面所说的话，假如是说给经历过磨难的人听，他们一定会认为是正确的。但我还是担心有些人好了伤疤忘了疼，忘了教训。那些没有经历过磨难的人，怎么能知道他们不认为我的话迂腐呢？

族人邻里亲戚，有狡狯①子弟，能恃强凌人，损彼益此，富家多用之以为爪牙，且得目前快意。此曹②内既奸巧，外常柔顺。子弟责骂狎玩，常能容忍。为子弟者亦爱之。他日家长既没之后，诱子弟为非者，皆此等人也。大抵为家长者，必自老练，又其智略，能驾驭此曹，故得其力。至于子弟，须贤明如其父兄，则可无虑。中材之人，鲜不为其鼓惑，以致败家。唐史有言，妖禽孽狐，当昼则伏息自如，待夜乃出为祟，正谓此曹。若平昔延接淳厚刚正之人，虽言语多拂人意，而子弟与之久处，则有身后之益。所谓快意之事常有损，拂意之事常有益。凡事皆然。宜广思之。

【注释】①狡狯：狡诈。②曹：同辈；侪类；同类。

【译文】在族人、邻居和亲戚们中间，有一些狡诈的子弟，他们恃强凌弱，损人利己。富人们大多用这种人作为爪牙，只顾眼前恣情快意。这种人内心奸巧，表面却显得柔顺，就算富家子弟责骂玩弄他们，他们也能容忍。所以，富家子弟也很喜欢这类人。等将来家长死后，引诱富家子弟为非作歹的，往往都是这种人。一般情况下，做家长的必然老练，自己的智慧、谋略能够驾驭这些人，这样才能让这些人为自己服务。至于做子弟的，必须像父兄一样贤明，才能无所忧虑。如果仅有中等才能，很少有不被这些人蛊惑，导致最终败家的。《唐史》中说："妖禽狐怪，白天则隐伏休息，到了晚上才出来肆虐。"说的正是这类人。如果平时多交结一些淳朴厚道、刚强正直的人，虽然这些人说话不一定中听，可是子弟们与他们相处久了，日后一定会受益的。正如俗话所说，"顺心如意之事常有害，多难之事常有益。"凡事都如此，我们应该广泛思考。

国家以农为重，盖以衣食之源在此。然人家耕种，出于佃人之力，可不以佃人为重？遇其有生育婚嫁，营造死亡，当厚赒^①之。耕耘之际，有所假贷，少收其息。水旱之年，察其所亏，早为除减。不可有非理之需，不可有非时之役。不可令子弟及干人，私有所扰。不可因其雠者告语，增其岁入之租。不可强其称贷，使厚供息。不可见其自有田园，辄起贪图之意。视之爱之，不啻如骨肉。则我衣食之源，悉藉其力矣。

【注释】①赒（zhōu）：接济，救济。

【译文】国家以农业为本，因为农业是人们衣食的根本。然而有些人家的地，是靠佃户来耕种的，怎么能不以佃户为重呢？遇到佃户有生育、婚嫁、建筑、丧葬等事，主人家应当多帮助他们。耕种的时候，如果他们要求借钱，主人家应少收利息；遇到有水旱灾害的年份，应当调查清楚佃户的损失，早早减免佃金；不可对佃户存有不合理的要求，不应安排佃户不合时宜的劳役；不能让子弟及相关人员，私下骚扰佃户；不能因为佃户的仇家说了佃户的坏话，就增加佃户的年租；不能强迫佃户借钱，要求他们支付高额利息；不可因见佃户自己有田地，就起占有的贪念。作为主人家要珍视爱护他们，就像对待自己的亲骨肉。这样，我们的衣食来源才可以依靠他们的劳作。

池塘，陂湖^①，河埭^②，蓄水以溉田者。须于每年冬月水涸之际，浚^③之使深，筑之使固。遇天时亢旱，虽不至大稔^④，亦不至于全损。

训俗遗规

今人往往于亢旱之际，方思修治。至收刈之后，则忘之矣。谚所谓三月思种桑，六月思筑塘，盖伤人之无远虑如此。

【注释】①陂湖：即陂泽，湖泊。②河堘：河坝。③浚（jùn）：疏通，挖深的意思。④大稔：大丰收。

【译文】池塘、湖泊与河坝，都是用来蓄水灌溉田地的。在每年冬季河水干涸的时候，必须对池塘、湖泊进行清理、疏通，使它变深，对堤坝进行加固。等遇到天旱时，虽然不能大丰收，但也不至于绝收。现在的人往往只有到大旱的时候，才想起要修治水利，到收割完成后便又忘了。谚语说的"三月思种桑，六月思筑塘"，就是感叹人们这种没有远虑的现象啊。

池塘，陂湖，河堘，有众享其溉田之利者，田多之家，当相率倡。令田主出食，佃人出力，遇冬时修筑。及用水之际，远近高下，分水必均。非止利己，又且利人，其利岂不溥哉。今人当修筑之际，靳①出食力。及用水之际，夺臂交争。有以锄穊②相殴至死者，纵不死，亦至坐狱被刑，岂不可伤。然至此者，皆田主悭吝③之罪也。

【注释】①靳（jìn）：吝惜，不肯给予。②锄穊：亦作"锄檟"。锄和穊，农具名。一说锄柄。③悭吝：吝啬；小气。

【译文】池塘、湖泊与河坝，当大家共同用它灌溉田地时，田地多的家庭，应当率先倡议兴修水利，让田主出粮食，佃农出力气，到冬天时修筑堤坝蓄水。到了用水季节，不管是远是近或是高是低的田地，都能得到均匀供水。这样，不仅有利于自己，也有利于他人，这种好处岂不是很广大？现在的人，当应该修筑堤坝的时候，吝惜粮食劳力，到了需要用水时，却又奋力争抢，有的甚至为此用锄穊相互殴打以致死亡，纵使不死，也会坐牢判刑。难道这不可悲吗？然而事情弄到这种地步，都是田主吝啬造成的罪孽啊。

桑果竹木之属，春时种植，甚非难事。十年二十年之间，即享其利。今人往往于荒山闲地，任其弃废。至于兄弟析产，或因一根荄之微，忿争失欢。比邻山地，偶有竹木在两界之间，则兴讼连年。宁不思使向来天不产此，则将何所争。若以争讼所费，佣工植木，则一二十年之间，所谓材木不可胜用也。其间有以果木逼②于邻家，实利有及于其童稚，则怒而伐去之者，尤无所见也。

【注释】①荄（gāi）：草根。②逼：接近，靠近。
【译文】桑树、果树、竹子、树木之类的植物，在春季种植并不是什么难事，一二十年后人们就能从中获利。现在的人常常任意废弃一些荒山闲地不去开发利用，到了兄弟之间分家时，却可能因为草根那么小的利益而争吵不休，反目为仇。两人相邻的山地上，如果恰巧有棵竹木生长在界线上，就会因此争夺而不惜连年诉讼。难道他们不会想想，如果不是天地在这生长了这些东西，那么他们还有什么可争夺的呢？如果把打官司所用的钱用来雇人种树，那么一二十年后，所需木材竹料就用不完了。有些人因果树种在了邻居地旁，果实有时被邻居家的小孩摘走了，于是一怒之下就把果树给砍了，这种人最没有见识。

人有田园山地，界至不可不分明。异居分析之初，置产典买之际，尤不可不仔细。人之争讼，多由此始。且如田亩，有因地势不平，分一丘为两丘者。有欲便顺，并两丘为一丘者。有以屋基山地为田，又有以田为屋基园地者。有改移街路水圳①者。官中虽有经界图籍，坏烂不存者多矣。况又从而改易，不经官司邻保②验证，岂不大启争端。人之田亩，有在上丘者，若常修田畔③，莫令倾倒。人之屋基园地，若及时筑叠，园墙才损即修。人之山林，若分明挑掘，沟堑才损即修。有何争讼。惟其卤莽，田畔倾倒，修治失时。屋基园地，止用篱围。年深坏烂，因而侵占山林。或用分水，犹可辨明。间有以木为石，以坎为界，年深不存。及以坑为界，而外又有一坑相似者。未尝不起纷纷不决之讼也。更有典买山地，幸其界至有疑，故令元契④称说不明，因而包占者。此小人之用心，遇明官司，自正其罪矣。

【注释】①水圳：排水沟。②邻保：邻居。一般涉及案件时尚关联。③田畔：田界，田边。此指田坎。④元契：原契。

【译文】有田园山地的人家，彼此田地之间的界线一定要清楚标明。分家另过，置买田产、典卖土地的时候，尤其不能不分清楚。人们打官司，多数就是因为地界不清而引起的。就像田地，有些人因为地势不平，便把一丘田分成了二丘；有的人为了方便，便把两丘田合为一丘了；有的人把建房屋的基地改成田地了，又有的人把田地改成房屋基地、园地了；有的人为了田地改移了街道或道路的排水沟。官府虽然有土地界线图籍记载，但是由于年久腐烂而丢失的很多，况且有些人不经官府和邻居验证就擅自改变原来地界或界标，这又怎么会不引发争端呢？有些田地，在地势高处，如果经常维护田坎，不使它倒塌；建设房屋的基地，如果能够及时维护修筑，随时有损坏就随时修补；山林土地，如果清楚地挖沟掘堑作为界线，其一有损坏就马上维护，这样还有什么问题要争斗、打官司呢？只有那些鲁莽的人，田畔毁坏了，却不及时修复；房屋基地仅围以篱笆，年久失修而坏烂，因而导致界线不明，侵占山林。以水分界，还可以分辨清楚。如果是以木牌当作石头界碑，以沟坎为地界的，由于年久而消失，便无法分辨清楚了。还有以土坑为界，而坑界外又有了一个与坑界相似的坑，无法辨清，这些情况不免会引起纷纷不决的官司。至于典买山地时，希望其界线有不明晰的地方，故意在原契约上写明界限不明，因而乘机吞占别人土地的，这是小人的算计。如果遇到清明的官员，自然会追究他的罪责。

人有求避役者，私分财产甚均，而阄书砧基①，则妆在一分之内，令一人认役。其他物力低小，不须充应②。其子孙有欲执书契而掩有③之者，遂兴诉讼。官司欲断从实，则于文有碍。欲以文为断，而情则不然。此皆俗曹初无远见，规避于目前，贻争于身后。可不鉴此。

【注释】①砧基：土地的四至。②充应：充差应役。③掩有：全部占有。掩，尽，全部。

【译文】有些人为了逃避劳役，在分家时各自财产分割得很均匀，但是在抓阄分割田地时，则把土地登记在一个人的名下，让一个人去服劳役；其他可用的物资很少，因此不需要充差应役。名册上拥有土地之人的子孙，有的想按照契书上登记的占有全部土地，于是相互间便起了官司。如果断案官员想要按实际情况断决，却和契书上的内容不符；如果以契书内容来断决，但实际情况却又不是这样。这些都是俗世之人当初没有远见，只想着逃避目前的（困难），导致了日后的争夺。我们能不以此为鉴吗？

人有已分财产，而欲避免差役，则冒同宗有官之人，为一户籍者。皆他日争讼之端由也。

【译文】有的人在分割财产时，想要逃避免除官府差役，就假充是同宗中当官的家人，冒充登记在同一户籍下，这些都是造成将来官司纷争的原因。

凡田产有交关①违条者，虽其价廉，不可与之交易。他时事发到官，则所费或十倍。然富人多要买此产，自谓将来拼钱与人打官司。此其癖不可救，自遗患，与患及子孙者甚多。

袁氏《世范》

　　【注释】①交关：交易、贸易、买卖。

　　【译文】凡是有违反规定买卖田产的，即使它价格再便宜，也不能和他进行交易，否则将来事情败露被告发到官府时，将被处以交易金额或十倍的罚款。但是有些富人却总是想买这样的田产，自以为将来可以多花钱与人打官司。这是他们无法改变的癖好，这样给自己留下祸患或殃及子孙的很多。

　　凡交易必须项项合条，即无后患。不可凭恃人情契密①，为之不防。或有失欢，则皆成争端。如交易取钱未尽，及赎产不曾取契之类。

　　【注释】①契密：密切，亲密。

　　【译文】凡是买卖交易，必须每项都符合法律规定，这样就不会有后患。不可凭借与人关系亲密，就不防备。如果哪天双方有了矛盾，这些都会成为矛盾的争端。如交易的金额没有支付完，或者是赎回财产时没有取回契约凭证之类。

　　贫富无定势，田宅无定主。有钱则买，无钱则卖。买产之家，当知此理，不可苦害卖产之人。盖人之卖产，或以阙食，或以负债，或以疾病死亡、婚嫁争讼，已有百千之费，则鬻百千之产。若买产之家，即还其值。虽转手无留，且可以了其出产欲用之一事。（置产本非周济，然常存此心，则穷人阴受其益，与周济无异。）而为富不仁之人，知其欲用之急，则阳距^①而阴钩之，以重阨其价。既成契，则姑还其直^②之什一二，约以数日而尽偿。至数日而问焉，则辞以未办。又屡问之，或以数缗^③授之。或以米谷及他物，高估而补偿之。出产之家，必大窘乏。所得零微，随即耗散。向之所拟以办某事者，不复办矣。而往还取索，夫力之费，又居其中。彼富家方自喜以为善谋。不知天道好还，有及其身而获报者。有不在其身，而在其子孙者。富家多不之悟，岂不迷哉。

（贫而变产者，层层可悯。富而置产者，种种作难。良心何在。为富不仁，决无久享之理。）

【注释】①阳距：表面拒绝。距，同"拒"。②直：同"值"。③缗：穿钱的绳索。借指成串的铜钱，亦泛指钱。

【译文】贫富本来就不是固定不变的，田地房产也是没有固定主人的。有钱时可以买，没钱就卖掉。买家产的人家，应当明白这个道理，不要乘机苦害那些因贫穷被迫变卖家产的人。大凡人们变卖家产，或者是因为缺乏粮食，或者是因为欠了债，或者是因为生病、家里死了人、结婚嫁女或打官司等原因，自己需要多少费用便变卖多少家产。如果买主能够按家产的实际价值向卖主支付钱财，那么卖主即便是没有了家产，但还是能够解决其变卖家产所要解决的问题。（购置家产本来不是周济别人，如果常常有这样的存心，那么穷人可间接从中得到好处，这与周济别人没有区别。）而那些为富不仁的人，知道别人急需用钱，便表面上拒绝购买，暗中却在谋划，以便大大降低其价格。等到签订契约后，却暂时只付给人家十分之一二的金额，其余的答应在几天之内交清。过了几天去问他，又推托不予支付。以后多次催要，他要么支付几千文来搪塞，要么用米谷或其他物品折成高价来补偿。这样，卖家产的人家必然非常窘迫，卖家产所得到的一点钱，马上就耗费掉了，而先前打算要办的事也办不成了。况且，变卖家产的人，往返索取钱财时，还得付出劳力和相关费用。那个得了便宜的富人却在暗暗高兴，以为自己的谋略高妙。他却不知道，害人是要遭天报应的。有的报应在他自己身上，有的不报应在他身上，却报应在他的儿孙身上。可叹那些有钱人，大多不明白这个道理，这难道不是执迷不悟吗？（那些因贫穷而变卖家产的人，处处可怜，而那些富有而添置家产的人，却经常处处为难卖家产的穷人。他们的良心何在？为富不仁的人，决不可能有长久享有富贵的道理。）

兼并之家，见有产之家，子弟昏愚不肖，及有缓急①，多是将钱强以借与。或始借之时，设酒食以媚悦其意。或既借之后，历数年不索取。待其息多，又设酒食招诱，使之结转，并息为本，别更生息。又诱勒其将田产抵还。法禁虽严，多是幸免。惟天网不漏。谚云，富儿更替做，盖谓迭相酬报也。（如此处心积虑，与攘夺②何异。）

【注释】①缓急：危急之事或发生变故之时。②攘夺：掠夺，夺取。
【译文】那些想兼并别人家产的人，见到有些富裕人家的子弟糊涂而愚蠢、不成才，便乘富家子弟有急事或发生变故急需要钱时，大多强行将钱借给他们。他们有的在借钱给富家子弟之前，摆设酒席款待并取悦他们；有的在借钱给富家子弟之后，几年都不索讨。等到利息多了，便又摆设酒席引诱富家子弟，让富家子弟结转借款，把利息转为本金，并另算利息，后来又引诱勒索富家子弟，让他们用田产来抵还借款。这种做法，虽为当时法律严禁，但还是有很多没被查处。但是我们要知道，天网恢恢，疏而不漏。有谚语说"富贵人家轮流做"，大概讲的就是相互报偿吧。（这样处心积虑谋取别人家产，与抢夺有什么区别呢？）

有轻于举债者，不可借与。必是无藉①之人，已怀负赖之意。凡借人钱谷，少则易偿，多则易负。故借谷至百石，借钱至百贯，虽力可还，亦不肯还。宁以所还之资，为争讼之费者多矣。（可为贪取重利，盘剥穷人者戒。）

【注释】①无藉：无所顾忌，无赖。

【译文】那些轻易向人借钱的人，不可以借钱给他。这种人肯定是无赖的人，他向你借债之时就有了不还的心思。凡是向别人借钱粮，借得少就容易偿还，借得多则容易负债。所以，向别人借一百石粮食或一百贯钱的人，虽然他有能力偿还，也是不肯还的。宁愿以还给人家的钱财用来当作打官司的费用，也不还给人家钱财的人很多。（这可以作为那些贪取重利，盘剥穷人者的戒例。）

凡人之敢于举债者，必谓他日之宽余可以偿矣。不知今日之无宽余，他日何为而有宽余。譬如百里之路，分为两日行，则两日皆办。若欲以今日之路，使明日并行，虽劳苦而不可至。凡无远识之人，求目前宽余，而那积在后者，无不破家也。

【译文】凡是敢于借债的人，必定会说日后宽裕了一定偿还。他难道不知道今日没有宽裕，日后怎么能有宽裕呢？这好比走一百里的路程，分为两天走，那么，两天都能走完该走的路。假如把今天该走的路放到明天一起走，你虽然感到疲惫不堪，也达不到预期目的。凡是没有远见的人，为了求得眼前一时的宽裕而借债，日后必定负债累累，这种人没有不败家的。

凡有家产，必有税赋。须是先截留输纳①之资，却将赢余，分给日月。岁入或薄，只得省用，不可侵支输纳之资。临时为官中所迫，则举债认息，或托揽户兑纳，而高价算还，是皆可以耗家。大抵曰贫曰俭，自是美称，切不可以此为愧。若能知此，无破家之患也。（有甘于破家，而以贫为羞、以俭为鄙者，亦可叹也。）

【注释】①输纳：缴纳。

【译文】凡是有家产的，就必须纳税。所以必须先把纳税的部分提留出来，再将剩下的作为日常的费用。如果当年收入较少，只能省吃俭用，不能侵占用来缴税的钱。如果面临纳税时因没钱纳税被官府追征，就只有借债来交税，或者托专门承税的人代为缴纳然后高价偿还，这些都足以使家庭破产。一般来讲，别人说你家贫，说你节俭，也是一种美称，千万不要因此而感到羞愧。如果能知道这一点，那么就不会有败家的祸患了。（有些人甘愿破家，而不愿意别人说他家贫说他节俭，认为这是一种耻辱，是一种鄙视，这也是一种悲哀呀。）

乡人有纠率钱物，以造桥修路，及打造渡船者，宜随力助之，不可谓舍财不见获福而不为。且如道路既成，吾之晨出暮归，仆马无疏虞①，及乘舆马，过桥渡，而不至惴栗②者，皆所获之福也。

【注释】①疏虞：疏忽，失误。②惴栗：恐惧而战栗。
【译文】乡里有人召集大家募捐钱物，来造桥、修路以及打造渡船时，我们都应该根据自己的财力大小资助这类善举，不能说自己舍了钱财却看不到好处就不干这样的事。而且如果将来道路修成了，你早出晚归，仆人、马匹都无危险，到你乘轿子或骑马、过河时，也不至于担惊受怕。这些都是从中能获得的好处。

人之经营财利，偶获厚息，以致富盛者，必其命运亨通，造物者阴赐至此。有见他人获息致富，欲以人事强夺天理，如贩米而加以水，卖盐而杂以灰，卖漆而和以油，卖药而易以他物。目下多得赢余，其心便自欣然。而不知造物者，随即以他事取去，终于贫乏。况又因假坏真，以亏本者，多矣。大抵转贩经营，须是先存心地。凡物货必真，又须敬惜，又须不敢贪求厚利。任天理如何，虽目下所得之薄，必无后患。

【译文】人们投资经营，因偶尔获得厚利以致暴富的，必定是他命运亨通，得到天地恩赐所致。有些人见别人获息致富，便也想通过人为的改变来改变命运。如卖米时在米中加水来增重，卖盐时掺杂以灰尘，卖漆时掺和一些油，卖药时便使用其他物品来替代。这样目前一时多得了些钱财，心里便自我感觉很愉快。却不知道上天马上就用其他的事情耗费了他的钱财，最终归于贫乏，况且又因为掺假而把真的也弄坏了，以至于亏本的也很多。所以大概地讲，我们经营投资，必须先存好心。凡是经营的物货，必须是真的，还要珍惜物货，并且不能贪求获得厚利。这样的话，不管天理如何，即使眼前获得的很少，但必定不会有后患。

起造屋宇，最人家至难事。起造之时，必先与匠者谋。匠者惟恐主人惮费而不为，则必小其规模，节其费用。主人以为力可办，锐意①为之。匠者则渐增广其规模，至数倍其费，而屋犹未及半。主人势不可中辍，则举债鬻产。匠者方喜兴作之未艾②，工镪③之益增。余尝劝人起造屋宇，须十数年经营，以渐为之。先议基址，或平高就下，或增卑为高，或筑墙穿池。次议规模之高广，材木之若干。细至椽桷④篱壁竹木之属，必籍其数。逐年买取，随即斲削。次议瓦石之多少。皆预以余力，积渐而储之。虽傜雇⑤之费，亦不取办于仓卒。故屋成而家富自若也。

【注释】①锐意：愿望迫切，态度坚决。②未艾：未完成。③工镪：工钱。镪（qiǎng），钱串，引申为成串的钱，后多指银子或银锭。④椽桷：泛指椽子。椽，圆形。桷，方形。⑤僦雇：雇车船载运。

【译文】建造房屋是家中最难操办的事情。因为建房时，必须先与工匠们商议，计算各项成本开支。这时工匠们唯恐主人害怕开销过大而打消造房的念头，于是在商量时，就减小房屋规模，降低预算，节约费用。这时主人就会以为凭借自己的财力可以承受，于是下定决心建造房子。等到开工后，工匠们却逐渐扩大房子的规模，导致造房费用比预算时增加了好几倍，而房子却还没盖到一半。这时，主人势必不可能中途停工，就只有四处借钱，变卖田产来维持开支。工匠们却庆幸房子还没造完，工钱越要越多。我曾劝别人，建房屋必须要分十多年来慢慢完成。首先，要选定房基地址，或者是把高地挖平，或者是把低地填高，或者是筑墙挖池。其次，要确定房屋规模大小、高矮，要准备多少材木，细到椽子、篱笆、壁板等竹木材料，都必须计算所需数量，逐年购买，根据实际随时增减。最后，再商议所需瓦石的多少，都应该根据余力逐渐积累储备，即使是车船运输等小费用，也不要去仓促筹备。这样，房子建造好以后，家中仍会像以前一样宽裕。

卷二

许鲁斋《语录》

（先生名衡，字平仲，河南人，元国子监祭酒，谥文正，崇祀庙庭。）

宏谋按：鲁斋先生，在元时，专以小学四书，修己治人之法为教。不尚文辞，务敦实行。薛文清①谓朱子以后一人者也。语录所载，本于六经，切于伦常。近里著己，详明恳挚。兹录其知②愚共晓者若干条。常人守此，亦足以寡过矣。

【注释】①薛文清：即薛瑄（1389年~1464年），字德温，号敬轩，谥文清。山西河津县平原村（今属万荣县）人。明代著名的理学大师，河东学派的缔造者。②知：通"智"。

【译文】宏谋按：许鲁斋先生，在元朝的时候，专门深研《小学》和《四书》，尤其以修养自己的道德品行做世间人的榜样，来达到教化世人的目的。他不崇尚华丽的文辞，而务求能够敦厚实行圣贤的教诲。因此薛文清公称他为朱子之后的第一人。这里节选的这些语录，根本源于《六经》，重在教人敦守伦常，深入精微，探求透彻，语言详明，诚恳真挚。这里选录了智者愚者都能够通晓的语录数则。常人若能落实这些教诲，也足以减少自己的过失了。

不听父命者，则为不孝。不听君命者，则为不忠。其或不听天命者，独无责耶。君父之命，或时可否之间。设教者，犹曰勿逆勿怠。况乎天命，大公至正，无有不善。何苦而不受命乎。

【译文】违逆父母的教诲，就不能称为孝顺，违背君主的命令，就不能称为忠。难道不顺从天命的人，不会受到上天责罚吗？君父的命令，或许有可以不听从的，但是，圣人设教，还说不要违逆，不得怠慢，何况天命呢？天命是大公无私、至公至正的，没有丝毫的不善，何苦要不顺应天道呢？

责得人深者，必自恕。责得己深者，必薄责于人。盖亦不暇责人也。自责以至于圣贤地面，何暇有工夫责人。见人有片善，早去仿学他。盖不见其人之可责，惟责己也。颜子①有之。以众人望人，则皆可。以圣贤望人，则无完人矣。子曰："赐②也贤乎哉，夫我则不暇。"

【注释】①颜子：孔子的学生颜回。②赐：孔子的学生端木赐，即子贡。

【译文】严厉责备他人的人，自己有了过失，必然会宽恕自己。对自己严格要求的人，必然不会严厉责备他人。因为责己很深的人，根本就没有工夫去责人。自责自己离圣贤的距离太远而颜面扫地，哪里有工夫去责备人呢？见到别人有一点善行，早就去效法学习了，哪里还去看别人的过失而去责备人家呢，只有责己的份啊。能做到这点的，大概只有颜回吧。以普通人的标准来看人，都还说得过去，要是按照圣贤的标准来衡量人，那就没有完美的人了。孔子就曾对子贡说过："赐啊，你真的就那么贤良吗？我可没有闲工夫去评论别人。"

责己者，可以成人之善。责人者，适以长己之恶。喜、怒、哀、乐、爱、恶、欲，一有动于心，则气便不平。气既不平，则发言多失。七者之中，惟怒为难治，又偏招患难。须于盛怒时，坚忍不动。候心气平时，审而应之，庶几无失。

【译文】处处责己的人，可以成就人的善行；处处责人的人，只会增长自己的恶行。喜、怒、哀、乐、爱、恶、欲这七情，一旦在心里萌动，人就难以心平气和；人不能做到心平气和，说话就会有种种过失。这七情之中，唯独怒气最难对治，而怒气又偏偏容易给人带来患难。因此，人在盛怒之时，一定要克制忍耐，坚忍不动，等到自己心气平静下来，再审察情形应对，这样就差不多可以不犯过失了。

天地间当大著心，不可拘于气质^①，局于一己。贫贱忧戚，不可过为陨获^②。贵为公相，不可骄。当知有天地国家以来，多少圣贤在此位。贱为匹夫，不必耻。当知古昔志士仁人，多少屈伏^③。甘于贫贱者，无入而不自得也，何欣戚之有。

【注释】①气质：指个人的性情或脾气。②陨获：丧失志气。③屈伏：曲折起伏。

【译文】人在天地之间，要有大的心量，不能够拘泥于自己的性情脾气，也不能够只为自己着想。处在贫贱的处境，不能够过分忧叹，丧失志气。处公卿宰相的高位时，不能心存骄慢，要知道有天地国家以来，不知有多少圣贤之人处在这个位置；处在最下等地位时，也不必觉得羞耻，要知道古往今来多少志士仁人，不知道经历了多少曲折起伏。安于贫贱的人，因无所收获而不会自我得意，又哪来的喜乐或忧戚呢？

凡事物之际，有由自己的，有不由自己的。由自己的，有义在。不由自己的,有命在。归于义命而已。

【译文】世间的任何事情,有自己可以做主的,也有由不得自己做主的。自己能够做主的,要讲求道义;自己不能够做主的,要顺从天命。所以凡事只要遵循道义、顺从天命就可以了。

世人怀智挟诈,而欲事之善,岂有此理。必尽去人伪,忠厚纯一,然后可善其事。至于死生祸福,则一归之天命而已。人谋孔臧①,亦可以保天命。人能摄生②,亦可以保神气。自暴自弃,而有凶祸,皆自取之也。

【注释】①孔臧:鲁国(今山东曲阜)人,西汉文学家,孔子第十一世孙。②摄生:养生;保养身体。

【译文】世间的人用识智辩聪和狡诈的手段,而想把事情做到尽善尽美,哪有这样的道理呢? 一定要去掉人性的诈伪,做到忠厚纯一,才能把事情做到尽善尽美。至于一生的死生、祸福,那么完全顺从天命就行了。人如能像孔臧一样谋划,也能够保有天命;人能够懂得养生之道,也就能够保养人的神气。如果一个人自暴自弃,那么人生的祸福吉凶就完全是自取的了,怎么能够怨天尤人呢?

汲汲①焉毋欲速也,循循②焉毋敢惰也。非止学问如此,日用事物之间,皆当如此,乃能有成。

【注释】①汲汲:形容急切的样子,表示急于得到的意思。②循循:有顺序的样子。

【译文】做任何事情要努力,不要只求速度;要有序稳定进行,不能够有丝毫懒惰。不只做学问应该如此，日常事物之间，也要保持这样的态度，这样才会有所成就。

　　称人之善，宜就迹上言。议人之失，宜就心上言。盖人之初心，本自无恶。特以利欲驱之，故失正理。其始甚微，其终至于不可救。仁人虽恶其去道之远，然亦未尝不愍其昏暗无知，误至此极也。故议之，必从始失之地言之。使其人闻之，足以自新而无怨。而吾之言，亦自为长厚切要之言。善迹既著，即从而美之。不必更求隐微①，主为一定之论。在人闻，则乐于自勉。在我，则为有实益，而又无他日之弊也。

　　【注释】①隐微：精深微妙。
　　【译文】称赞人的善处，应该要具体到事迹上；议论人的过失，应该要从心地上来说。因为人心里的初衷，本来是没有恶的，只是因为受到利益和欲望的驱使，才会使人做事时违失正理。最开始非常的细微，发展到最后就无可救药了。内心仁厚的人虽然厌恶这种人与正道相去甚远，然而没有不怜悯其昏暗无知，所以才失误到极点。因此，在议论这种人的时候，一定是从刚开始时有过失的地方说起，让人听闻之后，足以能够改过自新而没有怨恨。而我们说的话，也要是能够使人长善救失长养厚道的切要之言。看到人家的善行已经显明，既然要赞美人家，就不必更求细微了，而要中肯地发表议论。人家听了之后，能够乐于自勉，在我自己，则可以得到实际益处，而没有他日的弊端。

　　教人使人，必先使有耻。又须养护其知耻之心。督责之，使有所畏。荣耀之，使有所慕。皆所以为教也。到无所畏、不知慕时，都行不将去。

【译文】教导人和使令人，一定要先让人有羞耻之心，又要养护人的知耻之心，要对人进行督责，让人心存敬畏。要进行显扬夸耀，让人心有所羡慕，这都是教人之道。如果一个人无所畏惧，没有敬畏之心，无所仰慕，不向往光明之德，这样的人做什么事也不会成功。

凡在朋侪①中，切戒自满。惟虚故能受，满则无所容。人不我告，则止于此耳，不能日益也。故一人之见，不足以兼十人。我能取之十人，是兼十人之能矣。取之不已，至于百人千人，则在我者，可量也哉。

【注释】①朋侪：朋友辈。

【译文】凡是和朋友相处，一定要戒除骄傲自满。唯有保持谦虚之心才能接受他人的意见，一旦自满就什么也接纳不了了。如果没有人给我以提醒和劝告，仅仅依靠自己的耳闻目见，怎么能够日日进步呢？因此一个人的知见，不能够和十个人相比。我能够接纳十个人的意见，等于兼并了十个人的能力。这样听取参酌不止的话，那么成百上千人的知见，都能够为我所用，我的才能，怎么可以观量呢？

前人谓得便宜事，莫得再做；得便宜处，不得再去。休说莫得再，只先一次，已是错了。汝既多取了他人底，便是欠下他底，随后却要还他。世间人都有合得底分限①，你如何多得他便宜，万无此理。又人道得便宜，是落便宜②。实是所得便宜无几，而于天理人心，欠缺不可胜道。天理也不容汝，人心也放你不过。外面事不停当③，反而求之，此心歉然，于义理所欠多矣。稍能自思自反者，此理不难见也。其反报甚速，大可畏也。可为爱便宜者之戒。

【注释】①分限：约束，限制。②落便宜：吃亏。③停当：妥帖；妥当；稳当；稳妥。

【译文】先人告诉我们，占了便宜的事情不能再做；占了便宜的地方，不能再去。不要说不能再占得便宜，就是前一次占了的便宜，已经是过错了。你既然多取了人家的，就是欠了人家的，以后一还要还给别人。世间人做事都有一个适度的底限，你怎么能够多占人家的便宜呢？万万没有这样的道理。又有人说，人得了便宜，其实是吃亏了。实在说，所得到的便宜没有多少，而在天理人心上，缺失的却不可尽说。不仅天理容不了你，人心也不会放过你。外面的事情不妥当处理，反而求之，这种人心里难道不会有歉疚吗？这样的存心，从义理上来说，亏欠的已经很多了。如果稍微能够自我思量自我反省，这个道理并不难明白。占便宜的报应之快，实在可怕。这实在值得喜欢占便宜的人警戒啊。

或谓人依道理行，多不乐，故不肯收敛入来。放旷①不守法度，却乐多，只于那壁②去了。以故为学近理者少，而多喜于自恣，放言③自适④。如李太白诸诗豪皆是也。此何故？曰：天下只问是与不是，休问乐与不乐。若分明知得这壁是，那壁不是，虽乐亦不从也。如家有诸子，一子服田力穑，以堂构⑤为己任。一子荒纵，饮宴市楼⑥。若论乐与不乐，力田之苦，诚不如市楼之乐。为其父祖者，爱力田者乎？爱荒纵者乎？使诚知服田力穑之为乐无穷也，则于荒宴，不肯一朝居矣。彼诚不知耳，苟能知之，必不如是也。所以大学要致知。

【注释】①放旷：豪放旷达，不拘礼俗。②那壁：犹那边。③放言：放纵其言，不受拘束。④自适：悠然闲适而自得其乐。⑤堂构：房舍。喻继承祖先的遗业。⑥市楼：指酒楼。

【译文】世间有的人说，如果是都依照伦理、道德、仁义的标准来行事，人生哪还有什么快乐可言呢？因此不肯收敛自己的行为，依道行事。有些人不拘礼仪且不守法度，以为这样的人生才是快乐的，就趋向另一条歧途。抱着这样的人生态度，所以修学之人真正明理的很少，往往都是以自我放纵，说话不受拘束，悠然闲适而自得其乐。像李白等诗人豪杰就是这类人。为什么会这样说呢？只道：天下的事情，只应问符不符合正道，不要问是乐还是不乐。如果分明知道这么做是符合正道的，那么做不符合的，即使有一时之乐也不能去做。譬如家里有几个孩子，其中一个孩子努力耕作，以继承先祖的遗业为己任；一个孩子荒淫骄纵，在酒楼大吃大喝，混迹闹市。如果是讲乐和不乐，耕田的辛苦自然比不上吃喝游玩的快乐。那么，做父亲、祖父的，是喜爱这个努力耕作的孩子，还是喜欢那个荒淫骄纵的孩子呢？假如真知道耕作虽苦却有无穷之乐，则哪怕一天也不愿意去参加那些放纵荒淫的宴会了。实在是不明白这个道理啊，要是真正明白了，必定不会这样了。所以《大学》中教人要"致知"，也就是这个道理。

陈定宇《先世事略》

（先生名栎，字寿翁。元时休宁人。）

宏谋按：述家世者，无不竞尚贵显。人亦以此艳称之，甚则比附①而粉饰之。以为非是，则举无足述也矣。定宇先生，所述先世，绝无贵显。而清白家风，吉祥善事，难能而可贵，莫大于此。区区一时之贵显，均不足以拟之。家之可久也，不以势而以德，不信然哉。至不作佛事一节，学士大夫，类能言之。兹乃推明所以不能行之故。力挽颓风，更于礼教有补。先生在元时，举于乡，而未仕。授徒著述，一宗程朱，与吴文正②并称云。

【注释】①比附：拿不能相比的东西来勉强相比。②吴文正：吴澄，字幼清，晚字伯清，学者称草庐先生，抚州崇仁（今江西崇仁县）人。元代杰出的思想家、教育家。元统元年因病逝世，享年85岁，谥文正。

【译文】宏谋按：说起家世来，大家无不竞相崇尚贵显。贵显之人也因此而被别人称美，甚至拿不能相比的东西来为他们粉饰。认为不这样做的话，那么就不足以描述他们。陈定宇先生，所讲述的先世之人，没有一个是贵显的。他们清白的家风，吉庆善祥，能做不易做到的道德操守，非常可贵，没有比这更大的了。单单一时的高贵显要，都不足以比拟效仿。家族能够长久，不是因为势而是因为德。虽有人不信，但这是事实。至于不作兴佛事一段，学士大夫，他们都能说明原因。现在乃说明所以不能做的缘故，以力挽当世颓风，更是对于礼教有益。陈先生在元代时，被乡人举荐为官，但他没有接受，而是授徒著书，以程朱理学为宗，当时世人把他与吴文正并称。

自始祖府君[①]，十有八世而至栎。他房有以儒学显者，而本房独无有。然洪范五福，贵不与焉。数世以来，寿皆八九十，无下七十者。祖与妣偕老，无再娶者。父子皆亲传，无祝螟者。皆称善人，无一为人所指者。良可表[②]于道曰，处士[③]陈君之墓。有儒学而不显，安足计哉。又自曾祖以上，世润其屋，降是窭[④]殊甚。然家虽空，而行颇实。口虽羹藜饭糗[⑤]之不给，而经炊史酌之味无穷。贫亦安足计哉。所大惧者，气薄蚤[⑥]衰，儿辈才下志惰，或隳其家声焉耳。

【注释】①府君：旧时对已故者的尊称。②表：石碑。③处士：古时候称有德才而隐居不愿做官的人。男子隐居不出仕，讨厌官场的污浊，这是德行很高的人方能做得出的选择。④窭（jù）：贫穷，贫寒。⑤羹藜饭糗：形容饮食十分粗劣。羹藜，煮野菜羹，泛指饮食粗劣。饭糗，干粮。⑥蚤：通"早"。

【译文】自始祖等先辈以来，到我这一辈已历十八代了。其他宗支有以儒学而显扬的人，但嫡室却没有。然而《洪范》中所称"五福"，却没有"贵"。先辈数世以来，寿命都活到了八九十岁，没有低于七十岁的。祖父母共同生活到老，没有再娶的。父子都是亲生传承，没有过继的；他们都被称为善人，没有一人被别人指责的。墓前可以立碑于道，刻上"处士陈君之墓"。有学问而不为人知，又何必计较呢？又从曾祖父以上，家世富裕，往后便非常贫寒。然而家中虽然贫困，但先辈们行止却很诚实。虽然口中连野菜羹、干粮也不一定能吃上，但读经诵史的乐趣无穷尽。如此贫困又有什么值得计较呢？让人担心忧惧最大的是，家道气氛薄弱早早衰败，后辈子孙才智低下而志气怠惰，或者会败坏家族声誉。

　　先曾祖平生不好佛，治命^①命先祖曰：我死，丧葬参用古今礼，毋作佛事。先考先叔，所以丧先祖祖妣，不肖所以丧考妣，皆不敢变焉。大抵此说，儒者知之者多，能行之者寡。不摇于俗论，则夺于妇人。先考之殁也，来吊者见勉曰，纵不斋佛，亦必声钟。应之曰"升屋而号，告曰皋某复"（皋，长声也。某，死者之名。复，反也），此儒家之声钟也。欲声佛家之无常钟也，何为。又有曰，纵不为佛事，亦必填受生。又应之曰："民受天地之中以生，夙兴夜寐，无忝^②尔所生，此儒家之填受生也。以纸寓钱，填受生也，何为。"此不肖所以不摇于俗论者也。吴氏女兄，明敏知书，习闻家法，固无异论。吾妇朱，其父兄信佛甚。亦化之，无异论焉。此不肖所以不夺于妇人者也。昔程子^③曰，吾家治丧，不用浮屠^④，洛中亦有一二人家化之。近年同邑求迓范公、歙邑古梅吴公之家皆然。然程子大贤，范吴富者，人无敢非之。吾家三世，不幸皆贫。流俗不过曰，是贫甚，不能为，故立异耳。嗟乎，安得家肥屋润，更酌古礼行之，以一洗流俗之言哉。又尝闻士友之言曰：平昔非不知佛事不足为，古礼所当用，一旦不幸，至于大故，则族姻交以不孝责我，虽欲不为，不可得已。嗟乎！佛入中原祭礼荒，胡僧奏乐孤子忙。后村刘公，叹之久矣。孝也者，其作佛事之谓与？流俗之所谓不孝，乃我之所谓孝也。流俗之所谓孝，乃我之所谓不孝也。儿辈听之，不守家法，非吾子孙。岂惟望尔之不变哉，将世世望子孙无变也。

【注释】①治命：人死前神智清醒时所立的遗嘱。与"乱命"相对。后亦泛指生前遗言。②无忝：不辜负，不玷辱。③程子：即北宋教育家程颐，人称伊川先生，洛阳人。④浮屠：亦作浮图，指佛教。

【译文】我曾祖平生不信佛，生前遗言曾命先祖说："我死后，丧葬礼仪参用古今礼仪，但不要作佛事。"所以，先父和先叔在先祖父先祖母过世时，及在先父母过世时，我们都不敢改变这一规定。大概这种说法，修习儒学之人知道的多，但能做到的少吧。他们不是被世俗舆论动摇，就是受妇人们影响而改变。先父过世时，来吊唁的人对我说："你纵使不斋戒念佛，也要行声钟之礼吧？"我回答他们说："《礼记·礼运》篇中记载的'登上屋顶对着天空，拉长声音呼号说，某某某，你回来吧'这是儒家的声钟。想要敲佛家的无常钟，这是为了什么？"又有的人说："你纵使不作佛事，也必须要为他填受生吧？"我回应说："人生于天地之中，早起晚睡，没有愧对生养之人，这就是儒家的填受生。以纸寓钱来填受生，有什么用？"这些是我所以不被世俗舆论动摇的原因。吴氏兄妹，聪明机敏，知书达礼，熟悉家法，对这种做法本就没有什么异论；我夫人朱氏，她父兄本很信佛，但听了我的话后也被同化，再没有不同看法。这些说明我没有被妇人影响而改变。昔日程子曾说："我家治丧，不作佛事。洛阳城中也曾有一二家人信佛的，也被我们感化了。"近年来同乡求途范公、歙邑古梅吴公家也都一样。然而程子是大贤之人，范公、吴公是富贵之人，没有人敢非议他们。但我家三世，不幸都是贫困人家。对于我家做法，世俗流众不过认为是："他们是因为太穷，没有能力办佛事，所以故意这样说，以求标新立异罢了。"唉，如何才能让家得到富贵，又能依古礼而行，因此而一洗流言俗语呢？我还曾听士友说过："往常不是不知道佛事不可以作，应当用古礼。但一旦遇到不幸之事，甚至是大一点的事，族中的姻亲等人就会以不孝之名责怪我，所以即使我不想作佛事，但又不得不作啊。"唉！自从佛教进入中原后，祭礼就荒废了，胡僧演奏佛乐而孝子却为之忙碌。后村的刘公，对此事早就有看法了。尽孝，难道就是作作佛事吗？俗世流众所说的不孝，在我看来就是孝；流俗之众所谓的孝，在我看来是不孝。后辈们记住，如果不守此家规的，就不是我的子孙。我不仅希望你们不要改变这条家规，更希望世世代代的子孙都能遵守这条家规。

王阳明文钞

（先生名守仁，字伯安，浙江余姚人。明弘治进士。官至四省总制，
封新建伯，谥文成。崇祀庙庭。）

宏谋按：阳明先生，勋业①文章，炳著天壤。读其文集，所言为学，
专尚致良知，未免开后来蹈空②之弊。然万事根本于心，人性无有不善。
良知者，即不昧之良心也。学问所以扩充此良心，但非空空守此良心，便
谓不须学问耳。今录其教人数则，反复提撕③，俱从良心处，发人深省。
三复斯语，可以修己而责善，可以范世而化俗，于世教不无裨益云。

【注释】①勋业：功业。②蹈空：凌空。引申指没有根据。③提撕：提
醒，教导。

【译文】宏谋按：王阳明先生，功业文学，光明显著于天地。读他
的文集，所说的为学之道，都是致力于推崇人要有良知，这也免不了
开了后来为学者不务实际的弊病。然而事物的根本在于心，人性没有
不善的。良知，就是不昧着良心的意思。学问所以扩大充实良心的意
义，不是说仅仅只要守住这个良心，便不一定要学问了。现在辑录王
阳明先生教人的文字数则，反复教导，都是从良心处，让人深省。再
三重复这些话，可以自我修身养性和劝勉别人从善，可以垂范世人而
教化世俗，对于世俗的教化不是没有补益之处。

　　志不立，天下无可成之事。虽百工技艺，未有不本于志者。志不立，如无舵之舟，无衔之马，漂荡奔逸，何所底乎。昔人有言，使为善而父母怒之，兄弟怨之，宗族乡党①恶之，如此而不为善可也。为善则父母爱之，兄弟悦之，宗族乡党敬信之，何苦而不为善。使为恶而父母爱之，兄弟悦之，宗族乡党敬信之，如此而为恶可也。为恶则父母怒之，兄弟怨之，宗族乡党贱恶之，何苦而必为恶。诸生念此，可以知所立志矣。

　　【注释】①乡党：古代五百家为党，一万二千五百家为乡，合而称乡党。泛指乡里、乡亲、同乡之人。

　　【译文】不树立志向，世界上什么事也做不成，即使是各行各业的普通技艺，也没有一种不始于立志。如今的读书人怠惰散漫，玩世不恭，一事无成，都是由于没有树立志向。所以，立志要做圣人，才有可能成为圣人；立志要做贤士，才有可能成为贤士。人不立志，就像没有舵的船，没有人驾驭的马，漂泊浪荡，四处奔波，何处才是归宿？古人有言："假如一个人想要做好事，却遭到父母的怒骂，兄弟的怨恨以及家族和邻里的厌恶，那么他可以先不做？如果做好事，父母爱他，兄弟喜欢他，家族和邻里也赞扬他、信赖他，他何苦不做好事、当君子？假如做坏事，父母也疼爱他，兄弟也喜欢他，家族和邻里都赞扬他、信赖他，那么他就可以做坏事？如果做了坏事，父母怒骂他，兄弟怨恨他，家族和邻里都鄙视他、厌恶他，那么何苦偏要做坏事、做小人？"大家读到这儿，也就知道该如何立志了。

　　已立志为君子，自当从事于学。凡学之不勤，必其志之尚未笃也。从吾游者，不以聪慧警捷为高，而以勤确谦抑①为上。试观侪辈②之中，苟有虚而为盈，无而为有，讳己之不能，忌人之有善，自矜自是，大言欺人者，使其人资禀虽甚超迈③，侪辈之中，有弗疾恶之者乎，有弗鄙贱之者乎。彼固将以欺人，人果遂为所欺，有弗窃笑之者乎。苟有谦默自持，无能自处，笃志力行，勤学好问，称人之善，而咎己之失，从人之长，而明己之短，忠信乐易，表里一致者，使其人资禀虽甚鲁钝，侪辈之中，有弗称慕之者乎。彼固以无能自处，而不求上人，人果遂以彼为无能，有弗敬尚之者乎。诸生观此，亦可以知所从事于学矣。

【注释】①谦抑：谦虚低调的处事方式。②侪辈：同辈，朋辈。③超迈：卓越高超；不同凡俗。

【译文】已经立志做正人君子的人，就应当主动地从事学习；凡是学习不够勤奋的，一定是他的志向还没有真正树立起来。跟随我游学的人，我不认为聪慧灵敏是最了不起的，而是认为勤奋、谦虚才是最重要的。大家不妨看看同辈中有没有这样的一种人，他把一点说成很多，把无说成有；避而不谈自己的无能，却忌恨别人的高尚品质；自以为是，大言不惭，蒙哄他人。这种人即使资质、禀赋超卓，同辈的其他人难道就不会有人讨厌他吗？就不会有人鄙视他吗？他总想欺骗别人，难道别人果真就被他欺骗了？难道就没有嘲笑他的人吗？一个人，如果谦虚谨慎，默默用功，没有才能但能管好自己，志向坚定，身体力行，敏而好学，不耻下问；称赞别人的优点，批评自己的过失；学习人家的长处，明白自己的缺点；忠诚信实，和乐宁静，表里如一，即使他资质、禀赋非常愚钝，同辈中难道就没有人称赞他吗？他坚定地把自己当作无能的人看待，而不求高高在上，人们果真就认为他无能吗？难道就没有人敬重他吗？大家理解了其中的意思，就知道该如何从事学习了。

夫过者，大贤所不免。然不害其卒为大贤者，为其能改也。诸生自思平日，亦有缺于廉耻忠信之行者乎。亦有薄于孝友之道，陷于狡诈偷刻^①之习者乎。不幸或有之，皆其不知而误蹈，素无师友之讲习规饬^②也。诸生试内省，万一有近于是者，固亦不可以不痛自悔咎。然亦不当以此自歉，遂馁于改过从善之心。但能一旦脱然洗涤旧染，虽昔为寇盗，今日不害为君子矣。若曰吾昔已如此，今虽改过而从善，将人不信我，且无赎于前过，反怀羞涩疑沮^③，而甘心于污浊终焉，则吾亦绝望尔矣。

【注释】①偷刻：犹刻薄。②规饬：以正言劝诫。③疑沮：恐惧沮丧。

【译文】过失，非常贤明的人也免不了。但它并不妨碍普通的人最终成为圣贤。之所以如此，就因为过失是可以改正的。所以最可贵的不在于没有过失，而在于能够改过。请大家思考一下自己，平日里有没有在廉耻忠信方面言行有缺点呢？有没有人对父母不够孝顺，对朋友不够忠诚，而染上狡猾欺诈、偷鸡摸狗之类的不良习惯呢？不幸个别的人也许有这些问题，这都是因为不知道而误犯的，都是因为身边没有老师或朋友指点和规劝、提醒而造成的。大家应该试着反省自己，万一犯了这样的过失，当然也不能不做自我批评。但也不应该因为犯有过错就妄自菲薄，以至于没有信心改过从善。只要能够在某一天干净彻底地克服了这些坏习惯，即使过去做过强盗匪徒，也不会妨碍我们成为正人君子。如果说自己过去犯了过错，现在即使改正过来了，别人也不会相信自己。况且又没有什么功劳可以将功补过，于是感到羞愧，感到不知所措，从而甘心于终生沾染污点，自暴自弃。对这样的人我也只能对他表示绝望了。

责善，朋友之道，然须忠告而善道之。悉其忠爱，致其婉曲。使彼闻之而可从，绎之而可改，有所感而无所怒，乃为善耳。若先暴白^①其过恶，痛毁极诋，使无所容。彼将发其愧耻愤恨之心，虽欲降以相从，而势有所不能。是激之而使为恶矣。故凡讦人之短，攻发人之阴私，以沽直者，皆不可以言责善。虽然，我以是而施于人，不可也。人以是而加诸我，凡攻我之失者，皆我师也，安可以不乐受而心感之乎。某于道未有所得，谬为诸生相从于此。每终夜以思，恶且未免，况于过乎。人谓事师无犯无隐，而遂谓师无可谏，非也。谏师之道，直不至于犯，而婉不至于隐耳。使吾而是也，因得以明其是。吾而非也，因得以去其非。盖敩②学相长也。诸生责善，当自吾始。（以上示龙场诸生教条。）

【注释】①暴白：暴露，显扬。②敩：音（xiào）。教导。

【译文】责善，即要求对方做好事，这是朋友之间应该遵循的原则。然而必须态度诚恳而且要善于引导。要充分表现出你对朋友的真挚感情，尽可能言辞委婉些，以便使他听得进去并且能够顺从你的规劝，能够从你的规劝中理出头绪并加以改正，能够感知到自己的过失而不感到恼羞成怒。这才是比较好的方式。如果一开始就完全指明他的过失和恶行，痛心疾首地责备他、诋责他，使得他根本听不进去。这样一来他就会致无地自容，感到恼羞成怒；即使他想认错，想听从你的规劝，在这种情形下他也做不到。这实际上等于是在刺激他做坏事啊。所以凡是揭发别人的短处，指出别人的阴私以表现直爽的人，都谈不上是责善。尽管如此，我们如果以这种做法要求他人，就是我们的不对了。而他人这样要求我们，只要他们指责的是我们的过失，就都是我们的老师。我们怎么能不高高兴兴地接受他们的指责并从内心深处感谢他们呢？我本人还没有得道，学识浅陋，大家误以为我得有天道而跟随我到这里，实在惭愧。每当我彻夜思索的时候，常常发觉自己并没有完全避免做坏事，何况一些过失呢？有人说，事奉老师的时候不能冒犯老师，不能对老师有什么隐瞒，便谓对师长不可劝谏。不是这样的。劝谏老师之道，耿直进谏而不至于冒犯老师，听话顺从而不至于隐瞒藏匿。假如我是正确的，我会因为学生的善谏而进一步理解自己为什么是正确的；假如我是错误的，我会因为学生的规谏而抛弃错误，这样就能做到教学相长了。大家劝勉为善，应该从我开始。（以上这些是给龙场诸生的教条。）

为善之人，非独其宗族亲戚爱之，朋友乡党敬之，虽鬼神亦阴相之。为恶之人，非独其宗族亲戚恶之，朋友乡党怨之，虽鬼神亦阴殛^①之。故积善之家，必有余庆，积不善之家，必有余殃。

【注释】①殛（jí）：诛，杀死；惩罚。

【译文】做好事的人，不仅他的族人亲戚爱戴他，朋友同乡也会敬重他，即使是鬼神也会暗中帮助他。做坏事的人，不仅他的族人亲戚厌恶他，朋友同乡憎恨他，即使是鬼神也会暗中诛杀他。所以积善行德的家庭，一定是吉庆有余；而那些只做坏事的家庭，一定会接二连三遭受灾祸。

见人之为善，我必爱之。我能为善，人岂有不爱我者乎。见人之为不善，我必恶之。我苟为不善，人岂有不恶我者乎。故凶人之为不善，至于陨身亡家而不悟者，由其不能自反也。

【译文】看到别人做好事，我一定敬爱他；我要是做了好事，哪有不敬爱我的呢？看到别人做坏事，我一定很憎恶他；我如果去做坏事的话，哪有不憎恶我的呢？所以恶人做坏事，以致家破人亡却还没有醒悟的，是因为他不能自我反省。

今人不忍一言之忿，或争铢两之利，遂相构讼^①。夫我欲求胜于彼，彼亦欲求胜于我。雠雠相报，遂至破家荡产，祸贻子孙。岂若含忍退让, 使邻里称为善人长者, 子孙亦蒙其庇乎。

【**注释**】①构讼: 犹争论。

【**译文**】现在的人连别人一句不好听的话也不能忍受, 或者为了一点小利而争执, 以致对簿公堂。我想打赢这场官司, 对方也想在这场官司中打赢我; 来来往往, 恶语相向, 有仇必报, 有怨必还, 以致最后家破人亡, 倾家荡产, 祸害延及到子孙头上。不如容忍退让, 使同乡人都说自己是善人, 有长者风范, 子孙也会蒙受恩泽庇佑。

今人为子孙计, 或至谋人之业, 夺人之产, 日夜营营, 无所不至。昔人谓为子孙作马牛。然身没未寒, 而业已属之他人。仇家群起而报复, 子孙反受其殃。是殆为子孙作蛇蝎也。吁, 可戒哉。(以上论俗。)

【**译文**】现在的人替子孙做打算, 或者想得到别人从事的产业, 抢来别人的财产, 日日夜夜用尽心机, 什么办法都想到了。这就是前人说的为子孙做牛做马, 可是自己死后尸骨未寒, 那一份家业已经属于别人了。与他有怨仇的人联合起来进行报复, 子孙反而受到灾祸。这样是给子孙招惹了一群蛇蝎呀。唉, 这一定要引以为戒啊。(以上告诫大众。)

泰和人杨茂, 聋痖①, 仅能识字, 候门求见。先生以字问: "你口不能言是非, 你耳不能听是非, 你心还能知是非否。(茂以字答曰, 知是非。)先生曰: "如此, 你口虽不如人, 你耳虽不如人, 你心还与人一般。大凡人只是此心。此心若能存天理, 是个圣贤的心。口虽不能言, 耳虽不能听, 也是个不能言不能听的圣贤。心若不存天理, 是

146

个禽兽的心。口虽能言，耳虽能听，也只是个能言能听的禽兽。你如今于父母，但尽你心的孝；于兄长，但尽你心的敬；于乡党邻里宗族亲戚，尽你心的谦和恭顺。见人怠慢，不要嗔怪；见人财利，不要贪图。但在里面行你那是的心，莫行你那非的心。纵使外面人说你是，也不须听。说你不是，也不须听。我如今教你，但终日行你的心，不消口里说。但终日听你的心，不消耳里听。"茂扣胸指天，再拜而已。（谕杨茂。）

【注释】①聋痖：即聋哑。

【译文】泰和人杨茂，是个聋哑人，仅可以认识字，登门拜访求见先生。先生用写字的方式问他："你嘴里不能说是与非，你耳朵不能听是与非，你的心还知道是与非吗？"（杨茂以字回答："知道是非。"）先生又说："像这样，你的嘴说话虽然不如别人，你的耳朵听力虽然不如别人，你的心还是和别人差不多的。重要的只是人要有这一颗心。这一颗心若能心存天理，那这就是一颗圣贤的心了。即使嘴上不能说，耳朵不能听，那也是个不能说不能听的圣贤。假如内心里不想着天理，这颗心便是禽兽的心；嘴上即使能说，耳朵虽然能听，也不过是个能说会听的禽兽罢了。你现在对父母，只要尽你心中的孝道；对于兄长，只是尽你心中的敬意；对于乡党邻里宗族亲戚，只是尽你心中的谦和恭顺。别人若是怠慢你，不要责怪他们；看到别人的财利，不要去贪图。只在你的内心实行你那是的心，不要实行你那非的心。即使旁人说你好，你也不用去听；说你不是，你也不用去听。我现在教你，只要整天行你的心，不需要口里说什么；只要整天听着自己的良心，不用耳朵听什么。"杨茂听了先生的话，捶着胸口指指天，不停拜谢。（谕诲杨茂。）

但愿温恭直谅之友，来此讲学论道，示以孝友谦和之行，德业相劝，过失相规，以教训我子弟，使无陷于非僻。不愿狂躁惰慢之徒，来此博弈饮酒，长傲饰非，导以骄奢浮荡之事，诱以贪财黩货①之谋，冥顽无耻，扇惑鼓动，以益我子弟之不肖。呜呼，由前之说，是谓良士。由后之说，是谓凶人。我子弟苟远良士而近凶人，是谓逆子。戒之戒之。将有两广之行，书此以戒我子弟，并以告夫士友之辱临于斯者，请一览，教之。（客座私祝。）

【注释】①黩货：贪污纳贿。

【译文】但愿那些温良谦恭、正直友善的朋友，到这里来讲学论道，告诉学生们孝顺父母、尊重兄长、待人谦和的德行，鼓励他们努力进修自己的德业，规劝他们改正过错，以此来教导我的子弟们，使他们不致陷于一种偏邪中。不希望那些狂妄骄横，懒惰无礼的人，到这里来下棋饮酒，助长骄傲，文过饰非，诱导我的子弟们去做那些骄奢淫荡的事情，拿那些贪财的阴谋来引诱他们。这些冥顽无耻之徒，蛊惑他们，让他们越来越不肖。唉，前者我所指的是良士，后者我说的是那些凶人。我的子弟们如果疏远良士而靠近凶人，这就是逆子。一定要戒备，一定要戒备啊!嘉靖丁亥八月，我将去两广一段时间。我写下这些来警戒我的弟子们，并请转告那些承蒙光临这里的士人朋友，请将它看一遍并请指教。

一友常易动气责人。先生警之曰："学须反己。若徒责人，只见得人不是，不见自己非，何益。惟能反己，方知自己有许多未尽处，奚暇责人。舜能化得象傲，其机括①只是不见象之不是。若舜只要正他奸恶，就见得象不是矣。象是傲人，必不肯相下，如何感化得他。"

【注释】①机括：亦作"机栝"。喻治事的权柄或事物的关键。

【译文】一位朋友常常因为生气而责备人。先生告诫他说："学习应该要求自己，如果只去责备别人，就会只看到别人的不足，而看不到自己的不足，有什么用？只有能反过来省求自己，才会发现自己有许多不足，哪有时间去责备别人呢？舜能够感化象的傲慢，关键只是舜不去看象的不足。如果舜一定要纠正象的奸邪，就只会看见象的缺点。象是一个傲慢的人，必定不肯认错，又怎么能感化他呢？"

凡朋友问难，纵有浅近粗疏，或露才扬己，只因其病而药之，可也。若遽怀鄙薄之意，非君子与人为善之心矣。

【译文】朋友在一起辩论的时候，即使有认识粗浅的地方，或者会显露才能，表现自己，只要针对他的弊病加以治疗劝导就行了，不要怀有轻视别人的心。如果因此就心怀轻视之意的话，就不是君子与人为善的心了。

乡人有父子争讼，诉于先生者。先生言不终辞，其父子相抱，恸哭而去。柴鸣治问先生："何言致彼感悔之速？"先生曰："我言舜是世间大不孝子，瞽瞍是世间大慈父。"鸣治愕然请问。先生曰："舜常自以为大不孝，所以能孝。瞽瞍常自以为大慈，所以不能慈。瞽瞍只记得舜是我孩提长养，今何不会豫悦①我。不知自心，已为后妻所移。尚谓自家能慈，所以愈不能慈。舜只思父提孩我时，如何爱我，今日不爱，只是我不能尽孝。日思所以不能尽孝处，所以愈能孝。及至瞽瞍底豫②，舜是古今大孝子，瞽瞍亦做成个慈父。"

【注释】①豫悦：安逸快乐。②底豫：谓得到欢乐。
【译文】在乡下有父子两人起了争执，请先生评断。先生听他们说了情况。先生的话还没有讲完，父子两个就抱头痛哭，和好然后离开了。柴鸣治进来问："先生说了什么，使他们很快就悔悟了呢？"先生说："我说舜是世界上最不孝的儿子，他的父亲瞽瞍是世界上最慈爱的父亲。"鸣治惊讶不已，问为什么。先生说："舜常常以为自己最不孝，所以他才能孝。瞽瞍常常以为自己最慈爱，所以他才不慈爱。瞽瞍只记得舜是他一手拉扯大的，现在舜为什么让他不高兴呢？不知道自己的心已经被后妻所迷惑了，还认为自己对舜很慈爱，这样，就越不能慈爱地对待舜。舜一心想着小时候父亲是多么爱他，现在却不爱他了，是因为自己没有能尽儿子的孝心。舜整天想自己没有尽孝的地方，这样，他就更孝敬他父亲了。直到瞽瞍得到了欢乐，舜才成了古今有名的大孝子，瞽瞍也成了慈父。"

古乐不作久矣，今之戏子①，尚与古乐意思相近。韶之九成，便是舜一本戏子。武之九变，便是武王一本戏子。圣人一生实事，俱播在乐中。所以有德者闻之，便知其尽善尽美，与尽美未尽善处。若后世作乐，只是做词调，于民俗风化，绝无干涉，何以化民善俗。今要民俗反朴还淳，取今之戏本，将妖淫词调删去，只取忠臣孝子故事，使愚俗人人易晓，无意中，感发他良知起来，却于风化有益。(以上传习录。)

【注释】①戏子：戏剧。

【译文】古乐已经很久没有人演奏了。今天的戏曲与古乐的意韵还比较相近。韶乐的九章就是舜制作的一部戏曲，武乐的九变就是武王时期作的一部戏曲。圣人一辈子事实功业都蕴藏在音乐中。所以，有德性的人听见后，就能知道其中尽善尽美和不完善的地方。后世作乐也只是谱一些小调小曲，与风俗教化没有什么关系，怎么能用来教化人民向善呢？现在要让国风恢复原有的淳朴，就应把现在的音乐戏曲拿来，删除其中妖冶淫乱的词曲，只保留其中忠臣孝子的故事，使愚昧的百姓人人都能理解，在不知不觉中激发他们的良知，这对于移风易俗很有益处。（以上出自《传习录》）

梨园①唱剧，至今日而滥觞②极矣。然而敬神宴客，世俗必不能废。但其中所演传奇，有邪正之不同。主持世道者，正宜从此设法立教。虽无益之事，未必非转移风俗之一机也。先辈陶石梁曰，今之院本③，即古之乐章也。每演戏时，见有孝子悌弟，忠臣义士，激烈悲苦，流离患难。虽妇人牧竖④，往往涕泗横流⑤，不能自已。旁视左右，莫不皆然。此其动人最恳切，最神速。较之老生拥皋比⑥，讲经义，老衲登上座，说佛法，功效百倍。至于渡蚁还带⑦等剧，更能使人知因果报应，秋毫不爽。杀盗淫妄，不觉自化，而好生乐善之念，油然生矣。此则虽戏而有益者也。近时所撰院本，多是男女私媟之事，深可痛恨。而世人喜为搬演，聚父子兄弟，并帏其妇人而观之。见其淫谑亵秽，备极丑态，恬不知愧。曾不思男女之欲，如水浸灌。即日事防闲，犹恐有渎伦犯义之事，而况乎宣淫以道之。试思此时观者，其心皆作何状。不独少年不检之人，情意飞荡。即生平礼义自持者，到此亦不觉津津有动，稍不自制，便入禽兽之门。可不深戒哉。（人谱类记一则，与先生之意相发明，均为近时良药。故附录于此。更有演戏不以邪淫为戒，偏以悲苦为嫌，以姓名为讳，则其惑尤甚矣。）

【注释】①梨园：原是古代对戏曲班子的别称。我国人民在习惯上称戏班、剧团为"梨园"。②滥觞：犹泛滥；过分。③院本：金代戏剧的代表样式，是"戏"向"戏曲"飞跃的基础，在中国戏剧发展史上具有重要意义。④牧竖：牧童。竖，童仆。⑤涕泗横流：眼泪鼻涕满脸乱淌。形容极度悲伤。⑥皋比：古人坐虎皮讲学，后因以指讲席。⑦渡蚁还带：渡蚁，指北宋宋庠、宋祁两兄弟用竹渡蚂蚁过河一事。还带，指唐代裴度归还所拾妇人用来救父的犀带一事。

【译文】戏曲班子演唱戏剧，到今天已非常泛滥了。但是敬神宴客，是世俗礼节一定不能废除的。而剧中所演传奇，有邪、正的区分。现今主持世俗事务的人，正确之法就应当从戏剧中设法建立教化世俗之道。虽然这样可能没有多大好处，但未必不是一个转移世风民俗的良机。先辈陶石梁说过："现在的院本，就是古时的乐章。"每次演戏时，见到有孝子悌弟，忠臣义士，生活激烈悲苦，流离患难。即使是妇人牧童，往往悲伤到眼泪鼻涕满脸乱淌，不能自已。再看看左右，没有不是这样的。这是戏曲内容最能让人发自真心、最快速让人感动的地方。较之那些老读书人占着讲席讲解经义、老和尚登上莲座说佛法，功效好过百倍。至于宋庠、宋祁渡蚁，裴度还带等戏剧，更能让人明白因果报应秋毫不爽的道理；因此杀、盗、淫、妄等罪不觉自然化育，而好生乐善的念头，在心中油然而生。这虽是戏曲，但对教化世俗有益。近代所撰写的院本，多是男女私情之事，让人深感痛恨。但是世人却喜欢搬上台演出，召集父子兄弟，并让妇人隐于帷帐内观看。看到戏剧中的淫乱戏谑、亵渎污秽，极度丑陋之态，却恬不知耻。却不曾想过，男女之欲就有如洪水浸灌，其势汹涌，防不胜防。即使每天做事时都小心防范，还担心犯有渎伦犯义的事，更何况是公然淫乱来引导民众呢？试想想这时看戏的人，他们的心里作何感想？不仅是那些年轻而不检点的人情意飞荡，即便是生平自持礼义的人，也会看得津津有味而不自觉地有所动，稍不自控，就会坠入禽兽之门。如此，能不高度警戒吗？（选取《人谱类记》这一则，与陶石梁先生之意相引证，都可作为近代的良药，所以附录于此。另有那些演戏的不以邪淫为戒，偏以悲苦为嫌，以姓名为讳的，则他们更易被迷惑，尤其要注意。）

杨椒山遗嘱

（公名继盛，字仲芳，直隶容城人。嘉靖进士。官兵部员外郎，谥忠愍。）

宏谋按：椒山先生，弹劾奸邪，身蹈不测。于造次^①颠沛之中，从容暇豫^②。训诫后人，委曲详尽。足知其至性肫笃^③，操持坚定，在国在家，无以异也。其所言居家行己之道，字字从天理人情中，体验而出。宁过厚，毋从薄。宁过诚朴，毋涉巧伪。身后之虑，洵^④可为居家者法。

【注释】①造次：匆忙、仓促、鲁莽的意思。②暇豫：亦作"暇誉"。悠闲逸乐。③肫笃：诚恳笃厚。④洵：确实，实在。

【译文】宏谋按：椒山先生，因为弹劾奸邪之人，导致身遭不测。但他在仓促颠沛之中，仍然从容安逸；对后人的训诫，细微详尽。从这些足可以看出他是个品性诚恳笃厚之人，他操守坚定，无论是对国还是对家，都没有两样。他说的话，无论是居家还是自我修行之道，字字都是从天理人情中体验而出。他为人处世宁愿从厚相待，也不愿薄待他人；宁愿为人诚朴，也不愿虚伪做人。对于死后家庭事务的考虑，确实值得居家生活之人效法。

谕应尾应箕两儿

人须要立志。初时立志为君子，后来多有变为小人的。若初时不先立下一个定志，则中无定向，便无所不为。便为天下之小人，众人皆贱恶①你。你发愤立志，要做个君子，则不拘做官不做官，人人都敬重你。故我要你，第一先立起志气来。

【注释】①贱恶：轻视，厌恶。

【译文】人必须要立志。但开始立志成为君子，到后来却有很多变为了小人的。所以，如果初始时不先立下一个坚定的志向，那么中途就会失去定志，于是便无所不为；于是便会成为天下的小人，大家都会轻视、厌恶你。如果你发愤立志，要做一个君子，那么不论是做官还是不做官，人人都会敬重你。所以我要你们，首先要立起志气来。

心为人一身之主，如树之根，如果之蒂，最不可先坏了心。心里若存天理，存公道，行出来，便都是好事，便是君子这边的人。心里若存的是人欲，是私意，虽欲行好事，也有始无终。虽欲外面做好人，也被人看破。如根衰则树枯，蒂坏则果落。故要你休把心坏了。

【译文】心是人体的核心，就如树的根、果的蒂，所以做人最要紧的是不能先坏了心。心里要是存有天理、公道，我们做出来的，便会都是好事，便是君子一类的人。心里如果存的是欲望，是自私自利，即使想做好事，也会有始无终；即使想在外面做个好人，也会被人看破。如果树根衰败了那么树就会枯萎，如果果蒂坏了那么水果就会掉落。所以，你们不能把心灵给污染了。

心以思为职。或独坐时，或夜深时，念头一起，则自思曰：这是好念，是恶念。若是好念，便扩充起来，必见之行。若是恶念，便禁止勿思。方行一事，则思之，以为此事合天理，不合天理。若是合天理，便行。若是不合天理，便止而勿行。不可为分毫违心害理之事，则上天必保护你，鬼神必加佑你。否则，天地鬼神，必不容你。你读书若中举中进士，思我之苦，不做官也是。若是做官，必须正直忠厚，赤心随分①报国。固不可效我之狂愚，亦不可因我为忠受祸，遂改心易行，懈了为善之志，惹人父贤子不肖之诮。

【注释】①随分：按照本位，安分守己。

【译文】心的主要职责是思考。人在独自坐着时，或是夜深时，一有念头起来就会自己一个人想："这是好的念头，还是恶念？"如果是好念头，那么就扩充开来想，定要把这念头变成行动；如果是恶的念头，便要禁止，不要再想。每做一件事情时，就要思考，这件事情是合乎天理还是不合天理。如果是合乎天理，便去做；如果是不合天理，便要停下来不要再做。不可以做一分一毫违背良心、伤天害理的事，那么上天一定会保护你，鬼神也必定会护佑你。否则，天地鬼神，一定不能容纳你。你们读书如果中了举或中了进士，想想我遭受的苦难，不做官也是可以的。如果是要做官，必须正直、忠厚，恪尽职守忠心报国。既不可以效仿我的狂妄愚痴，也不可因为我忠心为国而遭受祸患，就改变想法行为，放松了做善事行正道的志向，从而让人讥笑，说你们父亲贤德而儿子却不成器。

你母是个最正直、不偏心的人。你两个要孝顺她，凡事依她，不可说你母向那个儿子，不向那个儿子。向那个媳妇，不向那个媳妇。要着她生一些气，便是不孝。不但天诛你，我在九泉之下，也摆布你。

【译文】你母亲是个最正直、不偏心眼儿的人。你们两个要孝顺她，凡事依着她，不可说你母亲向着哪个儿子，不向着哪个儿子；向着哪个媳妇，不向着哪个媳妇。要是惹她生了一些气，便是不孝。这样不但上天会诛杀你，我在九泉之下，也会处置你。

你两个是同胞兄弟，当和好到老。不可各积私财，致起争端。不可因言语差错，小事差池，便面红面赤。应箕性暴些，应尾自幼晓得他性儿的。看我面皮，若有些冲撞，担待他罢。应箕敬你哥哥，要十分小心，合敬我一般的才是。若你哥计较你些儿，你便自家跪拜，与他陪礼。他若十分恼不解，你便央及你哥相好的朋友劝他。不可因他恼了，你就不让他。

【译文】你们两个是同胞兄弟，应当终生和睦相处。不可各积私财，以致起争执的事由；不可因为说错了话，或做错了些小事便起争执，以致面红耳赤。应箕你性子暴一些，应尾你从小就知道他性子的，看在我的面上，如果你们之间起了冲突，应尾你要多让着他一点。应箕你要尊敬哥哥，要十分小心，要就如尊敬我一般尊敬他才是。要是你哥哥与你计较点什么，那你便自己跪下，向他赔礼。他如果非常恼怒想不开，那你便央求与你哥哥相好的朋友劝他。不可以因你哥哥恼怒，你就与他对着干。

应尾媳妇，是儒家女。应箕媳妇，是宦家女。此最难处。应尾要教导你媳妇，爱弟妻如亲妹。不可因她是官宦人家女，便气不过，生猜忌之心。应箕要教导你媳妇，敬嫂嫂如亲姐。衣服首饰，休穿戴十分好的。你嫂嫂见了，口虽不言，心里便有几分不耐烦。嫌隙自此生矣。四季衣服，每遇出入，妯娌两个，是一样的。兄弟两个，也是一样的。每吃饭，你两个，同你母一处吃。两个媳妇一处吃。不可各人合各人媳妇，自己房里吃。久则就生恶了。

【译文】应尾的媳妇，是书香门第出身；应箕的媳妇，是官宦家庭出身。这中间的关系是最难处理的。应尾要教导你媳妇，爱护你弟妻如亲妹妹一般，不可以因为她是官宦人家的女儿，便气急了不能忍受，心生猜疑忌恨。应箕要教导你媳妇，爱敬嫂嫂要如亲姐姐一样，衣服首饰，不要穿戴十分好的，以免你嫂嫂见了，口中虽然不说，心里生起几分不耐烦。如果这样，那么妯娌间从此便会有了嫌隙。四季所穿的衣服，每次遇到出门办事时，妯娌两个要是一样的。你们兄弟两个，也是一样。吃饭时，你们两个同你母亲一起吃，两个媳妇另一处吃，不可以各人与各人的媳妇在自己房里吃。因为这样时间一久，就会相互间生出厌恶来。

你两个不拘①有天来大恼，要私下请众亲戚讲和。切记不可告之于官。若是一人先告，后告者，把这手卷送至于官。先告者，即是不孝，官府必重治他。央及②你两个，好歹与我长些志气。再预告问官老先生，若见此卷，幸谅我苦情，教我二子。再三劝诱，使争而复和。则我九泉之下，必有衔结③之报。

【注释】①不拘：不论；不管。连词。②央及：恳求；请托。③衔结：即衔环结草。比喻感恩报德，至死不忘。

【译文】你两个不管有天大的矛盾，都要私下里请众亲戚来讲和，切记不可以告到官府。如果是一个人先去告官，后面去见官的，记住把这册手卷送交给官府。先去告官的，便是不孝，官府必定会从重治他。恳求你们两个，好歹为我长些志气。在这预先请求处理讼案的官员老先生，如果您见到这个卷册，请谅解我的苦情，替我教育这两个儿子。请您多劝诱他们，使他们争后能复和，那么我在九泉之下，必定衔环结草感谢您的大恩。

你堂兄燕雄、燕豪、燕杰、燕贤，都是知好歹的人。虽在我身上冷淡，却不干他事。俗语云，好时是他人，恶时是家人。你两个要敬他让他。祖产有未均处，他若爱便宜，也让他罢，休要争竞，自有旁人话短长也。

【译文】你们堂兄燕雄、燕豪、燕杰、燕贤，都是知道好歹的人。虽然平时对我有些冷淡，但这却不干他们的事。俗话说，家境好时对你好的是别人，家境恶时对你好的是家人。你们两个要爱敬他们，让着他们。祖宗产业如有分配不均的，他们要是喜欢占点便宜，你们也让让他们吧，不要去争竞，到时自然有别人会出来说公道话的。

你两个年幼，恐油滑人见了，便要哄诱你。或请你吃饭，或诱你赌博，或以心爱之物送你，或以美色诱你。一入他圈套，便吃他亏。不惟荡尽家业，且弄你成不得人。若是有这样人哄你，便想我的话来识破他。合你好，是不好的意思，便远了他。拣着老成忠厚，肯读书、肯学好的人，你就与他肝胆相交，语言必信，逐日与他相处。你自然成个好人，不入下流也。

【译文】你们两个还年轻，恐怕那些油滑之人见了你们，会哄骗诱惑你们。他们或者请你们吃饭，或者引诱你们去赌博，或者以心爱之物诱惑你们，或者以美色引诱你们。一旦你们落入了他的圈套，便会吃他的亏，上他的当。这样，不仅会让你们荡尽家产，而且会弄得你们无法做人。要是有这样的人哄骗你们，便想想我的话，以识破他们。投你所好的，是对你们不怀好意的意思，你们要远离他们。你们要挑那些老成忠厚，肯读书、肯学好的人，与他们肝胆相交，言语守信，整天与他们相处。这样你们自然会成为好人，而不会成为下流之人。

读书见一件好事，则便思量，我将来必定要行。见一件不好的事，则便思量，我将来必定要戒。见一个好人，则敬他，我将来必要合他一般。见一个不好的人，则思量，我将来切休要学他。则心地自然光明正大，行事自然不会苟且，便为天下第一等人矣。

【译文】你们读书时，如果见到书中有好的事好的行为，便要想着，将来我也一定要这样做；如果见到的是不好的事情，便要想着，这种事情将来我一定要戒除不犯；见到一个好人，则要爱敬他，立志将来一定也要像他一样做个好人；见到一个不好的人，则要想着，我将来一定不要学他成为他那样的人。如果能够做到这样，那么你们的心地自然会变得光明正大，做事自然不会随便，你们也将成为天下第一等人。

习举业①，只是要多记多作。四书本经之外，古文论策表判②，皆须熟读常作。不可专读时文③，专作时文。不可止读本经。切记不可一日无师傅。无师傅，则无严惮，无稽考。虽十分用功，终是疏散。又必须择好师。如一师不惬意，即辞了，另寻，不可惜费迁延④，致误学业。又必择好朋友，日日会讲切磋。则举业不患其不成矣。

【注释】①举业：为应科举考试而准备的学业。明清时应科举考试须学"四书"、"五经"等儒家经典。②判：裁决诉讼的文书。③时文：时下流行的文体，此指科举时代的应试文章。④迁延：延后耽搁，延期。

【译文】学习科举之业，只需要多记多写。除"四书五经"之外，古文类的论策、表文、判语等，都要熟读常作。不可以专门只读科举应试文章，只写科举应试文章；不可以只读科举应试规定的五经。千万记住，不可以一天没有师傅教诲。如果没有师傅，学习时就不会害怕，没有压力，没有检查考核，即使十分用功，最终成绩也只是稀松平常。另必须选择好的老师。如果一个师傅让你们不满意，就辞退了吧，再找好的，不能因为怕浪费钱而延期，以致耽误学业。又必须选择交好的朋友，天天一起会讲、研讨、交流。这样，你们的科举考试也就不怕没有成就了。

居家之要，第一要内外界限严谨。女子十岁以上，不可使出中门。男子十岁以上，不可使入中门。外面妇人，虽至亲，不可使其常来行走。恐说谈是非，致一家不和，又防其为奸盗之媒也。只照依我行，便是。院墙要极高，上面必以棘针缘的周密。少有缺坏，务要追究来历。如夏间霖雨①，院墙倒塌，必即时修起。如雨天不便，亦即时加上寨篱。不可迁延日月，庶止奸盗之原。酒肉面果，油盐酱菜，必总收一库房。五谷粮食，必总收一仓房。当家之人，掌其锁钥。衣服要朴素，房屋休高大，饮食使用要俭约。休要见人家穿好衣服，便要做。住好房屋，便要盖。使好家伙，便要买。此致穷之道也。若用度少有不足，便算计可费多少，即卖田产补完。切记不可揭债②。若揭债，则日日行利，累的债深，穷的便快，戒之戒之。田地四顷有余，够你两个种了。不可贪心，见好田土又买。盖地多，则门必高，粮差必多。恐至负累，受官衙之气也。

【注释】①霖雨：连绵大雨。②揭债：借债。

【译文】居家过日子要注意的关键，第一是家中要内外界限分明，严肃谨慎。女子十岁以上的，不可以让她们走出中门。男子十岁以上的，不可以让他们进入中门。外面来的妇人，即使是至亲，也不能让她们常常来家里串门，以免与她们谈论是非长短，以致引起别人家里不和，又可以防止她们做出一些奸盗之事。你们只要照我说的去做就是了。院墙要筑得很高，而且上面必须插满棘刺。如果院墙稍有缺坏，一定要弄清楚原因。如果是因夏天大雨导致院墙倒塌，一定要及时补修好；如果因雨天不便修补，也要立即在院墙倒塌处围上篱笆，不可以拖延时间，也许能够排除奸盗来犯的隐患。酒肉、面食、瓜果、油盐、酱菜等，一定要汇总收藏到一个库房；五谷杂粮等食物，要汇集收藏在一个仓房，由当家的人掌管库房锁钥。平时衣着要朴素，居住的房屋不要建得高大，饮食、用度要俭仆节约；不要看见人家穿好衣服便也想要，见别人住好房屋便也想盖，见别人用好东西便也想买，这样一定会让你的家庭走上衰败之路。如果开支用度不够，可以计算缺多少，再变卖田产来补充不足，千万记住不可以借债。如果借了债，每天利滚利，这样积累的债便越来越多，穷得也就越来越快。所以，千万别借债！我们家的四顷多田地，够你们两个种了。你们不可贪心，见了好田土又想买。因为地越多，税赋就越高，缴纳的税粮越多。这样可能最终导致受负债之累，受官府衙门的气啊。

与人相处之道，第一要谦下诚实。同干事，则勿避劳苦。同饮食，则勿贪甘美。同行走，则勿择好路。同睡寝，则勿占床席。宁让人，勿使人让我。宁容人，勿使人容我。宁吃人亏，勿使人吃我亏。宁受人气，勿使人受我气。人有恩于我，则终身不忘。人有怨于我，则即时丢过。见人之善，则对人称扬不已。闻人之过，则绝口不对人言。人有向你说，某人感你之恩，则云，他有恩于我，我无恩于他。则感恩者闻之，其感益深。有人向你说，某人恼你谤你，则云，他与我平日最相好，岂有恼我谤我之理。则恼我谤我者闻之，其怨即解。人之胜似你，则敬重之，不可有傲忌之心。人之不如你，则谦待之，不可有轻贱之意。又与人相交，久而益密，则行之邦家，可无怨矣。

【译文】与别人相处，首先要谦卑、诚实。与人一起做事，则不要怕劳苦；与人一同饮食时，则不要贪图美食；与人一起行走时，则不要自己选择好路；与人同睡一屋时，则不要独占床席。宁可让别人，也不要让别人让我；宁可宽容别人，也不要让别人来包容我；宁可吃别人的亏，也不要让别人吃我的亏；宁可受别人的气，也不要让别人受我的气。如别人对我们有恩，我们应当终身不忘；如人与我有怨，我们应当马上放下。见到别人行善，则要多多称扬别人的善行；听到别人的过失，则千万不能对别人说。如果有人向你说，某某人感谢你的恩情，你要回答说，是他有恩于我，我没有帮得上他；这样，感恩者听了，其感恩之心会更重。如果有人向你说，某某很恼怒你、诽谤你，你应当说，他与我平日相处得很好，怎么会有恼怒我、诽谤我的道理？这样，恼怒你、诽谤你的人听了，他对你的怨气也就消了。如果有人的才能胜过你，你应当敬重他，不可以有忌妒的心思。如果别人的才能不如你，你应当谦虚待他，不可以有轻贱的意思。另外，与人相交，如你们能做到时间长久了而关系更加和睦密切，那么你们行走天下也就可以做到与人无怨了。

我一母同胞，见在①者四人。你大伯、二姑、四姑，及我。大伯有四个好子，且家道富实，不必你忧。你二姑、四姑，俱贫穷，要你时常看顾她。你敬她，合敬我一般。至于你五姑六姑，总须一样看待也。户族中人，有饥寒者，不能葬者，不能嫁娶者，要你量力周济。不可忘一本之念，漠然不关于心。

【注释】①见在：尚存；现今存在。

【译文】我同母兄弟姐妹，还健在的有四人，你们大伯、二姑、四姑和我。你们大伯有四个好孩子，而且家道富贵殷实，不必你们操心。你们二姑、四姑，家中都比较贫穷，需要你们平时多照顾；你们敬重她们，要像尊敬我一样。至于你们五姑、六姑，也要一样看待。家族中人，有饥寒的、没能力安葬的或没能力操办嫁娶的，你们要量力帮助，别忘了大家同属一个宗族，不能漠不关心。

我们系诗礼①士夫之家，冠婚丧祭，必照家礼行。你若不知，当问之于人，不可随俗苟且，庶子孙有所观法。

【注释】①诗礼：《诗经》和《礼经》，封建社会读书人必读的书。这里指读书讲究礼仪的人家。

【译文】我们家是讲究礼仪的读书人之家，冠礼、婚嫁、丧葬、祭祀，一定要遵照家礼举行，不得违礼。你们如果有不懂的地方，一定要多请教别人，不可以按世俗之法马虎操办。希望子孙后辈们观照遵行礼仪法度。

你姊，是你同胞的人。她日后若富贵，便罢。若是穷，你两个要老实①供给照顾她。你娘要与她东西，你两个休要违阻。若是有些违阻，不但失兄弟之情，且使你娘生气。不友，又不孝。记之记之。

【注释】①老实：犹牢实，即牢固结实的。

【译文】你们姐姐，与你们是同母所生。日后，她如果家中富贵便算了，如果是家中穷困，你们两个一定要老实帮助、照顾她。你娘要给她东西，你们两个不要阻拦；如果你们不愿意而有所阻拦，不但会伤害兄弟之情，也会让你娘生气。这样做既不友悌，又不孝顺。请你们一定牢记。

杨应民，是我自幼抚养他成人。你日后，与他村里庄窠①一所。坟左近地，与他五十亩。他若公道，便与他。若有分毫私心，私积钱财，房子地土，都休要与他。曲钺他若守分，到日后，亦与他地二十亩，村宅一小所。若是生事，心里要回去，你就合你两个丈人商议，告着他，不可饶他。恐怕小厮们照样儿行，你就难管。福寿儿，甲首儿，杨爱儿，都是监中伏侍②我的人。日后都与他地二十亩，房一小所。以上各人，地都与他坟左近的，着他看守坟墓。许他种，不许他卖。覆奏本已上，恐本下急。仓卒之间，灯下写此，殊欠伦序③。然居家做人之道，尽在是矣。拿去你娘看后，做一个布袋装盛，放在我灵前桌上。每月初一十五，合家大小，灵前拜祭了。把这手卷，从头至尾，念一遍，合家听着。虽有紧事，也休废了。

【注释】①庄窠：亦作"庄科"。庄园；田产。②伏侍：侍候，照料。③伦序：顺序，条理。

【译文】杨应民，是我从小抚养长大成人的。以后，你们可以在村里给他一处庄园，将坟左边近处的田地，给他五十亩。这些产业，如果他为人公道便给他；如果他有一些私心，私自积攒钱财，那么房子、土地，就都不要给他了。曲钺他如果为人安分守己，以后你们也可以给他田地二十亩，村中宅子一小所。如果他在家中闹事，想回去，你们就与你们两个丈人商量讨论，告诫他，不能依着他，免得其他小孩学他的样，那样你们就难管了。福寿儿、甲首儿、杨爱儿，都是在监牢中照料我的人，以后都给他们田地二十亩，房子一小所；这几个人，地都给他们坟左边近处的，安排他们看守坟墓；田地允许他们种，但不许他们卖。关于我案子的奏本已经递上去了，可能批复马上就要下来了。匆忙之间，在油灯下写下了这些，条理比较乱，然而居家做人的道理，都在这里了。你们拿去给你娘看后，做一个布袋装着，放在我灵前的桌上。每月初一、十五时，全家大小，在灵前拜祭后，要把这手卷从头到尾念一遍；全家人都得听着，即使有要紧事，也不要废止不行。

沈文端公《驭下说》

（公名鲤，字化龙，号龙江，河南人。嘉靖进士，官至大学士。）

宏谋按：奴仆本难驭，而仕宦之奴仆更甚。若辈以恣肆为能，倚其声势，动多凌侮。主人不察，反曲庇之，身名俱丧。士大夫用奴仆，而不知已为奴仆用，良①可慨也。明代江左②，此风尤甚，顾亭林尝极言之矣。兹说拟诸形容，极其流弊，语语切至。盖观其仆从之谨肆，即可以知其主之贤否矣。凡为家长，可不鉴与。

【注释】①良：诚然，的确。②江左：江东。指长江下游以东地区。

【译文】宏谋按：奴仆本来就很难驾驭管理，而官宦家中的奴仆这种情况就更严重了。这些人以肆无忌惮视为自己有能耐，仗着主人家的势力，所作所为多会凌辱他人。主人如果不去深入体察，反而加以庇护，那么就会使自己身败名裂。士大夫使用奴仆，却不知道反被奴仆所利用，真是让人感慨啊！明朝江东一带这种风气尤其盛行，顾亭林先生曾经极力批评这种现象。沈公的《驭下说》详细写出了这种现象的流弊，语言非常恳切到位。大概从奴仆行为的严谨与放肆就可以了解到他的主人是否贤能。作为一家之主，怎么能够不引以为戒呢？

凡驺从^①不宜太侈。盖吾辈乡宦，皆好省事，而仆从则务喜多事，惟多事。则仆从亦一乡宦也。假令一乡宦使十人，十乡宦使百人。则一邑有百乡宦矣。呜呼，一邑中百乡宦，其气焰岂不熏塞邑里，无复有空闲处所耶。矧^②复有兄弟子侄，亦皆以乡宦行事，而仆从亦皆称乡宦仆从也，于乡人何堪矣。夫以一人之身，而人之藉我为用者，若此其众。吾之两手两目，既不能遍戢^③之，乃犹复招延^④之未已。岂不益自苦哉。予既已验之久，知之真，何敢不尽言与诸公相告。大凡仆从只将就足用，不必太多。太多，则衣食于我者侈矣。故曰官事不摄，焉得俭，言侈也。夫公家不堪侈，况养之私家乎。若谓有不衣不食，而为我服役者，则益不可。何也，彼不衣不食，而为我服役者，非徒也，必藉我以行其私也。彼藉我以营私，吾因彼以敛怨。则我之役彼者，一时奔走之微劳。而彼之役我者，终身名节之大关也。此讵^⑤我役彼，而实彼役我也。奈何役人者，而反为人役哉。纵不然，而堂阶之上，森然林立，车马之间，簇如云涌，亦甚非有道者宜处矣。

【注释】①驺从：古代贵族、官员出行时的骑马侍从。驺，音（zōu）。②矧：音（shěn）。况且。③戢：收敛，约束，止息。④招延：招致；求取。⑤讵：音（jù），岂；非。

【译文】一般来讲，侍从不宜太多。像我们这些乡宦都喜欢省事，但是仆从却喜欢多事。因为多事，仆从也就变成乡宦了。假如一个乡宦使唤十个人，十个乡宦使唤一百人，那么整个乡里就会有一百多个乡宦。唉！一个乡里有一百多个乡宦，官僚的风气就会充斥整个乡里，哪里还会有清闲自在的地方啊！况且他们还会有自己的兄弟子侄，这些人也会以乡宦的心理来处事待人接物，而他们的仆从也会称自己是乡宦的仆从，这样下去乡人怎么能忍受得了呢！虽然我只是自己一个人，但是利用我的人却很多。我以自己仅有的两只手和两只眼睛，既不能叫他们都有所约束收敛，况且招致继续充当乡官的人还未停息，这难道不是自找苦吃吗？我既然已经体验很久了，了解得很清楚了，岂能不把这些真实的情况毫无保留地告诉诸位呢！一般来说仆从只要将就着够用，不必太多。太多了，日常的衣食开销对我来讲就会很奢侈，因此《论语》中孔子说，管仲用人从来都不兼职，一人一职，这怎能说是节俭呢，说的就是奢侈。就连公家都不堪奢侈，何况私人家里还养这么多仆从呢！如果说有不需要提供衣食而服侍我的人，那就更加不可行了，为什么呢？不需要衣食而服侍我的人，必定会借着我的势力以谋取私利。他借着我以谋取私利，我因为他的行为而招致怨恨，那么我役使他，他只是付出一时奔走的劳苦，而他役使我的却是我自己一生的名节啊！这不是我在役使他，而实际上是他在役使我啊！为什么役使人的人，反而被别人所役使？即使不是如此，站在厅堂的台阶上，四周仆从森然林立，自己身处车马之间，别人都围着自己转，这也更不是有道之人所应该安处的地方啊！

凡仆从以肤受①来诉者，直笑曰，我不曾眼见。有驾言毁骂主翁者，直笑曰，吾不曾耳闻。则下人无所售其欺，而我亦不为彼激怒，以戕②吾天和，致有他事。盖一忍之为效多矣。

【注释】①肤受：指谗言。肤受，指浮泛不实，或指利害切身。②戕：杀害。

【译文】但凡仆从来说谗言，我就真诚地笑着说，我没有亲眼见到。有借着传言来毁骂主人的人，我也真诚地笑着说，我不曾听说过。如果能这样做，那么下人就无法散布自己的谎言，而我也不会被他所激怒，使自己身心失衡，做出其他不好的事情来。因此这一个忍字就能收到许多很好的效果。

有争一两钱之利，而与人日喧于市者，吾辈手下人之买办①是也。夫吾辈岂与人计较些微者。惟下人不能体吾意，而欲有所染指，则不得不脧削②于人。夫岂知田野小民，斗粟尺布，入市营求。针头削铁③，要养一家性命。我却要在他身上讨便宜，所得几何。纵使日日买办常过其直④，一岁之中，所费几何。顾令人当面咨嗟。背后谈议耶。自今宜严饬下人，入市买办者，务使人争售之，勿使人望而避匿也。

【注释】①买办：旧时负责采购或兼理杂务的差役。②脧削（juān xuē）：剥削、盘剥。③削铁：指宝剑。多用以形容山峰高耸。④直：通"值"。

【译文】有为一两钱的利益与人在市场上吵架的人，可能就是我们自己手下负责采购的人员。我们难道会为一点小利益而与人计较？只是因为下人不能体会我们的心意，总想占人一些便宜，使其不得不剥削他人。他们哪里懂得，田野小民拿着自己不多的一点粮食和布匹进入集市交易，得到些许收入，是要养活一家人的性命啊！而我们却要在他身上讨便宜，能得几个钱呢？即使我们每天去采购付出的价钱超出物品的价值，一年下来能付出多少钱呢？难道要让人家当面赞叹，却在背后议论我们吗？从今天开始一定要严格要求下人，凡是到市场上去采购的人员，务必要让人争相把货物卖给他，千万不要让人看到他后都躲避。

每见宦家仆从，遇其主翁亲识，属在寒贱者，即肆与抗礼，且屑越①之。其主翁亦恬然不以为怪。此讵非名分倒置，风俗薄恶，一大事耶。吾辈宜深以相戒。

【注释】①屑越：轻易捐弃；糟踏。

【译文】每每看到乡宦家的仆从，遇到主人赏识他的时候，即使自

169

己是寒贱的人，也肆无忌惮地违背礼法，随意糟蹋。他的主人却完全不以为然。这难道不是名分颠倒，风俗日渐刻薄、恶化？这是件大事呀！我们务必要引以为戒啊！

凡笞责仆婢，当推吾爱子女之心以恕之，不宁惟是，即寒暑饥饱，疾病劳逸，与其心曲中微隐^①，有疑虑而不敢声言者，一一体悉^②之。而后得处下之道。

【注释】①微隐：细微而隐秘。②体悉：体恤，了解。

【译文】凡是鞭打责罚仆婢时，应当以爱护自己子女的心态宽恕他们，不仅如此，他们的寒暑饥饱、疾病劳逸，以及内心的种种想法，有顾虑而不敢说出口的，我们都要一一地体恤、了解，这样自己才能懂得与下人的相处之道。

吕新吾《好人歌》

（公名坤，字叔简，宁陵人。明嘉靖中进士。仕至少司寇。）

宏谋按：人皆知爱慕好人，而存心行事，有时近于不好者矣。今一一列出，孰为好人，孰为不好人，随事可见。有志者，可以省矣。

天地生万物，惟人最为贵。人中有好人，更出人中类。
好人先忠信，好人重孝悌。好人知廉耻，好人守礼义。
好人不纵酒，好人不恋妓。好人不赌钱，好人不尚气。
好人不仗富，好人不倚势。好人不欠粮，好人不侵地。
好人不教唆，好人不妒忌。好人不说谎，好人不谲戏。
好人没闲言，好人不谤议。好人没歹朋，好人没浪会。
好人不村野，好人不狂悖。好人不懒惰，好人不妄费。
好人不轻浮，好人不华丽。好人不邋遢，好人不晓蹊。
好人不强梁，好人不暗昧。好人救患难，好人施恩惠。
好人行方便，好人让便宜。恶人骂好人，好人不答对。
恶人打好人，好人只躲避。不论大小人，好人不得罪。
不论大小事，好人合天理。富人做好人，阴功及后世。
贵人做好人，乡党不咒詈。贫人做好人，说甚千顷地。
贱人做好人，不数王侯贵。少年做好人，德望等前辈。

老年做好人，遮尽一生罪。弱汉做好人，强人自羞愧。
恶人做好人，声名重千倍。好人乡邦宝，好人家国瑞。
好人动鬼神，好人感天地。不枉做场人，替天出口气。
吁嗟乎，百年一去永不还，休做恶人涴①世间。

【注释】①涴：污染。

【译文】陈宏谋按语：人都会爱慕好人，但是他们的存心、行事，有时却接近于不好者。现在一一列出，谁是好人，谁是不好的人，从事例中可以看出。有志做好人的，可以照此自我反省。

天地生万物，惟人最为贵。人中有好人，更出人中类。
好人先忠信，好人重孝悌。好人知廉耻，好人守礼义。
好人不纵酒，好人不恋妓。好人不赌钱，好人不尚气。
好人不仗富，好人不倚势。好人不欠粮，好人不侵地。
好人不教唆，好人不妒忌。好人不说谎，好人不谑戏。
好人没闲言，好人不谤议。好人没歹朋，好人没浪会。
好人不村野，好人不狂悖。好人不懒惰，好人不妄费。
好人不轻浮，好人不华丽。好人不邋遢，好人不跷蹊。
好人不强梁，好人不暗昧。好人救患难，好人施恩惠。
好人行方便，好人让便宜。恶人骂好人，好人不答对。
恶人打好人，好人只躲避。不论大小人，好人不得罪。
不论大小事，好人合天理。富人做好人，阴功及后世。
贵人做好人，乡党不咒詈。贫人做好人，说甚千顷地。
贱人做好人，不数王侯贵。少年做好人，德望等前辈。
老年做好人，遮尽一生罪。弱汉做好人，强人自羞愧。
恶人做好人，声名重十倍。好人乡邦宝，好人家国瑞。

好人动鬼神，好人感天地。不枉做场人，替天出口气。
吁嗟乎，百年一去永不还，休做恶人浼世间。

李忠毅公《诫子书》

（公名应升，字仲达，江阴人。万历进士，官御史，卒赠太仆卿。）

　　宏谋按：此与椒山先生遗嘱，并为狱中所书。杨公之言，详且尽。李公之言，简而赅。要皆各就其家之事势，及其子之材质而立论也。事不外乎日用伦常，理不离乎孝友恭俭。家遭多难，覆卵难完，尚且谆谆于此。彼安常处顺之子弟，顾重财帛而轻骨肉，骛名利而忘道义，不重可惜哉。至其悲凉切挚①之情，更在笔墨字句之外。忠良蒙难，至今读之，犹有余慨焉。

　　【注释】①切挚（qiè zhì）：恳切真挚。

　　【译文】陈宏谋按语：这篇《诫子书》与杨椒山先生的遗嘱都是在狱中所写的。杨先生写得非常详尽，李忠毅公写得简约完备。但是最重要的是就各自家庭的情况，以及孩子们的素质来立论。其实这些事不外乎就是每天所面对的日常生活琐事以及人与人的关系，其中的道理离不开孝顺、友爱、恭敬、节俭。杨李二公家庭多遭受灾难，有如覆卵，自己也很难保全，尚且对这些居字琐事反复地叮咛。对于安居常乐、一直处在顺境中的子弟而言，却看重财物而轻视亲情，好名利而疏于顾及道义，真是太可惜了啊！其中悲伤凄凉真挚的情感，更是在言语文字之外了。忠贞善良的人士蒙难，现在读起这些内容，内心还是无限的感慨啊！

吾直言贾祸①，自分一死，以报朝廷，不复与汝相见，故书数言以告汝。汝长成之日，佩为韦弦②，即吾不死之年也。

【注释】①贾祸：自招祸患。②韦弦：韦，皮绳，喻缓也；弦，弓弦，喻急也。比喻外界的启迪和教益。用以警戒、规劝。

【译文】我直言不讳所招致的灾祸，自料只能以死来报效国家，不能再和你相见，因此写了一些话告诉你，等你长大的时候，引以为戒，这也如同我未曾死去。

汝生长官舍，祖父母拱璧①视汝。内外亲戚，以贵公子待汝。衣鲜食甘，嗔喜任意。娇养既惯，不肯服布旧之衣，不肯食粗粝②之食。若长而弗改，必至穷饿。此宜俭以惜福，一也。

【注释】①拱璧：大璧，泛指珍贵的物品。②粗粝：泛指粗劣的食物。

【译文】你从小生长在衙门里，祖父母视你为宝贝，内外的亲戚都把你当贵公子一样看待。穿好的，吃好的，喜怒随心所欲，已经养成了娇生惯养的习气，不肯穿旧衣服，不肯吃粗糙的食物，如果你长大后不肯改掉这些坏习惯，一定会落得窘迫的下场。所以应当节俭以惜福，这是第一点。

汝少所习见，游宦赫弈①。未见吾童生秀才时，低眉下人，及祖父母艰难支持之日也。又未见吾囚服被逮，及狱中幽囚痛苦之状也。汝不尝胆以思，岂复有人心者哉。人不可上，物不可凌。此宜谦以守身，二也。

【注释】①赫奕: 光辉炫耀貌。

【译文】你小的时候所看到的尽是官员的显赫气象, 并未见到我做童生准备考取秀才时, 对人谦虚意下, 还有你祖父母为了支持我所过的艰辛困苦的生活。还没有见过我被囚的情形, 以及在狱中被囚禁的痛苦状况。倘若你不能够像勾践一样用卧薪尝胆的意志来思索, 这哪里是有良心的人呢? 人不可以傲慢, 对物品不可以糟蹋, 应当用谦卑来守身, 这是第二点。

祖父母爱汝, 汝狎而忘敬。汝母训汝, 汝傲而弗亲。今吾不测, 汝代吾为子, 可不仰体祖父母之心乎。至于汝母, 更倚何人。汝若不孝, 神明殛①之矣。此宜孝以事亲, 三也。

【注释】①殛: 惩罚。

【译文】祖父母很爱你, 你却对他们一点也不恭敬。你母亲教训你, 你很傲慢。我如今遭遇不测, 你代替我当儿子, 怎能不悉心体察祖父母的心意呢? 至于你母亲, 又将依赖谁呢? 你如果不孝, 神明会惩罚你的, 因此应当以孝心来侍奉亲人, 这是第三点。

吾居官爱名节, 未尝贪取肥家。今家中所存基业, 皆祖父母勤苦积累。且此番销费大半。吾向有誓愿, 兄弟三分, 必不多取一亩一粒。汝视伯父如父, 视寡婶如母。即有祖父母之命, 毫不可多取, 以负我志。此宜公以承家, 四也。

【译文】我做官时很爱惜自己的名节, 从来没有贪取财物来富裕咱家。现在家中所留下来的基业, 都是你祖父母辛苦积攒下来的, 况且因为这次的事情已经花去大半。我一向是有誓愿的，我们兄弟三份，一定不可以多取一点。你对伯父婶母要像自己的父亲母亲一样看待。即使有祖父母的命令，也一点也不能够多取，以辜负我的旨趣。应该以公平的心来传承家业，这是第四点。

汝既鲜兄弟，止一庶妹，当待以同胞。倘嫁于中等贫家，须与妆田百亩。至庶妹之母，奉事吾有年，当足其衣食，拨与赡田^①，收租以给之。内外出入，谨其防闲。此恩义所关，五也。

【注释】①赡田：赡养家口的田地。

【译文】你既然兄弟很少，又只有一个庶妹，就应该把她当作一母同胞看待。如果她嫁到中等贫困之家，应该给她百亩田地作为嫁妆。至于庶妹的母亲，事奉我已有数年，应当使她足衣足食，划拨给她赡养家口的田地，让她收租来维持生活。内外出入要谨慎，防范不好的事情发生。这是事关恩义的大事，以上是第五点。

汝资性不钝，吾失于教训，读书已迟。汝念吾辛苦，励志勤学。倘有上进之日，即先归养。若上进无望，须做一读书秀才。将吾所存诸稿简籍^①，好好诠次^②。此文章一脉，六也。

【注释】①简籍：文书；书籍。②诠次：选择和编排。

【译文】你的禀性并不迟钝，我疏忽于对你的教育，读书也迟了。你看在我一生辛苦的分上，也应当立志勤奋读书。如果有从政的可能，你应当提前告老还乡。如果没有从政的可能，你也要做一个秀才，把我所留下来的稿子和书籍好好地编辑整理一番，这也是传承文化道统的命脉啊！这是第六点。

吾苦生不得尽养, 他日伺祖父母百岁后, 葬我于墓侧, 不得远离。

【译文】我今生不能尽到孝养父母的责任, 来日等到祖父母过世以后, 要把我安葬在祖父母的墓旁, 一定不要远离二老。

王孟箕讲《宗约会规》

（公名演畴，江西彭泽人。万历进士，任山西副使。）

宏谋按：一乡之内，异姓错处，尚且有约①，交相规劝，况于同宗。以其尊长，约束子弟。临以宗祖，训诫后裔。较之异姓，情事更亲，观感尤易。则合爱同敬，谨身寡过，均不外于宗祠焉得之矣。西江所在皆有宗祠，惜少规劝约束之意，则宗约之不讲也。此西江前辈遗法，胡不勉而行之。

【注释】①约：共同商定的事，共同议定要遵守的条文。

【译文】陈宏谋按语：在一乡之内，即使不同姓的人有了错误，还要按照乡规互相规劝，更何况同一宗族里。要以尊长的身份来约束子弟。在祖宗的祠堂里，训诫自己的后代子孙。这和对于规劝异姓的情况比较起来更为亲切，观察和体会更是容易。同一宗族的人互相关爱尊敬，改过迁善，都要在宗祠内才能做到。西江所在的地区都有宗祠，可惜缺少规劝约束的内涵，这都是由于不讲宗约的缘故。这些规约都是西江的前辈们遗留下的规矩，怎能不勤勉地去落实呢？

每月两会，或朔望，或初二十六。先时约干洒扫，摆列书案坐席，东西相向。两边各几层。宗人照班辈，序齿①分坐。案上各置所讲书,另设讲读之席于前。负前楹②,向中堂。定二人为约讲③约读。择少年音声响亮,或新进秀才充之。中一棹,设云板④。命一人司之,为约警。所讲书,如易家人,诗国风,大学修身齐家,孝经,小学,并将国家律法,及孝顺事实,太上感应篇,善恶果报之类。每会,讲几条。盖导之以经书典故,使知各当如此。惕之以法律报应,使之不得不如此。庶几知所趋避,不为醉梦中人。

【注释】①序齿:按年龄长幼排定先后次序。②前楹:殿堂前部的柱子。③约讲:旧时乡村基层工作人员。④云板:报事之器。作传令或集众之用。

【译文】每月召开两次会议,时间为农历初一、十五,或者农历初二、十六。开会前先要打扫卫生,摆放书桌坐席,坐席分别摆放在东西两边,两边各放几排。宗族的人按照辈分、年龄分别就座。桌上放置所要讲解的书本,另外还要把讲课人的席位放在最前面,背对殿堂前部的柱子,面向中堂。并确定两人担任约讲约读,要选择年轻声音洪亮,或者新进的秀才来充当。中间放置一张桌子,挂上云板,派一人专门负责,用来召集宗人。所讲的内容,像《易经》的家人卦,《诗经》的国风,《大学》的修身齐家,《孝经》、《小学》,以及国家的法律,以及孝顺父母的事实,《太上感应篇》这些关于善恶因果报应的内容,每会讲几条。用古圣先贤的经书典故来教导宗人,使他们都知道应该如何做人。并用法律因果报应的道理和事实警惕宗人,使他们不得不这样去做。希望宗人都知道自己应该如何趋利避害,不至于成为醉生梦死之人。

讲约规条

一每会,清茶多备。茶点一行,饭一餐,并不设酒。讲约时,不许离席，不许两人私语。惟各端坐，专精静听。纵有疑欲问，并己另有发明①欲吐，止须先时记存，俟其讲毕，然后问，然后发挥也。若有任意走动，及私语挰越②勦说③之类，宗长命击云板一声，便当翕然④禁步杜口。如一人一会两犯，宗长命击云板三声，撤其席，押之拜庙拜宗长，谢过。又家人起于利女贞，古今女诫，母仪妇道备焉，并讲之。在会者熟记，归而述于母妻。亦为不约之约。讲毕，有数事询问处置，分载于后。

【注释】①另有发明：创造性地阐发；发挥。②挰越：越出本分。如越职、越权等。③勦说：勦（jiǎo），打断别人的言语。④翕然：安宁、和顺的样子。

【译文】每次开会，都要多准备清茶，茶点放置成一行，并准备一餐饭，但不摆设酒。讲课时，不允许离开座位，不许两人私语。应当端身正坐，用心静听。即使有疑惑想发问，或者自己还有新的想法想发表，那也只能先记录下来，等讲课结束以后，再发问。如果有随意走动，以及私下说话、超越本分、打断别人说话之类的情况，宗长会命人击云板一声，就要安静闭口不言。如果一人一会犯了两次，宗长会命人击云板三声，并撤掉他的席位，押送到宗庙或者宗长前，认错谢过。另外，家人的得利在于家中女子贞节，其中古今女诫、母仪妇道都具备了，一起讲给大家听。参加会议的人都要熟记，回家后要讲给自己的母亲、妻子听，这就是所谓的没有规约的规约。讲课完毕后，有什么事情需要询问处理，都分别记载在后面。

周咨族众

一先问会中诸族人，有身家难处之事，内外难处之人，即对众请教。众随所见，与细心商确。凡可解免其患难，裨益其身心者，无不具告。乃见家人一体之意，此会不为空谈。又问族中某人，有某善行，即对众称扬。兼书之纪善簿，以共相效法。又闻某人有某过，亦委曲开谕①，令彼省悟改图。不可面斥其非使无所容，庶几②恩不掩义。若有显过，为乡里共知，众便救正。无徒避嫌姑息，以长其恶。

【注释】①开谕：亦作"开喻"。启发解说；劝告。②庶几：差不多，大概。

【译文】先问问参与会议的族人，有没有自己以及家中难以处理的事情，还有内外难以相处的人，都可以向大家来请教。大家可根据自己见解，和他细心商讨。凡是可以解除他的患难，有助于他身心和谐的，没有不一一告诉他的。从这里就能体现出整个家族是一体的境界了，这种会议才不会变成空谈大道理的会议。还可以问族中哪个人有善行，便可以当众表扬，并把此事记录在善簿上，以供大家来效法；也还可以针对某人的过失，对他进行委婉的劝导，使其省悟改过图新，但不能够当众训斥他使他无地自容，差不多恩情不盖过道义。如果某人有了明显的过错，已经被乡里人都知道了，大众便可以挽救他的过失。不能够因为避嫌纵容，使他的过恶继续增长。

讥察正供

一问族中钱粮，各户当依限输纳，不可任意拖欠，至累当里排①者。充代比较②，若借口里排科收，则令其自纳，止以官单付里排应比。若数目不明，互相争执，族长令本房公直者一人，就宗约所算明，押之速完③。务令本家钱粮，输纳在各里之先，不烦催科。庶国为良民，家为肖子矣。倘充里排者，征收钱粮，不即完官。或花酒浪费，或营运做家，致县中开欠户，解比较。久之则无意完官，妄希蠲赦④，深为门户之羞。万一有此，于约所询得其状，即具呈首告⑤。盖一时拖欠数少，犹可措办。若节年包侵费用，穷年积岁，终必难完。其为身家之祸不小。名虽首弊，实免后灾。事有反而相成，未必非厚族之一端也。

【注释】①里排：明代赋役法，以一百一十户为一里，推丁粮多者十户为长；余百户为十甲，甲首凡十人。每年轮流由里长一人、甲首一人，催征租税；凡十年一周，曰排年。某一年轮值充当的里长，称"里排"。清初仍延之。②比较：旧时官府征收钱粮、缉拿人犯等，立有期限，至期不能完成，须受责罚，然后再限日完成，称作"比较"。③完：还。④蠲赦（juān shè）：赦免。⑤首告：出面告发（别人的犯罪行为）。

【译文】再问族中的钱粮，各户应当按照规定缴纳，不能够任意拖欠，致使连累到当值里长的族人。充代比较，若是借口说由里排代缴的，则让他自己去缴纳，只以官单交给里排应比。如果数目不明确，发生互相争执的情况，族长可找出本族一位正直的人，根据宗约计算清楚数目，命令此人快速缴纳。务必要让本族的钱粮能够缴纳在各里之前，不要烦人催收。对国家来说都是良民，在家里都是孝顺的儿子。倘若出现充当里排的人，征收钱粮后，不及时上缴国库，有的花天酒地浪费掉了，有的为自己家里挪用了，在县中府库开欠条，申请延期，时间久了，就不想缴纳了；妄想着官府赦免他，这真是整个家族的羞耻啊！万一出现这种情况，在约所询问真实的情况时，应立刻出面检举。一时拖欠的数量较少，也还可以补交齐全。如果连续数年不缴纳钱粮，累积多年，最终就很难完税了。这对于自身以及整个家族带来的祸患不小啊！名义上虽然是首说弊端，但实际说这些是为了免除以后的灾患。任何事情都有正反两面，它们是相反相成的，未必就一定能厚待族人而不会给族人带来祸患。

平情息讼

一问族中有无内外词讼①。除本家兄弟叔侄之争，宗长令各房长，于约所会议处分，不致成讼外。倘本族于外姓有争，除事情重大，付之公断。若止户婚田土，闲气小忿，则宗长便询所讼之家，与本族某人为亲，某人为友，就令其代为讲息②。屈在本族，押之赔礼。屈在外姓，亦须委曲调停，禀官认罪求和。虽是稍屈，但留此闲钱做人家，趁此好光阴，读书穷理，不为客气所分，亦是自家讨便宜处。即不敢谓人望彦方③之庐，或可平乡人之怒，而省公祖父母之案牍④矣。

【注释】①词讼：诉讼。②讲息：和解息争。③彦方：东汉末人，姓王名烈，字彦方。少师事陈寔，以义行称乡里。诸有争讼曲直，将质之于烈，或至涂而反，或望庐而还。其以德感人若此。④案牍：官府文书。

【译文】再问族中有无内外的纠纷。如果是本族内兄弟叔侄的纷争，由宗长召集各房长在约所开会处理，不致激化成诉讼官司。如果本族的人与外族的人出现了争执，除了重大的事情需要衙门来断案以外，如果是有关户婚田土这些小的纠纷，那么宗长便询问出现纠纷的人家，他与本族哪个人亲密友好，就请此人出面调解。如果是本族人的过错，一定要让此人赔礼道歉。如果过错在外族人，也要委婉地来调解，禀告官府认错求得宽恕。虽然这样稍显委屈，但是可以省下打官司的钱好好过日子；可以利用这些时间，多读书穷理，不为一时情绪激动而致关系分裂，这其实也是自己得了便宜。即使不敢对人说望彦方之庐，也可以平息乡人的怒气，减少了官府大人批阅审核的文书。

矜恤孤苦

一问族中鳏寡①疾苦，以相赒恤②。尚书称文王惠鲜鳏寡，鲜字最妙。谓鳏寡之人，垂首丧气。赍与周给之，使之有生意。夫国于鳏寡，尚留其生意，况同宗一气相属者乎？今人酒肉馈遗，每施于外亲近邻，家温能还报之人，即往来不厌其频。而族中鳏寡，曾不一念及之。甑③里尘生，门前草长。或鸠杖④而倚门闾，或鸡骨⑤而支床第⑥（音子，床簀也）。凄风苦雨，举目萧条。长日穷年，无人偢保⑦。纵同门共巷，尚且置若罔闻，而况住居相隔乎？偶经道过门，亦必佯为不知，更无特地相问者。惟俟其死，一假哭胡拜之，曰予为族谊也。族谊固如是乎？今于讲后，询问应恤之家，派各房先后，每人馈问一次。多寡随分，即寻常饮食果实之类，亦且见意。有病或为求医购药，盖惠不期众寡，期于当厄。一体血脉相贯，庶几不为痿痹⑧之民。

【注释】①鳏寡：年老的男人没有妻子的叫"鳏"，年老的女人没有丈夫的叫"寡"。泛指没有劳动力而又没有亲属供养的人。②赒（zhōu）恤：亦作"周恤"。周济救助。③甑（zèng）：古代蒸饭的一种瓦器。④鸠杖：杖头刻有鸠形的拐杖。⑤鸡骨：比喻嶙峋瘦骨；瘦弱的身体。⑥床第：床和垫在床上的竹席。泛指床铺。第，音（zǐ）。⑦偢保（chǒu cǎi）：亦作偢采。看顾，理会。⑧痿痹（wěi bì）：犹麻木不仁。比喻对事物的反应迟钝或漠不关心。

【译文】再询问本族中还有哪些人是鳏寡疾苦之人，我们要互相周济。《尚书》中称文王能够惠鲜鳏寡。这个"鲜"字最妙，形容出了鳏寡之人，垂头丧气。等待他人的帮助，让这些人有生存的希望。国家对于鳏寡之人尚且都要让他们生活下去，更何况我们是宗族同气相连的人呢！现在的人用酒肉馈赠给外亲近邻，以期对方家里有能力再回报给自己，因此与这样的家庭往来不厌其烦。而对于族中的鳏寡之人，从来没有一念想到他们。他们的饭桶里都布满了灰尘，门前也长出了荒草。有的人挂着拐杖倚靠在家门口，有的瘦骨嶙峋，身体残弱不堪，只能整天躺在床上过日子，寒风冷雨，看上去一片萧条之气。长年累月，无人理睬。纵然和这些鳏寡之人是同门共巷的人，都置若罔闻，更何况是不和他们居住在一起的人呢！即使是偶然经过这些鳏寡之人的门口，也假装不知道，更没有特地问候的人了。只有等待这些人死了，便假装着连哭带拜的，说我和他有同族的情谊。同族的情谊难道是这样吗？从今天讲完之后，我们大家要询问应该周济的人家，并派各房先后慰问一次。周济的物资多少视自己的情况而定，像平常的饮食果实之类的东西，这也是自己的一份心意。他们中有人生病了，我们可以帮助请医购药，不在乎多少，关键是要解决他们的灾难。大家都是血脉相连的一体，希望不要成为麻木不仁的人。

禁戢闲谈

一宗约，讲读古人经书，商确族中事体①。了此，倘有余闲，惟命童子歌诗，或习礼而罢，万不可言及他事。说鬼，说梦，总属荒唐。言人富贵，便是羡人富贵。言人贫贱，便是笑人贫贱。惟是一片俗心肠，方有此闲言语。若论饮食之美恶，评女色之妍媸②，尤为市井下流。即如援引③邸报④，谈及朝政，或边境警息，或缙绅差除⑤。古人云，一日看除目⑥，三年损道心。又云，士君子不可无忧国之心，不可有忧国之言。有忧国之心而言之，已为出位。若无忧国之心而言之，更为讪上。若言及官府得失，人家长短，闺门隐微，便是杀身之道。各宜痛戒。偶有一犯，众共斥之，后不许与会。

【注释】①事体：事情；情况。②妍媸（yán chī）：同"妍蚩"。美好和丑恶。③援引：引证。④邸（dǐ）报：汉时京中传抄给郡国看的诏令、奏章，是我国最古的报纸。宋始称"邸报"。后世亦泛指朝廷官报，清代也称为"京报"，由报房商人经营。明崇祯年间开始有活字版印本。⑤差除：官职任命。⑥除目：任命官吏的文书。

【译文】再说要遵守的规矩，讲读古人经书，商讨完毕族中的事务。这些事情都结束以后，如果还有剩余的时间，就要安排孩子们吟诵诗歌，或者习礼也行，万万不可以谈论其他的事情。像说鬼、梦之类的事情，这都属于荒唐之事。说人富贵，便是美慕人家富贵。说人贫贱，便是笑话人家贫贱。这都是因为有低俗的心理，才会说出这些闲言碎语。如果是谈论饮食的好坏，评论女子长得是否漂亮，尤其是属于市井下流。如果是引用报纸的内容，谈论朝廷之事，或者边境的情况，或者是官员的升迁。古人有云：一日看任命官吏的文书，三年都会失去道心。又云：读书人不能没有忧国的情怀，不可有忧国的言语。有忧国之心而付诸于言语，已算是超出其位。如果没有忧国之心而说出，就算是诽谤尊上了。如果谈论政府的得失，人家的长短，闺房的隐私，这便是杀身之道。大家都要极力戒除。如果偶然触犯，大众都会斥责他，往后不许参加会议。

王士晋《宗规》

宏谋按：此篇与王孟箕讲宗约同意，而条约更觉周备。自家庭乡党，以至涉世应务之道，均已列于宗规。于此见人生一举足而不可忘祖宗之训也。爱亲者不敢恶于人，敬亲者不敢慢于人，亲亲长长而天下平，皆此义耳。愿有宗祠者，三复此规也。

【译文】陈宏谋按语：本篇与王孟箕所讲的《宗约》意思相同，而本篇的条约更加的周详完备。从家庭、乡里，以至于涉世处事之道，都列在了宗规里面。从这里可以看出人生的一言一行都不可忘记祖宗的教训。爱自己亲人的人怎么敢厌恶别人呢？尊敬自己亲人的人怎么敢怠慢别人呢？人人都能够爱自己的亲人、尊敬自己的长辈，天下自然就会太平，说的都是这个意思。希望有宗祠的人，能够反复阅读此规。

乡约当遵

孝顺父母。尊敬长上。和睦乡里。教训子孙。各安生理①。毋作非为。这六句，包尽做人的道理。凡为忠臣，为孝子，为顺孙，为圣世良民，皆由此出。无论圣愚，皆晓得此文义。只是不肯着实遵行，故自陷于过恶。祖宗在上，岂忍使子孙辈如此。今于宗祠内，仿乡约仪节。每朔日，族长督率子弟，齐赴听讲。各宜恭敬体认②，共成美俗。

【注释】①生理：为人之道。②体认：体察认识。

【译文】孝顺父母，尊敬长上，和睦乡里，教训子孙，使他们各自敦伦尽分。不要去做不正当的事情。这六句，包括尽了做人的道理。凡是忠臣、孝子、顺孙、太平盛世的好公民，都是从这里出来的。无论聪敏还是愚痴，都能够懂得这些道理，只是不肯切实遵行，所以陷自己于过恶的境地。祖宗在上，怎能忍心让子孙如此去做呢？现在在宗祠内，仿照乡约仪节，于每月初一时，族长督促率领子弟们，一起来听讲。每个人都应当恭敬体认，一起成就美好的风俗。

祠墓当展

祠乃祖宗神灵所依。墓乃祖宗体魄所藏。子孙思祖宗不可见，见所依所藏之处，即如见祖宗一般。时而祠祭，时而墓祭，皆展视大礼，必加敬谨。凡栋宇①有坏，则葺之，罅漏②则补之。垣砌碑石有损，则重整之。蓬棘则剪之。树木什器③，则爱惜之。或被人侵害，盗卖盗葬，则同心合力复之。患无忽小，视无逾时。若使缓延，所费愈大。此事死如事生，事亡如事存之道，族人所宜首讲者。

【注释】①栋宇：房屋的正中和四垂。指房屋。②罅漏（xià lòu）：裂缝和漏穴。③什器：指各种生产用具或生活器物。

【译文】宗祠是祖宗神灵所依附的地方，坟墓是祖宗遗体所安葬的地方。子孙想念祖宗却看不到，但是看到宗祠、坟墓所在之处，就如同见到祖宗一般。定时在宗祠祭祀，定时在墓前祭祀，这都是展现大礼的场所，一定要恭敬谨慎。凡是祠堂的房屋有损坏的地方，应当修理，缺漏的地方应当补起来。矮墙碑石有损的地方，应当重新修整。荆棘荒草应当剪除掉。对于花草树木，各种器物，应当爱惜。如果有被人侵害，盗卖盗葬的，要同心合力恢复。对于隐患不要忽略它的微小，也不要拖延时间。如果拖延时日，所需花费就更多。对待祠墓的维护和祭祀，要用事死如事生、事亡如事存的心境来对待，这是首先应当对族人讲明的。

族类当辨

类族辨物[①]，圣人不废。世以门第相高，间有非族认为族者。或同姓而杂居一里，或自外邑移居本村，或继同姓子为嗣，其类匪一。然姓虽同而祠不同入，墓不同祭，是非难淆，疑似当辨。傥[②]称谓亦从叔侄兄弟，后将若之何。故谱内必严为之防。盖神不歆[③]非类，处己处人之道，当如是也。

【注释】①类族辨物："类族辨物"，语出《周易·同人》卦辞。卦辞说："象曰：天与火，同人，君子以类族辨物。"类族，言天生万物，各类殊分，此法乾天之无私，于殊分之族中，而类聚其所同，这就是"异中求同"的方法。辨物，言火之所及，凡物必照，此法离火之普照，而辨析其义，这就是"同中求异"的方法。来知德说："类族者，于其族而类之；辨物者，于其物而辨之。如是则同轨同轮，道德可一，风俗可同，亦如天与火不同而同矣。"②傥：表示假设，相当于"倘若"、"如果"。③歆（xīn）：飨，祭祀时神灵享受祭品、香火。

【译文】类族辨物，是圣人认同的对待事物之法。世人有因为对方门第高贵，就把不是本族的人认作本族人。还有和自己是同姓的人杂居在同一乡里，或者是从外邑移居本村的，或者有把同姓人的孩子过继来作为自己的后代，情况各不相同。然而虽然是同姓但并不进入同一祠堂，也不在同一处墓地祭祀，是非并不易混杂，疑问处应当辨明。如果称谓都是叔侄兄弟，后来的人该怎么办呢？因此家谱中必须严加防范以上这些情况的发生，因为神灵并不会享用他族之人的祭祀，处己处人之道，应当如此。

名分当正

非族者辨之，众人所易知易能也。同族者，实有兄弟叔侄。名分彼此，称呼自有定序。晚近世风俗浇漓①，或狎于亵昵②，或狃③于阿承，皆非礼也。至于拜揖必恭，言语必逊，坐次必依先后。不论近族远族，俱照叔侄序列。情既亲洽④，心更相安。名门故家⑤之礼，原是如此。又有尊庶母为嫡，跻⑥妾为妻者，大乖纲常，反蒙诟笑。又女子已嫁而归，辄居客位，是何礼数。吉水⑦罗念庵先生宅，于归宁⑧之女，仍依世次，别设一席，可法也。若同族义男，亦必有约束。不得凌犯疏房⑨长上，有失族谊，且寓防微杜渐之意。

【注释】①浇漓（jiāo lí）：浮薄不厚。多用于指社会风气浮薄。②亵昵（xiè nì）：过分亲近而情态轻佻。③狃（niǔ）：因袭，拘泥。④亲洽：亲密和洽。⑤故家：世家大族；世代仕宦之家。⑥跻（jī）：登，上升。⑦吉水：地名，指江西省吉水县。⑧归宁：已嫁女子回娘家看望父母。⑨疏房：即远族，远房。

【译文】不是同族的人应当辨别清楚，这是大家所容易了解和掌握的。同族的人，有兄弟叔侄，名分不同，称呼上自然有定序。近代社会风俗浮薄，有的人过于亲昵，有的人过于奉承，这都是非礼的行为。至于拜见必须恭敬作揖，说话必须谦逊，座位必须按照先后次序，不论远族近族，都按照叔侄的次序。这样感情融洽，内心更安稳。名门官宦之家的礼数，原本就是这样的。另外还有把庶母当作嫡母的，将妾视为正妻的人，这都是大坏伦常，反而被人耻笑。又有已经出嫁的女子回到娘家，就居于客位，这是什么礼数呢？江西吉水罗念庵先生的家里，对于回娘家的女儿，仍旧按照传统的规矩，另外设立一席，这种做法应当效法。如果是同族人的义子，也一定要有约束，不得冒犯远房的尊长，有失家族与家族之间的友谊，并且也有防微杜渐的用意。

宗族当睦

书曰以亲九族，诗曰本支百世。睦族，圣王且尔，况凡众人乎。观于万石君家[①]，子孙醇谨[②]，过里必下车，此风犹有存者。末俗或以富贵骄，或以智力抗，或以顽泼欺凌，虽能争胜一时，已皆自作罪孽。况相角相仇，循环不辍。人厌之，天恶之，未有不败者。何苦如此。尝谓睦族之要有三。曰尊尊。曰老老。曰贤贤。名分属尊，行者，尊也，则恭顺退逊，不敢触犯。分属虽卑，而齿[③]迈众，老也。则扶持保护，事以高年之礼。有德行族彦[④]，贤也。贤者乃本宗桢干[⑤]，则亲炙[⑥]之，景仰之，每事效法，忘分忘年以敬之。此之谓三要。又有四务。曰矜幼弱。曰恤孤寡。曰周窘急。曰解忿竞。幼者稚年，弱者鲜势，人所易欺，则矜之。一有矜悯之心，自随处为之效力矣。鳏寡孤独，王政所先。况乎同族，得于耳闻目击者乎。则恤之。贫者恤以善言，富者恤以财谷，皆阴德也。衣食窘急，生计无聊，命运亦乖，则周之。量己量彼，可为则为。不必望其报，不必使人知，吾尽吾心焉。人有忿，则争竞。得一人劝之，气遂平。遇一人助之，气愈激。然当局而迷者多矣。居间解之，族人之责也，亦积善之一事也。此之谓四务。引伸触类，为义田义仓，为义学，为义冢，教养同族，使生死无失所，皆豪杰所当为者。善乎陶渊明之言曰。同源分流，人易世疏。慨焉寤叹[⑦]，念兹厥初[⑧]。范文正公之言曰。宗族于吾，固有亲疏。自祖宗视之，则均是子孙。固无亲疏。此先贤格言也。人能以祖宗之念为念，自知宗族之当睦矣。

【注释】①君家：指地位崇高的家族。②醇谨：淳厚谨慎。③齿：年龄。④彦：贤士；俊才。⑤桢干：指重要的起决定作用的人或事物。⑥亲炙：亲受教育熏陶。⑦寤叹：睡不着而叹息。⑧厥初：当初的始祖。

【译文】《尚书》上说，和睦亲人，《诗经》上说，子孙昌盛，百代不衰。和睦族人，圣王尚且如此，更何况我们这些凡夫呢！观察那些官位很高的人家，子孙都很淳厚谨慎。每次经过乡里一定会下车，这种风气现在依然还保存着。当社会风气败坏的时候，有人就以富贵自傲，有人则以聪明对抗他人，有人则以野蛮霸道欺负人，虽然能够争胜一时，但是已经造下了罪孽。更何况互相争斗互相结仇，这种冤冤相报循环不止。人们厌烦这种人，老天也厌恶这种人，此种人没有不失败的，何苦要这样去做呢？我曾经说过和睦族人的方法有三点：尊敬地位崇高的人；孝养老人；尊敬贤德之人。名分崇高的，路过碰到时要恭敬对待，要恭顺谦退，不敢触犯。辈分低下，但是年龄已经很大的老人，就应当扶持保护他们，并以高年之礼对待他们。有德行有才华的人，这就是贤者，他们乃是本族的骨干人员，我们应当亲近并接受贤者的教导，景仰他们，事事效法，尊敬贤者时心里不要顾及自己的年龄和辈分，这是和睦族人的三大要领。同时还有四种要务，怜悯幼弱，体恤孤寡，周济生活贫窘者，化解纷争。幼者年龄尚小，弱者没有势力，人容易欺负他们，因此应当怜悯他们。有了怜悯之心，就应当随处为他们效力。对于鳏寡孤独之人，这是圣王施政优先考虑的对象。何况同族之人每天都能看得到的呢？应当怜悯他们。贫者应当以善言体恤他们，富者应当以财谷救济他们，这都是积阴德的事情。对于衣食急需、生计没有保障、命运多舛的人，应当周济。衡量自己的能力，也衡量对方的状况，可以救助的应当救助。不要有希求回报的心，也不必要别人知道，只要我们自己尽心尽力就好。人有了怨恨，就会生起争斗的心，如果有人劝解开导他，内心的气就平和了。如果遇到有人帮助争斗，内心的气就会愈加激烈。然而身陷其中迷惑颠倒的人很多啊！能够从中劝解，这是族人的责任，也是自己能够积德行善的一件好事。这是所谓的四务。引申开来，能够兴办义田、义仓、义学、义冢，教养同族的人，使他人生死各得其所，这都是豪杰之士所应当去做的。陶渊明说得真好啊！同一宗族的不同后代由于人事变更，世系疏远。听了这句话真是感慨万千，想想都是同一祖宗啊！范仲淹说："宗族对于我来讲，固然有亲疏，但是在祖宗看来，我们都是他的子孙，因此没有亲疏。"这是古圣先贤的格言。人如果能以祖宗之心为心，自然就会懂得宗族理应和睦相处的道理了！

谱牒当重

谱牒①所载，皆宗族祖父名讳。孝子顺孙，目可得睹，口不可得言，收藏贵密，保守贵久。每岁清明祭祖时，宜各带所编发字号原本，到宗祠会看一遍。祭毕，仍各带回收藏。如有鼠侵油污，磨坏字迹者，族长同族众，即在祖宗前，量加惩诫。另择贤能子孙收管。登名于簿，以便稽查。或有不肖辈，鬻谱卖宗。或誊写原本，瞒众觅利。致使以赝混真，紊乱支派者。不惟得罪族人，抑且得罪祖宗。众共黜之，不许入祠。仍会众呈官，追谱治罪。

【注释】①谱牒：亦作"谱谍"。记载氏族或宗族世系的册簿。

【译文】家谱上所记载的，都是宗族祖宗的名讳。孝子贤孙，都能够看得到，但口不可称，收藏要严密，保存要持久。每年清明祭祖的时候，应当带上所编发字号的原本，到宗祠彼此看一遍。祭祀完毕，仍然要各自带回收藏起来。如果出现老鼠毁损、油污、磨坏字迹者，族长和宗族的人一起在祖宗面前，根据情况加以惩戒。另选择贤能子孙收管，并把姓名记录在簿册上，以方便检查。如果有不肖子孙，变卖家谱，或者抄录原本，隐瞒族人寻求利益，导致以假乱真，紊乱宗族分支者，这不仅是得罪族人，而且也得罪了祖宗。大家共同将他驱逐，不许他进入宗祠。并且和族人一起将此事呈报官府，追缴家谱，并对此人进行治罪。

闺门当肃

男正位乎外，女正位乎内，圣训也。君子正家，取法乎此，其闺门未有不严肃者。纵使家道贫富不齐，如饁耕①采桑，操井臼②之类，势所不免，而清白家风自在。或有不幸寡居，则丹心铁石③，白首冰霜。如古史所载贞烈妇女，炳耀后先，相传不朽，皆风化之助。亦以三从四德，姆训④凤娴，养之者素也。若徇利妄娶，门阀不称，家教无闻。又或赋性不良，凶悍妒忌，傲僻长舌，私溺子女，皆为家之索，罪坐⑤其夫。若本妇委果冥顽，化诲不改，夫亦无如之何者。祠中据本夫⑥告词，询访的确。当祖宗前，合众给以除名帖，或屏之外氏之家，亦少有所警矣。要之教妇在初来，择妇必世德。语曰："逆家子不娶，乱家子不娶。"颜氏家训曰："娶必欲不若吾家者。"盖言娶贫女有益，非谓迁就族类，娶卑陋之女以贻祸也。至于近时恶俗人家，妇女有相聚二三十人，结社讲经，不分晓夜者。有跋涉数千里外，望南海，走东岱，祈福者。有朔望入祠烧香者。有春节看春，灯节看灯者。有纵容女妇往来，搬弄是非者。闲家⑦之道，一切严禁，庶无他患。

【注释】①饁(yè)耕：为耕作者送饭。②井臼：汲水舂米，泛指操持家务。③铁石：铁和石。比喻坚定不移。④姆训：女师的训诫。⑤罪坐：归罪；连坐。⑥本夫：亲夫。⑦闲家：无正业而以帮闲为事的人。

【译文】男人要在社会上守住本分勤奋工作，女人要在家中相夫教子，这是圣人的教诲。君子想要家道中正，一定要接受圣人的教诲，这样的家庭闺门中没有不整齐严肃的。即使家道贫富不等，有的家庭女子要送饭采桑，操持家务之类，这也是在所不免，但是清白家风依旧存在。也有不幸守寡，可赤诚之心依旧不变，以致守节到老的。像古史所记载的贞烈妇女，她们的美德相传不朽，这都是教化的助力。用三从四德，女师的训诫，教养出来的女子一定是很质朴的。如果有为了利益而嫁娶，不是门当户对，缺乏家教的，又或者禀性不善良，凶悍，妒忌，傲慢怪癖，爱说闲话，溺爱子女，这些都是家庭的索链，连累丈夫。如果自己的太太冥顽难化，不思悔改，丈夫也拿她没有办法的，在祠堂中根据丈夫的告词，询问事实确凿，当着祖宗的面，集合族人，公开除去她的名字，或者摒弃外姓的人家，使她多少有所警惧。其实最重要的是媳妇刚进门就要教导，选择媳妇一定要考察她们家的祖德。《礼记》上说："逆家女子不能娶，乱家女子不能娶。"《颜氏家训》中说："娶媳妇要娶不如自家的女子。"这是说娶贫家的女子有好处，并不是说对方一定要是大家族，而娶地位低下的女子就会是祸害。至于近代恶俗人家，妇女有相聚二三十人，结社讲经，不分昼夜的。有长途跋涉几千里，祈望南海，登上泰山，祈福的。有初一十五入祠烧香的。有春节看春，灯节看灯的。有纵容妇女来往，搬弄是非的。这些不务正业的做法，都要严禁，这样也许就不会有其他祸患了。

蒙养当豫

闺门之内，古人有胎教，又有能言①之教。父兄又有小学之教，大学之教。是以子弟易于成材。今俗教子弟者何如。上者，教之作文，取科第功名止矣。功名之上，道德未教也。次者，教之杂字柬笺，以便商贾书计②。下者，教之状词活套③，以为他日刁猾之地。是虽教之，实害之矣。族中各父兄，须知子弟之当教，又须知教法之当正，又须知养正之当豫④。七岁便入乡塾，学字学书，随其资质。渐长有知识，便择端悫⑤师友，将正经书史，严加训迪。务使变化气质，陶镕德性。他日若做秀才，做官，固为良士，为廉吏。就是为农，为工，为商，亦不失为醇谨君子。

【注释】①能言：长于辩论；有独到的见解。②书计：文字与筹算。六艺中六书九数之学。③活套：生活中的俗语常谈。④豫：预先，事先。通"预"。⑤端悫（què）：诚实。

【译文】闺门之内，古人有胎教，而且还有好的言教。父兄又有小学的教育、大学的教育，因此子弟容易成才。今天社会上一般人是如何教育子弟的呢？上等的，教子弟作文，只是为了考取科第功名而已。高于功名之上的道德教育却没有教导。次一等的，教子弟字词数算等，以方便子弟将来做生意好记账。最下等的，教子弟世俗的东西，这是导致子弟来日养成刁滑习气的祸根。这虽然是在教导孩子，其实是误导孩子。族中的父兄们应当知道子弟是应该要教育的，可也要懂得正确的教育方法，同时也要知道预先进行养正的教育，七岁就让子弟进入乡里的私塾，根据孩子的资质来教他学字学书。等到知识渐开，便选择诚实的老师和同伴，将经典和正史，严加训诲启发。务必使子弟变化气质，陶冶性情。等来日做了秀才、做了官，一定是一位贤良的读书人，一位廉洁的官员。即使是当农民，当工人，做生意，也不失其成为一位淳厚谨慎的君子。

姻里当厚

姻者, 族之亲。里者, 族之邻。远则情义相关,近则出门相见。宇宙茫茫, 幸而聚集, 亦是良缘。况童蒙时, 或多同馆^①, 或共游嬉, 比之路人迥别。凡事皆当从厚。通有无、恤患难。不论曾否相与, 俱以诚心和气遇之。即使彼曾待我薄, 我不可以薄待, 久之且感而化矣。若恃强凌弱。倚众暴寡。靠富欺贫。捏故^②占人田地风水, 侵人山林疆界。放债违例, 过三分取息。此皆薄恶凶习。天道好还, 尤宜急戒。毋自害儿孙也。

【注释】①同馆: 指同在会馆住宿。②捏故: 捏造事端。

【译文】姻, 是族中的亲戚, 里, 是族中的邻居。居住远的也是与我们有情义的关系, 居住近的则一出门就能相见。宇宙茫茫, 有幸能够居住在一起, 这也是良缘哪! 更何况童蒙时代, 大多都同住在一起, 一同玩耍游戏, 和路人是截然不同的。凡事都要厚道待人。互通有无, 周济患难。不论以前相识与否, 都要以真诚心和气对待对方。即使对方曾经待我很刻薄, 但我不可以对他也刻薄, 时间长久了, 对方就会受到感化。如果自己恃强凌弱, 倚仗自己人多欺负人少的, 以富欺贫; 捏造事端侵占他人风水好的田地, 山林地界; 放债违背常规, 利息超过三分, 这都是刻薄凶恶的陋习。天道好还, 应当赶快戒掉, 不要贻害儿孙后代啊!

职业当勤

士农工商, 业虽不同, 皆是本职。勤则职业修,惰则职业隳^①。修则父母妻子, 仰事俯育^②有赖。隳则资身无策, 不免姗笑^③于姻里。然所谓勤者, 非徒尽力, 实要尽道。如士者, 则须先德行, 次文艺。切勿因读书识字，舞弄文法，颠倒是非，造歌谣，匿名帖。举监④生员，不得出入公门，有玷行止。士宦不得以贿败官，贻辱祖宗。农者，不得窃田水，纵牲畜作践，欺赖佃租。工者，不可作淫巧，售敝伪器什。商者，不得纨绔冶游⑤，酒色浪费。亦不得越四民之外，为僧道，为胥隶⑥，为优戏，为椎埋⑦屠宰。若赌博一事，近来相习成风。凡倾家荡产，招祸速衅，无不由此。犯者，宜会族众，送官惩治。不则罪坐房长。

【注释】①隳：毁坏；崩毁。②俯育：谓抚养妻子儿女。③姗笑：讥笑，嘲笑。④举监：科举制度中监生名目之一。明、清时代以举人资格入国子监读书者称举监。⑤冶游：又"野游"，男女在春天或节日里外出游玩。后来专指嫖妓。⑥胥隶：封建官府中的小吏和差役。⑦椎埋（chuí mái）：指偷盗抢杀的恶徒或盗墓者。

【译文】士农工商，职业虽然不相同，但都是本职工作。勤奋则事业可成，懒惰则事业毁坏。事业有成则父母妻子都有依靠。事业毁坏则自身难保，不免被亲戚所耻笑。然而所谓勤奋者，并不只是尽力，而是要尽自己的本分。像读书人，要先修养道德，再学习文艺。千万不可因为读书识字，而玩弄文法，颠倒是非，隐瞒自己的姓名编造歌谣。举监者不得出入公门，防止玷污自己的形象。官员不得收受贿赂败坏官场形象，而侮辱祖宗。农民不得偷窃田地和水，纵容牲畜糟蹋庄稼，欺赖地租。做工者不得制作奢侈的东西，销售假货。商人不得纨绔野游，沾染酒色，奢侈浪费。也不得从事四民之外的工作，像僧道、胥隶、戏子，以及盗贼屠杀之业。对于赌博一事，近来熏染成了风气。凡是倾家荡产，招致祸患，没有不是从以上的事情中产生。对于违犯者，应当会同族里的人，送官府惩治，否则就会连累各族的族长。

赋役当供

以下事上，古今通谊。赋税力役之征，皆国家法度所系。若拖欠钱粮，躲避差徭，便是不良的百姓。连累里长，恼烦官府，追呼问罪，甚至枷号①，身家被亏，玷辱父母。又准不得事，仍要赋役完官，是何算计。故勤业之人，将一年本等②差粮，先要办纳明白。讨经手印押收票存证。上不欠官钱。何等自在。亦良民职分所当尽者。

【注释】①枷号：旧时将犯人上枷标明罪状示众。②本等：指分内应做或应有的事。

【译文】下级事奉上级，这是古今不变的道理。征收赋税徭役，这是维持国家正常运转的需要。如果拖欠钱粮，躲避差吏催缴，这便是不良的百姓。还会连累里长，惹恼官府，追问罪责，甚至治其罪状，身家亏失，辱没父母，最后又不能解决问题，还是要缴税服役，这是什么想法呢？因此勤于劳动的人，他会将一年当中应该缴纳的差粮，首先缴纳完毕，拿回经手办理部门签字或盖印的收条、票据等保存为证。对上不欠官府的钱，这是何等的自在，也是身为一个良民所应当做的。

争讼当止

太平百姓，完赋役，无争讼，便是天堂世界。盖讼事有害无利，要盘缠，要奔走。若造机关①，又坏心术。且无论官府廉明何如。到城市，便被歇家②撮弄。到衙门，便受胥皂呵叱。伺候几朝夕，方得见官。理直犹可，理曲到底吃亏。受笞杖。受罪罚。甚至破家，亡身，辱亲。冤冤相报，害及子孙。总之，则为一念客气③。始不可不慎。经曰，君子以作事谋始。始能忍，终无祸，始之时义大矣哉。即有万不得已，或关系祖宗父母兄弟妻子情事，私下处不得，没奈何闻官，只宜从直告诉。官府善察情，更易明白。切莫架桥捏怪^④，致问招回。又要早知回头，不可终讼。圣人于讼卦曰，惕，中吉，终凶，此是锦囊妙策。须是自作主张，不可听讼师棍党教唆。财被人得，祸自己当。省之省之。

王士晋《宗规》

【注释】①机关：计谋；心机。②歇家：旧时的一种职业，专营生意经纪、职业介绍、做媒做保、代打官司等业务。亦指从事这种职业的人。③客气：一时的意气；偏激的情绪。④捏怪：编造鬼怪故事。

【译文】太平盛世的老百姓，缴纳完赋役，没有任何的争讼，这便是天堂的世界了。大凡诉讼之事有百害而无一利，需要盘缠，需要四处奔走。如果用尽心计，又坏了心术。且不论官府是否廉洁，只要自己到了城市，便被那些代理打官司的人煽动。到了衙门，便要承受小吏的呵斥。需要等候多久才能见到父母官哪！有理倒还可以，如果没有理终究是要吃亏的。要受鞭打，受罪罚，甚至会家破人亡，辱没亲人，冤冤相报，贻害子孙。总而言之，都是一时的意气用事，所以从一开始就不能不谨慎哪！经典上说，君子做事谨慎于开始，开始能够忍，结果就不会有祸患，所以说良好的开始是非常重要的。即使有万不得已，有关系到祖宗父母兄弟妻子的事情，自己私下处理不了，没办法只好报告官府，报告的内容也要与事实相吻合。官府是善于洞察事情的，更容易明白。切莫胡编乱造，等到质问的时候又得招了。另外也要知道早点回头，不可以诉讼到底。圣人在《易经》讼卦中说，在警惕中生存会吉祥，但最终还是凶，这才是锦囊妙策啊！必须自己做主，不能够听信挑拨是非之人的教唆，否则，最后钱财被人骗走了，灾祸还要自己承当，要三思三思啊！

节俭当崇

老氏三宝，俭居一焉。人生福分，各有限制。若饮食衣服，日用起居，一一朴啬。留有余不尽之享，以还造化，优游天年，是可以养福。奢靡败度，俭约鲜过。不逊宁固，圣人有辨。是可以养德。多费多取。至于多取，不免奴颜婢膝，委曲徇人，自丧己志。费少取少，随分随足，浩然自得。是可以养气。且以俭示后，子孙可法，有益于家。以俭率人，敝俗可挽，有益于国。世顾①莫之能行，何哉。其弊在于好门面一念始。如争讼好赢的门面，则鬻产借债，讨人情钻刺②，不顾利害。吉凶礼节，好富厚的门面，则卖田嫁女，厚赂聘媳。铺张发引③，开厨设供。倡优④杂沓，击鲜⑤散帛，乱用绫纱。又加招请贵宾，宴新婿。与搬戏⑥许愿，预修祈福。力实不支，设法应用。不知挖肉补疮，所损日甚。此皆恶俗，可悯可悲。噫，士者民之倡；贤智者，庸众之倡。责有所属，吾日望之。

【注释】①顾：文言连词，反而、却。②钻刺：钻营；谋求。③发引：用以指出殡，灵车启行。④倡优：古代称以音乐歌舞或杂技戏谑娱人的艺人。⑤击鲜：宰杀活的牲畜禽鱼，充作美食。⑥搬戏：犹言点戏。

【译文】老子有三宝，而节俭就是其中之一。人生的福分，都有一定限度。比如像饮食衣服，日常生活起居，都能够处处节俭，留待日后余享不尽，以感念天地的造化之恩，尽享天年，这种做法是可以培福的。过分追求享受，会败坏法度，俭省节约则少有过失，不亚于健康长寿，这些圣人都有说明，这样做可以养德。消费的越多需要的就越多，为了获得更多，不免要奴颜婢膝，委曲求人，丧失了自己的志气。相反，消费的少需要的也少，随遇而安，内心淡定安然，这是可以养气的。而且还可以为后人做出节俭的榜样，子孙效法，对整个家庭都是有好处的。

用节俭的品德来引导众人，不好的习俗可以挽救，也有利于国家。世间人反而不能够这样去做，为什么呢？其原因就在于有了好面子的念头。如与人争讼有爱赢的面子，于是就变卖家产借债，讨人情钻营，不顾忌利害。对于婚丧嫁娶的礼节，好物质丰厚的门面，于是就卖掉田地来出嫁女儿，拿出厚礼来给儿子娶媳妇。对于丧事则铺张浪费，大摆筵席陈设祭品，请戏班子，还宰杀活的牲畜禽鱼，散施布帛，乱用绫罗绸缎。再加上招请贵宾，宴请新女婿，还点戏许愿，打算修桥修路以祈福。财力实在不足以支撑，便设法筹措，不知道这是挖肉补疮，损失会越来越大。这些都属于恶的风俗，真是太可悲了。唉！为官者是百姓的榜样；贤智之人，是庸众之人的榜样。这样，大家各司其责，我无时无刻不在期望啊。

守望当严

上司设立保甲①，只为地方。而百姓却乃欺瞒官府，虚应②故事③。以致防盗无术，束手待寇。小则窃，大则强。及至告官，得不偿失。即能获盗，牵累无时，抛弃本业。是百姓之自为计疏④也。民族虽散居，然多者千烟，少者百室，又少者数十户。兼有乡邻同井⑤，相友相助，须依奉上司条约，平居互议。出入有事，递为应援，或合或分，随便邀截⑥。若约中有不遵防范，踪迹可疑者，即时察之。若果有实事可据，即会呈送官究治。盖思患预防，不可不虑。奢靡之乡，尤所当虑也。

【注释】①保甲：古代（宋王安石始创）的一种户籍编制制度。若干家编作一甲，设甲长；若干甲编作一保，设保长（沿用至解放前）。②虚应：照例应付，敷衍了事。指用敷衍的态度对待工作。③故事：先例，旧日的典章制度。④计疏：计谋疏失。⑤同井：同饮一井水。⑥邀截：阻拦袭击。

【译文】上级设立保甲制度，只是为了地方，而百姓却欺瞒官府，应付这种制度。最终导致没有办法防止盗贼,束手待寇,年龄小的就实施偷窃,年龄大的就实施抢劫,就是告到官府,也是得不偿失。即使是抓获盗贼,也不知道要浪费多长的时间,抛弃自己的本分事情,这是老百姓自己计谋的过失。民众虽然散居,但是多的达到上千户,少的也有几百户,再少也有几十户。而且也有邻里同饮一口井的水,互相友好帮助,必须依照上级的条约,平等地居住在一起,互相商议事情。如果出入有什么事情了,应该互相照应,或一起或分开,根据实际情况,共同应敌。如果乡里有不遵守规矩,形迹可疑的人,应当及时考察。如果有事实依据,即会呈送官府追究查办。大家应当想到忧患而事先预防,不可不考虑啊!对于奢靡风气很盛的乡里,尤其应该注意防范。

邪巫当禁

禁止师巫邪术,律有明条。盖鬼道盛,人道衰。理之一定者。故曰,国将兴,听于人。将亡,听于神。况百姓之家乎。故一切左道①惑众诸辈,宜勿令至门。至于妇女,识见庸下,更喜媚神徼福。其惑于邪巫也,尤甚于男子。且风俗日偷,僧道之外,又有斋婆②、卖婆③、尼姑、跳神④、卜妇、女相、女戏等项。穿门入户,人不知禁。以致哄诱费财,甚有犯奸盗者,为害不小。各夫男,须皆预防。察其动静,杜其往来,以免后悔。此是齐家最要紧事。

【注释】①左道:邪门旁道。多指非正统的巫蛊、方术等。②斋婆:念佛吃斋的老年妇女。③卖婆:旧指出入人家买卖物品的老年妇女。④跳神:旧时民间治病的一种迷信活动。女巫或巫师装出鬼神附体的样子,乱说乱舞,认为能给人驱鬼治病。

【译文】禁止巫婆邪师施展邪术,这是法律有明文规定的。大凡鬼道盛行,人道就会衰败,这有一定的道理。所以说,国家将兴,应当听取采纳人的建议。国家将要灭亡，就会听信鬼神的摆布。更何况老百姓呢！因此凡是一切用邪门歪道妖言惑众的人，不要让这些人进门。说到妇女，见识低下，更喜欢巫婆神汉赐福，她们遭受巫婆的迷惑尤其超过男子。况且风俗日渐刻薄，除僧道之外，还有斋婆、卖婆、尼姑、跳神、卜妇、女相、女戏之类，她们串门入户，可人们却不知道禁止，以致上当受骗，损失钱财。甚至还会出现奸盗之人，真是危害不小啊！每位男子、丈夫都应当防范，观察她们的动静，杜绝和她们往来，以免后悔莫及，这是齐家最紧要的事情。

四礼当行

先王制冠婚丧祭四礼，以范后人。载在性理大全①，及家礼仪节者，是皆国朝颁降者也。民生日用常行，此为最切。惟礼，则成父道，成子道，成夫妇之道。无礼，则禽兽耳。然民俗所以不由礼者，或谓礼节烦多，未免伤财废事。不知师其意而用其精，至易至简，何不可行。试言其大要。冠则宾不用币；归俎止肴品果酒，不用牲，惟从俭；族有将冠者众，则同日行礼。长子众子，各从其类。赞与席，如冠者之数。祝词不重出。加冠醮酒②，祝后次第举之。拜则同庶人。三加③之礼，初用小帽，小深衣，履鞋。再用折巾，绢④深衣，皂靴。三用方巾，或儒巾，服或直身，或襕衫圆领，皆从便。婚则禁同姓，禁服妇改嫁，恐犯离异之律。女未及笄⑤，无过门。夫亡，无招赘。无招夫养夫。受聘，择门第，辨良贱。无贪下户货财，将女许配，作贱骨肉，玷辱宗祊⑥。丧则惟竭力于衣衾棺椁。遵礼哀泣。棺内不得用金银玉物。吊者止款茶，途远待以素饭，不设酒筵。服未除，不嫁娶，不听乐，不与宴。贺，衰绖⑦不入公门。葬必择地，避五鬼⑧。不得泥风水邀福，至有终身不葬，累世不葬。不得盗葬。不得侵祖葬。不得水葬。尤不得火化，犯律重罪。祭则聚精神，致孝享⑨。内外一心，长幼整肃。具物惟称家有无，不得为非礼之礼。此皆孝子慈孙所当尽者。

【注释】①性理大全：《性理大全书》(又名《性理大全》)七十卷，明胡广等奉敕编辑。②醮(jiào)酒：奠酒；敬酒。③三加：古代男子行加冠礼，初加缁布冠，次加皮弁，次加爵弁，称为三加。④绢：缠系。⑤及笄：指女子到了可以许配或出嫁的年龄(笄：束发用的簪子。古时女子十五岁时许配的，当年就束发戴上簪子；未许配的，二十岁时束发戴上簪子)。⑥宗祊(bēng)：宗庙；家庙。⑦衰绖(cuī dié)：丧服。古人丧服胸前当心处缀有长六寸、宽四寸的麻布，名衰，因名此衣为衰；围在头上的散麻绳为首绖，缠在腰间的为腰绖。衰、绖两者是丧服的主要部分。⑧五鬼：星宿家所称的恶煞之一。取象于二十八宿中鬼宿的第五星。⑨孝享：祭祀。

【译文】先王制定冠礼、婚礼、丧礼、祭礼这四种礼法，以垂范于后人。这些内容都记载在《性理大全》这部书中，还包括居家的各种礼仪，这些都是朝廷所颁布的。这些日常生活当中所遵行的礼节是最为切近的。唯有礼，才能成就父道、子道、夫妇之道。如果没有了礼，人就如同禽兽一般。然而民众之所以不愿意依礼而行，有的认为礼节很烦多，未免会浪费钱财，耽误事情。其实是不懂得礼的实质，采用礼的精华，最容易最简单，为什么说不可行呢？就其大要而言，像宾客参加冠礼时不用拿钱；祭祀时，祭器只要陈设美味佳肴、酒水即可，也不用牲畜，一切从俭。族里举行冠礼的人数很多的时候，那么就将这些人安排在同一天举行冠礼。长子众子，按次序安排好。唱赞出席者的赞词，按举行冠礼的人数来定，祝词不重复；加冠敬酒，在祝词后依次举杯相敬，跪拜礼则同常人一样；行三加礼时，初用小帽、小深衣、履鞋，第二次用折巾、绢深衣、皂靴，第三次用方巾或儒巾，衣服或用直统服，或用圆领襕衫，一切从简。婚姻嫁娶，禁止同姓结婚，禁止服丧期间的妇女改嫁，以免触犯相关律法。女儿未成年，不过门。丈夫过世时，不招上门女婿。不招夫养夫。为女儿找对象，要选择门第，辨别良贱。不要贪图对方家庭的钱财，而将女儿许配，作践了亲骨肉，侮辱了自己的祖宗。对于丧事，要竭尽全力备好死者的寿衣和棺材，遵守丧礼哀泣。棺材里面不要放置金银玉石之类的贵重物品。对于前来吊唁的宾客只提供茶水，对于远途前来的宾客以素食招待，不设酒宴，服丧期未满，不能举办婚嫁等事，不听音乐，不参加宴会庆贺等活动。服丧期间不得赴任。安葬要选择墓地，避免凶相。不得过分注重风水能够带来福分的说法，致使死者终身不能安葬，好几代也不能安葬。不能偷盗别人的墓葬，不得侵犯他人的祖坟，不得进行水葬，尤其不得火化，导致触犯法律重罪。祭礼要真诚恭敬地来祭祀，内外一心，大人小孩都要庄严肃穆。祭品要根据家庭的情况而定，不得做非礼之礼，这些都是孝子贤孙应当做到的。

顾亭林《日知录》

（先生名炎武，字宁人，昆山人。）

宏谋按：亭林先生，为近代通儒。贯穿经史，得其领要①。故所见者大，所规者远。坐而言，起而行，日知录一书，其庶几②乎。全书皆至理名言，援古证今，而皆一衷于道者也。偶录数则，以为世俗训。近世停丧③火葬二事，不仁不孝。莫大于此。先生之论，痛快切挚④。读此而不惕然⑤起者，虽谓之无人心，可矣。

【注释】①领要：犹要领。话语或文章等的要点。②庶几：差不多；近似。③停丧：人死后殡而不葬。④切挚：恳挚。⑤惕然：慌张、紧张的样子。

【译文】陈宏谋按语：顾亭林先生是近代的一位大儒，贯通经史，得其要领。所以他的见识广大，所制定的规矩考虑得长远。对于言谈举止方面，《日知录》一书记载得很全面了。全书都是至理名言，引用古训来教导当前，而所有的教诲都回归于道。偶尔摘录数则，用来教化世俗。近代的停丧、火葬这两件事，做得真是不仁不孝啊！没有比这再大的事情了。先生之论，痛快恳切。读了此书而不感到惶恐的人，就算说他是没有人心，也不为过。

张公艺九世同居，高宗问之，书忍字百余以进。其意美矣，而未尽善也。居家御众，当令纪纲法度，截然①有章，乃可行之永久。若使姑妇勃豀②，奴仆放纵。而为家长者，仅含默隐忍而已。此不可一朝居，而况九世乎。善乎浦江郑氏，对太祖之言曰，臣同居无他，惟不听妇人言耳。此格论也，虽百世可也。

【注释】①截然：整齐、整肃的样子。②勃豀：吵架，争斗。

【译文】张公艺九代人都同住在一起，高宗问他原因，他便写了一百多个忍字呈上去了。这种用意真是太美妙了，但是还没有做到尽善尽美。居家领导众人，应当要制定规矩制度，整整齐齐，有法度，如此才能使大家庭维持长久。如果出现姑妇吵架，奴仆放纵，身为家长者，只是默默地忍受而已，这样不会一周居住太长久，更何况九世呢！浦江郑氏做得很好，他对太祖说，我们大家庭里的人能生活在一起，没有别的原因，只是不听信妇人之言而已。这样的至理名言，即使是过了一百世也是适用的。

生日之礼，古人所无。颜氏家训曰：江南风俗，儿生一期，为制新衣，盥浴装饰。男则用弓矢纸笔。女则刀尺针缕①。并加饮食之物，及珍宝服玩②，置之儿前。观其发意所取，以验贪廉智愚。名之为试儿③。亲表聚集，因成宴会。自兹以后，二亲若在，每至此日，常有饮食之事。无教之徒，虽已孤露，（父亡为孤露。）其日皆为供顿④。酣畅声乐，不知有所感伤。梁孝元少时，每载诞之辰，尝设斋讲⑤。自阮修容（元帝所生母。）薨后，此事亦绝。是此礼起于齐梁之间，逮唐宋以后，无不崇饰此日。开筵召客，赋诗称寿，而于昔人反本乐生之意，去之远矣。

【注释】①针缕：针和线。②服玩：服饰器用玩好之物。③试儿：即抓周。旧俗婴儿周岁时，父母陈列各种小件器物，任其抓取，以试测小儿的未来志趣和成就。④供顿：设宴待客。⑤斋讲：宣讲佛法之集会。

【译文】生日的礼数，古人是没有的。颜氏家训教诲道：江南的风俗，孩子出生周岁时，便为他（她）制作好新衣服，盥洗沐浴打扮一番。如果是男孩子，就用弓箭、纸笔；如果是女孩，就用刀尺、针线；再加上饮食，以及珍宝、服饰、器用、玩物，放在孩子的面前。观察他（她）想拿取何种物品，以此来检验孩子是贪婪还是廉洁，是聪明还是愚痴，这就叫作抓周。亲戚朋友聚集，因而促成了宴会。从此以后，二位老人如果还健在，每到他们生日，总会置办饮食。没有教养的孩子，即使父亲已过世，也还是在父亲生日这天设宴待客，尽情玩乐，不知道有所伤感。梁孝元帝少年的时候，每到二亲诞辰的日子，就会举行宣讲佛法的集会，自他母亲过世之后，这件事就停止了。这种礼数起源于齐梁时期，等到了唐宋以后，没有不崇尚这一天的。公开设宴招待宾客，赋诗贺寿，反而与从前希望父母亲快乐生活的本意，相差很远了。

停丧之事，自古所无。自建安离析，永嘉播窜，于是有不得已而停者。魏晋之制，祖父未葬者，不听①服官②。而御史中丞刘隗奏，诸军败亡，失父母，未知吉凶者。不得仕进宴乐，皆使心丧。有犯，君子废，小人戮。（通典③）生者犹然，况于既殁。是以齐高帝时，乌程令顾昌元。坐父法秀北征，尸骸不反。而昌元宴乐嬉游，与常人无异。有司请加以清议④。振武将军邱冠先，为休留茂所杀。丧尸绝域，不可复寻。世祖特敕其子雄，方敢入仕。当江左偏安之日，而犹申此禁。岂有死非战场，棺非异域，而停久不葬，自同平人，如今人之所为者哉。唐郑延祚（朔方令），母卒二十九年，殡僧舍垣地。颜真卿劾奏之。兄弟终身不齿。天下耸动。后周太祖敕曰，古者立封树⑤之制。定丧葬之期。著在经典，是为名教。洎⑥乎世俗衰薄，风化凌迟⑦。亲殁而多阙送终，身后而便为无主。或羁束于仕宦。或拘忌于阴阳。旅榇⑧不归，遗骸何托。但以先王垂训，孝子因心。非以厚葬为贤，只以称家为礼。埽地⑨而祭，尚可以告虔。负土成坟⑩，所贵乎尽力。宜颁条令，用警因循。庶几九原⑪绝抱恨之魂，千古无不归之骨。今后有父母祖父母亡殁，未经迁葬者。其主家之长，不得辄求仕进。所由司，亦不得申举解送。宋王子韶，以不葬父母贬官。刘昺兄弟，以不葬父母夺职。后之王者，以礼治人，则周祖之诏，鲁公之劾，不可不著之甲令⑫。但使未葬其亲之子若孙，搢绅⑬不许入官，士人不许赴举，则天下无不葬之丧矣。

【注释】①不听：不允许。②服官：为官；做官。③通典：论述典章制度沿革的专著，常以"通典"为名。④清议：公正的议论。⑤封树：堆土为坟，植树为饰。古代士以上的葬礼。⑥洎（jì）：及，到达。⑦凌迟：渐趋衰败。⑧旅榇：客死者的灵柩。榇（chèn）：泛指棺材。⑨埽（sǎo）地：古代郊祀的仪制，于坛下扫地设祭。⑩负土成坟：背土筑坟。古代认为是一种孝义的行为。⑪九原：九泉，黄泉。⑫甲令：第一道法令；朝廷颁发的重要法令。⑬搢绅（jìn shēn）：插笏于绅。绅，古代仕宦者和儒者围于腰际的大带。

【译文】停丧这件事，自古以来是没有的。自建安年间分裂以来，朝廷在永嘉时期被逼移至江东一带，于是出现了不得已而停枢不葬的人。魏晋时期的制度，祖父没有安葬是不能够就职赴任的。然而御史中丞刘隗奏议，如果军队败亡，与父母失去联系，不知道生死的，不能从政宴乐，都要举行心丧；如有违犯的，做官的要罢黜，百姓要处死（《通典》）。对待可能活着的人还这样，何况是对于已经过世的人呢？所以齐高帝时，乌程县令顾昌元，坐父法秀北征死亡，尸骸没能返乡，而昌元却宴乐嬉游，与常人无异。有司请加以清议。振武将军邱冠先，被休留茂所杀，丧尸绝域，尸首无法找寻，他的儿子邱雄在得到世祖特敕后，才敢入朝为官。当政权偏安于江左的时候，还依然重申这种禁令。哪有死非战场，棺椁也没在异域，却停放多日不葬，自己如同常人，像现在这些人所做的这样呢？唐朝的郑延祚（是朔方令），他母亲去世了二十九年，棺殡还停放在寺庙外的墙下而不入葬。颜真卿听说后上奏弹劾，他们兄弟终身没人愿意理他们，天下人听了也为之震动。后周太祖命令说，古人确立封树之制，订立丧葬的期限，记载于经典，是为名教。等到世俗衰薄，教化渐趋衰败的时候，亲人过世而大多都没能送终，身后便为无主。有的受仕宦的约束，有的拘束忌讳于阴阳。客死他乡的灵柩不能回归故乡，遗骸怎么能够安葬呢？但是按照先王的垂训，孝子是凭藉孝心，而不是以厚葬才算贤德，只要与家庭条件相符合，就算是合乎礼了。于坛下扫地设祭，尚且可以表达自己的虔诚。负土成坟，可贵之处在于尽心尽力。应当颁布命令，用以警戒那些因循之人。希望九泉之下的亡者能够不再有怨恨的心，千古以来无有不能安葬的尸骨，今后有父母、祖父母过世，没有经过迁葬的，该家的主人，不得寻求仕途。他的上司，也不得推荐选送。宋朝的王子韶，因为没有安葬父母而被贬官。刘嵩兄弟，由于没有安葬父母被撤职。后来的帝王，以礼治人，则周祖之诏，鲁公之劾，不可不著之甲令。让那些没有安葬亲人遗骨的子孙们，是官员的不许再当官了，读书人不许参加科举，如此则天下没有不葬之丧了。

皇甫谧笃终论（张稷若作注）曰，葬之习于侈也，于是有久而不克葬者。是徒知备物丰仪之为厚其亲，而不知久而不葬之大悖于礼也。先王之制，丧礼，始死而袭①，袭而敛。三日而殡，殡而治丧具。其葬也，贵贱有时，天子七月，诸侯五月，大夫三月，士逾月②。先时而葬者，谓之得葬；后时而葬者，谓之怠葬。其自袭而敛，自敛而殡，自殡而葬，中间皆不治他事。各视其力，日夕拮据，至葬而已。以为所以计安亲体者，必至乎葬而始毕也。袭也，敛也，殡也，皆以期成乎葬者也。殡则不可不葬，犹之袭则不可不敛，敛则不可不殡，相待而为始终者也。故不可以他事间也。今有人，亲死逾日而不袭，逾旬而不敛，逾月而不殡，苟非狂易③丧心之人，必有痛乎其中者矣。至于累年而不葬，则相与安之，何也？殡者必于客位，所以宾之也。父母而宾之，人子之所不忍也。而为之者，以将葬，故宾之也。所以渐即乎远也。殡而不葬，是使其亲，退而不得反于寝，进而不得即于墓。不犹之客而未得归，归而未得至者与。非人事之至难安，而人子之大不忍者与。

【注释】①袭：穿衣。衣尸曰袭。②逾月：古代礼制，士死后要满一个月，到第二个月才下葬，称为"逾月"之制。③狂易：疏狂轻率。

【译文】皇甫谧的《笃终论》一书（张稷若作注）说：葬礼的风俗流于奢侈，于是出现了很久还不能安葬的情况。这些人只知道备办丰盛的祭品、举行完善的丧葬礼仪才算是厚待亲人，而不知道长时间不能下葬是严重违背礼数的行为。先王的制度，丧礼，刚刚断气就开始为死者穿上寿衣，然后入殓，三天后出殡，举行完出殡才开始准备丧葬器具。对于丧葬，富贵之人和贫贱之人在时间上是不相同的，天子七月，诸侯五月，大夫三月，士人一个月。按照规定时间提前安葬的称之为得葬，按照规定时间延后安葬的称之为怠葬。从穿上寿衣，然后入殓，接着出殡，再接着下葬，进行这些程序的过程中间都不能再去做其他的事情。但都是根据自己平日的家庭条件，只要能够尽心尽力安葬就可以了。有人以为安葬亲人遗体，必须要等到埋葬才算结束，像穿寿衣、入殓、出殡，目的都是为了埋葬而已。出殡就不能不安葬，就像穿上寿衣就不能不入殓，入殓就不能不出殡，这些程序都是互为始终的。所以不能够因其他的事而停顿不葬。现在有些人，亲人过世几天了也不给他换寿衣，过了十来天了也不入殓，超过一月了也不出殡，这不是疏狂轻率而丧失心志的人，就一定是因为其亲属中有人过度悲痛而不出殡。至于多年而不安葬，且与尸棺安住，这是为什么呢？这一定是因为出殡的人处于客位，所以主人以宾客之礼对待。父母被以宾客之礼相待，为人子的却不忍啊。能做的，就是将逝者入土安葬，所以用待客之礼相待。所以慢慢也就疏远了。出殡了却不安葬，这是让逝者退而不能够再回归屋舍，进而不能够安眠于墓穴。这就如同游子无法回家，即使能够回家却无法到家。这不是让人最难以安心，而让为人之子的最大的不忍吗？

近年亦有一二知礼之士，未克葬而不变服者。而或且讥之，曰，夫饮酒食肉处内，与夫交际往来，一一如平人。而独不变衣冠，则文存而实亡也。文存而实亡，近于为名。然则必并其文而去之，而后为不近名邪。子贡欲去告朔①之饩羊②，子曰，赐也尔爱其羊，我爱其礼。呜呼，夫习之难移久矣。自非大贤，中人之情，鲜不动于外者。圣人为之弁冕③、衣服、佩玉以教恭。衰麻④以教孝。介胄以教武。故君子耻服其服而无其容。使其未葬而不释衰麻，则其悲哀之心，痛疾之意，必有触于目而常孝者。此子游所谓以故兴物，而为孝子仁人之一助也。奚为其必去之也。（今吴人丧，除服，则取冠、衰、履、杖焚之。服终而未葬，则藏之枢旁。待葬而服，既葬，服以谢吊客，而后除且焚，此亦饩羊之犹存者矣。）

【注释】①告朔：泛指于朔日祭祀鬼神。②饩羊：：祭祀用的活羊。③弁冕：礼帽。④衰麻：丧服，衰衣麻绖。

【译文】近年来也有一些懂得丧葬之礼的人，在逝者没有下葬之前是不换孝服的。但有的人却讥笑他们说："你们在家饮酒吃肉，在外与人交际往来，就如同平常人，而独独没有换掉孝服，这样其实仅仅名义上是守丧但实质上已失去守丧的意义了。"名存而实亡，这仅仅是存了名而已，如果在形式上连孝服也脱了，那么守丧的名义也就不存在了。子贡在祭祀时，想省去活羊。孔子对他说："子贡啊！你爱惜羊，我爱惜礼。"唉，改变一个人不良的习性真难啊。如果不是大贤之人，又正好符合人的习性，很少有人不被不良习气沾染的。圣人通过礼帽、衣服、佩玉等服饰来教化世人学会恭敬，通过穿丧服来教人孝道，通过盔甲来教人习武，所以君子对于那些身穿孝服但内心却无一点伤悲的人感到可耻。在逝者尚未安葬时不脱下丧服，那么他悲哀、痛苦的心情，一定会感染他人而常存心中。这大概就是子游所说的以故兴物，是孝子仁人的一个助力，怎么能说是必定要去除的呢？（现在吴地的人办丧事，守孝之人在脱下丧服后，便把帽子、衣服、鞋子、手杖等焚烧了；服丧期满完了而逝者遗体尚未下葬的，守孝之人便把孝服放在棺柩旁，等到逝者遗体下葬时再穿；安葬时，逝者家属则又穿着孝服来答谢吊唁的客人，然后再脱下并且烧掉丧服。这就有如子贡省饩羊啊。）

侈于殡埋之饰，而民遂至于不葬其亲。丰于资送之仪，而民遂至于不举其女。于是有反本尚质之思，而老氏之书，谓礼为忠信之薄而乱之首，则亦过矣。岂知召南之女，迨其谓之。（周礼媒氏，凡嫁子娶妻，入币，纯帛无过五两。）而夫子之告子路曰，敛首①足形，还②葬而无椁，称其财，斯之谓礼。何至如盐铁论之云送死殚家，遣女满车。齐武帝诏书之云斑白不婚，露棺累叶者乎。马融有言，嫁娶之礼俭，则婚者以时矣。丧祭之礼约，则终者掩藏矣。林放问礼之本，孔子曰，礼，与其奢也宁俭。其正俗③之先务乎。

【注释】①首：原作"手"，据阮元《校勘记》改。②还：同"旋"，立即。③正俗：匡正世俗风气。

【译文】如果殡葬之礼过于奢侈，陪葬之物过于奢华，最终将导致人民无法安葬过世的亲人。如果过于注重资送的嫁妆财物丰厚，那么人民最终将不会再生养女儿。于是有人起了返本归源，追求事物本质的心思。但是老子在书中讲，礼物是使人忠信衰微、社会动乱的首因，则又有点夸张了。他们怎么知道召南之女，才是真正懂得礼的含义。（周代礼谢媒人时，凡是嫁女娶妻，收入钱币、纯帛等价值不会超过五两。）而孔子告诉子路说："死后，即使是衣服仅够掩藏尸体，而且是入殓就葬，有棺而无椁，但只要尽自己最大财力办事，也就可以说是合乎丧礼的要求了。"又何必要像《盐铁论》中说的"送葬时要以全家财力操办，嫁女儿时礼物要载满车辆"，或是如齐武帝在诏书中说的"到头发白了也不举办婚礼，棺枢未葬裸露在外过了几代也不入土"呢？马融曾说过，嫁娶之礼俭朴，那么婚嫁可以适时进行；丧祭之礼俭约，那么逝者将得及时入土为安。林放向孔子问礼的要本是什么，孔子回答说："依礼而言，与其奢侈浪费，宁可俭朴节约。"这是匡正世俗首先要做的呀。

火葬之俗，盛行于江南。自宋时已有之。监登闻鼓院范同言，今民俗有所谓火化者，生则奉养之具，惟恐不至，死则燔爇①而捐弃之。国朝著令，贫无葬地者，许以官地安葬。河东②地狭人众，虽至亲之丧，悉皆焚爇。韩琦镇并州，以官钱市田数顷，给民安葬。至今为美谈。然则承流宣化，使民不畔于礼法，正守臣之职也。事关风化，理宜禁止。仍饬守臣措置荒闲之地，使贫民得以收葬。从之。黄震为吴县尉，乞免再起化人亭。状曰："城外有通济寺，为焚人空亭，约十间，以罔利③。愚民悉为所诱。亲死，即举而付之烈焰。余骸不化，则又举而投之深渊。斯人何辜，遭此身后之大戮邪。震久切痛心，欲言未发。乃风雷骤至，独尽彻其所谓焚人之亭而去之。意者秽气彰闻，冤魂共诉，皇天震怒。为绝此根，备申使府，盖亦幸此亭之坏耳。案吏何人，敢受寺僧之嘱付。行下本司，勒令监造。震窃谓此亭为焚人之亲设也。"

【注释】①燔爇（fán ruò）：焚烧。②河东：代指山西。因黄河流经山西省的西南境，则山西在黄河以东，故这块地方古称河东。③罔利：犹渔利。

【译文】火葬的习俗盛行于江南，这种习俗自从宋朝的时候就已经有了。监管登闻鼓院的范同说，现在民俗所说的火化，在死者还活着的时候，恐怕缺少了侍奉赡养他们的东西，但当他们死后马上就焚烧丢弃了。朝廷曾有令，那些因贫穷而无地可葬的人，准许他们用官地来安葬。山西一带地狭人多，即使是至亲过世，因无地安葬，所以骨骸都焚烧丢弃了。韩琦镇守并州时，他用做官的俸禄买了数顷地，让民众安葬死者。这事到现在仍为人们称道。但是奉命教化地方百姓，使他们不违背礼法，这是地方官员的职责。而火葬事关民风教化，按礼应当禁止。国家多次下令让地方官员安排一些荒闲之地，使贫民之家死者有地安葬。地方官员照办了。黄震在吴县做县尉时，上书请求不要再建火化人的化人亭。他在奏书中说："城外有一座通济寺，建有专门用来焚烧死人的空亭子。亭子大约有十间房，僧侣们用它来诱惑、渔利百姓。一些愚昧无知的百姓因此上当，他们的亲人死后，便将逝者的尸体及相关的东西全部运到这焚烧；而那些没有烧尽的残骸，便全部撒入深渊中。死者造了什么罪孽呀？死后竟然遭到如此大的刑戮！我为此深感痛心，久久不能平静，想说些什么却又无话可说。此时，一阵风云雷电骤然降临，单单将化人亭焚毁了。想来这是化人亭秽气冲天，冤魂哭诉，导致上天震怒吧，为此彻底地断绝了这种焚烧尸骸的行径。为断绝这罪恶之报，特呈文官府，大概也是幸庆这个化人亭被摧毁了吧。经办此案的官吏是什么人呢？他怎么敢听寺僧侣的话呢？他竟然下令给我，让我监理重建化人亭。我私下认为，这种化人亭就应该为那些主张焚尸的人而建。"

人之焚其亲，不孝之大者也。此亭其可再也哉。谨按古者，小敛
大敛，以至殡葬，皆擗踊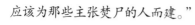，为迁其亲之尸而动之也，况可得而火之
邪。举其尸而畀②之火，惨虐之极，无复人道。虽蚩尤作五虐之法，
商纣为炮烙之刑，皆施之于生前，未至戮之于死后也。王敦叛逆，有
司出其尸于瘗③，焚其衣冠，斩之。所焚犹衣冠耳。惟苏峻以反诛，
焚其骨。杨元感反，隋亦掘其父素冢，焚其骸骨。惨虐之门既开，因
以施之极恶之人。（周礼，秋官掌戮，凡杀其亲者焚之。）然非治世法
也。隋为仁寿宫，役夫死道上，杨素焚之。上闻之，不悦。夫淫刑如
隋文，且不忍焚人，则痛莫甚于焚人者矣。蒋元晖渎乱宫闱，朱全忠
杀而焚之，一死不足以尽其罪也。然杀之者当刑，焚之者非法。非法
之虐，且不可施之诛死之罪人，况可施之父母骨肉乎。"

【注释】①擗踊（pǐ yǒng）：擗，捶胸。踊，以脚顿地。形容极度悲
哀。②畀（bì）：给与。③瘗（yì）：掩埋，埋葬。
【译文】"焚烧亲人的尸骸，这是大不孝。这种化人亭怎么能再
让它存在呢！谨以古葬来看，无论是小殓还是大殓，或者是殡葬，亲人
们都是捶胸痛哭，顿脚悲哀，因搬动亲人尸骸而悲恸痛哭，更何况是
焚烧死者尸骸呢？将死者尸骸投到火中焚烧，这狠毒残暴到了极点，
没有一点人道。即使蚩尤设置了五种暴刑，商纣王设置了炮烙的酷刑，
也只是对活人施刑，没有戮杀死者尸体的。王敦叛逆后，有司将其尸
体从坟冢里挖出来，焚烧并斩了他尸体的衣冠。他们焚烧的也仅仅只
是衣冠而已。只有苏峻因为叛逆而被杀，且被焚烧了尸体。杨元感造
反的时候，隋朝官吏也掘开了他父亲杨素的坟墓，焚烧了他的尸骸。这
种酷刑已经开始盛行，于是那些极恶之人常遭受这种刑罚。（周礼，

秋官掌管杀戮，凡是杀害自己至亲的人将被施以火刑。）但是，这不是
治世的方法呀。隋朝为了建造仁寿宫，许多服役的人死在了道路上，杨
素便把那些死者的尸体焚烧了。隋文帝听说了这件事，很不高兴。连隋
文帝这种喜爱残酷的人都不忍心焚人尸体，那么没有比焚烧人的尸骨
更让人感到惨痛的了。蒋元晖使后宫混乱，朱全忠杀死并焚烧了他的
尸体，连死都不足以抵消他的罪。但是蒋元晖被杀是应当的，而朱
全忠焚尸就不对了。焚尸之刑尚不能用于那些当杀的人身上，何况是
用在自己的父母身上呢？"

"世之施此于父母骨肉者，又往往拾其遗烬而弃之水，惨益甚
矣。而或者乃以焚人为佛法。然闻佛之说戒火，自焚也。今之焚者，
戒火邪？人火邪？自焚邪？其子孙邪？有识者，为之痛惋久矣。今通济
寺僧，焚人之亲以罔利。伤风败俗，莫此为甚。天幸废之，何可兴之。
欲望台慈，矜生民之无知，念死者之何罪，备牓通济寺，风雷已坏之
焚人亭，不许再起置。其于哀死慎终，实非小补。然自宋以来，此风
日盛。国家虽有漏泽园之设，而地窄人多，不能遍葬。相率焚烧，名
曰火葬，习以成俗。谓宜每里给空地若干为义冢[1]，以待贫民之葬。除
其税租，而更为之严禁。焚其亲者，以不孝罪之。庶乎礼教再兴，民
俗可厚也。（吴俗多火葬，有烧人坛。余司臬时，毁其坛，并查缴器具，就坛
地为义冢，以葬无地之棺，亦此意也。）"

【注释】①义冢：系旧时收埋无主尸骸的墓地。
【译文】"世上对父母尸骸实施火葬的人，又往往把骨灰撒入水
中，这样就更狠毒了！而有的人还说，焚尸是为了佛法。然而，我听说
佛的戒火，是自焚；但是现在焚尸，是戒火？是被别人焚烧？还是自焚
呢？还是他们的子孙要求火葬？只要是有见识的人，就会为此感到悲
痛、惋惜。现在通济寺的僧人，以焚烧百姓亲人的尸骸来牟取暴利。

伤风败俗，没有比这更严重的了！幸好被风雷毁掉了化人亭，为什么又要再建呢？希望您能够大发慈悲，悲悯生民的无知，悼念死者的无辜，张贴官榜，禁止重建通济寺被风雷毁坏的化人亭。这样做对于哀悼死者、居丧守礼来说，不止是一点点的好处啊！然而，自宋朝以来，火葬之风日益兴盛。国家虽然设置了"漏泽园"来专门安葬死者，但由于地狭人多，不能让死者都得到安葬。于是，人们相继采用焚烧尸骸的办法，取名"火葬"，慢慢便成了一种习俗。我认为应该每里都圈一部分空地出来作为义冢，用于贫民逝后的安葬地；免除该地的租税，并且以法令形式严禁征收；对于那些焚烧亲人尸骨的，应判他们不孝之罪。这样，或许礼教就能够复兴了，而民俗也就能够变得淳厚了吧！（吴地习俗多采用火葬，且建有烧人坛。我主管吴地司法之时，拆毁了烧人坛，并查扣缴收了烧人的器具，把烧人坛所在地做了义冢，以埋葬那些无地可葬的死者，也是这个意思。）"

　　贫者不以货事人，然未尝无以自致^①也。江上之贫女，常先至而扫室布席。陈平侍里中丧，以先往后罢为助。古人之风，吾党所宜勉矣。

　　【注释】①自致：通过自己主观努力而得。

　　【译文】贫穷的人不会以钱财的多少待人，然而这并不是说不能通过自己的努力而获得财富。江上的贫家妇人，为获得共享烛光做活的机会而常常先到达，打扫屋子，铺设坐席；陈平帮助乡邻操办丧事，每次都是早到晚走，以此来帮助丧家。古人如此风操，实在是值得我们学习呀！

陆桴亭《思辨录》

（先生名世仪，字道威，太仓人。）

宏谋按：桴亭先生为学，专力于格、致、诚、正，而推暨乎修、齐、治、平。思辨录，天德王道，无所不贯。兹所采者，皆持己涉世之事，人人可以理会者也，言则平正而无奇，理实切当而不易。率而由之，可以寡过矣。

【译文】陈宏谋按语：桴亭先生治学，专注于格物、致知、诚意、正心，进而再推及到修身、齐家、治国、平天下的纲目中。《思辨录》一文贯通天德王道，其采录的内容，皆是修身立己、历世达情的学问，每个人都能够领会受用，文中言语则是平实并无奇艳，道理切当而行之不易。遵循践行这些事理，则能够为过日少。

昔人有言，天下甚事，不因忙后错了。世仪道，天下甚事，不因怒后错了。怒则忙，忙则错。气一动时，不可不即时简点①。

【注释】①简点：检查；料理。

【译文】古人曾说："天下之事，不能因为忙乱而错漏地了结。"世仪则说："天下之事，不能因为怒气而错谬地解决。"发怒而后慌忙，慌忙则容易出错，怒气发动之时，不能不立刻检省自己啊！

问吾辈克己，而他人或有加无已，奈何。曰。天下是处，不可让与别人做。天下不是处，何妨让与别人做。

【译文】有人问道："如果我们克制私欲严于律己，但别人却意欲反增时，该怎么办呢？"我答道："世上对的事，无须让给别人去做；世上的错事，让给别人去做又能怎样呢？"

予初学时，偶有友人相托一事，为某人解纷者。其人盖尝阴害①予者也。予虽漫应之，而心不然。既而惕然曰，此岂非所谓己私者乎。即克去之。后来凡遇此等事，皆不须用力。要知古人克己之说，不过如此。

【注释】①阴害：暗中陷害。
【译文】我刚开始学习的时候，偶然有个朋友托付我一件事，即为某人排解纠纷。因这人曾暗地里陷害过我，我虽然表面上答应了此事，但心里却很不乐意。不久就警觉省悟道：这不就是所谓的私欲吗？随即克己修正。后来再遇到这样的事，都无须费精力克制了。要知道古人"克己复礼"之说，就时时发生在自己身边的小事上，要事事警惕以诫勉自己。

昔人云，见利思义。见色亦当思义，则邪念自息矣。四十二章经数语甚好。老者以为母，长者以为姊，少者如妹，幼者如女，敬之以礼。予少时每乐诵此数语，然细味之，犹有解譬①降伏②之劳。若能思义，则男有室，女有家，自不得一毫乱动，何烦解譬降伏。

【注释】①解譬：解说譬喻。②降伏：降服；制伏。

【译文】古人说："看到财利，要想到道义。"如果见到美色也能想到道义，那么邪思妄念就自然熄灭了。《四十二章经》有几句话说得特别好：视年老的女子为你的母亲，视年长的女子为你的姐姐，视年少的女孩为你的妹妹，视年幼的女孩为你的女儿，对待她们以礼相敬。少年时读诵这几句经文每每使我心生愉悦，然而细细体味，还有解说譬喻降伏其义的忧愁。若能时刻心怀道义，那么男女各有其家其室，不能错乱一毫一末，又何必烦忧解譬降伏之事呢？

使君自有妇，罗敷自有夫，语宛而严，可为见色思义之勖。

【译文】"使君自有妇，罗敷自有夫"，言辞委婉而庄重，可与"见色思义"共勉。

人能常知此身之贵，常念此身之重，则自能不淫于色。人于利欲场中，每看得此身不贵重，甘心陷溺。至君父大事，却又看得此身贵重，忍辱苟全。皆惑也。切莫做识得破，忍不过的事。

【译文】人若能常知晓此身之珍贵，若能常顾念此身之庄重，就能够做到不被色迷惑。人在私利欲望的泥沼里，总认为此身不贵重，心甘情愿沉溺于其中；而对于天子之谓的大事，又贵重起自身来，忍辱以苟且求全；这都是迷惑不智啊！千万不要做那些懂得理，却又克制不了的事啊！

凡人语言之间，多带笑者，其人必不正。

【译文】但凡在言语交谈之际，多爱嬉戏的人，这人必定不正派。

人视瞻须平正。上视者傲；下视者弱；偷视者奸；邪视者淫。惟圣贤，则正瞻平视。所谓存乎人者，莫良于眸子也。

【译文】人观看瞻望之时要平视端正。朝上看是傲慢的神态，往下看则为势弱，暗地里看是为奸诈，不正当地看是为邪淫。只有圣人贤者，才是端正平视。《孟子》有句名言，观察一个人，莫过于观察他的眼睛。说得再好不过了。

人相生于天然。语有之，有心无相，相逐心生。有相无心，相随心灭。知上视之非，则去其傲。知下视之非，则去其弱。知偷视之非，则去其奸。知邪视之非，则去其淫。心既平正，则视瞻不期平正，而自无不平正矣。此之谓修身。此之谓欲修其身者，先正其心。

【译文】人的相貌源于天生。然而古语有云：人的相貌又是可以随着心态的改变而随时变化的，并非定而不变。知道朝上看不正，就能去掉傲慢；知道往下看不对，就能摒其势弱；知道暗昧看不明，就能除其奸诈；知道不正当看之大过，就能去其邪淫。心平身正，那么观瞻时不用有意期望平正，则自然平正。这就是修身之道，亦是若要修身，先要端正心念。

眼如日月，须照耀万物，勿为丰蔀①所蔽。

【注释】①丰蔀：指遮蔽光明的事物。蔀（bù）：覆碍障光明的事物。

【译文】眼睛如同日月，需要照耀万物，而不能被外物遮蔽光亮。

语有之，五色令人目盲。五色皆我之丰蔀也。

【译文】古语有云：缤纷的色彩让人眼花缭乱。缤纷的色彩都是能遮蔽我的外物。

读书不能穷理，亦是丰蔀。

【译文】读书若不能穷究万事之理，同样也是遮蔽智慧、德行的障碍。

语有之，一言折尽平生福，此盖指刻薄之人言也。乃今之人，以能言刻薄之言为能。未语先笑，恬不知警，殊为可骇。此风亦始于近日，未知将来，作何底止。

【译文】古语有云：一句话能断送一生的福德，这大概是说刻薄之人所讲的话。如今的人，以能说刻薄之言为才能。还没说话先发出讥笑之情状，且安然处之毫不警省，这是多么可怕的事啊！这样的风气虽然近来才出现，但不知将来，何时是终结？

后生以口舌角胜者，谓之讨便宜。吾知其得便宜处失便宜也。

【译文】后辈常有以口舌之争取胜的人，认为这是占了大便宜。然而我只知道讨得大便宜的地方也是痛失便宜的地方！

予家居多蔬食。偶有鱼肉，食之亦甚少。家人每劝餐。予曰，此不特惜物力，亦惜物命也。吾儒非不欲蔬食。人之一身，所系甚大，不得不借资于饮食。权其轻重故耳。岂可以吾儒不禁杀，而贪饕恣食乎。

【译文】我在家吃饭多是蔬菜粗粮，偶尔有鱼肉，也吃得很少。家人每每劝我多吃，我说："这不是特意地珍惜财物，而是珍惜生命啊！"我们不是不需要蔬菜食粮，人的身体，关系重大，不得不借助饮食以续慧命，这是衡量轻重之后的取舍。然而我们又怎能不禁止杀戮，而去放纵自己贪食呢？

范文正公，每日必念自己一日所行之事，与所食之食，能相准否。相准，则欣然。否则不乐。终日，必求补过。此可为吾人饮食之法。

【译文】范仲淹先生，每天必定反思自己一天里所做的事，与所摄之饮食，是否相当。如果相当，就会很愉快；不然则整日忧闷，思虑补过。这可以作为检验我们饮食得当与否的借鉴之法。

语云，醉之酒以观其德，此言甚好。人虽有德，醉后则不能自持，亦白璧之瑕也。于此自持，则无之或失矣。

【译文】常言道：醉酒之后观察一个人的德行。这话说得真好，一个人虽然很有品德，但醉酒后却不能把持自己，这就是洁白美玉之上的瑕疵了。若在醉酒后还能把持自己，那么这个人的品德就不会有任何过失了。

鉴明王先生曰，功名心须是放淡。予问何以能淡，曰，只是安个命字。予曰，命字上。须再加个义字。

【译文】鉴明王先生说："一个人的功名心最紧要是淡泊。"我就问如何才能淡泊功名呢？对曰："只在安定一个'命'字。"我则说："'命'之上，更要再加个'义'字。"

或问君子闻誉亦以为喜耶。曰，闻誉而我有其实，非誉也，名称其实也。此而不喜，非人情，但不以此自矜耳。若闻誉而我无其实，则惭愧不暇，而何敢喜焉。

【译文】有人问："君子听到美名也会认为是可喜的事吗？"我说："听到美名而我有其实，这不是美名，而是真实情况。若这样还不高兴，那就是不通人情了，但不能以此自夸。如果听到美名而我名不副实，惭愧都来不及，哪里还敢沾沾自喜呢？"

昼坐当惜阴。夜坐当惜灯。遇言当惜口。遇事当惜心。闲时忙得一刻，则忙时闲得一刻。

【译文】白天清闲时要珍惜光阴，夜晚静坐时要珍惜灯光。遇到说话的场合要顾惜自己的言语，遇到事情时要爱惜自己的心灵。清闲时多忙一会儿，那么忙碌时就可以有休闲的工夫了。

凡处事，须视小如大，又须视大如小。视小如大，见小心。视大如小，见作用。昔人所谓胆欲大而心欲小也。

【译文】但凡处事接物，应该将小事看作大事，又该将大事化作小事。以小事为大事，体现为人处世的谨慎；以大事化小事，体现一个人办事的胆识。这就是古人所说的"做事要勇敢但心思应周密"。

或谓与倾险人处，甚有害。曰：“甚有益。”或问故。曰：“正使人言语动作，一毫轻易不得。岂惟过失可少，于敬字工夫上，亦甚增益。”

【译文】有人说与邪恶之人交往，最有害了。我则说：“此为最有益处。”其人问为什么？我对答：“这能使人端正自己的言行举止，纤毫不出错漏，如此自己的过失岂不是日益减少吗？如果能在‘敬’字上多用心，那么好处也会日益增多。”

谦字谄字，本大悬绝[1]。今人多把谦字看作谄字，又把谄字看作谦字，殊不可解。有人于此，道德深重，学问该博，此所当亲近而师事者也。则曰予奚为而谄事之。至于势位所在，货财所聚，又不觉谈之慕之，而趋之恐后也。后生于此处看不分明，人品安得不坏。

【注释】①悬绝：相差极远。
【译文】“谦”与“谄”，这两个字在字义上有很大悬殊，但如今的人更多地把“谦”看作“谄”，又把“谄”看作“谦”，着实让人难以理解。有的人，道德学问深厚而广博，这本是我们应该亲近并尊他为师的贤士啊！他们一面说着“我哪里会做奉承谄媚的事呢”？一面却汲汲以求于富贵，对于财势聚敛之事，唯恐落于人后。后辈在这个问题上不能辨别清楚，其品格又怎能不被败坏呢？

利亦训[1]通。通则利，不通则不利。以义为利者，通于人者也。以利为利者，专于己者也。通于人者，财散则民聚。专于己者，财聚则民散。

【注释】①训：说教也，解说、注释。

【译文】"利"也能训释为"通"，通达才有利益，不通达就不会有利益。以道义为利的人，通达于人民；以财利为利的人，独占于自身。通达于百姓的人，资财尽散但得人心；为自己独用的人，财货聚敛但民心尽失。

名利是天地间公共之物。利惟公，故溥。名惟公，故大。自小人以名利为私，而名利二字，始目为膻①途矣。自圣人观之，必得其名，必得其禄，名利何尝是膻物。

【注释】①膻（shān）：指臊气，类似羊臊气的恶臭。

【译文】名利是天地间公有的东西。利益正因为公有，故而普遍；名位正因为公有，故而广大。自从小人将"名利"据为私有，这"名利"二字，才被看作是染了腥臭。而由圣人用智慧探究"名利"的真实本体后，同样需要得到这名位和利禄，那"名利"又哪里是腥恶之物呢？

利与义合，则与和同。文言曰："利者，义之和也。"利与义反，则与害对。论语曰："放②于利而行，多怨。"

【注释】①放：通"仿"，依照。

【译文】利益与道义相合，那么就会和谐。《周易·文言》上说："利，是义的和谐。"过分的得利，就会有损害。《论语》上说："若处事总依照自己的私利来行为，就会让人有怨憎之心。"

横逆之来，圣凡不免。然而所以待横逆之道，则有间矣。出乎尔，反乎尔，此凡庸之所以待横逆也。恶声至，必反之，此侠烈之所以待横逆也。宽柔以教，不报无道，此君子之所以待横逆也。禽兽何难，此孟子之所以待横逆也。天生德于予，桓魋^①其如予何，此孔子之所以待横逆也。吾人苟有志于学圣贤，则凡待横逆之道，其于数者之间，可不知所以自处乎。

训俗遗规

【注释】①桓魋（tuí）：任宋国主管军事行政的官，宋桓公的后代。公元前492年，孔子从卫国去陈国时经过宋国。桓魋听说以后，带兵要去杀害孔子，孔子连忙在学生的保护下，离开了宋国。

【译文】无论圣人或凡人，都免不了会面对恶势力，其态度各有不同。别人怎样对付我，我就怎样对待别人，这是凡俗庸辈对待恶势力的态度；恶势力欺负我，必定要反击，这是侠烈之士对待恶势力的态度；温和宽容地感化对方，绝不施以报复，这是君子对待恶势力的态度；视之为禽兽，不苛责，这是孟子对待恶势力的态度；上天把仁德赋予了我，恶人桓魋又能把我怎么样呢？这是孔子对待恶势力的态度。我辈如果有向圣贤学习的志向，那么面对恶势力就懂得如何自处了。

改过之人，如天气新晴一般。自家固自洒然，人见之亦分外可喜。识得此理，可以进德，并可以成人之美。

【译文】有错即改的人，就像天气由阴转晴一样。不仅自己洒脱畅快，别人见了也格外欣喜。明白其中道理，就能日益增进福德，还能成全别人的好事。

己有过，不当讳。朋友有过，决当为之讳。讳者，正所以劝其改。玉成其改也。故曰，君子成人之美，不成人之恶。彼以过失相规为名，而亟亟于成人之恶者，真刻薄小人耳。故子贡曰，恶讦以为直者。

【译文】自己有过错不应当避讳，而朋友有过错，务必要讳言。为其隐秘，就是劝他悔改，促成他改过。所以说："君子有成全别人好事的美德，从不揭发别人的过恶。"如果你以规劝过错的名义，急切地暴露别人的过恶，真正是刻薄的小人呐！所以子贡说："很讨厌那种攻击别人的短处却自以为正直的人。"

冬温夏清，昏定晨省，是事父母小节。能读书修身，学为圣贤。使其亲为圣贤之亲，方尽得孝之分量。舜称大孝，亦只是德为圣人一句。

【译文】冬天使父母温暖，夏天使父母凉爽；晚间服侍就寝，早上省视问安。这是孝养父母最基本的小事。而读书修养自身，学习成为圣贤，使自己的亲人成为圣贤的亲人，才算是尽了大孝。舜之所以被称为"大孝"，就是因为他的德行跟圣人一样啊！

孝经王者合万国之欢心，以事其先王，此语最妙。吾谓士庶人，亦当合一家之欢心，以事其父母。凡婢妾仆隶，亦易生衅骨肉。为孝子者，须是无往不敬。古人亲在，叱咤之声，未尝至于犬马，正识得此意。

【译文】《孝经》上说，"君王得到各诸侯国臣民的欢心，以此奉祀先王"，这句话饶有意趣。我说贫民百姓，也应当讨得族人的欢心，以此侍奉父母。但凡婢妾奴仆，容易心生裂隙。作为一个孝子，应该敬重所有人。古人居家父母在堂时，从不会发出怒斥之声，甚至是犬吠马鸣也是如此，这才是懂得"合欢心"的道理啊！

重远弟不得于亲，甚切忧思。予为讲怨慕章，令细玩父母之不我爱二句。谓父母之不爱其子，与子之不得于父母，其中必有一个缘故。但不知为着那一件。惟大孝之子，能痛心疾首，早夜思量。必要寻出那一件来，尽情改过，自然能得亲顺亲。不然，父母怒我责我，一概夷然遇之。曰，我自尽其子职，父母不我爱，听之而已。这便是恝然①。恝然者，终不得谓之孝。

【注释】①恝（jiá）然：漠不关心的样子，冷淡貌。

【译文】很思念在远方而不得相见的幼弟，倍感忧愁。我曾为你讲《孟子》篇里的怨慕章，让你细细体会"父母之不我爱"这两句话。大概是说父母不爱护他们的孩子，跟孩子不能得到父母的爱，这其中定有缘由，但不知道是什么原因。只有对父母有极大孝心的孩子，才会费心日夜思量，一定要找到那个因由，好让自己尽早改过，就能得到父母的爱护并承顺父母的心意。否则，父母怒呵我时，只是安然接受，并说"这是我尽做儿子的本分"，父母亲不爱我，由着他们，这就是漠视父母了。冷漠的人，无论如何不能称他是孝子啊！

孟子于我何哉，注云自责，不知己有何罪，妙甚。人子不能得亲顺亲，只是不知寻讨自己过失。若识得于我何哉之意，将自己不得亲心处，反复搜求。一毫未尽，必要将来尽情改换。如此久久，断无不得亲顺亲之理。二条正见事父母，与待朋友不同，所谓天下无不是底父母也。

【译文】《孟子》上说"于我何哉"，朱熹注解说："自责不知道自己犯了何种罪过。"这注释很有趣味啊！为人子既不能得到父母的爱又不能顺父母的心意，就是不知道反省自己的过失而致。如果能够懂得"于我何哉"的深意，把自己不得父母亲爱的缘故，仔细寻究，有一点点没有做到的地方，就一定立志改过。这样日子久了，绝不会不得父母之爱。这两条侍奉父母的准则，与对待朋友的原则不一样，这也是"天下没有不是的父母"所点明的道理啊！

朋友是后来的兄弟，兄弟是天然的朋友。少同游，长同学，若得一心一德之兄弟，何乐如之。此古人所以深贵乎兄弟之互相师友也。此人生之幸，门庭之瑞。不可不知，不可不勉。

【译文】朋友是后天的兄弟，兄弟是天生的朋友。少年时共同玩乐，长大时一起学习，如果能够交到同心同德的兄弟，此生还有比这更快乐的事吗？这就是古人很看重兄弟间彼此亦师亦友关系的原因。这是人生的幸运事，也是门第的祥瑞之兆，关于这点我们一定要了解，更要相互劝勉。

人所最不可解者，是兄弟嫉妒。彼秦越①之人，漫不相关。尚或喜其富，慕其贵。惟兄弟之间，一富一贫，一贵一贱，则顿起嫉妒。彼其心，以为势相形，名相轧耳。不知以阋墙御侮之诗观之，则贫贱之兄弟，尚于我有益，而况其为富贵者乎？若能以父母之心为心，则何富？何贵？何贫？何贱？总之同气连枝也。

【注释】①秦越：春秋时两个国家，一南一北相距很远，不大往来。
【译文】兄弟之间的嫉妒之情，大概是人们最难以解释的事了。那一南一北的秦国和越国的人，毫无关联，可能会彼此喜欢富贵者，倾慕荣耀者。只有兄弟之间，若一个富贵一个贫贱，嫉妒之心就漫然于胸。他们的心，以铺排权势为内在，以互相倾轧为名。全然不知道用《诗经》里的诗句"阋墙御侮"来反省自己，那贫贱的兄弟尚且对我很好，何况富贵之后的兄弟呢?如果能以父母对待儿女的公正心来对待兄弟朋友,那么何来富贵、贫贱之分?都是自己的手足同胞啊!

兄弟富贵,而不念贫贱者,其人固不足言。若自己贫贱,而嫉妒兄弟之富贵,则在贤者,亦往往不免。盖起于先分形迹,见得他人富贵。不知父母同胞,有何形迹,一分形迹。早已为他人觑破,一文不值也。

【译文】富贵之后的兄弟,忘却了贫贱的兄弟,这人的德行决然不值得称道。自己身处贫贱之境,却生起嫉妒富贵兄弟的心,即使是贤人,这也在情理之中啊!这都是因为先有了身份的分别,看见他人富贵,却不知道都是同胞手足,哪有什么身份可言,一有分别,即刻被他人窥破,毫无半点价值。

以身孝父母,不若以妻子孝父母。以身孝父母,容有不尽之时。以妻子孝父母,更无不到之处。子曰父母其顺矣乎一句,煞有意味。

【译文】亲自孝养父母,不如以贤德的妻子孝顺父母。亲自孝养父母,或许有不尽心的地方;而以贤德的妻子孝顺父母,则绝无丝毫不尽意处。孔子所说"这样,父母就顺心如意了啊"这句话,实在饶有意味。

闺门之中,最难是一敬字。古人动云,夫妇相敬如宾。又曰,闺门之内,肃若朝廷,皆言敬也。此处能敬,便是真工夫,真学问,于齐家乎何有。朱子有言,闺门衽席①之间,一息断绝,则天命不行。每念及此言,令人神悚。

【注释】①衽席:卧席,引申为寝处之所。
【译文】内室之中,最难得的是"敬"字。古人常说"夫妻相敬如宾"，又说"内室之中，庄重如同朝廷，都应修敬"。闺门内能处"敬"，这是真正的学问修养啊，对于治家来说还有比这更好的准则吗？朱熹曾说："内室卧坐之处，稍有亵慢，天道法规就不能为序。"每次想到这句话，实在让人神色悚惧啊！

教子工夫，第一在齐家，第二方在择师。若不能齐家，则其子自孩提以来，爱憎颦笑，必有不能一轨于正者矣。虽有良师。化诲亦难。

【译文】教子之方，首先在于治家，其次是为孩子选择有德行的老师。如果不能治家有矩，那么孩子自小的喜恶言行，自然不能中规中正；即使后来有好的老师教诲，回转品性也很难了。

古人云教孝，愚谓亦当教慈。慈者，所以致孝之本也。愚见人家，尽有中才子弟，却因父母不慈，打入不孝一边。遇顽嚚①而成底豫②者，古今自大舜后，能有几人。

【注释】①顽嚚（wán yín）：愚妄而奸诈的人；也指舜的父母。②底豫：得到欢乐。

【译文】古人说教育子弟行孝，我也称之为慈爱教育。"慈爱"之心是行孝道的根基。我见很多家庭中，多有中等才能的子弟，却由于父母不慈爱，孩子们便不行孝道。遇到如同舜的父母那样愚恶的人，还能使家庭和乐的，自古迄今，除了舜，还能有谁呢？

教子须是以身率先。每见人家子弟，父兄未尝着意督率。而规模动定，性情好尚，辄酷肖其父。皆身教为之也。念及此，岂可不知自省。

【译文】教育孩子自己首先要做表率，每次看到别人家的孩子，其父母兄长并未刻意督促。但其子弟的才具气概、起居作息、禀性气质、爱好兴趣，与其父兄十分相似，这都是自己的实际行为感染教化所致啊！每每想到这里，怎可不自我省察呢？

教家之道，第一以敬祖宗为本。敬祖宗，在修祭法。祭法立，则家礼行。家礼行，则百事举矣。

【译文】教治家庭家族的原则，以端肃慎敬祖宗为根本。敬祀祖先重点在于修缮祭祀的法规。祭法规则确立，整个家族才能遵此立家，家族礼法有常，那么家道家业家风自然兴旺有继。

今人多宝爱骨董①，铺张陈设，以供玩赏，殊为无谓。予向恶之。近日思得，此种器物，亦有用处。盖古者宗庙祭器，必用贵重华美之物，如瑚琏②簠簋③之类。虽家国不同，然古人祭器，必用重物无疑。今世士大夫，金玉之器，充满几席。而祖宗祭器，则仅取充数。殊非古人致孝鬼神，致美黻冕④之意也。愚以为士大夫家，凡有家传重器，当悉以为祭器。贫者，则以精洁之器为之。断不可以滥恶之物，进御鬼神也。

【注释】①骨董：珍贵罕见的古器物，古玩。②瑚琏（hú liǎn）：古代宗庙盛放黍稷的祭器。③簠簋（fǔ guǐ）：两种盛黍稷稻粱的礼器。④黻冕（fú miǎn）：古代祭服。

【译文】现在的人很珍爱罕见的古器物，为了把玩，过分地铺陈排场，殊不知这样做毫无价值。我向来痛恶此等风气，但近些日子有所思虑，这种器具物什，也有它的用处。大凡古人在宗庙祭祀时所用之礼器，都是极华丽贵重的，例如瑚琏簠簋之类的器具。虽然家族与国家有殊异，但古人祭祀时一定会用贵重的礼器。当今的贵族，宴席摆设满斥金石玉器，却在祭器的采选上，简陋地随意取用权当凑备。这绝非古人"敬孝鬼神，精饰祭服"的意思。我总认为贵族与书香之家，若有家传的贵重宝器，应当用作祭器才好。贫穷之家，尽量选取精巧洁净的器具就行了，万万不能用粗劣俗质的物件，去进呈鬼神啊！

今士大夫家，每好言家法，不言家礼。法使人遵，礼使人化；法使人畏，礼使人亲。只此是一家中王伯^①之辨。

【注释】①王伯：即"王霸"，王道与霸道。

【译文】如今的上层之家，总是喜欢谈论治家的法度，而不说家族之仪礼制度。法度令人遵从，而仪礼能教化民众；法度使人畏惧，而仪礼有亲慕之义。这就是一家之中王道与霸道的区别。

择婿易，择妇难。婿露头角，选择可凭。妇在深闺，风闻难据也。

【译文】挑选夫婿容易，但择娶妻子实在很难啊！男子在外显露自己的才能，可以据此作为挑选丈夫的凭信；然而女子长养内庭足不出户，只是靠传闻而知其人，实在不足为信啊！

择婿须观头角^①，择妇须观庭训。

【注释】①头角：人体部位名，亦称额角。比喻青少年的气质或才华。

【译文】挑选丈夫一定要观察他的才能气质，择娶妻子务必要察视她的家教。

伊川①先生以塑像之故，并不取影神之说。以为苟毫发不似我父母，则未免为他人矣。此言似属太过。父母有影神，亦人子思慕音容之一助也。何害义理，而必欲去之。是使人子之幼丧其父母者，并其彷佛而不得一睹也。此予所以抱终天之恨也。

【注释】①伊川：宋理学家程颐的别号。

【译文】伊川先生因为画像不似真人，而摒弃使用画像。他说假如有丝毫毛发不像自己的父母亲，这实在会令人生疑啊！这话说得有些过分了。为人子的可以借助父母的遗像表其思慕之情，这哪里妨碍理学家所说的"义理"呢，非要抹弃？这是让自小就痛丧父母的孩子，再不能见父母一面啊！这是让我终身悔恨的事啊！

人子于父母之亡，决当依礼立主。至于影神，则随其心力。若祖宗有贤德，及为时名臣。则断不可不传影神，以为后人瞻仰之资。是亦立碑勒像之意也。

【译文】为人子的对于父母的故去，应当遵礼立神主，至于画像，按照自己的心思能力尽力而为。如果祖宗有贤德，位及当世名臣，那么一定要有画像传家，以供后辈敬承。这也是塑立碑文画像的意义所在啊！

葬者，送死之大事。故古者未葬不除服。今世阙焉①不讲。无论庶民，即士大夫，有终身不葬者矣。今宜制为令典。人子葬亲，不拘月日。凡士大夫，必葬亲，然后起服。庶几无不葬之亲矣。

【注释】①阙焉：缺少；不完备。

【译文】葬礼，是送终的大事。所以古人在葬礼没结束前绝不换落丧服。如今的人已经断缺了这个礼节，别说是百姓，就是上层贵族之家，也有一辈子都不举行葬礼的。当今典制应该将其纳入，子女为父母举办葬礼，不必拘泥于时日。但凡上层人士，一定要为其亲送葬，之后才能换去丧服。这样就没有不厚葬其亲的人了。

江君遴问风水之说，于理有之乎。曰："山水是天地骨血。其回合会聚处，自有真穴。所以古人建都，必择善地。然人子葬亲，又自有说。择地，次也。其要处在立心。立心欲亲之体魄安，不至有水泉蝼蚁之患，此天理之至情也。如是者得善地，而富贵应之。立心为求富贵。或停枢不葬，或欺盗侵夺，此人欲之恶念也。如是者虽得善地，而富贵不应焉。譬之种植，人心，则种子之善否也。风水，则土地之肥硗①也。种子善，虽瘠土未尝不生。种子不善，虽极肥之土，未有种草而得豆，种稗而得谷者。所以儒者重心术②，不重风水。"

【注释】①肥硗（féi qiāo）：土地肥沃或瘠薄。②心术：指思想品质，居心。

【译文】江君遴问风水之说，是什么道理呢？我回答说："山与水是大自然的精华，它们汇聚的地方，集天地精华之所在。因而古人建造都城，一定寻找这样的善地。但人子为其亲选择墓葬之地，又另有道理。择取墓穴，并不是首位的，最重要的是孝心。孝子的心意是想要亲人安稳，不会被暗水虫蚁所侵扰，这是天下最恭敬真诚的情理了，这样的人择得善穴，那么富贵也会随之感召而来。如果其心在于求得富贵，或者停枢不葬，或者有欺盗侵夺之心，如此恶念思邪之人，即使得到善穴，富贵亦不会相随。这就是种善心得善果，风水之利，如同土地肥薄而已。心善，即使风水不宜，亦未必不是福居；心恶，居福地也不会有所感召，不会栽草而得豆谷。所以说儒学之士重视心念，并不看重风水之道。"

钱蕃侯有妹未嫁，丧其翁。夫家无人，欲乘凶而娶。蕃侯家不允，而势不可已，因与世仪及圣传议其事。且曰："是律有明禁。但世俗习而不察，亦有善处之法乎？"世仪曰："此处决不可通融。然庶民之家，尽有势不能不娶者，亦不可无通融之法。其说有三。二兄试思之。"蕃侯曰："不用鼓乐。"世仪曰："得之。"圣传曰："娶后不同寝。"世仪曰："得之。其一说未得。"世仪曰："嫁之夕，以奔丧之礼往。交拜哭踊①成礼。丧毕而就婚。礼之正也。"

【注释】①哭踊：古代丧礼。亦称"擗踊"。顿足拍胸而哭，表示极大的悲哀。

【译文】钱蕃侯有个妹妹还没出嫁，忽闻家公去世，夫婿家后继无人，想要趁此丧时娶其妹过门。蕃侯家不同意，但情势难逆，因此跟我及圣传商量这事。他说："典律有明确禁制条文，但老百姓习惯了，未觉不妥，可有什么好的解决办法吗？"我说："在这件事上决不能迁就，普通百姓家也会有不得不嫁娶的情况，同样有法子解决，他们的说法有三种，两位兄台不妨考虑一下。"蕃侯说："迎娶时不使用声乐鼓器。"我说："可以。"圣传说："过门后不让同房。"我说："可以。但还有一点没提到，嫁娶当晚，以奔丧的仪礼完成交拜仪式。这样成婚，就合乎礼法了。"

治家人生产，非必如今人封殖①。只是条理得停当，使一家衣食无缺。如许衡治生之谓。盖衣食所以养廉。衣食足，自不至轻易求人，轻为非礼之事。然后可立定脚跟，向上做去。若忽视治生，不问生产，每见豪杰之士，往往以衣食不足，不矜细行，而丧其生平者多矣。可不戒哉。

【注释】①封殖: 谓聚敛财货。

【译文】管理家中生计财物之事, 不是一定要聚资敛财, 只要使之条理妥当, 让一家人衣食无忧就可以了, 就像许衡经营家业一般。基本生活丰足, 才能供养廉洁之士。衣食充足, 就不会轻易求人, 或做出不合礼义之事, 若然则非君子所为。之后才能立定身心, 奋图上进。如果忽略疏漏了生计事宜, 如很多慷慨豪迈之士, 终落得缺衣少食。像这样不注重小事小节, 而最终损累其大德的人有很多啊! 怎能不以此为戒呢?

切莫为力量所不能为之事, 是亦治生一诀也。

【译文】千万别做自己力所不及的事, 这也是谋生计的一个妙诀呀!

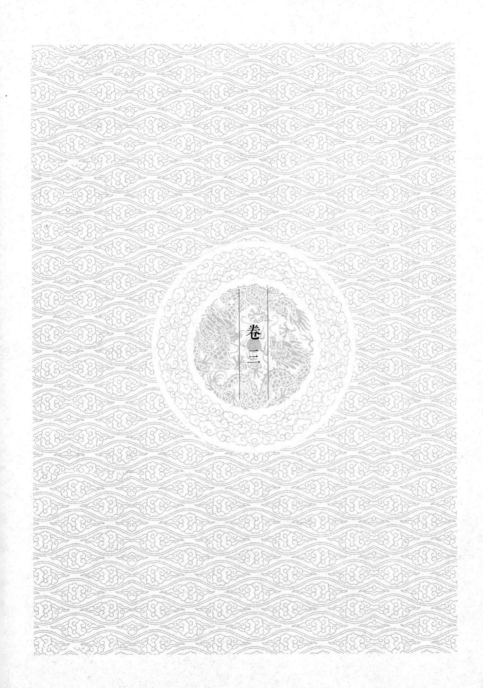

卷三

朱柏庐《劝言》

（先生名用纯，字致一，江南昆山人。）

宏谋按：劝言止四则耳，而其义则赅括而无遗。充其量，可以希圣贤，否亦不失为寡过。若与之相悖，则不可以为人矣。先生之尊人节孝先生，名集璜①，明季②以诸生殉节。先生茹哀饮痛，自比庐墓攀柏之义，故号曰柏庐。潜心圣学，躬行实践，杜门授徒，多所成就。读此，可知其制行之笃，而教人之切也。

【注释】①集璜：朱柏庐的父亲。字以发，昆山岁贡生。素有学行，为乡井所推。南京既亡，邑人议拒守；而县丞阎茂才已遣使投诚，用为知县。乙酉六月，士民起义兵斩茂才，推旧将王佐才为兵主，迎旧令杨永言入城拒守。永言，河南人；善骑射。抗御若干日，集璜协守甚力。七月初五日，清兵至城下；初六日，炮击西城，溃而入。集璜被执，大骂不屈，见杀。②明季：明末。

【译文】陈宏谋按语：《劝言》虽只收集四个方面，而其深刻含意却概括无遗。都能照做，可以成为圣贤，即使不能成为圣贤，也能少犯过失。假如与《劝言》相悖，则不可以做人。先生的父亲人称节孝先生，名叫集璜，明末时其诸多同道为抵抗清兵而死，先生父亲也因此殉节。为此先生茹哀饮痛，又敬仰晋人玉哀攀柏庐墓之义，所以自号"柏庐"。他潜心钻研圣人的思想理论，亲自实践，闭门授徒，成就很多。读此篇"劝言"，便可以知道他言行忠诚纯朴，而且教人严肃认真。

孝 悌

孩提之童，无不知爱其亲，及其长也；无不知敬其兄。可知孝亲悌长，是天性中事，不是有知有不知，有能有不能者也。吾独怪今人，财宝本是身外之物，强欲求之，不得为耻。孝悌是身内固有，不得如何不耻？又怪今人，功名本如旅舍，一过便去，得而复失，则又深耻。孝悌乃是不可复失者，放而不求，如何不耻？不必言古圣贤孝悌之行，如大舜、武、周、泰伯、伯夷，各造其极，只如晨省昏定，推梨让枣，有何难事？而今人甘心不为，极而至于生不能养，死不能葬，大不孝于父母，有无不通，长短相竞，大不友于兄弟。噫！是即孩提时，顷刻不见父母，则哭泣不止；兄弟同床共席，则相怜相爱之孝子悌弟也。人皆望长而进德，奈何反至于此？且就人所易能者，立一榜样：昔老莱子行年七十，身着五色斑斓之衣，作婴儿戏，欲亲之喜；司马温公兄伯康，年将八十，公奉如严父，保如婴儿，每食少顷，则问曰："得无饥乎？"天少冷，则拊其背曰："衣得无薄乎？"老而如此，未老可推。一事如此，他事可推。有子曰："孝悌为仁之本，乌有孝子悌弟，而不修德行善者？"孔子曰："孝弟之至，通于神明，光于四海，乌有孝子悌弟，而不为乡党所称？"皇天所祐者，其不孝不友者。反是。何不勉之？

【译文】少年儿童，没有不知道爱自己的父母，以及家中长辈的；没有不知道恭敬其兄友爱其弟的。由此可知，孝亲悌长，是人的天性，不在于有没有知识，有没有能力。我只是奇怪现在的人，财宝本是身外之物，他们却不择手段追求，得不到则认为是耻辱；孝悌是自身天生固有的道德，不能做到，却不知为什么不觉得耻辱？更是感到今人奇怪，功名本如同住旅舍，一旦失去，很难求得，得到而又丧失，则觉得是蒙受了奇耻大辱；孝悌不可能复失，却放弃不追求，为什么不觉得耻辱？不必说古圣先贤孝悌之行，如大舜、武王、周公、泰伯、伯夷，他们各有典型事迹，成为古今榜样。只是像晨省昏定、推梨让枣这类孝悌常事，有什么难以做到的呢？而今人却甘心不做，甚至生不能养，死不能葬，对父母大不孝。兄弟之间不通有无，争长论短，极不友爱。唉！幼小时，一会儿不见父母就哭泣不止；兄弟同床共席，彼此相怜相爱，互相关心，堪称孝子悌弟。人们都希望随着年龄增长，道德能同步长进。但为什么反而会造成这样的结局呢？不妨就人们容易做到的事，树立一个榜样：过去，老莱子年已七十了，却身穿花衣，做婴儿游戏，想以此让父母心情愉快；司马光照料八十岁的哥哥伯康，如同奉养父亲，服侍如同婴儿，每次饭后不久，就问："饿吗？"天稍冷，则倚附在哥哥臂膀处问："冷吗？"老了都做得这么细致，未老时可推想而知；一件事如此，其他事可推。有子说："孝悌为仁之本，哪有孝子悌弟而不修德行善的呢？"孔子说："孝悌做到极致，能感动天神，成为天下人的榜样，哪有孝子悌弟，不为乡里称赞的呢？"皇天所保佑者难道是不孝顺父母、不友爱兄弟的人吗？为什么不加以自勉呢？

勤　俭

　　勤与俭，治生之道也。不勤，则寡入；不俭，则妄费。寡入而妄费，则财匮；财匮，则苟取。"愚"者为寡廉鲜耻之事，"黠"者入行险侥幸之途。生平行止，于此而丧；祖宗家声，于此而坠。生理绝矣。又况一家之中，有妻有子，不能以勤俭表率，而使相趋于贪惰，则自绝其生理，而又绝妻子之生理矣。

　　【译文】勤劳与节俭，是谋生之道。不勤劳，则收入少；不节俭，则奢侈浪费。收入少而浪费多，则财物匮乏；财物匮乏，则不择手段获取财物。愚蠢的人则不顾廉耻，乞讨于人；狡猾的人则干些凶险、侥幸的事。

他们因此而丧失了人生前途，败坏祖宗家族声誉，断了自己生路。何况一家之中，有妻有子，不能做出勤俭表率，反而变得贪婪懒惰，自绝生路，进一步又绝了妻子儿女的生路啊。

勤之为道，第一要深思远计。事宜早为，物宜早办者，必须预先经理①。若待临时，仓忙失措，鲜不耗费。第二要宴眠早起。侵晨而起，夜分而卧，则一日而复得半日之功；若早眠晏起，则一日仅得半日之功，无论天道必酬勤而罚惰，即人事赢诎，亦已悬殊。第三要耐烦吃苦。若不耐烦吃苦，一处不周密，一处便有损失耗坏。事须亲自为者，必亲自为之；须一日为者，必一日为之。人皆以身习劳苦为自戕其生，而不知是乃所以求生也。

【注释】①经理：经营管理。

【译文】勤俭之道，第一要深谋远虑。事宜早为，物宜早办者，都要预先规划好。若待临时，仓皇失措，不增加耗费的很少见。第二要晚睡早起，黎明即起，午夜入睡，那么一天多得半天功效。若早睡晚起，那么一天只有半天的收获。无论天道必定会酬勤而罚懒，就是人事赢亏，也已相差悬殊了。第三要耐烦吃苦。若不耐烦吃苦，一处不周密，一处便有损失耗坏。事必须亲自做的，一定要亲自做好；一天之内的事，必须当天完成。人都以为终身劳苦是自我残害，而不知道是为了求生存。

俭之为道，第一要平心忍气。一朝之忿，不自度量，与人口角斗力，构讼经官。事过之后，不惟破家，或且辱身。第二要量力举事。土木之功，婚嫁之事，宾客酒席之费，切不可好高求胜。一时兴会，所费不支，后来补苴①，或行称贷，偿则无力，逋②则丧德。第三要节衣缩食。绮罗之美，不过供人之叹羡而已，若暖其躯体，布素与绮罗何异？肥甘之美，不过口舌间片刻之适而已，若自喉而下，藜藿③肥甘何异？人皆以薄于自奉为不爱其生，而不知是乃所以养生也。

【注释】①补苴：补缀，缝补。②逋：拖欠。③藜藿：指粗劣的饭菜。

【译文】为俭之道，第一要学会平心忍气。如因一朝之忿，不自度量，与人相骂打架，乃至触犯法规，事后不仅可能破家损财，或许还会招来牢狱之灾。第二办事要量力。如房屋建造、婚姻嫁娶、宴请宾客等项开支，切不可好高求胜，相互攀比，凭一时兴趣，致使费用难以支付，不得已去银行或找个人借贷款，又没能力偿还，逃债则丧德。第三要节衣缩食。绸缎虽美，不过供人叹美而已，若从躯体保暖而论，粗布与绸缎又有什么区别呢？各种美味佳肴，不过片刻适口而已，自喉吞下以后，和普通蔬菜一样。人们都以为刻薄自身消费为不爱惜生命，而不知这是养生之道。

故家子弟，不勤不俭，约有二病：一则纨绔成习，素所不谙；一则自负高雅，无心琐屑。乃至游闲放荡，博弈酗饮，以有用之精神，而肆行无忌；以已竭之金钱，而益喜浪掷。此又不待苟取之为害，而已自绝其生理矣。孔子曰："谨身节用，以养父母。"可知孝悌之道，礼义之事，惟治生者能之，奈何不惟勤俭之为尚也。

【译文】因此，家中子弟，不勤不俭，概括地说有两大毛病：一是纨绔不努力，不懂世事的富家子弟已成习惯，从来不知道勤俭的深远意义。二是自命清高，以为勤俭是琐屑小事，而不愿养成勤俭习惯，乃至游闲放荡、赌博酗酒，以有用的精力消耗于肆行无忌；以有限的甚至所剩无几的金钱，挥霍浪费。虽没到不择手段地攫取、为害一方的地步，而已自绝生路。孔子说："谨慎自身，节俭开支，以奉养父母。"可知孝悌之道、礼义之事，只有谋生计的人才能体会。为什么不崇尚勤俭呢？

读 书

读书须先论其人，次论其法。所谓"法"者，不但记其章句，而当求其义理。所谓"人"者，不但中举人进士要读书，做好人尤要读书。中举人进士之读书，未尝不求义理，而其重，究竟只在章句；做好人之读书，未尝不解章句，而其重，究竟只在义理。先儒谓今人不会读书。如读论语，未读时，是此等人，读了后，只是此等人，便是不曾读。此教人读书识义理之道也。要知圣贤之书，不为后世中举人进士而设，是教千万世做好人，直至于大圣大贤。所以读一句书，便要反之于身，我能如是否；做一件事，便要合之于书，古人是如何，此才是读书。若只浮浮泛泛，胸中记得几句古书，出口说得几句雅话，未足为佳也。所以又要论所读之书，尝见人家几案间摆列小说杂剧，此最自误，并误子弟，亟宜焚弃。人家有此等书，便为不祥，即诗词歌赋，亦属缓事。

【译文】读书必须先讨论读书的人，其次再讨论读书方法。所谓"法"，不但记诵章句，而必须懂得书中义理。所谓"人"，不但想中举人、进士要读书，要做好人尤其要读书。中举人进士读书，当然要懂书中义理，而其重点还是在记诵章句，因为要应付考试。做好人读书，同样要理解章句，而重点在义理。先儒说今人不会读书。如读《论语》，未读时，是此等人，读了后，还是此等人。等于没有读。这就是教人读书识义理之"道"。要知道圣贤之书，不是为后世应付中举人、进士而写。目的在于教千万世做好人，直至大圣大贤。所以读一句书，要反问自己，我能做到吗？做一件事，要符合书中提出的标准，古人是如何做的，我则照做。这才叫作读书。若只浮浮泛泛，胸中记得几句古书，出口说得几句雅话，不足为佳。所以又要讨论所读的书，经常见到人家书案上摆放小说杂剧，这最易造成自己失误，并误人子弟，必须赶快焚烧抛弃。家族有这类书，是不祥之兆。即使诗词歌赋，也是将来的事。

若能兼通《六经》及《性理》《纲目》《大学》《衍义》诸书，固为上等学者，不然者，亦只是朴朴实实。将《孝经》《小学》《四书本注》置在案头，尝自读，教子弟读，即身体而力行之。难道不成就好人？难道不称为自好之士？究竟实能读书，精通义理，世间举人进士，舍此而谁？不在其身，必在其子孙。

【译文】如果能兼通《六经》，及《性理》《纲目》《大学》《衍义》诸书，当然是上等学者。不然，不过只是朴朴实实。将《孝经》《小学》《四书本注》放在案头，经常自己读，教子弟读，做到身体力行，难道不能成就好人？难道不称为自好之士？不过真能读书，精通义理，世间除举人进士还有谁呢？不是你自己，必在子孙中有真会读书之人。

积 德

积德之事，人皆谓惟富贵，然后其力可为；抑知富贵者，积德之报，必待富贵而后积德，则富贵何日可得？积德之事，何日可为？惟于不富不贵之时。能力行善，此其事为尤难，其功为尤倍也。盖德亦是天性中所备，无事外求，积德亦随在可为，不必有待。假如人见蚁子入水，飞虫投网，便可救之；又如人见乞人哀叫，辄与之钱，或与之残羹剩饭。此救之与之之心，不待人教之也，即此便是"德"。即此日渐做去，便是"积"。今人于钱财田产，即去经营日积，而于自己所完备之德，不思积之，又大败之，不可解也。

【译文】积德一事，人们都认为是为了得到富贵福报，而尽力而为。或知富贵是积德之报，必等待富贵而后积德，则富贵要等到哪一天才能得呢？积德的事，应在什么时候做呢？只有在不富不贵之时。能够力行善

251

事，做到虽难，但其功德倍增。德是人天性具备，不必外求，积德也随处可为，不必等待。假如人见蚂蚁落水、飞虫投网，可随手解救；又如见到乞丐哀叫，经常给钱或食物，这是将心比心相助，不必待人教诲。这就是"德"，如此经常去做，便是"积"。今人对于钱财田产，坚持经营日积。而对自己所完备的德，不考虑日积，而且肆意败坏，真不可理解。

今亦须论积之之序，首从亲戚始。宗族邻党中，有贫乏孤苦者，量力周给。尝见人广行施与，而不肯以一丝一粟，援手穷亲，亦倒行而逆施矣。次及于交与。与凡穷厄之人，朋友有通财之义，固不必言。其穷厄之人，虽与我素无往来，要知本吾一体，生则赈给，死则埋骨，惟力是视，以全我恻隐之心，次及于物类。

【译文】今也有必要讨论"积"的顺序。首先从亲戚开始。宗族邻居中，有贫乏孤苦的人，量力周济。常见人广行施与，却不肯以一丝一粟，援助穷亲，这是倒行逆施。其次是互相往来。与穷困之人、朋友之间有相互资助钱财之义，固然不必多言。其穷困之人，虽与我素无往来，要知道本性和我一样。生则赈给，死则安葬，尽力而为，以保全我的恻隐之心，以区别于动物。

今人多好放生，究竟末务。有不须费财者，如任奔走，效口舌，解人厄，急人病，周旋人患难，不过劳己之力，更何容吝。又有不费财并不劳者，如隐人之过，成人之善，又如启蛰①不杀，方长不折，步步是德，步步可积。但存一积德之心，则无往而不积矣；不存一积德之心，则无往而为德矣。

【注释】①启蛰：动物经冬日蛰伏，至春又复出活动，故称"启蛰"。

【译文】今人爱好放生，毕竟是"末"，而没积在"本"。有不费钱财者，如帮人代劳，消除口舌是非，解人困厄，救人急病，帮助人患难，这些事，不过劳己之力，没必要吝惜。又有不费财不费劳力者，如隐人之过，成人之善，不杀启蛰的动物，不砍正在生长的树，步步是德，步步可积。所以，存一积德之心，则无往而不积；不存一积德之心，则无往而为德。

要知吾辈今日，不富不贵，无力无财，可以行大善事，积大阴德，正赖此恻隐之心。就日用常行之中，所见所闻之事，日积月累，成就一个好人，不求知于世，亦不责报于天。若又不为，是真当面错过也。不富不贵时不肯为，吾又未知即富即贵之果肯为否也。

【译文】要知道我们今天，不富不贵，无力无财，同样可以做大善事，积大阴德。正是凭借这一恻隐之心，在日用常行中，所见所闻的事，进行日积月累，做一个好人，不求扬名于世，也不致被天责罚。如果不肯做，是当面错过机会。不富不贵时不肯积德，我不知即富即贵时果然肯积德否。

张杨园《训子语》

（先生名履祥，号考甫，浙江桐乡人。）

宏谋按：人期望其子，莫不在荣名厚禄，至于立身行己，则以为迂，似可不必学者也。岂知立身行己，不可无学。此而不学，虽幸邀荣名厚禄，而处非其据，适足取辱耳。先生以躬行所得，为训子之语，事不越于日用伦常，理惟主于忠信笃敬，实为立身行己之极则①，所宜家置一编者也。以限于卷帙②，所录止十之三，读而有得，更当考全书而悉之。

【注释】①极则：犹言最高准则。②卷帙：指书籍可舒卷的叫卷，编次的叫帙（多就数量说）。

【译文】陈宏谋按语：人们期望子女，无非是荣名厚禄。至于立身行己，则以为不切实际，似乎不必学习。岂知立身行己，不可不学。不学，虽侥幸获取荣名厚禄，而没有相应品德，足以自取耻辱。先生以亲身经历，总结为训子之语，事不超越日用伦常，理以忠信笃敬为主，实为立身行己最高准则。适合家庭教育。由于限于篇幅，所录仅十分之三，读后有收获，更当参考全书。

易曰："积善之家，必有余庆；积不善之家，必有余殃。"又曰："善不积，不足以成名；恶不积，不足以灭身。"人之为善，修其孝悌忠信，只是理所当为，其不为不善，亦由此心之良，不敢自丧，非欲徼福庆于天也。然论其常理，吉凶祸福，恒亦由之。积之之势，不可不畏也。父子兄弟，心术念虑之微；夫妻子母，幽室墙阴之际，勿谓不足动天地、感鬼神也。天地鬼神，不在乎他，在吾身心而已。

【译文】《周易》曰："积善之家，必有余庆；积不善之家，必有余殃。"又曰："善不积，不足以成名；恶不积，不足以灭身。"人的善行，在孝悌忠信方面加强修养，不过理所当为。人不做不善事，也是由于有孝悌忠信之心，而不敢丧失良心，并不是想天赐福庆。然而按常理，吉凶祸福，保持动态平衡，依所积之势，互相消长转化，不可不畏。父子兄弟之间，各自所怀心术、意念，微妙难被对方知晓；夫妻子母言行，虽在暗室所为，莫说不足以动天地、感鬼神，天地鬼神给予的报应，不在乎其他，而在自己的身心。

书曰："惟民生厚，因物有迁。"概观世运，厚则治，薄则乱。其在于家，祖宗以厚德启其后昆①，则浸②昌浸炽，子孙削薄其德，丧败随及，古今不易之道也。土薄则易崩，器薄则易坏，酒醴厚则能久藏，布帛厚则堪久服，存心厚薄，固寿夭祸福之分也。虽然，有本有末，厚于本，靡有不厚；本之薄，靡有不薄。不亲其亲，不长其长，而谓于他人厚者，未之有也。中庸言："君子之所不可及者，其惟人之所不见。"厚与否，要当察于用心之际。

【注释】①后昆：亦作"后绲"。后嗣，子孙。②浸：渐渐。
【译文】《尚书》曰："惟民生厚，因物有迁。"国家命运如何，治国者德厚则治，德薄则乱。家庭命运如何，祖宗积有厚德，子孙发达、家业昌盛。如果子孙积不善，削薄祖德，随时有可能丧失祖德而败家。这是古今不可改变的变迁规律。土薄则易崩，器薄则易坏，酒厚则耐久藏，布厚则耐久服。存心厚薄，固然有寿夭祸福之分。虽然厚薄有本末之分，厚于本，没有不厚者；薄于本，没有不薄者。不亲其亲，不长其长，而说对他人厚者，从来没有。《中庸》有言："君子之所不可及者，其惟人之所不见。"因此，厚薄的衡量，必须观察于用心之际。

凡做人，须有宽和之气；处家不论贫富，亦须有宽和之气，此是阳春景象。百物由以生长，若一向刻急烦细，与整齐严肃不同，虽所执未为不是，不免秋杀气象，百物随以凋殒，感召之理有然。天道人事，常相依也。

【译文】做人，必须要有宽容平和之气。治理家庭，不论贫富，也应有宽和之气，这是阳春景象，万物得以生长。若一向刻薄、急躁、烦细，虽然这一看似严肃的做法不一定不对，但是，不免产生秋杀之气，万物随以凋殒。感召之理如此，天道人事，常互相依存。

做人最忌是阴恶。处心尚阴刻，作事多阴谋，未有不殃及子孙者。语云："有阴德者，必有阳报。"先人有言："存心常畏天知。"吾于斯言，夙夜念之。

【译文】做人最忌讳阴险恶毒。处心崇尚阴刻，做事习惯阴谋，没有不殃及子孙者。谚语："有阴德者，必有阳报。"先人说："存心常畏天知。"我对这类忠告，早晚念念不忘。

子孙只守农士家风，求为可继，惟此而已。切不可流入倡优下贱，及市井罢棍，衙役里胥①一路。

【注释】①里胥：管理乡里事务的公差。
【译文】子孙谨守农士家风，只愿后继有人，别无他求，惟此而已。

千万不可去做娼妓等下贱之事，或是成为市井恶棍、衙役乡吏之流。

士为四民①之首，从师受学，便有上达之路，非谓富贵也。所以人自爱其身，惟有读书；爱其子弟，惟有教之读书，人徒见近代游庠序者。至于饥寒，衣冠之子，多有败行，遂以归咎读书。不知末世之习，攻浮文以资进取，未尝知读圣贤之书。是以失意斯滥，得志斯淫，为里俗所羞称尔，安可因噎而废食乎？试思子孙既不读书，则不知义理。一传再传，蚩蚩蠢蠢②。有亲不知事，有身不知修，有子不知教。"愚"者安于固陋，"慧"者习为黠诈。循是以往，虽违禽兽不远，弗耻也。然则诗书之业，可不竭力世守哉。可以警世之薄读书为无用者。更可以警不知读书为何事者。

【注释】①四民：指士、农、工、商四类人。②蚩蚩蠢蠢：愚昧无知的样子。

【译文】士人排在士、农、工、商四类人的首位，从师学艺，便有上达之路，不必言富贵。所以人要自爱，唯一办法是读书；爱其子弟，只有教其读书。至于饥寒，多见于官员之子，多有败行，分析原因，归咎于不认真读书。不知末世养成这么一个习俗，只攻读浮文，作为应付考试，求得升学资本，不曾知道读圣贤之书。因而失意则越轨，得志则淫乱，为乡俗所羞辱。怎能因噎废食而不继续发愤读圣贤之书呢？试想，子孙既然不读书，则不知义理，代代相传，痴愚至极，有亲不知事奉，有身不知修养，有子不知教导，"愚"者安守陋习，"智"者习为狡诈。如此恶性循环，与禽兽相差不远，耻辱！可见，诗书之业不应为世代竭力谨守吗？这可以警告认为读书无用者，更可以警告不知读书为何事者。

子弟七八岁，无论敏钝，俱宜就塾读书，使粗知义理。至十五六，然后观其质之所近，与其志尚，为农为士，始分其业。则自幼不习游闲，入于非慝^①，易以为善。

【注释】①慝（tè）：奸邪，邪恶。

【译文】子弟七八岁，不论聪明迟钝，都应入校读书，使其粗知义理。至十五六岁，根据其特长、志向，开始分专业，适合务农者务农，适合为士者为士。这样，自幼不会养成游闲习惯，走上邪路，从而走上正道做善事。

虽肄诗书，不可不令知稼穑之事；虽秉耒耜，不可不令知诗书之义。

【译文】虽然在读书，却不能不知道农耕之事，当利用假日教其农活；虽然务农，却不能不学习诗书义理。

近世以耕为耻，只缘制科文艺取士，故竞趋浮末，耻非所耻耳。若汉世孝悌力田为科，人即以为荣矣。实论之，耕则无游惰之患，无饥寒之忧，无外慕失足之虞，无骄侈黠诈之习，思无越畔，土物爱，厥心臧，保世承家之本也。但因而废学，一任蚩顽，则不可耳。

【译文】近代以务农为耻，是由于科举取士制度，以写作取士，故都热衷于工商，而耻其非所耻。如汉代以孝悌，耕田取士，人即以务农为荣。据实而论，耕种则无游惰之患，无饥寒之忧，没有好高骛远而失足之虞，没有骄傲、奢侈、狡诈的恶习。所想不超越田园，爱土地，心态好，是保世承家之本。但因流俗而废学，任其顽皮，则不会有好结果。

人有此生，当思不虚此生之意。在门内，勉任门内之事；在宗族，勉任宗族之事，不可辄起较量推卸之私心。充较量一念，势必一钱尺帛，兄弟叔侄不相通。充推卸之心，必至父母养生送死有不顾。门内如此，况宗族乎？即父母，不若无此子；即祖宗，不若少此子孙，又况其余？安有一步推得去？

【译文】人不能虚度一生。在家，勉力做好家内事；在宗族，勉力做好宗族的事，不可动辄起较量、推卸责任的私心。起一念较量，势必因极小的事，导致兄弟叔侄不通往来。有推卸之心，必然置父母养生送死于不顾。家内如此，何况宗族呢？处在这种情势中的父母，还不如没有这些儿子；祖宗也不如少此子孙。何况其余呢？真不忍心进一步推想下去。

人不可孤立，孤立则危。天子之尊，至于一夫而亡，况其下乎！一家之亲而外。在宗族，当不失宗族之心；在亲戚，当不失亲戚之心。以至乡党朋友，亦如之。朝廷邦国，亦如之。欲得其心非他，忠信以存心，敬慎以行己，平恕以接物而已。人情不远，一人可处，则人人可处，独病在吾有所不尽耳。是以君子不求人，求己；不责人，责己。身处富贵。尤宜鉴此。不可视为人有求于己。而己无求于人也。

【译文】人不可孤立，孤立则危。天子虽贵为九五之尊，亡于独夫，何况下人呢！一家之亲也不例外。在宗族，应当不失宗族之心；在亲戚，不失亲戚之心。以致乡邻朋友，也如此，国家也一样。要想得到别人的真心，只有忠信以存心，敬慎以行己，平等宽恕待人接物。人情不远，一个人可以相处，则人人可以相处。独的病根在我没有做到忠信、敬慎、平恕，而不能与人相处。因此，君子不求人而求己，不责人而责己。身处富贵，不可视为人有求于己，而己无求于人。

处人伦事物之间，有顺有逆，即不能无德怨。自处之道，有树德，无树怨，固然也。人情则不可知，处之之道，我有德于人，无大小，不可不忘；人有德于我，虽小不可忘也。若夫怨出于己，当反己而与人平之；其自人施于我，则当权其轻重大小，轻且小者可忘、忘之；重而大者，报之为直。不能报为耻，要之作事当慎谋其始。德不可轻受于人，怨须有预远之道。施德，当体上天栽者培之之心；处人，则念怨不在大，期于伤心之义，小如凌侮侵夺等类，大则义关伦纪者也。

【译文】人身处在人伦事物之间，有顺有逆，不可能无德无怨。自处之道，固然是树德不树怨。人情不可知，相处之道是：我有德于人，不论大小，不可不忘记；人有德于我，虽小不可忘。假如，怨出于自己，必须自我反省，与人平和相处；若他人施怨于我，则当区分怨的轻重大小。轻且小的，能忘的则忘记；重而大的，应当直言进谏。不能因此引以为耻。总之做事之初就应当注意，要慎重考虑。不可以轻易接受他人之德，怨须有预测未来结局的方法。施德，当体会到这是上天栽培，教诲我这么做。与人相处，应考虑怨不在大，足以伤人之心，小如欺侮侵夺等类，大则义关人伦纲纪，不可不慎。

男子服用，固宜俭素，妇人尤戒华侈。妇人祇宜勤纺织，供馈食，簪珥衣裳，简质而已。若金珠绮绣，求其所无。慢藏诲盗，冶容诲淫。一事两害，莫过于此。况妇德无极，闲家之道，当以为先，稚子侈心，益当豫戒。

【译文】男子服饰等，本当朴素，尤其是女人服饰更应戒除华丽奢侈。妇女只宜勤纺织，料理家务，做饭烧茶。服装首饰应当简单朴素。珠宝金玉、绮罗绣服之类，宁可没有。无休止收藏是诲盗，穿戴美容是诲淫。一事两害，莫过如此。何况妇德无止境。家庭防闲之道为先，少年奢侈之心，尤其应当早戒。

凡人用度不足，率因心侈。心侈，则非分以入，旋非分以出，贫固不足，富亦不足，若计口以给衣食，量入以准日用，素贫贱，行乎贫贱；素富贵，不忘艰难，所需自有分限，不俟求多也。若能膳养之余，节省繁冗，用广祭产，置赡族公田，非惟可以上慰祖宗之心，即下及子孙，可以永久不替。理甚易明，世之亟于自私，缓于公义，侈于奉己，啬于亲亲者，吾每见其立覆矣。

【译文】凡人感到日常用度不足，根本原因是心存奢侈。有奢侈心，则非分以入，随即非分以出。贫穷固然不足，富也不足，若按人定量供给衣食，量入支出日用。贫贱者降低生活标准；富贵者不忘艰难，励行节约，不要多求。如果除吃穿正常支出之外，限制不必要开支，用于置家族公田，不仅可以上慰祖宗之心，下可教子孙行善，而且可保持家族永久不衰败。道理简明，世人却极为自私，不关心公共利益，贪图自我享受，对父母亲友十分吝惜，这类家庭，立见衰败！

父子兄弟夫妇，人伦之大，一家之中，惟此三亲而已。不可稍有乖张，父子尤其本也。一处乖张，即处处乖张，安有缺于此而全于彼者？自古人伦之变，祸败所贻，常及数世，天道然也。

【译文】父子兄弟夫妇，人伦关系重大，一家之中，只有这三亲。不可稍有乖张，父子尤其是根本。一处乖张，则处处乖张，没有缺此而全彼者。自古人伦之变，祸败所贻，常影响几代，这是天道。

一族之人，有贤有不肖。在贤者当体祖宗均爱之心，曲加保护，不使一人失所，毋论富贵贫贱，无不如之，孟子所谓亲爱之而已矣。若专己自私，不相顾恤，有伤一体之谊，是为得罪祖宗，不孝孰大焉。葛藟

①犹能庇其本根，可以人而不如草木乎？或疑贫贱易至失所，富贵何待保护，不知富贵之失所，盖有甚于贫贱者，教其不知，而正其过失，所以安全之也。自好者每因族人富贵，即与之疏，其富贵者，亦不知其可忧。疏远族人，以蹈危亡，故及此。

【注释】①蔂（lěi）：藤。

【译文】一族之人，有贤与不肖。作为贤者，应当体念祖宗均爱之心，全力维护，不能使一人失去关爱，不论贫富贵贱，都一样对待。正如孟子所说"亲爱之"而已。如果自私自利，不互相关爱体恤，有伤一体之谊，是得罪祖宗，大不孝！葛蔂犹能庇其本根，难道人却不如草芥吗？或疑贫贱容易流离失所，富贵何待保护，不知富贵失所时，比贫贱更难堪。教其不知，纠正过失，因而安定。自尊心高者，每因族人富贵，即与之疏远，其富贵者，却不知堪忧。疏远族人，走向危亡，其原因在此。

宗族亲戚之人，或贤或否，此由天定，无可取舍。贤者自当爱而敬之，否者无失其亲而已。至于师友，一入家门，子弟志尚，因之以变，术业因之以成。贤则数世赖之，否亦害匪朝夕，不可谓非家之所由存亡也。择之又择，慎之又慎，夫岂不宜，而可随人上下乎？

【译文】宗族亲戚之人，或贤或否，这是天定，无法取舍。贤者，应当自爱并受到尊敬，否者，不能使之失去亲情。至于师友，一入家门，子弟志向，因受教育有所变化，术业得以学成。贤者，数代赖以获益，否者，为害并非朝夕，不可不认为，这是家族兴败的关键。因此，要选择师友，谨慎对待，不能随人上下，从而引上正道。

人无论贵贱，总不可不知人。知人，则能亲贤远不肖，而身安家可保；不知人，则贤否倒置，亲疏乖反，而身危家败，不易之理也。然知人实难，亲之疏之，亦殊不易。贤者易疏而难亲，不肖者易亲而难疏。贤者宜亲，骤亲或反见疑；不肖者宜疏，因疏或至取怨，所以辨之宜早。略举其要，约数端：贤者必刚直，不肖者必柔佞；贤者必平正，不肖者必偏僻；贤者必虚公，不肖必私系；贤者必谦恭，不肖必骄慢；贤者必谨慎，不肖必恣肆；贤者必让，不肖必争；贤者必开诚，不肖必险诈；贤者必特立，不肖必附和；贤者必持重，不肖必轻捷；贤者必乐底，不肖必喜败；贤者必韬晦，不肖必表暴①；贤者必宽厚慈良，不肖必苛刻残忍；贤者嗜欲必淡，不肖势利必热；贤者持身必严，不肖律人必甚；贤者必从容有常，不肖必急猝更变；贤者必见其远大，不肖必见其近小；贤者必厚其所亲，不肖必薄其所亲；贤者必行浮于言，不肖必言过其实；贤者必后己先人，不肖必先己后人；贤者必见善如不及，乐道人善，不肖必妒贤嫉能，好称人恶；贤者必不虐无告，不畏强御，不肖必柔则茹之，刚则吐之。若此等类，正如白黑冰炭，昭然不同，总不外公私义利而已。

【注释】①表暴：自炫。

【译文】人不论贵贱，总不可不知人。知人，则能亲贤疏远不肖，而身安家可保。不知人，则贤否倒置，亲疏关系颠倒，以致身危家败，这是不变之理。然而知人太难，亲或者疏，很难决策。贤者容易被疏而难亲，不肖者却易亲而难疏。贤者宜亲，骤然而亲反而引起怀疑；不肖者宜疏，但是因疏或许会引起怨恨。所以辨亲疏宜早，辨别要点如下：贤者必刚直，不肖者必柔佞；贤者必心平正直，不肖者必偏邪；贤者必虚心公道，不肖者必拉帮结派；贤者必谦恭，不肖者必傲慢；贤者必谨慎，不肖者必恣肆；贤者必让，不肖者必争；贤者必开诚，不肖者必险诈；贤者持主见，不肖者必附和；贤者必持重，不肖者必轻捷；贤者乐磨炼，不肖者喜败坏；贤者必韬晦，不肖者必自炫；贤者宽厚慈良，不肖者苛刻残忍；贤者嗜欲必淡，不肖者势利必热；贤者持身必严，不肖者律人必甚；贤者从容有常，不肖者急猝多变；贤者见识远大，不肖者必见近小；贤者厚其所亲，不肖者薄其所亲；贤者言行一致，不肖者言过其实；贤者后己先人，不肖者先己后人；贤者见善如不及，乐道人善，不肖者妒贤嫉能，好称人恶；贤者不欺弱人，不畏强暴，不肖者柔则吞之，刚则吐之，欺弱畏强。以上各类正如白黑冰炭，昭然不同，总不外乎公私、义利。

古者易子而教，后世负笈从师①，要无不教其子者。天子之子，特重师傅之选，为国家根本在是也。下自公卿大夫以逮士庶，显晦贫富不同，其为身家根本，一而已。虽有美质，不教胡成，即使至愚，父母之心，安可不尽。中等之人，得教则从而上，失教则流而下。子孙贤，子以及子，孙以及孙；子孙弗肖，倾覆立见，可畏已。近日师道不立，为子孙计者，孰知尊师崇傅之道，甚之生子不复延师，盍思为人父母，将以田宅金钱遗子之为爱其子乎？抑以德义遗子为爱其子乎？司马温公谓积阴德于冥冥之中，亦必求贤师教之于昭昭之际，古称民生于三，事之如一。世人但知不可生而无父，岂知尤不可生而无师乎？

【注释】①负笈从师：指一个人很有学问了，还去拜师学习。

【译文】古代人请师到家庭教子，后世人背负书箱外出从师，将教子作为至要事。天子为教子，特别重视选择师傅，这是国家根本所在。下自公卿大夫以至于士庶，贵贱贫富不同，教子关系自身家庭根本，目的相同。虽有聪慧头脑，不教不能成才。即使十分弱智，父母教子之心，没有不尽的。中等之人，接受教育后，知识不断积累，逐渐成为德才兼备上等之人。失去教育则堕落为下等之人。子孙贤，子传子，孙传孙，代代出贤才；子孙不肖，倾覆立见。可畏呀！近代求师从师之道不立，为子孙计者，哪知尊师崇傅之道，甚至只会生子，不请师傅教子。试想，为人父母，将田地房屋遗留给子，就称为爱子吗？还是以德义遗子为爱子呢？司马温公说"积阴德于冥冥之中，还必须求贤师教之于昭昭之际"。古代称

"民生有三(父、母、师),事之如一"。但是,世人只知道生我不能没有父母,却不知更重要的是不可以没有老师呀。

大凡人之心,多只向好成不边希望,至于老死不已。贫想富,贱想贵,劳想逸,苦想乐,转转憧憧,无所纪极^①。且思天下,岂有人人富贵逸乐之理,亦岂有在我尽受富贵逸乐。在人尽受贫贱劳苦之理,妄想如此,是以分内全不思省,宜其祸患猝乘不意也。天地间人,各有分内当修之业,当修而不修,缺失不知几何。念及分内所缺所失,自不得不忧,不得不惧,知忧知惧,尚何敢肆意恣行,以取祸败。

【注释】①纪极:终极;限度。

【译文】人心向好,没有止境,至死不变。贫想富,贱想贵,劳想逸,苦想乐,想来想去无法休止。唯独不想天下岂有人人富贵逸乐之理,又岂有我尽享富贵逸乐、别人尽受贫贱劳苦之理。妄想如此,是完全没有省悟自己分内如何,造成祸患猝然乘其不意而致。天地间人,各有自己分内必须做的事业,当做而不做,分内缺失不知多少。想到分内的所缺所失,自己不得不忧,不得不惧。知道忧知道惧,为什么还敢肆意恣行,自取祸败?

人生饮食衣裳,以及冠婚丧祭、馈问庆吊,俱不能无资于货财。然其源不可不清,其流不可不治。源则问其所由来,义乎?流则问其所自往,称乎?仰过与不及乎?果其取之天地,成之筋力^①,如君子之劳心,禄入是也。小人之劳力,稼穑桑麻畜牧是也。下此,则百工执艺之类。又下,则商贾负担之类,皆义。外是,非义也。果其量入为出,权轻重,审缓急先后,宜丰,不俭,宜寡,不多,斯为称。否则非当用而不用,即不当用而用矣。世人不治其流,求其源清,固不可得;其源不清,欲其流治,亦不可得也。君子赢得为义,不言利而利存;小人赢得为利，利未得而害伏。愚哉。如此用财，纯是至理。何必讳言财货。

【注释】①筋力：筋骨之力。

【译文】人生饮食衣裳，以及嫁娶丧祭、馈赠庆吊，都不能离开财物。然而，其源不可不清，其流不可不治。源，则问其由来，是否义。流，则问其所往，是否相称，是否过分还是不及。如果取自天时地利，成功于诚实劳动，如君子劳心，获得俸禄；庶民劳力，获得稻麦、桑麻、畜禽；此外，手工业人员、商人都是，都取自于义，否则非义。如果量入为出，权衡轻重，审查缓急先后，宜丰，不俭，宜寡，不多支出，为相称。否则，就是当用而不用，不当用而用。世人不治其流，求其源清，固不可得；其源不清，欲其流得治，也达不到目的的。君子赢得为义，不言利而利存，小人赢得为利，利没有得到而害隐伏其中，愚蠢。这样用钱，才是至理。何必讳言财货呢。

亲友庆吊，称情量力，以诚为主；世俗浮奢，非礼之礼，不足循也。称情者，亲亲则有杀，尊贤则有等；厚其所宜薄，薄其所宜厚，逆情倒施也。量力，则称家之有无；富而吝财，非礼也，贫而求备，亦非礼也。

【译文】亲友庆吊，当与情相称，量力而行，以诚为主；世俗浮华奢侈之礼，不必参与。称情之礼，亲戚间有的可减省，尊贤有等级之别；厚情薄送，薄情厚送，是逆情倒施。量力，是指家财是否有支付能力。富而吝财，非礼。贫而讲体面，求备，同样非礼。

有子不教，不独在己薄其后嗣，兼使他人之女，配非其人，终身受苦。有女失教，不特自贻他日之忧，亦使他人之子，娶非其偶，累及家门。诗云：恩斯勤斯，育子之闵斯。凡为父母，莫不如是，故劬劳也。婿之与妇，夫非尽人之子与，坐令失所，夫何忍。

【译文】有子不教,不仅在己是薄待后嗣,同时使他人之女,嫁错了郎,终身受苦。有女不教,不但自己给女埋下他日之忧,也使别人之子,娶错了媳,累及家门。《诗经》指出:恩勤鞠育,怜悯子女的生存能力。凡做父母者都是如此,所以劳累。女婿和媳妇,都是人的子女,任其失去应有的教育,于心何忍!

兄弟手足之义,人人所闻,其实未尝深体力求,盍思手足一体,持必均持,行必均行,适必皆适,痛必皆痛,偏废必弗宁,骈枝①必两碍,是以为分形连气也。方其幼时,无不相好,及其长也,渐至乖离。古人谓孝衰于妻子。孝衰,悌因以俱衰。人能长保幼时之心,勿令外人得以伤吾肢体,庶可永好矣。世人尝言,一人不能独好,意将归恶兄弟也。即此一言,不好情形尽见。果然一人独好,同父母之人,岂有不好之理乎。

【注释】①骈枝:比喻多余的、不必要的。
【译文】兄弟手足之义,人人都听说过,其实不一定深体力求。当思手足一体,持必均持,行必均行,适必皆适,痛必皆痛,偏废必不宁,骈肢必两碍,称为分形连气。年幼时,无不相好,随着长大,逐渐乖离。古人说:孝衰于妻子。孝衰,悌因而也衰。人如果长期保持幼时心态,不使外人伤害我的肢体,或许兄弟关系永远和好。世人常说,一人不能独好,意思是把恶归咎于兄弟另一方。这一句话,将不好情形暴露无遗。果然一人独好,同一父母之人,难道有不好之理吗?

古者父母在,不有私财。盖私财有无,所系孝悌之道不小,无则不欺于亲,不欺于兄弟,大段已是和顺。若是好货财,私妻子,便将不顺父母,而况兄弟。不孝每从此始。近世人子,多有父母在而蓄私财,及父母在而结私债,均是不肖所为,甚或父母以偏私之心,阴厚以财与不恤其苦,启其手足之衅,为害尤大。

【译文】古人父母在世时,不能有私财。私财有无,对孝悌之道影响不小。没有私财,则不欺于父母、兄弟,保持一家和顺。若看重财物,偏私妻子,便不顺父母,何况兄弟。不孝常从此开始。近代人子,多数有父母在时蓄私财,以及父母在而结私债,都是不肖所为。或者父母以偏私之心,暗地给其中一子财物,而不怜恤另一子的困苦。引起兄弟不和甚至争斗,其危害更大。

骨肉构难,同室操戈,天必两弃,从无独全之理。盖天之生物,使之一本,未有根本既伤,而枝叶如故者。其有或全,必其弱弗克竞,而深受侮虐者也。

【译文】骨肉构难,同室操戈,上天必都给予惩罚,从来不会照顾某一方使之独全。因为天地造物,使之成为一本,没有根本已伤,而枝叶不枯萎的道理。其中一方或许保全,必是弱方能忍让,而深受侮辱虐待者。

女子既嫁,若是夫家贫乏,父母兄弟,当量力周恤,不可坐视。其有贤行,当令女子媳妇敬事之;其或不幸夫死无依,归养于家可也。俗于亲戚富盛则加亲,衰落遂疏远,斯风最薄,所宜切戒。

【译文】女子出嫁后,若夫家贫乏,父母兄弟,应当量力扶助,不可坐视不管。双方父母有贤行,当教育女子媳妇尽力敬重侍奉;或不幸夫死无依,回娘家也可。亲戚富盛时加亲,衰落则疏远,这种不良之风,必须戒除。

古者男子三十而娶，女子二十而嫁，其婚姻之订，多在临时。近世嫁娶已早，不能不通变从时，男女订婚，大约十岁上下，便须留意。不得过迟，过迟，则难选择。选择当始自旧亲，以及通家故旧，与里中名德古旧之门，切不可有所贪慕，攀附非偶。

张杨园《训子语》

【译文】古代时，男子三十娶妻，女子二十岁出嫁，订婚多在临时。近代，嫁娶提早，不得不依时变通。男女订婚，大约十岁上下，便开始留意，过迟则难选择。择偶从旧亲开始，家族故旧，以及乡间名德古旧高门。切不可有所贪慕、攀附，难成佳偶。

人于兄弟叔侄，以及婚姻亲党之间，犹以私意行之。阴谋诡计，求利于己，罔恤彝伦①，得祸最速。视之他人为尤酷，盖人之不仁，至是益甚也。世人只利害人我之私，牢不可破，所以更无挽救。抑思利人者人恒利之，害人者人恒害之。他人尚尔，况所亲乎。

【注释】①彝伦：常理；常道。
【译文】人对于兄弟叔侄，以及姻亲之间，常依私意办事。阴谋诡计，追求自己利益，违背伦常，惹祸最快。对待他人则要求严酷，不仁行为，十分明显且日益加剧。世人只有利害关系，人我私心，牢不可破，无法挽救。要知道，你利于别人，别人则常利于你，你害别人别人则常害你。别人崇尚你，何况亲人呢？

鳏寡孤独废疾之人，穷而无告①。他人遇此，犹将恻然矜恤，况在族人，而可漠不相关。若不幸有之，自应加意，捐衣衣之，捐食食之，衣食不足，曲为之所。凡有可为，勿惜余力，均为祖宗遗体，苦乐何忍绝异。养其肩背，而断其一指，能无痛乎。

【注释】①无告：有疾苦而无处诉说。

【译文】鳏寡孤独残疾人，穷困无依靠。别人遇到，尚且能以恻隐之心怜恤，何况族人，怎能漠不关心？若不幸在家族中有这类人，自然应该特别关心，捐衣、捐粮食，千方百计为其解除困苦，只要能办的事，莫惜余力。因为都是祖宗后代，苦乐悬殊于心不忍。须知肩臂尚存，而断其一指，能不痛吗？

御仆人之道，严其名分，而宽其衣食；警其惰游，而恤其劳苦，要以孝悌忠信为先。

【译文】对待仆人之道：名分，必须严格区分，而满足其衣食；防止其懒惰放荡，而同情其劳苦。要以孝悌忠信为先。

贫家役使之人，第一是勤；贵家役使之人，第一是谨。要之不欺为本。有才智者，害多利少，且于义未当也。总不宜多畜，及轻于进退。

【译文】贫家的佣工，第一是"勤"；贵家的佣工，第一是"谨"。总之以不欺心为本。有才智的人害多利少。这类人降低身份当佣工，作为主人，于义不当。佣工不宜多雇，不要轻易请入，不要轻易辞退。

立祠堂以合族属，置公田以赡同宗，敦本厚俗，必以是为先。心存孝悌者，力之所及，自当勉焉。吾贫且贱，空言似为可耻，此心则何日可忘乎。

【译文】立祠堂使家族相聚，置公田以赡养同宗之人，使家族本根敦厚，家风纯正，必以此为先。心存孝悌者，应当自觉行动，做好力所能及的事。我虽然贫贱，但知空谈可耻，不可忘记孝悌之心。

坟墓不宜侈大，宜仿族葬法。父子祖孙，生同居，死同域。子孙祭扫，毕萃于斯，仁义之道也。深埋实筑，不易之义也。惟夫地狭不足容棺，则更辟他所，然不可惑葬师邪说，以违前训，自蹈不孝。

【译文】坟墓不宜豪华，不宜太大，应当仿照家族葬法。父子、祖孙，生同居，死同域。子孙祭扫家族祖坟，应当同时进行，这是仁义之道。深埋实筑，是不可改变的义举。遇到地狭不足容棺时，则另选别处，但不能被葬师邪说所迷惑，以致违犯先祖遗训，自取不孝之过。

书籍惟六经诸史，先儒理学，以及历代奏议，有关修己治人之书，不可不珍重护惜。下此，则医药卜筮种植之书，皆为有用。其诸子百家、近代文集，虽无可也。至于异端邪说，淫辞歌曲之类，害人心术，伤败风俗，严距痛绝，犹恐不及，而况可贮之门内乎。凡书籍，自己所有，不可散失。若他人简册，掩为己有，与穿窬^①何异？戒之戒之。

【注释】①穿窬（chuān yú）：凿穿或爬越墙壁进行盗窃。

【译文】书籍，惟有六经、诸史、先儒理学，以及历代奏议，有关修身治人的书籍，不可不珍藏、爱护。另外，医药、卜筮、种植类书籍，有实用价值。至于诸子百家、近代文集，可有可无。凡异端邪说、淫辞歌曲之类，足以害人心术，伤风败俗，必须严拒痛绝，不要收藏。凡书籍，自己所有的，要妥善保存，不可散失。若是将别人的书籍据为己有，那与偷窃有什么区别呢？切记。

处贫贱之日，不可轻于累人，累人则失义；处富贵之日，则当以及人为念，不然则害仁。

【译文】处在贫贱时期，不要轻易牵累别人，否则失义；处在富贵时期，要乐于帮助别人，不然则害仁。

人之享用，必视乎德。富贵福泽，厚吾之生，惟大德为克胜之，德薄则弗克胜，祸至无日矣。贫贱忧戚，玉汝于成，惟修德可以逭灾，恐惧可以致福。通计天下之人，苦多于乐。人之一生，亦当使苦多于乐。只看果实，末来甘者，先必苦涩酸辛。是以始于苦者，常卒乎甘，未有终始皆甘者。人当困厄之日，不可怨天尤人，当思动心忍性，生于忧患之意。若遇适意，不可志骄气满，当怀慄慄危惧，将坠深渊之心。

【译文】人要享用，必须考虑是否有德与其相配。富贵福泽，厚待于我，只有大德才可以承受，德薄则不能享用，而且祸至无日。贫贱忧戚，你虽已造成，只有修德可以减灾，恐惧自己德薄才可以致福。通看天下的众生，苦比乐多。人的一生，应当使苦多于乐。以果实为例，成熟后甜的，初结时必苦涩酸辛。因此，开始苦者，最后才甜，没有始终都甜的果实。人处在困厄时期，不可怨天尤人，应当动心忍性，甘愿生于忧患。若遇到适意，不可骄傲自满，应当小心谨慎，心存畏惧，如同将坠入深渊。

处贫困，惟有勤劳刻苦，以营本业，布衣蔬食，终岁所需无几，何忧弗给。丧祭大事，称财而行，于心为安，于义为得。当以穷乃益坚，自励自勉，勿萌妄想，勿作妄求。妄想坏心术，妄求丧廉耻，贫穷命也。奚足为忧？所忧者，不克自立，辱其身以及其亲耳。

【译文】处在贫困时期，只有勤劳刻苦，经营好本业，布衣蔬菜，一年消费不多，不愁供不应求。丧祭大事，量财力而办，要求做到问心无愧，不失于义。贫穷时，更加坚定信心，自励自勉，不要妄想妄求。妄想则坏心术，妄求则丧廉耻。贫穷是命注定的，没必要忧愁。命运二字，"命"是先天注定，"运"在后天形成，全由自己掌握。所担忧的是，不能自强自立，改变命运，以致自身受辱，连累亲人。

人于贫穷患难之日，在族党，固有救恤之义；在己，越当奋厉，忍苦支撑，不可因而失足，及怨尤于人。此际站立得住，便有来复之机，每见人当因厄。辄以鹿死不择音为解，不当为者，不惜为之，他日悔耻无及，甚使子孙受害。至于怨尤，非徒无益，益取困穷耳。

【译文】人处在贫穷患难时期，族人有救助之义；自己更应当艰苦奋斗，忍耐支撑，不可因贫困而失足，更没有必要怨天尤人。这个时候站稳脚跟，一定有复兴机会。往往见到人在困厄时，以鹿死不择音的办法寻求解脱，不应该做的，不顾一切去做，日后悔耻不及，甚至贻害子孙。至于怨尤，不但徒劳无益，反而更加陷入穷困。

人当富足，若于屋舍求其高大，器物求其精巧，饮食求其珍异，衣服求其鲜华，身殁之后，即不免饥寒失所，更有不足没身者。盖奢侈固难贻后，盈虚消息，又天道之常，果其力之有余，便当推以予人。晏平仲一狐裘三十年，三党之亲，无不被其禄者，齐国之士。待以举火者尤众，俭以奉身，而厚以及物，此意可师也。薛文清云："惠虽不能周乎人，而心当常存于厚，则又不问贫富，皆宜以是为心者矣。"或曰："常存有余，以备不虞，不可与。"曰："存有余以备不虞，谓宜撙节[①]，不使空匮耳，非谓多藏也。"且不虞何可胜备也，不虞之事，未必不生于多藏。吾见悭鄙之夫，每丧其有，至于失所者矣。未见好行其德之人，而一旦失所者也。

【注释】①撙节：抑制；节制。

【译文】人在富足时，若房屋求其高大，家具求其华美，饮食求其珍异，衣服求其时髦，一旦家败，不免饥寒交迫，流离失所，无处容身。因为奢侈不能庇荫后人，盈虚、消长，是天道的运行规律，果真财力有余，便应当周济他人。晏平仲一件狐裘穿三十年，亲戚都得到过他的资助，成为治国之士。虽众人吹捧，仍保持俭以奉身，爱惜财物，堪称榜样。薛文清说："财物虽不能周济别人，而心必须常存厚道，不问贫富，都应怀有此心。"或者说："常存有余，以备意外之事所需。"存有余以备急用，是指生活开支有节制，不使积蓄空虚，并不是增加积蓄。且意外之事，防不胜防。意外事情，不一定不发生于多留藏之家。我见到悭鄙之人，常丧失所有家财，甚至流离失所。从没见过乐善好施的人，落得如此结局。

吕东莱①先生曰："大凡人资质各有利钝，规模各有大小，此难以一律齐。要须常不失故家气味，所向者正（凡圣贤前辈。学问操履，我力虽未能为，而心向慕之。是谓所向者正。若随俗轻笑。以为世法不须如此。不当如此、则所向者不正矣），所存者实（如己虽未免有过，而不敢文饰遮藏。又如处亲戚朋友间，不敢不用情之类），信其所当信（谓以圣贤语言，前辈教戒，为必可信。而以世俗苟且，便私之论，为不可信），耻其所当耻（谓以学问操履，不如前辈为耻。而不以官职不如人，服饰资用不如人，巧诈小数不如人为耻），持身谦逊，而不敢虚骄，遇事审细，而不敢容易。如此，则虽所到或远或近，要是君子路上人也。"子孙苟能佩服此训？君子路上人多，培植得几辈，家世安得不绵长。正蒙云："子孙贤，族将大。未有子孙不贤，家族不至倾覆者。"

【注释】①吕东莱：即吕祖谦。字伯恭，寿州（今安徽凤台）人，生于婺

274

州(今浙江金华)，人称东莱先生。与朱熹、张栻齐名，同被尊为"东南三贤"，"鼎立为世师"，是南宋时期著名的理学大家之一。他所创立的"婺学"，也是当时颇具影响的学派之一。

【译文】吕东莱先生说："大凡人的资质各有利钝，规模各有大小，难以一律整齐。必须经常保持优良传统，追求正当。心慕圣贤，不入流俗；存心诚实，不闻过饰非；相信圣贤言语、前辈教诲，不信世俗私语；以学问操行不如圣贤、前辈为耻，而不以官职不如人、财富不如人、奸巧狡诈不如人为耻。做到持身谦逊，不敢虚伪骄傲，遇事审慎而不草率。这样，则所到之处不论远近，也是君子路上的人。"子孙能牢记这一训诲，则君子路上人多，代代培养，必然家世绵长。《正蒙》说："子孙贤，家族必然强盛，没有子孙不贤，而家族不至倾覆者。"

子孙以忠信谨慎为先，切戒狷薄①，不可顾目前之利，而忘他日之害；不可因一时之势，而贻数世之忧。

【注释】①狷薄：胸襟狭窄，待人刻薄。

【译文】子孙以忠信谨慎为先，切戒过分拘谨刻薄待人。不可只顾目前之利，而忘今后之害；不可因一时之势，而贻数代之忧。

高忠宪公有言，子弟能知稼穑之艰难，诗书之滋味，名节之堤防，可谓贤子弟矣。归安①沈司空②诫子孙曰："故家③之子，切戒者三：曰臭，曰滑，曰硬。"时俗憎恶，呼为粪浸石卵，子孙类此，宁不痛心。予谓忠宪举贤者以为劝，司空指不肖以为戒。语虽不同，其指一也。欲免司空所戒，当佩服忠宪之言。知诗书滋味，乃免于臭；知稼穑艰难，乃免于硬；知名节堤防，乃免于滑。

【注释】①归安：古地名，在今浙江省湖州市。②司空：古代官名。③

275

故家：世家大族；世代仕宦之家。

【译文】高忠宪公曾说过，子孙后代如果能知道务农的艰难，又明白诗书义理，能谨守做人的名节，那就能称得上是贤子孙了。归安的沈司空告诫子孙说："世家大族的子孙，一定要戒除'脾气臭''嘴油滑''固执清高'三种习气。"世人大都憎恶这种人，称之为"粪坑里的石头"。如果子孙后代像这样，难道不痛心吗？我认为高忠宪公是以推举贤人来劝诫世人，而沈司空则以指出世家大族的不肖子孙来警戒世人。他们虽然话不一样，但所指意图是一样的。想要避免沈司空所说的习气，应当牢记高忠宪公的话。明白诗书义理，可以避免染上"臭"习；知道稼穑的艰难，可以避免固执清高；能够谨守名节，可以免于染上油嘴滑舌的习气。

子弟童稚之年，父母师长严者，异日多贤。宽者多至不肖，其严者岂必事事皆当；宽者岂必事事皆非，然贤不肖之分，恒于此。严则督责笞挞之下，有以柔服其血气，收束其身心，诸凡举动，知所顾忌而不敢肆。宽则姑息，放纵恣情，百端过恶，皆从此生也。观此，则家长执家法以御群众，严君之职，不可一日虚矣。

【译文】子孙后辈们在幼年时，父母师长对他们要求严格的，将来多数会成为贤德之人；如果幼年时父母师长对他们要求宽松的，多半会成为不肖之人。要求严格，不是要求一定要事事正确；要求宽松，也不一定就是事事皆错。但是贤德与不肖的区分，就在于要求严格或是宽松。要求严格，那么在监督责罚、鞭挞之下，又以柔和来平服其血性，收束他的身心，使他所有的举动，都能有所顾忌而不敢放肆乱来。要求宽松，那么只会姑息、放纵他的坏习气，各种过错恶习，也就从此养成了。由此看来，在执行家法管理家庭时，家长们必须严格要求，这一天也不能放松啊。

士农工商无一业，酒色财气有一好，亡家丧身有余矣。其原皆始于游闲，成于比匪。

【译文】如果不从事士、农、工、商任何一业，而酒、色、财、气只要沾染了一样，必定会家破人亡。这都是从游手好闲开始的，而定型于接近匪盗之时。

世人恶闻亡命之詈，不知声色嗜欲，一有沉溺，即以其身行殆。若行险侥幸，决性命之情，以饕富贵，其为亡命，不亦甚乎。

【译文】世人讨厌听到"亡命"之类的责备，却不知道歌舞女色、嗜好欲望，人一旦沉溺其中，就会难以自拔，甚至招来杀身之祸。若以生命作赌注，而图侥幸冒险行事，贪图享乐，以饕富贵，称这种行为叫"亡命"，不过分。

先世存心极厚，子孙不能及，可惧也。予逮事王考，见王考，所存无非成人美，不成人恶之心。每见亲党中作一善事，如孝悌忠信。及睦邻解厄之类。辄叹曰："美事，宜助成之。"闻一不善事，咨嗟不已，蹙然曰："劝其不做便好。"当时长老与往还者多有之，此风今不可得见矣。

【译文】祖先存心极厚，子孙却不能做到，最为可怕。我见王考的生平事略，无非是一颗"成人之美，不成人之恶"之心。他每见亲属中做一件善事，如孝悌忠信、睦邻解厄之类，辄叹道："美事，宜助成之。"听到一不善事，咨嗟不已，严肃地说："劝其不做便好。"当时，像王考这么做的长者很多，然而，这种风尚现在见不到啊！

张杨园《训子语》

277

忠信笃敬，是一生做人根本。若子弟在家庭，不敬信父兄，在学堂，不敬信师友，欺诈傲慢，习以性成，望其读书明义理，向后长进，难矣。

　　【译文】忠信笃敬，是一生做人的根本。如果子弟在家庭，不敬信父兄，在学校，不敬信师友，欺诈傲慢，养成这种坏习惯者，希望他能够认真读好圣贤之书，明义理，日后德行有长进，恐怕很难做到。

唐灏儒《葬亲社约》

（先生名达，浙江德清人。高隐不仕。）

不孝之罪，莫大乎不葬其亲。而以贫自解，加以阴阳拘忌，既俟地，又俟年月之利，又俟有余赀。此三俟者，迁延岁月，而不可齐也，势愈重而罪愈深。今集同社数十人，为劝励之法，以七年为度。期于皆葬，谨陈数则如下：

【译文】不孝之罪，莫大乎不葬其亲。而以贫穷自我解脱罪责，加以阴阳禁忌，既要等候地之"开"，又要等候年月之"利"，还要等候有余资，这三项等候，迁延岁月，而等候不齐，势愈重而不孝之罪愈深。今召集同社数十人，制定劝励之法，以七年为度。到期一律下葬，谨陈数条如下。

宏谋按：停丧不葬之非礼，亭林先生已极论之矣。今世士大夫，亦不能不以为非。顾停棺浅厝，所在皆是，暴露经年，恬不为怪。推求其故，则曰为择地也，为无力也。夫忍亲棺之暴露，以求子孙之福荫，择地之非，已杂见于他编。惟无力，则诚难以为说耳。唐子以葬亲为社约，酿①金相助，众擎易举，虽极贫寒，得此亦可以举棺矣。而又有不葬之罚，相规相劝，无不以葬亲为事，使不葬者，无以自容。庶几同社中，可无不葬亲之人矣。其经营之善，用意之厚，不诚可以劝孝而励俗耶。杨园增补之条，尤为精密。行吕氏乡约者，亟当增入此约，以为救时之切务也。

训俗遗规

【注释】①醵（jù）：泛指凑钱、集资。

【译文】陈宏谋按：停丧不葬这一非礼行为，亭林先生已经严肃批评。今世士大夫，也不能不以为非礼。环顾各地，停棺浅埋，到处可见，多年暴露，恬然不以为怪。推究其原因，则以择地、没能力等借口进行搪塞。竟忍受亲棺长期暴露，以求死者给子孙以福荫，择地之非，已杂见于其他章节。"没能力"，实在难以启齿。唐子以葬亲为社约，集众人之钱相助，众擎易举，虽然极贫寒，得此众力，可以安葬。而且又有不葬的罚则，相规相劝，都以葬亲为大事，使不葬者，无以自容。或许在同社中，就没有不葬亲的人了。其经营之善，用意之厚，诚然可以劝孝，而且可以改变不良风俗。杨园增补的条款，尤为精密。执行吕氏乡约者，必须增入此约，作为救时切务。

凡欲葬其亲，愿入社者，各书姓氏，满三十二人则止。每人详列同社姓氏，粘诸壁间，遇有葬者，则注其下曰，某年月日，其亲已葬，以观感而愧焉。

【译文】凡欲葬其亲，自愿入社者，亲笔书写姓名申请，三十二人额满。每人将同社姓名列出详单，张贴于自家墙壁上，遇到已葬者，则在姓名下面注明，某年月日，其亲已葬。使不葬者观看后，感到惭愧。

凡有举葬者，同社各出代奠三星（有力者或再从厚）。一以为敬，一以为助，或至墓，或至家，一拜而退。主人惟各登拜以为谢，无纤毫酒食之费。

【译文】凡有举葬者，同社人员都出奠金（有能力者可多出），收齐后派代表奠三星（参星、心星、河鼓星），表示对死者的尊敬，对丧主资助（奠金除香烛等祭品开支外，其余交丧主，并列出各人姓名、奠金数额）。祭奠可至墓或至家，一拜而退，丧主跪谢登拜代表，不设酒食招待。

同社者众，不能遍告促金，各随其亲朋远近，分为东西南北四宗，每宗八人，自叙长幼，轮年摧次，一为首，一为佐。凡所宗内，有葬日，则以语于各宗之首佐，各聚其所宗之金而函之，上书奠仪。注曰某宗，下书同社某某同拜。主人无答简，宗者不失可宗之义，仁孝相勉，异姓犹同姓也。

【译文】同社人员多，不能逐户收取奠金，根据其居住远近，分为东西南北四宗，每宗八人，按长幼、年龄排序，设首、佐两名负责人。凡社内有葬日，则口头通知各宗首、佐，各宗收齐该宗各人的奠金后，将奠金和名单一并封入礼函，上书"奠仪"，落款注明某宗，同社某某同拜。丧主不写答简。各宗人员不可失义，以此仁孝互勉，异姓与同姓同样对待。

每宗首佐躬拜，其余可至可不至，或首佐有事，亦可摧代。如志同而地隔，度后往返不便者，不必共社，仿例别成可也。

【译文】每宗的首佐亲自拜奠，其他宗人可参加也可不参加。如果首佐有事，按年龄次序派代表代替。如志同而住地相隔太远，往返不便者，不必共社，可以加入当地的社。

所费甚薄，而贫者犹以为艰，然有为浮名社刻而费者矣，有呼卢①酣宴而费者矣。即不然，譬有至戚，吉凶大事，不得已而多此一费者。又譬有泛交套仪，而其人偶受之者，今费而必酬，则是葬亲之外府也。譬诸今日仅费三星，而亲之一指，已先受葬，虽甚贫婆，可不竭力图之乎。至于葬而受金，不权子母者，先葬者孝，是以轻财为义也，较诸称贷举会者利已多，岂有不酬之理。凡有葬，知期前三日，金不至者，宗首罚之，宗首犯者，旁宗首罚之。凡罚，于本金外加三星。

训俗遗规

【注释】①呼卢：赌博。古代一种赌博游戏。

【译文】这样所承担的费用很少，但贫困家庭仍觉得艰难。然而有些人是因形势所迫，为了浮名入社，不得已而出奠金；有些人却是为了玩乐、图口腹之欲而出奠金。又有如遇着至戚的吉凶大事，有不得已而多此一费者。还有偶然接受毫无关系的人送来奠金者。今日受礼，他日必酬还，多是非亲缘关系的人。今日仅费"三星"，而接受亲人指令，已先安葬，虽然很贫困，能不竭力出吗？至于葬而接受奠金，不论多少，先葬者孝，因为轻财为义，且比借贷而葬者有利，岂有不酬还之理？凡有葬事，接到通知后三天之内，奠金未送到的宗人，宗首可给予处罚，宗首犯者，其他宗首给予处罚，罚款标准：除本金外，再加"三星"。

亲未入土，礼宜疏布持斋，而大拂人情，则相从者少，今乐斋戒者。短长任意，惟每月朔望，及亲忌日，及祀祖之日，俱不得华服茹荤。此仅饩羊之遗意，而尚不能者，不必入社，既入而犯者，亦如罚例。此所罚，注月日，封押存宗首处，俟偶有葬者，并入函赠之，受者于原罚人之葬日，答其半。

【译文】亲人尸骸未入土，按丧礼规定，应当穿孝服持斋。但是，与人情相违背，照做者少。今乐于斋戒者，时间长短任意选择，但是，每月初一、十五，亲人的忌日、祀祖之日，都不得穿华丽衣服、吃荤菜。这不过是用活羊祭祀的遗意，连这点都做不到者，不必入社，已入社而犯者，照例罚款。此罚金注明日期，封存押在宗首处，等候有葬者，并入奠金函内赠送丧主，受者于原被罚人的葬日，酬还其半。

七年之间，赀可徐措，地可徐择，日可徐涓，念释在兹，庶能勉强。盖三年而力不足，又以三年，迟之又久，将复何需？不得已而又一年，再不葬者，从前之费，无所复酬，所以为大罚也。无已，则于八年之葬者，众答其半，以存余厚。过此，复何尤乎。

【译文】七年之间，钱可慢慢筹措，地可慢慢选择，日期可慢慢择取。葬亲之念在此，或许能勉强办到，三年而感到能力不足，又延长三年，如此推迟，难道还要延期？不得已又延长一年，再不葬者，以前所出费用，一概不酬还，以此为大罚。不得已而在第八年下葬者，宗人只酬还其半，以示存余厚。超过八年，则没有任何理由，不能再宽恕。

人数既定，约于某日，共至公所，聚会信誓，以期必遂。期满而亲俱葬，复聚会告成，任意丰歉醵饮，以相庆。

【译文】人数既定，约定日期地点，聚会宣布决定，到期必办妥。期满而亲人全部下葬，再聚会宣布告成，集资设酒宴，丰歉随意，以相互庆祝。

杨园先生跋

养生送死，子职所共，当礼称财，人心攸尽。是以我独不卒，雅①著蓼莪之哀。凡民有丧，风垂匍匐之训，义苟隆于报本，情自切于感兴。余溪唐子，以锡类之至仁，举葬埋之正谊，期于七载，统厥四宗，劝励资乎友朋，念释断乎己志，不封不树，食息岂忘泚然。既降既濡，俯仰能无沱若②，要使苦茞靡怠，日月有时，人无不葬之亲，亲无久尘之槗，伤哉贫也。文不备，宁戚有余，安则为之；遗其先，遑恤其后，式兹里俗，咸与孝诚。斯云厚德之旌旄，彝伦之鹄的者矣。

【注释】①雅：《诗经》中的《小雅》。②沱若：涕泪纷落如雨的样子。

【译文】养生送死，是为人之子的共同职责，根据自己财力如礼操办，以尽人子之心。只因我辈罪孽深重，不自殒灭，祸及亲人，所以《小雅》《蓼蓼》茇一章以表哀痛。"谷风"一章垂训：凡民有丧，当匍匐相助。于义重在报本，于情切于同感。唐子提出：以善施给众人为至仁，举葬埋之正谊，限期七年，统一管理四宗，勉励宗内人员资助丧家。至于持斋在于各人，不提倡也不劝止。只要求饮食起居不忘守孝。父母亲生我、教我、育我，感恩不尽，俯仰涕泪如雨，伴棺卧地守灵，不容懈怠。时间太久，人无不葬之亲，亲无久染尘埃之棺，伤感的是，贫穷而不能及时安葬。不做准备，守服有余，如何是好；亡亲在堂，哪有闲情顾虑身后的事，谨遵当地风俗，都诚心尽孝。这就是厚德的标志，是伦常之道的中心。

附补例三条

原约同会，始终两会而已。窃恐日月浸久，相见太疏，不免怠忘之患。宜于每岁之首，特加一会，其已葬者，于会期，申再拜稽颡之礼以致谢。既省登拜之烦，亦使未葬者，有所观感。而于一岁之中，矢心①积力，以期必葬，则是岁举事者必众矣。其会以已葬者司其事，而不任费。

【注释】①矢心：发誓；下决心。

【译文】原约同会相聚，只有开始与终末两次。恐怕时间太久，相见太少，不免懈怠忘记。宜在每年正月，加一次特别聚会，聚会时，已下葬者，举行再拜，行稽颡之礼致谢。既省会员登门拜谢之烦，又使未葬者有所观感。而在一年之内，竭尽全力，到期必葬，则当年办事的人必多。这次聚会由已葬者操办，从而不致任意耗费。

同会之人，不逾桑梓，非其亲党，则通家邻旧也。聚会之人，不妨率其子弟以至，世好既敦，亦明礼让，其有佻达^①不敬父兄，游浪不务本业者，同会教戒之。

【注释】①佻达（tiāo dá）：轻薄放荡；轻浮。

【译文】同会之人，不超越乡界，不是亲戚，则是邻居旧友。聚会者，可以率其子弟参加，既加深友谊，保持这一传统，又明白礼尚往来。其中有轻薄放荡、不敬父兄、游手好闲、不务本业者，同会人员可以教诫。

蓝田吕氏乡约，敦本厚俗，莫此为甚。今日之集，特从流俗之极敝。人心之最溺者，先为之导，宜于会日讲明其义，使相辅而行。庶乎仁义之风，久而浸盛，异时即不立社，可也。

【译文】蓝田吕氏乡约，敦本厚俗，莫此为甚。今日，特针对流俗弊端，收集补充"社约"。人心最溺者，先进行引导，在聚会之日，讲明其义，使之改过从新，或许仁义之风，日益兴盛，以后即使不立社，也有章可循。

王中书《劝孝歌》

宏谋按：经云："哀哀父母，生我劬劳。欲报之德，昊天罔极。千古言孝，莫切于此。"此歌则就此意，而反覆以明之。自怀母腹，以至于成人，由亲爱，以至于不亲不爱。指点亲切，曲尽形容。读此歌一遍，而犹不知亲恩之重者，必非人也。至八反歌。则将待子待亲。一一比照。尤见不孝之罪，上通于天矣。凡人上有父母，下有子女。以言其分，则父母尊而子卑也。父母乃生我之人，而子则为我所生者也。且奉父母之日短，而养子之日长也。比而同之，尚且不可。况事事相反，如歌所云者耶。噫，天性骨肉之地。而倒行逆施至此，何其习而不察耶。吾愿每日与之读八反之歌也。

孝为百行首，诗书不胜录。富贵与贫贱，俱可追芳躅。
若不尽孝道，何以分人畜。我今述俚言，为汝效忠告。
百骸未成人，十月怀母腹。渴饮母之血，饥食母之肉。
儿身将欲生，母身如在狱。惟恐生产时，身为鬼眷属。
一旦见儿面，母命喜再续。一种诚求心，日夜勤抚鞠。
母卧湿簟席，儿眠干裀褥。儿睡正安稳，母不敢伸缩。
儿秽不嫌臭，儿病甘身赎。横簪与倒冠，不暇思沐浴。
儿若能步履，举步虑颠覆。儿若能饮食，省口恣所欲。
乳哺经三年，汗血耗千斛。劬劳辛苦尽，儿至十五六。
性气渐刚强，行止难拘束。衣食父经营，礼义父教育。
端望子成人，延师课诵读。慧敏恐疲劳，愚怠忧碌碌。
有过常掩护，有善先表暴。子出未归来，倚门继以烛。
儿行十里程，亲心千里逐。儿长欲成婚，为访闺中淑。
媒妁费金钱，钗钏捐布粟。一日媳入门，孝思遂衰薄。
父母面如土，妻子颜如玉。亲责反睁眸，妻詈不为辱。
母披旧衫裙，妻着新罗縠。父母或鳏寡，为儿守孤独。
父虑后母虐，鸾胶不再续。母虑孤儿苦，媚帏忍寂寞。
身长不知恩，糕饵先儿属。健不祝哽噎，病不知伸缩。
衣裳或单寒，衾裯失温燠。风烛忽垂危，兄弟分财谷。
不思创业艰，惟道遗资薄。忘却本与源，不念风与木。

蒸尝亦虚文，宅兆何时卜。人不孝其亲，不如禽与畜。
慈乌尚反哺，羔羊犹跪足。人不孝其亲，不如草与木。
孝竹体寒暑，慈枝顾本末。劝尔为人子，孝经须勤读。
王祥卧寒冰，孟宗哭枯竹。蔡顺拾桑椹，贼为奉母粟。
杨香拯父危，虎不敢肆毒。伯愈常泣杖，平仲身自鬻。
江革甘行佣，丁兰悲刻木。如何今世人，不效古风俗。
何不思此身，形体谁养育。何不思此身，德性谁式谷。
何不思此身，家业谁给足。父母即天地，罔极难报复。
亲恩说不尽，略举粗与俗。闻歌憬然悟，省得悲莪蓼。
勿以不孝首，枉戴人间屋。勿以不孝身，枉着人间服。
勿以不孝口，枉食人间谷。天地虽广大，难容忤逆族。
及蚤悔前非，莫待天诛戮。万善孝为先，信奉添福禄。

【译文】陈宏谋按：《诗经》"蓼莪"章："哀哀父母，生我劬劳。欲报之德，昊天罔极。"千古言孝，都不离此章深刻含意。《劝孝歌》根据此意，反复阐明。自母亲怀胎起，直至养育成人，由亲爱，以至于不亲不爱，指点亲切，曲尽形容。读此歌一遍，而不知亲恩之重者，不是人。至八反歌，则将待子待亲，一一比照，更见不孝之罪上通于天！凡人上有父母，下有子女，依辈分而言，则父母尊而子卑，父母生我，子女是我生。而且奉养父母之日短，而养子之日长。以相同态度对待，尚且不可。何况如歌所说，事事相反。唉！具有天性的骨肉之地，却不孝父母之天，倒行逆施，如此恶劣，为什么形成这种恶习而不自知，我愿每天为这类人读八反之歌。

孝为百行首，诗书不胜录。富贵与贫贱，俱可追芳躅（大孝事迹）。
若不尽孝道，何以分人畜。我今说俚言，为你效忠告。
百骸未成人，十月怀母腹。渴饮母之血，饥食母之肉。

儿身将欲生，母身如在狱。惟恐生产时，身为鬼眷属。
一旦见儿面，母命喜再续。一种诚求心，日夜勤抚鞠。
母卧湿簟席，儿眠干被褥。儿睡正安稳，母不敢伸缩。
儿秽不嫌臭，儿病甘身赎。横簪与倒冠，无暇思沐浴。
儿若学步履，举步虑颠覆。儿若能饮食，省口恣所欲。
乳哺历三年，汗血耗千斛。劬劳尽苦辛，儿至十五六。
性气渐刚强，行止难拘束。衣食父经营，礼义父教育。
希望子成人，延师课诵读。慧敏恐疲劳，愚怠忧碌碌。
有过常掩护，有善先表暴。子出未归来，倚门继以烛。
儿行十里程，亲心千里逐。儿长欲成婚，为访闺中淑。
媒妁费金钱，钗钏卖布粟。一旦媳入门，孝思遂衰薄。
父母面如土，娇妻颜似玉。亲责反睁眸，妻詈不为辱。
母穿旧衫裙，妻着新罗服。父母或鳏寡，为儿守孤独。
父虑后母虐，鸾胶不再续。母虑孤儿苦，孀帏忍寂寞。
身长不知恩，糕饼先儿属。健不祝哽噎，病不观伸缩。
衣裳或单寒，炎天日烤灼。风烛忽垂危，兄弟分财谷。
不思创业艰，惟道遗资薄。忘却本与源，不念风与木。
蒸尝亦虚文，宅兆何时卜。人不孝其亲，不如禽与畜。
乌鸦尚反哺，羔羊犹跪足。人不孝其亲，不如草与木。
孝竹体寒暑，慈枝顾本末。劝尔为人子，孝经当勤读。
王祥卧寒冰，孟宗哭冬竹。蔡顺拾桑椹，贼为母送粟。
杨香拯父危，虎不敢肆毒。伯俞常泣杖，平仲身自鬻。
江革甘行佣，丁兰悲刻木。为何今世人，不效古风俗。
何不思此身，形体谁养育。何不思此身，德性谁式谷。
何不思此身，家业谁给足。父母即天地，罔极难报复。
亲恩说不完，略举粗与俗。闻歌当省悟，免得悲蓼莪。
勿以不孝首，枉住人间屋。勿以不孝身，枉着人间服。

勿以不孝口，枉食人间谷。天地虽广大，难容忤逆族。
趁早悔前非，莫待天诛戮。百善孝为先，躬行添福禄。

附八反歌
（出丹桂籍未详姓氏）

幼儿或詈我，我心觉喜欢。父母嗔怒我，我心反不甘。一喜欢，一不甘，待儿待父何心悬。劝君今日逢亲怒，也将亲作幼儿看。

【译文】幼儿有时骂骂我，我内心还感觉很高兴。父母冲我发发火，我心里反而不乐意。一个是高兴，一个是不乐意，对待孩子和对待父母的心情，为何会如此悬殊？劝你从今往后，每遇双亲动怒，也应将父母当作孩子看待。

儿曹出千言，居听常不厌。父母一开口，便道闲多管。非闲管，亲挂牵，皓首白头多谙练。劝居敬奉老人言，莫教乳口争长短。

【译文】儿辈千言万语，你听着都不厌烦。父母一开口，你便说他们多管闲事。不是管闲事，是双亲真心牵挂你。白发之人大多谙熟世事，人情练达。劝你要遵从老人之言，不要让乳口小儿在那里争长论短。

幼儿尿粪秽，君心无厌忌。老亲涕唾零，反有憎嫌意。六尺躯，来何处，父精母血成汝体。劝君敬待老来人，壮时为尔筋骨敝。

【译文】幼儿屎便脏，你心里却无厌烦顾忌。年老双亲涕泪痰唾零落，你倒有憎嫌之意。请问你的六尺身躯，是从何处来的？是父母的精血造就了你的身体。劝你尊敬善待老年人，他们在年轻体壮时已为你熬垮了筋骨。

看君晨入市，买饼又买糕。少闻供父母，多说哄儿曹。亲未膳，儿先饱，子心不比亲心好。劝君多出糕饼钱，供养白头光阴少。

【译文】看到你早晨到市场上去，买饼又买糕。很少听说是要买来孝敬父母的，大多都说是要买给孩子的。双亲还未品尝，儿女已先吃饱，子女之心不比双亲之心好。劝你多出买饼买糕的钱，好好供养白发双亲，他们在世的日子已经不多。

市间卖药肆，惟有肥儿丸。未有壮亲者，何故两般看。儿亦病，亲亦病，医儿不比医亲症。割股还是亲之肉，劝君亟保双亲命。

【译文】市场上卖药的店铺，只有肥壮幼儿的药丸，没有壮健双亲大人的。为什么会两般看待呢？儿女也生病，双亲也生病，医治儿女不能与医治双亲的病症相比。就算是割你大腿上的肉来孝敬，那也还是父母给你的呢。劝你赶紧好好爱惜、保全双亲的性命。

富贵养亲易，亲常有未安。贫贱养儿难，儿不受饥寒。一条心，两条路，为儿终不如为父。劝君养亲如养儿，凡事莫推家不富。

【译文】富贵之家奉养双亲应该很容易，双亲还经常会有不得安乐的。贫贱之家养育孩子很难，儿女却从未有忍饥受冻的。一条心，两条路，做儿女的终究赶不上做父母的。劝你奉养双亲应如养儿一般，凡事都不要推言家里不富有。

养亲止二人，常与兄弟争。养儿虽十余，君皆独自任。儿饱暖，亲

训俗遗规

290

常问，父母饥寒不在心。劝君养亲须竭力，当初衣食被吾侵。

【译文】要赡养的双亲只有两个人，还经常与兄弟纷争，相互推诿。养儿即使有十个，你却都能独自担当。儿女的饱暖，双亲还经常过问，父母的冷暖温饱你却从不放在心上。劝你赡养双亲应当尽心尽力，因为他们从前的衣食都被你侵占过。

亲有十分慈，君不念其恩。儿有一分孝，君就扬其名。待亲暗，待儿明，谁识高堂养子心。劝君漫信儿曹孝，儿曹样子在君身。

【译文】双亲有十分的仁慈，你却不感念他们的恩情。儿女只要有一分的孝心，你便四处张扬他们的孝名。对待双亲如此暗昧，对待儿女却如此明察，谁能识得双亲大人的养子之心？劝你不要轻易相信儿辈的孝敬，那是因为儿辈的亲生子还缠在你身边呢。

魏环溪《庸言》

（公名象枢，蔚州人。顺治丙戌进士，仕至刑都尚书，谥敏果。）

宏谋按：魏环溪先生，正色立朝，百僚严惮。读其奏疏①，剀切真挚，无所忌讳。至今犹有余慕焉。所采庸言诸则，刚方正直之概，可以想见。而敦本尚实，密于自修，恕于责人，言之直截痛快。其警世也深矣。

【注释】①奏疏：奏章。

【译文】陈宏谋按：魏环溪先生，为政清廉正直，百官都畏惧先生严正。读他写的奏章，真挚直谏，无所忌讳，至今为人美慕。所采集《庸言》各则，刚毅正直的气概可见，而敦本尚实，严于自修，恕于责人，语言直截痛快，警世意义深远。

人心一念之邪，而鬼在其中焉。因而欺侮之，播弄之，昼见于形像，夜见于梦魂①，必酿其祸而后已。故邪心即是鬼。鬼与鬼相应，又何怪乎。人心一念之正，而神在其中焉。因而监察之，呵护之。上至于父母，下至于子孙，必致其福而后已。故正心即是神。神与神相亲，又何疑乎。

【注释】①梦魂：古人以为人的灵魂在睡梦中会离开肉体，故称梦魂。

【译文】人心一念在邪，有鬼在其中，因而被欺侮、拨弄，白天见于形状，晚上梦见鬼魂，必酿其祸而止。所以邪心就是鬼，鬼与鬼互相呼应，不足为怪。人心一念在正，有神在其中，因而得到监察、呵护。上至于父母，下及于子孙，必致其福。所以正心就是神，神与神相亲，不必怀疑。

程子曰：择地有五患，不可不谨。须使他日不为道路，不为城郭，不为沟池，不为贵势所夺，不为耕犁所及。此择地之实理，非风水形势之言也。至于阳宅，亦有五患。愚亦窃取程子之意以补之曰。不近寺庙，不近城垣，不近卑湿，不近屠沽之所，不近奢淫之家。即吉宅也。若以祸福论之，只在修德与不修德者，各有所验。今人不修德而求地，将谓山川有灵，其许之乎。

【译文】程子曰：选择墓地有五患，不可不慎重。必须使今后不建道路，不会建城廓，不会修渠道、池塘、水库，不会为贵势所侵夺，不会变成田地。这是择墓地实用之理，并非风水地理形势之言。阳宅也有五患，我依程子之意补充如下：不可靠近寺庙，不可靠近城垣，不可靠近低湿，不可靠近屠宰场、商铺，不可靠近奢侈淫佚之家。符合这五项，就是吉宅。若以祸福而论，只在于是否修德，各有灵验。今人不修德而求地，说什么山川有灵，山川之灵会呵护不修德的人吗？

人之存心忠厚者，必立言忠厚。立言忠厚者，必作事忠厚。身必享忠厚之福。子孙必食忠厚之报。

【译文】人心忠厚者必立言忠厚。立言忠厚，必做事忠厚，身必享忠厚之福，子孙必食忠厚之报。

为人作墓志铭甚难。不填事迹，则求者不甘。多填事迹。则见者不信。甚至事迹无可称述，不得已而转抄汇语，及众家刻本以应之。辟如传神写照，向死人面上脱稿，已不克肖，况写路人形貌乎。愿世人生前行些好事，做个好人。勿令作墓志铭者，执笔踌躇。代为遮盖也。

【译文】为人作墓志铭很难。不写事迹，求者不满意。多写事迹，则见者不相信。甚至没有事迹可以称述，不得已而转抄汇编的语句，以及众家碑文以应付。譬如描写一个人的形态，向死人面上脱稿，已很难相似，何况描述路人形貌。愿世人生前做些好事，做个好人。免得作墓志铭者踌躇不定，代为遮掩。

士大夫书札中，云启，云奏，云九顿首，及寿杯内镌千秋等字者。意义尊隆，用之于朋友兄弟之间，失体矣。习而不察，戒之。（惟尊赞讼，惟恐不至，不但失体，亦且昧心。）

【译文】士大夫书札中，常见有"启"、"奏"、"九顿首"，以及寿杯内镌有"千秋"等字，显得尊贵意隆。但是，这类字用于朋友兄弟之间，则失体。照抄而不区分对象者当戒。（因为如此不择对象的尊敬赞颂，不但失体，而且昧心。）

子为父母庆生辰。膝下称觞①，情也，礼也。至于我之生日，乃母难之日也。若受亲戚邻里，门徒故交之祝，开筵扮戏，馈遗杀生，于心安忍。然酌斟情礼，凡我之生日，当斋心以报亲。令我之子孙，次日称觞以尽孝。庶几两全矣。（老年庆寿，事不能废。如此，犹为近理。若少年庆寿，决无此理。）

【注释】①称觞：举杯祝酒。
【译文】子女为父母亲庆贺生日，跪拜祝寿，举杯祝酒，合情、合礼。至于我的生日，则是母难之日，若受亲戚邻里、徒弟、学生、故交的祝贺，设生日宴、唱戏、馈赠贺礼、杀生等，于心不安。然而按照情礼，凡我的生日，当持斋报亲恩，令我的子孙于次日再称觞尽孝。以此两全。（老年庆寿，事不能废，而且合理。青少年庆寿决无此理。）

丧不祭而请僧设醮①，至谓超度地狱。安知亲必在地狱中乎？此恶俗也。有志维风者，勿忽焉。

【注释】①设醮：道士设立道场祈福消灾。

【译文】遇丧事不知行丧祭之礼，而是请僧设醮。说是超度死者出离地狱，却怎么知道逝去的亲人一定在地狱呢？这是恶俗啊。有心要维护风化的人不要忽视这个问题。

败家子有二种。淫荡赌博，骄奢纵侠，花费祖父之赀产者，败其家门也。此则愚顽不读书之人为之。妨贤病国，罔上行私，贪赂肥家，害人利己，辱没祖父之名节者，败其家世也。此则聪慧能读书之人为之。不可不辨。（败家门者，止于一家。败家世，必贻害于天下。人顾不以此为戒。且惟恐其不能为此。愚妄甚矣。）

【译文】败家子有两种。淫荡赌博，骄奢纵侠，花费祖父资财者，败其家门，这是愚顽不读书的人所为；阻抑贤人使其不得进用、祸国、罔上行私、贪污贿赂、损公肥私、害人利己、辱没祖父名节者，败其家世，这是聪慧能读书的人所为。不可不辨。（败家门者只败一家，败家世者贻害天下，现在的人却不知道以此为戒，还惟恐不能为此，真是太愚昧狂妄了。）

市上肥甘之物，一二家不可买尽。须留些与众家一尝，才有滋味。富贵功名等物皆然。愚同年①友王近微读而叹曰："予先子题小亭一联：'有但宽一步常无失，每积三分定有余'，亦此意也。"

【注释】①同年：古代科举考试同科中试者之互称。唐代同榜进士称"同年"，明清时乡试、会试同榜登科者皆称"同年"。

【译文】市场的肥甘美味之物，不能被一二家买尽，须留一些给众家品尝，才有滋味。富贵功名等物也是一样。我的一位同年王近微读后感叹道："我的先祖曾为某小亭题了一幅对联，写道：'但宽一步常无失，每积三分定有余。'也是这个意思啊。"

姻亲有寡妇守节者，固当频频周问。尤当加以敬谨。有时亲往，则坐于中堂。或奴仆往，则令立于中门外。语毕即出。凡周恤，止宜布粟而已。

【译文】姻亲中有寡妇守节者，固然应当关心，经常慰问，尤其应当敬谨。有时亲自登门，则坐在中堂。或奴仆前往，则站立中门外，说完事随即离开。凡资助，只宜赠送布料、粮食。

昔人云：愿识尽世间好人。读尽世间好书。看尽世间好山水。余曰：识好人，先自贫贱愚拙始。读好书，先自学庸论孟始。看好山水，先自祠墓田庐始。

【译文】古人说：愿识尽世间好人，读尽世间好书，看尽世间好山水。我认为，识好人，要从贫贱愚拙之人开始。读好书，先从《大学》、《中庸》、《论语》、《孟子》开始。看好山水，先从祠堂坟墓、田园、茅庐开始。

昔人云：每闲坐。想古人无一在者，何念不灰。余曰：还想古人至今尚在处，何念不愤。

【译文】古人说：每闲坐，想古人没有一个在世，万念俱灰。我说：还想古人至今尚在，必须努力向古人学习，奋发图强。

幼而读书，以至于长且老，闻孔孟之教久矣。及其死也，儿孙用浮屠追荐之。令地下之魂，屏诸孔孟宫墙之外。是可忍也，孰不可忍也。随俗迷谬，一至于此。幸而浮屠，幻事也。若其果真，则不孝之罪，安可赎哉。

【译文】幼而读书，直到长大，步入老年，接受孔孟之教已久，到死后，儿孙建浮屠追荐我，使我地下的魂，隔阻于孔孟宫墙之外。那时孔子将同情我说："是可忍也，孰不可忍也。"被习俗谬误所迷，到了如此程度。幸运的是，浮屠，不过是佛教信奉的虚幻之物。假如真有浮屠，则不孝圣人之罪，无法可赎。

风水吾不敢知，知其理而已。祖父已死之骨，安厝未妥，子孙既不兴隆。况祖父在生之身，奉养未周，子孙岂无灾祸。欲于葬后享福利，须要生前致欢心。此吾所谓风水之理也。

【译文】风水，我不敢说懂，知其理而已。祖父遗体，安厝未妥，子孙就不兴隆。况且祖父在生时，子孙奉养不周，子孙岂无灾祸。要想葬后享福利，必须生前致欢心。这就是我所指的风水之理。

七月二十八日，刘眯讲子食于有丧者之侧一节毕。问之曰：圣人此言，凡讲书者，童而习之矣。今人到丧家，饮酒谈笑，饱而且醉，何也。眯曰：今人口耳之学，有其名，无其实也。儿学诚在侧，因问之。对曰：圣人有哀死之心，今人无哀死之心耳。又问曹鼎，对曰：古有圣人教化，人尚知礼。今无圣人教化，故不知礼。又问张其理，对曰：人不痛他自己父母，故亦不痛人家父母。四子皆甫成童者，言俱近似。故存之。

【译文】七月二十八日，刘咏讲"子食于有丧者之侧"一节后，其学生提问："圣人此言，凡讲书者，从童年时期学会。今人到丧家，饮酒谈笑，酒醉饭饱，是为什么？"刘咏回答："这是今人口耳之学，有其名，无其实。儿童学这一节，重点当然在'侧'字，所以你提问。"某学生接着说："圣人有哀死之心，今人无哀死之心啊！"又问曹鼎："我刚说的对吗？"曹鼎对答："古有圣人教化，人尚知礼，今人无圣人教化，故不知礼。"又问张其理：曹鼎说的对吗？张回答："人不痛他自己父母，故也不痛人家父母。"四人都是刚刚入学的儿童，言意近似，特存录之。

世人都看戏场。何曾看得一个好人，好在何处，我当学他。看得一个不好人，不好在何处，我不当学他。更可怜者，终日笑花脸。自己当花脸而不一回顾也，可奈何。（人人看戏，肯把自己对照，则一场之戏，可发许多警省。）

【译文】世人都看戏，什么时候看到一个好人，即想此人好在何处，我当向他学习。看得一个不好的人，即想此人不好在何处，我不学他。更可怜的是，终日笑花脸，自己却正在当花脸，却没有回顾反省过一次，这种人能拿他奈何呢？（人人看戏，肯将自己与剧中人对照，则每场戏可引发许多警省。）

开口先讲太极，便不是实学。只讲五伦，便好。

【译文】开口先讲太极，便不是实学。只讲五伦，便好。

人有善则伐。得善则失。不善，则虽知而复行。惟颜子无伐也，弗失也。未尝复行也，吾师乎。

【译文】人有善则夸耀，得善则失。不善，虽知而复行。只有颜回既不夸耀也不失，更没有复行不善。他不正是我的老师吗？

闻誉虑其或无。闻毁虑其或有。是为己之学。

【译文】听到赞誉，考虑或许没有。听到诽谤考虑或有，是律己的学问。

读书不达世务，真是腐儒。读书不体圣言，真是呆汉。常把自己说得好话，一一自问，你既不行，谁教你说出来。

【译文】读书不明世务，是腐儒。读书不体会圣言，是痴汉。常把自己说得好的话，一一自问，你既然不行，谁教你说出来。

·成德每在困穷。败身多因得志。

【译文】积德有成，多在困穷时期。败身多因得志后，趾高气扬。

世间第一种可敬人，忠臣孝子。世间第一种可怜人，寡妇孤儿。（常常玩此四句，可以扶植伦化。）

【译文】世间第一种可敬的人，是忠臣孝子。世间第一种可怜的人，是寡妇孤儿。（常常体味这四句话，可以扶植伦化。）

汤潜庵《语录》

（先生名斌，河南睢州人。顺治己丑进士，从祀贤良，仕至工部尚书，谥文正。）

宏谋按：汤文正公，讲学以诚正为本。论事以忠孝为先。理学经济，彪炳①国史。语录所载，皆足以感发斯人之良心，而策其力学之志气。所宜切己体察者也。兹录其切于居家处世者，以为训。而吴中告谕之语，尤有关于风俗人心。故并录之。

【注释】①彪炳：辉耀；照耀。

【译文】陈宏谋按：汤文正公，讲学以诚意正心为本，论事以忠孝为先。理学经济，彪炳国史。语录所载，足以感发人的良心，提高读者努力学习的志气，须结合自己实际认真思考。今录其居家处世方面内容，作为格言。而江浙一带告谕之语，涉及风俗人心，所以一并收录。

齐家之道，与治国不同。臣之在国也，有犯无隐。若以此道施之于家，则不可。家之中，不得径行其直。须有委曲默为转移之法。

【译文】齐家之道与治国不同。我在朝廷任职期间，有过失但不隐瞒。假如用这种方法治理家族，则行不通。在家中，不能直来直去，必须采取委曲默契的方法调解矛盾。

齐家之道最难。周子^①云：家亲而国与天下疏。惟其亲故不可以义伤恩，又不可以恩掩义。然则教家者，亦惟渐渍化导而已，久当自变也。

【注释】①周子：周敦颐。

【译文】齐家之道最难。周敦颐说：家亲则会疏远国家与天下。亲则不可以义伤恩，又不可以恩影响义。所以，家教重点在于逐渐感化引导，日久自然变好。

论义门郑氏曰：礼义之心，必如此浃洽^①，方为善道，然非一朝一夕之故。先生曰：家道惟创始为难。久则相承。即间有不率，礼义之风已成，可观摩而化也。

【注释】①浃洽：和谐；融洽。

【译文】义门郑氏说：礼义之心，必须彼此融洽，才是善道，但不是一朝一夕的功夫。先生说：家道创立最难，以后相承，虽偶有不照做的行为，但礼义之风已形成，可以观摩而感化。

教子弟只是令他读书。他有圣贤几句话在胸中，有时借圣贤言语，照他行事开导之。他便易有所省悟处。

【译文】教子弟只是叫他读书，他有几句圣贤言语在胸中，有时借用教诲，对他的行为进行引导，他便容易省悟。

课子溥等读书，尝至夜分不辍。曰：吾非望汝早贵。少年儿宜使苦。苦则志定。将来不失足也。

【译文】教子读书，经常夜深不辍。我并不是希望他早成贵人，而是少儿应当吃苦，苦则志定，将来不致失足。

先生临殁，漏下二鼓，犹戒子薄等曰：孟子言乍见孺子入井，皆有怵惕恻隐之心。汝等当养此真心。真心时时发见，则可上与天通。若但依成规，袭外貌，终为乡愿，无益也。（许多事业，俱从这点真心，推暨出来，先生得力在此。宜其临终犹谆谆也。）

【译文】先生临终，正值晚上二更，还教诚儿子说：孟子说，偶然见到小儿掉到井里，都怀有怵惕恻隐之心，要去营救。你们应当养成这种真心。真心时时显发，则上可通天。如果仅依成规，做表面功夫，不过是乡愿，没有益处。（许多事业，都是从这点真心，衍生出来，先生教育得力正体现在此，其临终教诲才会如此恳切。）

年少登科，切勿自喜。见识未到，学问未足，一生吃亏在此。即使登高第，陟高位，庸庸碌碌，徒与草木同朽耳。往往老成之人，一入仕途，建立一二事，便足千古。由其阅历深也。（今人止以科第为难，却不知科第后，其事更重，其名更难副也。）

【译文】年少登科，切莫自喜。因为见识没达到相应程度，学识没有相应水准，将来吃亏一生，根源在自满。即使登高第，身居高职位，却庸庸碌碌，无所作为，最终与草木同朽。往往老成之人一入仕途，成就一两件事，便足以传颂千古，是由于老成之人阅历深。（今人只认为科第难登，却不知取得功名之后所要做的事更不可轻忽，学问不够，功名与职位就更难相副。）

彼此讲论，务要平心易气。即有不合，亦当再加详思。虚己商量。不可自以为是，过于激辨。舍己从人，取人为善，圣贤心传，正在于此。

否则虽所论极是, 亦见涵养功疏。况未必尽是乎。尤西川先生云, 让古人, 是无志。不让眼前人, 是好胜。

【译文】与人彼此讨论, 必须心平气和。即使与自己观点不同, 也应当再仔细思考, 以谦虚态度进行商量, 不可自以为是, 过于激辩。"舍己从人, 取人为善", 这是圣贤心传。否则虽然你的论述十分正确, 但见你的涵养还差功夫, 何况未必全对。尤西川先生指出: 让古人, 是无志。不让眼前人, 是好胜。

人非圣贤, 孰能无过。吾辈发愤为学, 必要实心改过。默默点检自己心事。默默克治自己病痛。若瞒昧此心, 支吾外面。即严师胜友, 朝夕从游, 何益乎。

【译文】人非圣贤, 孰能无过。我辈发愤读书, 必须实心改过。默默克制自己的毛病, 检查自己的心思。如果瞒昧过失, 粉饰外表, 即使严师胜友, 形影不离, 也难得到真知, 不能获益。

每见朋友中, 自己吝于改过, 偏要议论人过。甚至数十年前偶误, 常记在心, 以为话柄。独不思士别三日, 当刮目相待。舜跖①之分, 只在一念转移。若向来所为是君子, 一旦改行, 即为小人矣。向来所为是小人, 一旦改图, 即为君子矣。岂可一眚便弃, 阻人自新之路。

【注释】①舜跖: 虞舜和盗跖的并称。指圣人和恶人。
【译文】常见朋友中, 自己吝于改过, 却偏要议论人家过失, 甚至数十年前偶然所把错误, 常记在心, 作为话柄。惟独不考虑, 士别三日, 当刮目相看。舜与跖的区分, 只在一念转移。若以前所为是君子, 一旦改行, 则变为小人; 以前所为是小人, 一旦改图, 即成为君子。怎能因一次过失便唾弃、阻碍他人自新之路?

更有背后议人过失, 当面反不肯尽言。此非独朋友之过。亦自己心地不忠厚, 不光明, 此过更为非细。以后会中朋友, 偶有过失。即于静处, 尽言相告, 令其改图。即所闻未真, 不妨当面一问, 以释胸中之疑。不惟不可背后讲话。即在公会, 亦不可对众言之, 令彼难堪, 反决然自弃。交砥互砺, 日迈月征, 庶几共为君子。

【译文】更有背后议论别人过失, 当面反而不说的。这不单是朋友的过失, 也是自己的心地不忠厚、不光明, 此过更不小。以后在公共场所, 见朋友偶然失误, 即刻在静处, 当面劝说, 使其改正, 即使所听说的事没有落实, 也不妨当面问清楚, 以释胸中所疑。不仅不可背后乱说, 也不可在公共场所当众议论, 使人难堪, 反而使自己被人唾弃。互勉互励, 时间一久, 或许都能成为君子。

先生抚吴时, 问吴中上方山神最灵, 祭赛最盛, 起于何时。景(门人范景)对曰: 相传是南宋时, 沿流到今。灵异之说, 皆出乡里传说耳。先生曰: 鬼神福善祸淫, 治幽赞化。若来祭享者, 方免其祸。不来祭享者, 即降以灾。直与世间贪官行事一般, 定是邪鬼, 决非正神。吾只是不信。

【译文】先生在江浙一带任职时, 问当地上方山神最灵, 民众争相祭祀, 是从什么时候开始。门人范景回答: 相传从南宋时期沿流至今。可见灵异之说, 都是出自乡里传说。先生说: 鬼神福善祸淫, 整治则隐幽, 众相追捧则显现。假如来祭祀者能免祸, 不来者则降灾。这就与世间贪官办事一样, 必然是邪鬼, 绝对不是正神。我不相信。

告谕曰：吴下风俗，每事浮夸粉饰，动多无益之费。外观富庶，内鲜盖藏。偶遇灾祲，救死不赡。如迎神赛会，搭台演戏一节，耗费尤甚，酿祸更深。此皆地方无赖棍徒，借祈年报赛为名，图饱贪腹。每至春时，出头敛财，排门科派。高搭戏台，哄动远近男妇，群聚往观。举国若狂，废时失业。田畴菜麦，蹂躏无遗。甚至拳勇恶少，寻衅斗狠。攘窃荒淫，迷失子女。每每祸端，难以悉数。本院窃为尔民计。以此无益之费，而周恤乡党亲族，刊布嘉言懿行。则人颂好善，积累阴功。何苦以终岁勤劬所获，轻掷于一日，曾有何益。

【译文】告谕写道：吴地风俗，事事浮夸粉饰，无益之费甚多。外表富足，掩盖实情。一旦遇到灾害，便无力补救。例如迎神赛会，搭台演戏一项，耗费尤其太多，酿成祸患更深。这都是地方无赖棍徒，借祈年报赛之名，聚敛众财，填自己私囊。每年立春时，出头摊派，高搭戏台，哄动远近男女，群聚观看，百姓兴奋若狂，浪费时间，影响正业，田地庄稼，蹂躏无遗。恶棍歹徒趁机寻衅斗狠。盗窃荒淫，迷失子女，这类祸端，一言难尽。本院窃为民生考虑，把这些无益耗费，用来周恤乡亲，刊布嘉言懿行，则为众人称赞善行，也为民积累阴德。何苦以终年勤劳所获，轻掷于一日，有何益处？

又告谕曰：古昔盛时，士有庠序学校以乐其群。民有比闾族党以萃其涣。礼让兴行，风俗朴茂。迩来教化不明，人心陷溺。父兄之训戒不先，里党之薰陶无素。因之一善未闻，多以恶败，至于犯法，有司辄执三尺以绳之。轻则杖笞。重则绞斩。每岁谳狱①之章，常至千余。本院昔承乏②纶阁③，阅诸曹奏牍④。每至大狱⑤，辄反覆不置。窃叹孰无父母，孰无妻子。一旦身罹刑辟，莫能救助，为之泣下。夫先王以刑弼教，非以刑为教也。一言不教，而惟刑是加，岂父母斯民之意乎。今奉命抚吴，见俗尚浮华。人情嚣诈。讦讼见于宗族。仇杀起于比闾。泰伯季子之风微，而专诸要离之习胜。欲挽回末俗，驯致醇良。条约频颁，未见省改。中夜思维，人心本善，岂尽下愚不移。从容渐摩，自当感动。乡约之法，最为近古。恭读上谕十六条。圣人之言，广大精微。修身齐家之道，迁善远罪之方，总不外此。官吏定期，每月朔望，会集士民于公所。其乡镇等处，各择一空阔祠宇。选年高有德，为乡人所重者，敬谨讲说。务要明白痛切，使人感动。平居无事。则互相叮咛。一有过恶，则彼此讦责。共存天理、共守王法、孝亲敬长、讲信修睦、敦尚朴实、解息忿争。无负圣天子尚德缓刑，化民成俗至意⑥。

【注释】①谳狱：审理诉讼；审问案情。②承乏：承继空缺的职位。后多用作任官的谦词。③纶阁：中书省的代称，为代皇帝撰拟制诰之处。④奏牍：犹奏章。⑤大狱：重大的案件。多指牵涉面广而处罚严厉者。⑥至意：极深远的用意。

【译文】又告谕：古代兴盛时期，士有庠序学校进行培养。民有比闾（五户为比，五比为闾）、家族进行管理，礼让兴、民风朴。近来教化不明，人心陷溺。父兄的训诫不被重视，里党不能常常受到德教的熏陶。因而一善不见，恶败甚多。至于犯法，司法人员动辄以三尺棍棒对付。轻则杖笞、重则处以死刑。每年诉状达千余件之多。本院过去在中书省任职时，阅读各部门奏章，每看到重大案件，常反复查阅案卷，窃叹谁无父母，谁无妻子，一旦被判死刑，而无力挽救，常为之泣下。先王以刑辅佐教化，并不是用刑代替教育。一言不教，而惟刑是加，难道这就是"父母官"爱民的美意吗？今奉命担任吴地巡抚，见浮华之风，人情嚚诈。发人隐私的讼事见于宗族。仇杀起于比闾。泰伯，季子之风式微，而崇尚春秋时期刺客——要离的人很多。欲挽回这类恶习，使民驯良，虽频繁颁布条约，却未见人民省悟改正。深夜静思，人心本善，难道民众都愚昧不知悔改吗？从容引导，自然感动。乡约这一办法，多为古今采用。恭读上谕十六条，圣人之言，广大精微。修身齐家之道，迁善远罪之方，总离不开圣贤言语。地方官员每逢初一、十五，召集群众到公共场所，在乡镇等处选定一座空阔祠堂，挑选年高德厚、为乡人所敬重者，进行讲解，要求深入浅出，切合实情，使人感动。平日无事，互相提醒，一有过失恶行，则彼此批评指正。共存天理，共守王法，孝亲敬长，讲信修睦，敦尚朴实，解息纷争。以此不负圣天子尚德缓刑，教化民众形成良好风俗的深远用意。

汤潜庵《语录》

魏叔子《日录》

（先生名禧，字冰叔，江西宁都人。）

宏谋按：宁都三魏①，有学行，士林交推，而叔子之名尤著。观其日录，语皆透宗。觉精义妙理，俱在目前，未经人道。一为拈出，如闻晨钟，如服清凉散，足以发人深省，已人锢疾②也。采录不多，而先生心地之爽朗，识力之坚定，已窥见一斑矣。

【注释】①宁都三魏：兄际瑞、弟礼皆有文名，时称宁都三魏。②锢疾：比喻长期养成不易改变的癖好。

【译文】陈宏谋按：宁都三魏，都很有学问德行，为士人一致推崇，而叔子之名尤著。观其《日录》，为学的宗旨透露在语句中。感觉精义妙理，就在眼前，而没被人称道。一旦提出，如闻晨钟，如服清凉散，足以发人深省，治愈人的痼疾。采录不多，而先生心地之爽朗，识别能力之敏锐，从中已可见一斑。

事后论人，局外论人，是学者大病。事后论人，每将知人说得极愚。局外论人，每将难事说得极易。二者皆从不忠不恕生出。

【译文】事后论人，局外论人，是学者大病。事后论人，常将聪明人说得极愚蠢。局外论人，常将难事说得极容易。二者都从不忠不恕产生。

人骨肉中，有一悭吝至极人，我宁过于施济。有一残忍至极人，我宁过于仁慈。有一险诈至极人，我宁过于坦率。有一疏略至极人，我宁过于周密。有一烦琐至极人，我宁过于简易。有一贪淫至极人，我宁过于廉正。有一放肆至极人，我宁过于谨慎。有一浮躁轻薄至极人，我宁过于谦厚。正须矫枉过正，乃为得中。如此，方能全身远祸，并可解此人于厄。（此中有含容之意，又有感化之意，总缘骨肉与外人不同，不如此，亦无别法，徒致伤残耳。）

　　【译文】在家族至亲中，有一个悭吝至极的人，我宁可对他过于施济。有一个残忍至极的人，我宁可对他过于仁慈。有一个险诈至极的人，我宁可对他过于坦率。有一疏略至极的人，我以过于周密对他。有一烦琐至极的人，我对他过于简易。有一贪淫至极的人，我以过于廉正对他。有一放肆至极的人，我宁可过于谨慎。有一浮躁轻薄至极的人，我对他宁可过于谦厚。这叫作矫枉过正，才为得中，以此保全自己，远离祸患，并可解此人于困厄。（骨肉之间，惟此含容办法以感化对方，因与外人不同，不这样做，就可能引起骨肉相残。）

　　人极重一耻字。即盗贼倡优，若有些耻意在，便可教化。若其人虽未大恶，或遇羞耻之事，恬然可安，肆然不畏，则终身必无向善之日。推到极不善事，亦所肯为。耻字是学人喉关。圣人教人，与小人转为君子，皆从耻上导引激发过去。人一无耻，便如病者闭喉。虽有神丹，不得入腹矣。

　　【译文】人极重一个"耻"字，虽是盗贼、歌妓，只要有一点"耻"意，就可以教化，若其人虽无大恶，或许遇到羞耻事，恬然可安，肆然不畏，要他去做极不善事，他也去干，则终身不会向善。"耻"字是学做人的关键，如同人的咽喉。圣人教人，将小人转化为君子，都从耻字上引导其反省过去。人一无"耻"，如同病人闭喉，虽有仙丹，不能入腹，终不可救。

人于横逆来时，愤怒如火。忽一思及自己原有不是，不觉怒情燥气，涣然冰消。乃知自反二字，真是省事养气，讨便宜，求快乐，最上法门。切莫认作道学家虚笼头语看过。

【译文】人在横逆来时，愤怒如火。忽然一想，自己原来有错，不觉怒气全消。这是"自反"二字的作用，真是省事养气、讨便宜、求快乐的上等方法。

人如何谓之立志。先要辨得何等好事，是我断做得的，是我必要做的。何等不好事，是我不会做的，是我断不肯做的。

【译文】人怎样才叫立志，先要能分辨什么是好事，是我能做，而且必须做的。什么是不好事，是我会做，但是绝对不肯做的。

朋友除伤伦败化外，宁可十分责他，不可一分薄他。我有薄他之意，则诚意已衰。虽有正言，不能感人，且易招怨。

【译文】朋友除伤伦败化之人之外，宁可十分责他，不可一分薄待他，我有薄他之意，则诚意已衰，虽然有正言，却不能感化人，而且容易招怨。

遇疾恶太严之人，不可轻易在他前道人短处。此便是浇油入火，其害与助恶一般。

【译文】遇到疾恶太严之人，切莫轻易在他面前说人短处，否则，便是火上浇油，其害与助恶一样。

妻之罪，不至可出。子之罪，不至可杀。齐家者，便要十分调理训化。刚断则伤恩。优容则害义。故豫教之方，不可不谨于早也。

【译文】妻有罪，不至于可出，子有罪，不至于可杀。作为一家之主，要管理好家庭，必须注重调理训化，简单粗暴则伤恩，纵容不管则害义。所以，家庭教育，必须严谨于早期，将不好的事断绝在萌芽状态。

听好言语。无津津有味之意，便是不曾立志。

【译文】听好言语，不觉得津津有味，便是没有立志。

毋毁众人之名，以成一己之善。毋役天下之理，以护一己之过。（君子有时不免，毕竟足以误事，不仅有伤公厚而已。）

【译文】莫毁众人的名誉，以成一己之善。莫使用天下之理，以掩饰一己之过。（君子有时不免，毕竟足以误事，不仅有伤公厚而已。）

人最不可轻易疑人。今如误打骂人，人可回手回口。若误疑人，则此人一举一动，我有十分揣摩，他无一毫警觉。终身冤诬。那得申时。此逆亿^①所以为薄道也。

【注释】①逆亿：谓事先疑忌别人欺诈不正。
【译文】切莫轻易疑人。要明白，打错人骂错人，别人可以还手还口。若疑错人，则对此人举动时刻进行观察分析，此人却毫无警觉，终身蒙冤，却没有申诉机会。这样疑忌别人是刻薄的做法。

人做事，极不可迁滞。不可反覆。不可烦碎。代人做事。又极要耐得迁滞。耐得反覆。耐得烦碎。（有一片热肠，方耐得。）

【译文】做自己的事，不可迁滞、反复、烦碎。代人做事，又要耐得迁滞、反复、烦碎。（有一片热心肠，方能耐得。）

古今教人做好人，只十四字，简妙直切。曰：君子落得为君子，小人枉费做小人。盖富贵贫贱，自有一定命数。做君子，不会少了分内。做小人，不会多了分外。落得者，犹云拾得，言极其便宜也。枉费者，犹云折本，言极其吃亏也。

【译文】从古至今教人做好人，只有十四个字："君子落得为君子，小人枉费做小人"。富贵贫贱，自有一定命数，做君子不会少了分内，做小人不会多了分外。落得者如同拾得，极其便宜。枉费者，如同折本，极其吃亏。

古人教人听言，莫精捷于伊尹二十一字。曰：有言逆于汝心，必求诸道。有言孙于汝志，必求诸非道。凡人逆心时，便觉非道。我却先从他是道处求。则其道出矣。凡人孙志时，便觉是道。我却先从非道处求，则其非道出矣。今人逆心，便从非道处求。孙志，便从是道处求。安得不好谀护过，小人日亲，君子日远乎。

【译文】古人教人听言，伊尹归纳为二十一个字："有言逆于你心，必求其道，有言逊于你志，必求其非道。"凡言使人逆心时，便觉非道，我却先从他是道处求，则其道自然出来。凡言使人逊志时，便觉是道，我却先从非道处求，则证实此言非道。今人逆心便从非道处求，逊志而从是道处求，怎么会不喜欢阿谀奉承护过，因而小人日亲，君子日远呢?

闻之先辈曰：作功德事，不要只说损己。须要看人实受益否。不然，劳费千万，究竟虚设。予谓此种不是好名，便是懒惰。究言之，只是不关切。今人谋身家，计子孙者，岂有此。

【译文】听先辈说：做功德事，不要只说"损己"。主要是看别人是否真正受益。否则，劳费千万，毫无作用。我认为这种人不是好名，就是懒惰。"损己"二字，只是不关切别人。今人谋身家，计子孙，根本不提功德二字。

与仆役工作人处，宜降体和气，引之言话，有三大益。纵其所言，使下情得以上达。而我亦可知里巷好恶，及一切土俗利害，物价贵贱。一也。言语往复，得舒其情。使之乐于从我，虽劳不苦，虽苦不怨。二也。话言间，或论天理王法，或说善恶报应。随事广譬，亦可使其迁善改过，救补万一。三也。（大舜好察迩言，与人为善，即此意也。）

【译文】与一般工作人员相处，不要摆出领导架势，要平等相待，和气共事，引导他们说心里话。这样做有三大益处：让他们把心里话说出来，使下情上达，而我可知道里巷好恶，及一切土俗利害、物价贵贱等真实情况，此其一。其二：言语交谈得以舒其情，使之乐于服从于我，虽劳不苦，虽苦不怨。第三，说话中，或论天理王法，或说善恶报应，广开言路，随事举例，也可使其迁善改过，救补万一。（大舜好察常人之言、与人为善的意义就在此也。）

凡人皆不可侮。无用人，尤不可侮。盖无用之人，无势力，无才智，天至此也穷了。惟天穷而无处，则天心必深悯念他。世间千人万人，遇着无告之人，便恻然动心，此便是天心可见处。天悯念他，我反欺侮他，便得罪于天。（此等处，最可观人存心厚薄。）

【译文】凡人都不可欺侮，无用人，更不可侮。由于无用之人，无势力，无才智，即使是天至此也穷。而天穷没有固定地方，因此天心必然十分怜悯无用人。世间千万人，遇着无处投诉的人，便动恻隐之心，表示同情，这就是天心可见之处。天怜悯他，我反而欺侮他，便得罪于天。（此等情况，也最能看出人存心的厚薄。）

人幼时，不可令衣丝缟，尝食肥甘。盖幼年衣食所费无几，父母最易骄养其子。到后长大，其费不给，服粗茹淡，遂觉难堪。至养蒙当教澹泊，又不待论。人平日食用，不可求精。卧处不可求安。盖平尝无事，尚是易为。若当疾病患难，稍不如意，倍增苦恼。至学问无求安饱，又不待论。

【译文】幼年时期的人，不可令其穿丝罗华服，吃肥甘美味。因为幼时衣食所费无几，父母最易娇养其子。长大以后，生活标准稍有降低便很难适应，甚至衣服稍粗就觉得失体面。所以从小应当教其淡泊，食用不可求精，卧处不可求安，以增强其适应自然、社会环境的能力。至于学问，则求其不断长进。

立意说谎人，亦少。多因一时要说得好听，便生出无数虚诞。自揣言语之间，其不务好听者鲜矣。

【译文】立意说谎的人很少。多是因为一时要说得好听，便生出虚诞之辞。斟酌言语，不务好听者很少。

我不识何等为君子，但看日间每事肯吃亏的，便是。我不识何等为小人，但看日间每事好便宜的，便是。要真实保身家人，便已近君子一路。（此等人必不为恶也。）

【译文】我不知什么样的人叫君子，但看平时每事肯吃亏的便是。我不识什么样的人为小人，但看每事好占便宜的便是。真实保身的人，将成为君子。（因为此等人必不会为恶。）

凡做好人，自大贤以下，皆带两分愚字。至于忠臣孝子，贞女义士，尤非乖巧人做得。盖至情之人，一往独到。故私意世情，不能入其胸中。予尝论朋友知己，若无些愚意在，终到不得十分至处。

【译文】凡做好人，自大贤人以下，都带两分愚。至于忠臣孝子贞女义士，不是乖巧人做得到的。至情之人，始终如一，私意世情不入胸中。我曾经论朋友知己，假如没有一些愚意在身，最终不能成为至交。

古云：父母以非理杀子，子不当怨。盖我本无身，因父母而后有。杀之，不过与未生一样。古人看得兄弟极重，差父母不远。盖如兄弟三人，损失一个。则天地之内，止有两个。任他万国九州，若亿若兆人，再寻一个来凑不得。圣贤言语，俱是实理实情。不可作教训世人，过深一步话看。

【译文】古人说：父母因儿子非理，而大义灭亲，子虽被杀，不能有怨恨。因为我本无身，是父母所生，而后才有我身，被父母所杀，不过与没有生我一样。古人看得兄弟极重，仅次于父母。如果兄弟三人，损失一个，则天地之间，只剩下两个，任他万国九州有亿万人，再挑选一个来凑合，绝对不如原有同胞三兄弟。圣贤言语，讲的都是实理实情，不可认为教训世人过分苛刻。

先儒谓弑逆之人，只因见父母有不是处。盖小不平，则小计较。大不平，则大计较。积渐所至，势固然也。然则人子日用寻常之事，有与父母计较短长之心，便已阴在弑逆路上着脚矣。可不畏哉。

【译文】先儒说，忤逆甚至弑父之人，是因为见父母有不对之处。由于小不平则小计较，大不平则大计较，逐渐积怨，暴发于一旦。然而，人子在日用寻常小事中，产生了与父母计较长短之心，便已暗地踏上弑逆之路，必须及早警惕。

每见世俗，有疏同父异母之兄弟，而亲同母异父者，可谓大惑。同父异母兄弟，辟如以一样菜种，分种东西园中，发生起来。虽有东西之隔，岂得谓之两样菜。同母异父者，则以两样菜种，共种一园。发生起来，虽是同处，岂得谓之一样菜。

【译文】每见世俗有疏远同父异母兄弟，而亲同母异父者，真教人大惑不解。同父异母兄弟，如以一样菜种，分种东西两园中，生长起来，虽有东西之隔，收获的菜，能说是两种菜吗？同母异父者，则以两样菜种共种一园，所获蔬菜，能说这是一种菜吗？

听言闻过，只取其长益于我。不可有高下贤愚分别之念。尤不可计较进言者品行何如。若有教我以正，未出于正之想。不但阻塞言路，便当面错过几许明镜良药矣。

【译文】别人指出我的过错，是有益于我。不可计较进言人品行如何，不可有分高下贤愚之念。如果教我改正过失，而自己认为教我的人不正，不但阻塞言路，而且当面错过明镜良药。

善利己者不损人。善报仇者必种德。（似乎迂阔，其实切近。）

【译文】善利己者不损人，善报仇者必种德。（看起来似乎迂阔，其实切近。）

以布施作功德者，斋僧，不如济贫。济贫，不如建桥、修路、设渡、施茶，诸普济事。行普济事，不如不妄取人财。施冢不如施棺，施棺不如施药，施药不如周济教导，使其不饥寒暑湿，以至于病。大抵先事之功无形，人不见其可感，故人鲜为之。是故施恩者，不必冀可见之功。受恩者，必当思不见之德。

【译文】以布施作功德者，施给僧人不如济贫。济贫不如建桥、修路、设渡、施茶诸普济事。行普济事，不如不妄取人财。施墓地不如施棺，施棺不如施药，施药不如普及卫生防病知识，使其不因饥、寒、暑、湿而致病。大抵防患于未然之功无形，人不见可使他人感动之处，故很少人去做。所以，施恩者，不必期望可见之功，受恩者当思不见之德。

余尝举古人愿天常生好人，愿人常行好事二语，谓足蔽四书经史，诸子百家中好话头。或谓欲约言之，只上六字已足。曰：不然。好人亦有各路。毕竟以有功德于世，肯利济人者，为上。须知上六字，是劝世中为恶小人，有无可奈何之意，而祝之于天。下六字，是劝世中独善君子，有无限叮咛之意，故祝之于人。

【译文】古人说："愿天常生好人，愿人常行好事。"我认为这两句足以概括四书、经史、诸子百家中的好话。或者只以前六个字简言之足矣。但是，好人亦各有路，毕竟都是以有功德于世，肯利济人者，须知前六个字，是劝世间为恶小人者，有无可奈何之意，而祝之于天。后六个字，是劝世间独善君子，有无限叮咛之意，是祝之于人。

家政当宽平整饬，故事不乱而人不怨，亦不能欺也。

【译文】家政应当从宽、平等、整齐、劝勉，则事不乱而人不怨，也不会受人欺。

听言者，不肯从人，固为自是。进言者，每事责人从己，自是不尤甚乎。且其弊，将使人远正直之士，杜忠谏之门。盖可从可违，虽非甚虚心之人，亦愿姑听而择焉。若从之则喜，违之则怒，人将惟恐有进言于其侧者。惧言而不从，必取尤怨。不如早远其人，豫杜其口。使不及言而已矣。欲效忠告者，不可不知也。

【译文】听人言者，不肯服从于人，是自以为是。进言者，事事都要求别人服从自己，其自以为是更甚。其弊端，将使人疏远正直之人，杜绝忠谏之门。然而，服从与违背，虽不是十分虚心的人，也愿意姑且听取再选择。假如服从则喜，违背则怒，人将惟恐有不当面进言而背后议论者。既害怕别人说又不服从，必会引起怨尤，不如早远其人，早闭其口，使没有进言而了事。想要接受忠告者不可不知。

责备贤者，须全得爱惜栽成之意。若于君子身上，一味吹毛求疵。则为小人者，反极便宜，而世且以贤者为戒。若当君子道消之时，尤宜深恕曲成，以养孤阳之气。今世所谓责备贤者，吾惑焉。

【译文】责备贤人，必须怀有爱惜成就贤人之意，若在君子身上一味吹毛求疵，则使小人占便宜，而世人且以贤者为戒。若当君子道消时，尤其要宽恕、委曲求全，以养孤阳之气。今世所谓责备贤人，我感到疑惑。

与伯兄论朋友。既识得此人真是君子一路，与之定交。无论不可以嫌疑小节，遽生疏薄。即令行己有真不是处，待我有真非理处，亦止当责其一事，而惜其生平。辟如脚上忽患恶疮，但当医疮，不当嫌脚。盖世道愈下，君子愈少。吾辈当如贫家惜财，不得不爱护保全也。至于初昧知人，或末路改辙。则毒蛇螫指，壮夫解腕，又自有义矣。

【译文】与伯兄论朋友。知道此人是真君子，与之定交。无论如何不可以因小节生嫌疑，而突然疏薄。即使其行己有真不是处，待我有真非理处，也只能就事论事，当面提出，而爱惜其生平大节。譬如脚上突然生个恶疮，应当治疮，而不应嫌弃脚。然而，世道愈下，君子愈少，我辈当如贫家惜财，不得不爱护保全。至于当初不了解人，或者后来断交，则毒蛇螫指，壮夫断腕，又自有其义。

古今以妇人酿成父子兄弟、婚友乡邻之衅者，不一而足。总以妇人之性，专一自是非人。其言偏属有情有理。听言者，又每是己妇而非人妇。虽贤智亦阴移而不觉。故不听妇言，自是难事。然试一平心推勘，妇人与人争诟，百十次中，只有怨人责人。曾有一次肯说自己不是，向人谢过否。然则世上妇人，尽是无过圣人也。平勘到此，其言自有不可听处。且不必细细推论一事一语，曲直所在。（世上许多事端，皆因此病而起，不仅妇人也。）

【译文】古今以妇人酿成父子兄弟、婚友、乡邻争斗者，经常见到，总是归咎于妇人的性格，专横自是，丧失人性。其言偏听，有情有理。听言者，往往是自己的妇人而不是别人家妇人。虽然贤智也逐渐顺从自己妇人的观点而不自觉。所以不听妇言是难事。然而，站在中间平心观察，妇人与人争吵，大多数指责别人，没有一次肯说自己不是，向别人道歉。

然则，世间妇人，尽是无过圣人！可见，妇人之言，自有不可听处，而且更不必深入推论一事一语的曲直所在。（世上许多事端，皆因此病而起，不只是说妇人。）

人好气争胜者，于不平之事，遇胜己者。则曰：势地不如我。是我大量容他。今彼可以凌我，而让之，是畏懦也。如何不争。遇平辈。则曰：汝与我一样人。而顾欲加我乎。如何不争。及遇不如己者，则曰：汝事事不如我，乃敢欺我。况他人乎。如何不争。然则终身皆与人动气之日，了无退让休闲矣。此皆女子小人见识。故凡拂逆之来，先以情理平论。情理在我，又退一步，则自然相安。士君子最不可有女子小人见识在胸也。

【译文】人好气争胜的，对待不平事，遇到胜己者，则说：势地不如我，是我宽容他，今他可以欺到我头上，让他，是怕他，为什么不争？遇平辈则这样说：你和我是一类，却想超过我，如何不争？遇到不如自己的，则说：你事事不如我，还敢欺我，何况别人都不敢，如何不争？这样下去，终身与人动气，没有退让安闲之日。这都是女子小人见识，所以，遇到拂逆之事，先以情理平心而论。情理在我，又退一步，则自然相安无事。士君子最不可有女子小人见识在胸。

世风日薄，施恩固难其人。即报恩之人，不可得矣。岂惟报恩难得，即求一感恩之人，不可得。更求一知恩之人，亦不可得。此世所以愈无施恩之人。然施恩者，须算定知恩无人。只认是自己应做事，向前做去，方不退息善念。（凡施恩不终，甚至恩反成仇，皆由不曾觑破施恩是自己应做的事也。）

【译文】世风日薄，施恩使人为难。因为报恩之人难得，并不是报恩难，而是找不着一个感恩之人，甚至求一知恩之人，也不可得。所以现在，越来越没有施恩之人。然而施恩者，应当明白，虽算定知恩无人，但只认作自己应做的事去施恩，才不会退息善念。（凡施恩不终，甚至恩反成仇的，都是因为不曾觑破施恩是自己应做的事也。）

人处财，一分定要十厘，便是刻。与人一事一语，定要相报，便是刻。治罪应十杖，定一杖不饶，便是刻。处亲属，道理上定要论曲直，便是刻。刻者，不留有余之谓。过此则恶矣。或问亲属如何不论曲直。曰：若能论曲直，便与路人等耳。（人能明此，方可处家庭而全伦理。）

【译文】人处理钱财，一分定要十厘，便是刻。与人一事一语有不顺己意，必定要相报，便是刻。治罪定十杖，一杖不饶，便是刻。与亲属相处，道理上定要论个曲直，便是刻。刻，就是不留有余。过刻便是恶。有人问对亲属为什么要不论曲直，回答是：若能论曲直，则与路人相等。（人如果明白这一道理，就能处理好人际关系而全伦理。）

凡性情烦琐刻急猜察者，最能驱忠信之人为欺诈。盖不相欺诈，则人无以容身也。至偶得人欺己事，便诧为奇怪，不胜忿怒。又自矜明智难欺。不知满前之人，平常之事，已日日在人欺诈中矣。

【译文】凡性情烦琐、刻急、多疑者，最能驱使忠信之人做欺诈事。其原因是，这类人常认为不相欺诈，则没有容身之地。遇到偶然被人欺诈，便觉得奇怪，十分忿怒。又有人自认为明智难欺，却不知眼前人，平常事，已处在天天被人欺诈之中。

性情苛戾者，能使骨肉不相亲，况远者乎。和平者，能使仇家忘其怨，况平人乎。（可见人之亲疏，全在自己，不可专责人也。）

【译文】性情苛刻乖戾者，能使骨肉不相亲，外人则更不用说。性格平和者，能使仇人忘其怨，何况平常人呢？（可见人际关系好坏，全在自己，不能只知道责人。）

人处家无数世亲戚，数世通家人，往返周旋，自是德衰福薄。

【译文】人身处家中，亲戚有无数代，数代亲戚通往来，认为自己了不起，则德衰福薄，被人疏远。

能知足者，天不能贫。能无求者，天不能贱。能外形骸者，天不能病。能不贪生者，天不能死。能随遇而安者，天不能困。能造就人才者，天不能孤。能以身任天下后世者，天不能绝。

【译文】能知足的人，天不能使其贫困。能无求的人，天不能使其贫贱。能不执着自己身体劳累的人，天不能使其病。能不贪生的人，天不能使其死。能随遇而安的人，天不能困之。能造就人才的人，天不能使其孤独。能以身任天下后世的人，天不能绝之。

蔡梁村《示子弟帖》

（先生名世远，福建漳浦人。康熙己丑进士，官礼部尚书，谥文勤。）

宏谋按：人所以异于物者，惟此伦理耳。人苟事事从伦理上着想，则生平必无悖理伤道之举。兹帖所言，无非以伦理为重。而明义利，培心地，精实切当，今子弟之良药也。梁村先生，操行笃实。学术纯正，为理学名臣。凡所著述，动关教化。读二希堂集，可以得其概矣。

【译文】陈宏谋按：人之所以与物有别，是人有伦理。人若真能事事从伦理上着想，则生平不可能干出悖理伤道的事。本帖所言，无非以伦理为重。而明义利之别，培心地，论述更精切恰当，是今日子弟一剂良药。梁村先生操行笃实，学识纯正，是理学名臣，其著述不离教化二字。读《二希堂集》，便可以明白概况。

寄示长儿

汝扶汝母柩至家。必丙辰公车，始得侍吾左右。当时时哀痛刻励[1]，勿使吾忧汝无成。且忧咎戾[2]日滋。所示粘壁间，朝夕警省。

【注释】①刻励：刻苦勤勉。②咎戾：罪过；灾祸。
【译文】你扶你母亲灵柩至家，必然使用丙辰公车，要征得我的同僚允许。应当时时哀痛勤谨，莫使我担心你不能成事，且忧心你罪过日增。当将我所交待的事项贴在墙上，以朝夕警省。

汝当时思汝母病笃两月余，常呼汝不得一见。汝至京，汝母汝弟汝妹，不知何往。时念及此，嗜欲懒怠之念自消，刻励显扬之志益笃矣。

【译文】你母亲重病两个多月，期间，常呼喊你而不能相见。你到京城，你母亲，你弟妹，不知你在哪里。时时念及亲人的恩情，嗜欲懒怠的念头自然就不会有了，勤学、成大器的志向也会更加坚定。

汝见人，不可言笑自若。高子皋之执亲之丧也。泣血三年，未尝见齿。勖之。

【译文】你见人，不可言笑自若，高子皋为亲守丧期间，泣血三年，不见露齿，要以此自勉。

居丧不但酒食之宴不可与，即家居，酒肉亦须戒。汝仲弟在京，至今尚不近酒肉而外寝也。有生客至，酒只三巡。已执杯而不近唇。切不可如平时留客也。

【译文】居丧不但酒宴不可参与，即使在家，也应持斋戒酒肉。你二弟在京，至今不近酒肉，睡在外室。（弟子规：丧三年，常悲咽；居处变，酒肉绝。）有生客到家，酒只三巡，自己举杯不得接近嘴唇。切不可像平时一样留客。

居丧遇亲朋嫁娶吉事，汝但写吾名帖往贺。不可亲往。丧葬事则酌行之。

【译文】居丧遇亲朋嫁娶吉事，你只可写我的名帖送去致贺，不可亲自参加。丧事则酌情行事。

平日无事，不出门。即往来族友间，亦白衣冠。家礼辑要所载，吾闽已通行，汝毫发不可越。我以文公家礼倡吾闽三十年，而教不行于子，不大可羞乎。

【译文】平日，无事不要出门。往来族人朋友之间，仍要戴白帽、穿白衣。《家礼辑要》所载条款，福建已通行，你务必照做。我以文公家礼，倡导福建各地三十年，而此儒教不能在自己子孙中施行，不是奇耻大辱么？

在家事叔父，当如父。事两叔母，如母。凡事如己事，不可推诿。凡藉端避嫌者，皆孝友之心不挚也。我在家时，由亲及疏，应为谋者，必悉心力。人亦相谅，汝所见也。

【译文】在家事叔父，当如父。事两叔母，当如母。叔父的事当如自己的事，不可推诿。凡藉口回避，是孝、友之心不诚挚。我在家时，由亲及疏，有需要帮忙的，必尽力而为，别人也能体谅我，已为你所见。

从父弟，视之如胞，不时诲训。或饭后，或晚聚，皆当有严惮敦切之意。勿使坠于闲谈不义，浮薄成性，好美衣食为念。第一是使之知重伦轻利，使一生之根基牢固。又须刻刻告以读书当切己身体，以所言为法戒，不是只教汝为文章也。家中内外之防，最宜严。即大石湾潭二处，尤当时时照察。如捧饭菜，男女授受限以阈。男仆不可适便自入厨房捧置。宜守此。

【译文】从父弟，当亲如同胞，随时训诲。或饭后，或晚聚，都应当严格敦促其学习。莫使其坠于闲谈不义、浮薄成性、好吃懒做的习气。第一是要使其知道重伦轻利，使一生之根基牢固。又须时刻告诫其读书，应当结合自己的身体力行，以书中所言为法戒，不仅仅在于教其作文章。家中内外防闲最要严谨。关于大石湾潭二处，尤其要注意时时关照。如捧饭菜，男女授受以门阃为界限。男仆不可随便进入厨房，自行取食。以上当遵守。

我之从兄嫂寡居二人。从弟妇寡居一人。各有一女，皆及笄。我此间无力可分助。汝在家治丧，欠负未清，亦甚艰。然不可不勉力助之。将适人时，或先期字来，或自行捐助，成我志也。平居则米盐相分以澹泊。有月给米石者无失。

【译文】我的从兄嫂寡居二人，从弟妇寡居一人。各有一女，都已成年。我此时没精力分别帮助。你在家治丧，欠债未偿还，也很艰难，但不可不勉力相助。将出嫁时，或提前来信，或自行安排、帮助，以完成我的心愿。平时，则适当送些米、盐等生活物资。一个月给一石米也可以。

家中须节用为先。每日食用，须有限制。轻用不节，其害百端。又切不可鄙吝为心。凡义所应用，不可有一毫吝心也。自家用度，即纸笔油盐，以至微物，皆宜爱惜。宜用处则不然。若只以求田问舍为心，人品最下。耻恶衣恶食，志趣卑陋之甚者。推之凡事皆要虚体面以夸流俗，此最坏品。立心行事，读书作文，不如人，实可耻也。

【译文】家中须节约开支。每天食用须有限制。轻用不节，其害百端。又切不可存鄙吝之心，凡因义所用，不可吝惜一毫。自家日用，如纸笔油盐，以至于微小用品，都要爱惜，宜用则用。若只知求田问舍，则人品最下。不喜欢布衣粗食，是志趣卑陋到了极致。由此推之，凡事要虚体面以随流俗，最坏人品。立心行事，读书作文不如人，实为耻辱。

待仆从，不可刻薄。然不可不严。有玩法者，立刻处置。钱财不清，亦即酌其轻重而处之。

【译文】待仆从，不可刻薄，也不可不严。有违法行为，当立刻制止，钱财不清，亦按其轻重，酌情处置。

读书最要限程。读经史性理，随力自限。总是每看必返己自考。古文亦随力读。时文以应试，晚间以余力及之。

【译文】读书要设立日程表。读经史、性理，随力自限。总之每读一章要结合自身思考。古文亦随力读，时文主要是应付考试，晚上有余力便读。

我与汝两叔父，俱不在家。汝年少，毫不晓事。只是闭户读书，诲勖子弟，不可一毫与外事。但族中事，有宜与知者，亦勿推诿。我原立有家规，随家长赞成之。凡事须至诚，至公，至谦和，处之自无咎戾，亦无过分处。我在家时，乡邻三百余家，西湖本族，皆劝禁赌博。二十余年，已成风俗。汝力不能。本族，当与家长申明之。乡邻，则日与乡耆里正同劝戒。自然依我前约也。

【译文】我和你两个叔父，都不在家。你年少不懂世事，只宜闭户读书，诲勉子弟，不可分心一毫参与外事。但族中有事，有能办与已经通知者，则不可推诿。我原来立有家规，由家长督促执行。凡事要至诚、至公、至谦和，照此而行自无过失，也不会有过分之处。我在家时，乡邻三百余家，西湖本族，都劝禁赌博。二十余年，已成风俗。你能力有限，本族有犯者，当告诉其家长，乡邻有犯者，则与乡里德高望重者给予劝戒，自然依我的前约办事。

凡行事，揆之情理，裁之以义，切不可为人所愚。宵小之辈，动以利，不听，则胁以名。欺诳于初，后则云不可中止。须自主张，不拘何人。守义要切。父命当遵。

【译文】凡行事，必须遵循情理，以义行事，切不可被人愚弄。对待小辈，动以利不听，则胁以名。欺诳于初，以后则不可中止。须自有主张，不拘泥于他人，守义十分重要。父命当遵。

待人最要从厚。人待我不循理，我以薄施之，是我无以异于彼也。只循我分，尽我心。

【译文】待人最要从厚。别人待我不循理，我以薄待彼，是我无异于彼。应当循我分，尽我心。

今日接汝桐乡季父来字云：汝凡事好自以为通晓，其实一毫不识。盖家中被人欺诳顺奉故也。当牢记痛改。与人言语，切不可有争气。我见汝在京，与人言说常有争气。此损福损德之一端，须戒。

【译文】今日收到你的桐乡三叔来信，说你凡事好自以为什么都知道，其实一毫不识。这就是家中被人欺诳顺奉的原因。应当牢记痛改。与别人交谈，切不可好胜争气。我见你在京，与人说话常有争气。这是损福损德的一个端由，须戒！

晚间方点灯时，先生为小子说小学数条。与汝从叔父，诸群从，同在坐。要义各为提撕。小子传集，不可缺一。将来子弟重伦轻利，不染习尚。庶不坠家风，且成人物。

【译文】晚上刚点灯时，先生为小子说小学数条。你与从叔父，都同时在座听取。其要义要各自理解。小子传集，不可缺一，使将来子弟重伦轻利，不染陋习，则不坠家风，且成人物。

凡事只可罪己，不可尤人。薛文清云：不忮不求①，何用不臧，是守身常法。不可不三思。

【注释】①不忮不求：忮，妒忌；求，贪求。指不妒忌，不贪求。

【译文】凡事只可问罪于自己，不可责怪别人。薛文清说：不忌恨，不追求，什么都好，是守身常法。不可不三思。

吾家子弟，最宜常勖以立大规模，具大识见。不可沾沾焉，贪目前，安卑近。朱子云：天下事，坏于懒与私，最切今之弊。懒则不肯勤励，学殖荒而志气亦坠。私则自至亲间，尚分畛域，有利心。尚望其有器识，有所建立哉。

【译文】我家子弟，最应常勉励，以立大规模，具大见识。不可沾沾自喜，贪目前，安卑近。朱子说：天下事，坏于懒与私。此言最切时弊。懒则不肯勤励，学业荒废，志气亦坠。私则在至亲之间分你我，存有利心。希望弟子们将来有知识，成大器，有所成就。

村俗秀才，株守时文一册，止望得第。梦梦一生，全不计及异日施设若何，结局若何者。此鄙陋之尤，最所当戒。即学古而止以为作文章用, 讲学而不能躬行, 亦甚可耻也。我老矣。诸子弟有能副吾望者, 此心何日忘之。

【译文】村俗秀才, 株守时文一册, 只渴望得第。梦中虚度一生, 全不考虑今后有无才华施展, 此生结局如何。如此鄙陋之极, 最当戒除。学古仅用于作文章, 讲学而不能身体力行, 最为可耻。我老了, 各子弟有能实现我的愿望者, 此心任何时候不可忘记。

示族中子弟

数年来, 集族中众子弟, 在家庙课业, 勤励有加。今秋闱在即, 累累佳篇, 吾何能不快然。然文章特一端耳。立心制行, 更为要著。愿诸子弟, 笃伦理之际, 严义利之辨。现在居家处世若何, 将来居官理民若何。醇此孝恭之念, 守其廉洁之操。今日强毅立志, 终身守此不移。盟之幽独, 质之鬼神。则更获天人之佑助, 非徒科名可必也。抑余又闻家祚之昌, 由于父兄所培积。更愿诸为父兄者, 各宏裕其量, 洗濯其心; 去其斤斤沾沾卑卑之念, 常存此蔼然恻然惇然之心, 日克臻斯日加勉焉。尚或不逮, 速自淬焉。则子弟藉为获福之资, 父兄亦享安荣之乐矣。不佞阅世阅人颇多。凡所谆谆, 非迂阔之言, 皆肝膈之要也。

【注释】①秋闱: 对科举制度中乡试的借代性叫法。
【译文】数年来, 召集族中子弟, 在宗祠读书, 勤励有加。今秋季考试在即, 许多好文章, 令我欣慰。然而文章只是学业中一小项, 立心制行, 更为重要。希望众子弟们注重伦理, 严辨义利。现在居家处世如何, 将来居官理民如何, 尽在"孝"、"恭"之念, 守其廉洁之操。今日坚强毅力, 立定志向, 终身守此不移。暗中发誓, 求鬼神监督, 则能获得天人的佑助, 岂止是取得科名而已。我又听说家庭昌盛, 是由父兄培积而成。

更愿各为父兄者，各宏裕其量，洗濯其心，去其斤斤计较、沾沾自喜、卑躬屈节之念。常存和蔼、恻隐、厚道之心。以此为目标日日自勉，暂时达不到目标，则从速磨炼。子弟以此作为获福的基础，父兄也享安荣之乐。多年阅世阅人总结如上，凡所谆谆，并非迂阔，都是肺腑之言。

跋祖祠规条

右家规十六条，乃世远所稽之于古，及闻之于今者，已正之父兄叔伯，以为可行。愿吾家长上，各以此勖其子弟。相规相劝。则人知尊祖敬宗，而相亲相睦之意，行乎其间矣。世远更推本平日父兄之训，以为众子弟勖曰：凡人之所以为人者，在笃于伦理，而绝其自私自利之心而已。薛文清公戒子书曰："人之所以异于禽兽者，伦理而已。"何谓伦？父子，君臣，夫妇，长幼，朋友，五者之伦序是也。何谓理？即父子有亲，君臣有义，夫妇有别，长幼有序，朋友有信，五者之天理是也。于伦理明而且尽，始得称为人。苟伦理一失，虽有人之名，实禽兽之行。仰贻天地凝形赋理之羞。俯为父母一气流传之玷。将何以自立于人世哉。文清公此言，极为亲切。

【译文】以上家规十六条，是世远参考先人遗训，结合今人现实起草，经父兄叔伯审定，切实可行。希望我族长辈各以此勉励其子弟，相规相劝。则人们懂得了尊祖敬宗、相亲相睦的意义，就能落实于生活了。世远又根据本族父兄平时之训，勉励众子弟："凡人之所以为人，在于能够笃于伦理，绝其自私自利之心。"薛文清公戒子书说："人之所以区别于禽兽，是懂得伦理而已。"何谓伦？是指父子、君臣、夫妇、长幼、朋友五者之伦序。何谓理？即父子有亲，君臣有义，夫妇有别，长幼有序，朋友有信，五者之天理。明白伦理而且尽其本分，才能称作人。若伦理一失，则虽有人名，实沦为禽兽之行。上愧对天地的化育之恩，下贻辱于祖先、父母。又怎能自立于人世！文清公此言极为亲切。

世远窃谓伦理之亏，大抵由于自私自利。自私，则忌刻之心起，虽同祖共宗之人不免。自利，则止知有己，虽同气兄弟不顾。夫忌者，小人之尤。况施之于同祖共宗之人。利者，害德之物。乃至同气兄弟之间，因财业而生嫌隙。此真禽兽之不若也。尝见兄弟不和之人，其家必有死亡之忧。自古及今，无得脱者。人即不惧身入于禽兽，独不为祸患计耶。吾宗素奉祖宗之明训，凡所云云，皆不至是。然履霜坚冰，防其渐也。抑又闻之。人有常业，必兴其家。忠厚居心，天必福之。勿以气凌人。勿贪其非有。勿为赌荡不法之事。勿为游手无常之人。游手，则必入于匪类。赌荡，则将无所不至。

【译文】世远自认为伦理之亏，大多由于自私自利所引发。自私，则产生忌妒刻薄之心，即使对于同祖共宗之人也难免如此。自利，则只知有自己，即使对于同气兄弟也不管不顾。忌妒是小人过错，何况强加于同祖共宗之人。利是害德之物，乃至兄弟之间，因财业产生嫌隙。这类行为，真是禽兽不如。常见兄弟不和之人，其家必有败亡之忧，自古至今，无法逃脱。人即使不怕以身投入禽兽之列，难道不为祸患考虑吗？我们的宗族一向奉行祖宗明训。上述情况，料想不至于出现。今提出来，旨在提醒族人防微杜渐。又听说，人有常业，必兴其家。忠厚居心，天必赐福。莫以气凌人，莫贪非分之财，莫做赌博、淫荡等不法之事，莫做游手好闲无常业之人。游手必入匪帮，赌博淫荡将做事毫无避讳，任意妄为。

古今来，未有好赌而不丧其品，破其家者。其事则卑污苟贱，贪鄙不堪。其归至为父所不齿，妻子所厌恶。人每自知之而自蹈之，何邪。凡此数者，由于其人之趋向，关于自心之洗涤。虽父母且不能势禁，岂旁人所能理喻。忝为一本之亲，有同祖共宗之谊。故不能以嘿嘿，饶舌及之，非敢为文以示戒也。至世远有过，吾父兄叔伯，必加严督，方有亲爱之心。或兄弟之间，以钱财而分畛域。或尊长之前，以亵狎而取侮慢。或恃己之势，夺人之有。或明犯礼法，以自取戾。吾兄弟叔伯，必切指其事而明训之。仍挞责于祖宗之前以示戒焉，可也。

【译文】古往今来，没有好赌而不丧其品德、败破其家的。其行为卑鄙、污浊、苟且、下贱，贪鄙不堪。回家后，为父母所不耻，妻子所厌恶。人都能自知却偏要去做，为什么呢？以上数项，由人的趋向和对自心的洗涤决定。即使是父母也无法以势禁止，旁人更没有办法。愧为一本之亲，有同祖共宗之谊。故不能口头制止，不敢写文章劝戒。至于世远有过失，我父兄、叔伯，必要加以严督，因此才有亲爱之心。或兄弟之间，因钱财而分你我。或尊长之前，以不敬而侮慢。或恃己之势，夺人之有。或明犯礼法，自取罪过。我的兄弟叔伯，必要严肃指出我的过失，当面训诫，乃至在祖宗之前，鞭挞以示惩戒才可以。

丧葬解惑（附）

葬必择地，自古有之。故程子有草木茂盛，土色光润之说。闽地多山水，不比北方，一望平原。故为风水之说者，审择夫气之所流贯，势之所凝聚。山则拱卫而不背，水则环抱而不泻，无风隙水蚁之患。此亦何尝不是。盖祖宗安，则子孙亦与俱安，理固然也。乃有惑于其说，不修人事。专恃吉地以为获福之资，遂有迟至三年而不葬者。夫停枢，不孝也。世有不孝之人，而能获福者乎。且天地人，一理也，地理无凭。饬行于身，行善于家，天则报之以福。几见有检身乐善，孝恭敬睦，而家不兴者乎。几见有存心险刻，门内乖隔，而能获福者乎。舍昭昭之可凭，索冥冥之莫据，独何心哉。其至愚者，则阴谋横据，相争相夺。以为福在是矣，不知其为祸基也大矣。

【译文】葬必择地，自古有之。所以程子有"草木茂盛，土色光润"之说。福建多山水，不像北方，一望平原。所以风水先生说审择"气所流贯，势所凝聚"，"山拱卫而不背，水环抱而不泻"。无风隙水蚁之患。葬地符合上述要求，则祖宗安，子孙也安，这是必然的道理。然而，有惑于此说者，不修人事，专恃吉地作为获福资本，乃至有停枢三年不葬的。不知停枢是不孝之举，殊不知亡者以入土为安。世间不孝之人，能获得福报吗？且天地人一理，地理无凭，修行于身，行善于家，天则报以福。哪有修身乐善，孝亲敬长兄睦弟恭之家，而不兴旺的呢？又哪有存心险刻，门内乖隔者，而能获福的呢？舍去昭昭之可凭，索冥冥之无据，居的什么心？有极其愚蠢之人，阴谋横行霸道，争夺"风水宝地"，以为福在此地，却不知奠定祸基更大。

又有乡俗寡识，惑于房分之见者。夫风水之说，不可苟略。而房分之说，理所必无。有何所见，而谓左为长房，中为二房，右为三房。不及生三子者，何以称焉。生子至十以上者，何所位置之。按之八卦方位，谓震为东方。震乃长子，则所葬之地，未必尽南向也。度之五行，揆之五方，细求其说，卒无有合。即考之郭璞《葬经》，及《素书》《疑龙经》《撼龙经》诸书，亦无所谓房分者。此乃后来术家，欲藉此使。凡为子孙者，不敢不尊信而延请之。阴以诱其厚利，阳以得其奉迎。不知其遗害之深，至使死者不得归土，而生者不得相和，皆此说误之也。此亦如时日之说，古所不废。吉日良辰，经有明文。但不可过为拘忌。如袭敛入棺之时，有造为的呼重丧等名目。谓至亲不避，必有大凶。俗竟有不察而信之者。抑情坏性，莫斯为甚。他省鲜有此说。即吾闽如诏安等县，但棺物具备，即入棺，无另寻日时之事。最为合礼。此亦术家藉以为获利之资，与风水房分之说，所当呕斥者也。读书识理之士，固无此患。其有中心忠实不信，而不能自拔于流俗者，曰宁可信其有。夫信无稽之说，至今启疑论而不葬。徇拘忌之失，至于将入棺而不临。斯何事也，而可信乎，惑之至矣。

【译文】又有乡俗，惑于房分之见。风水之说不可深究，而房分之说，理所必无。有什么道理，区分左为长房，中为二房，右为三房？假如没有生三子，又如何称呼呢？生子十个以上，位置又怎样排列呢？按八卦方位，震为东方，六亲为长子，则所葬之地，未必尽能南向。照五行、五方之说仔细研究，不易相合。参考郭璞的《葬经》、《素书》、《疑龙经》、《撼龙经》等书，都没有房分之说。这是后来术家借此迷惑子孙，使子孙不敢不信奉而延请。阴以诱取厚利，阳以得其奉迎，害人不浅。使死者不能归土，生者不得和睦，都是房分之说造成的恶果。又如时日之说，自古沿袭。吉日良辰，经有明文。但不可过分拘忌。如死者袭殓入棺时，有人说死者犯重丧等名目，说入棺时至亲不避，必有大凶。丧家不加分析，盲目相信。抑制亲情，坏人天性，此为最甚。有些地方没有此说。如福建诏安等县，棺物具备即入棺，不另择日辰，这最为合礼。因此，这也是术家藉口获利的手段，同于风水、房分之说，都应当排斥，不必信。读书识理之人，固然无此患。其中，心里其实不信，而不能自拔于流俗者则说："宁可信其有。"相信无稽之说，以致启疑论而不葬，拘泥于禁忌不及时入棺，甚至入棺时亲人不能见最后一面。这是可以相信的事吗？愚昧到了极致！

程汉舒《笔记》

（先生名大纯，号一斋，湖广孝感人。仕黄冈县教谕，崇祀乡贤。）

宏谋按：汉舒先生，乃同馆二洙先生之尊人。余于二洙处，得读其笔记一册。深服其读书以穷理为本，讲学以力行为先。故所言无非根极理要，曲尽人情。想见先生之阅历有得，检身省心，常若不及之意。所谓有物之言也。敬录其有关于居家处世者数条，以为世俗训。且以志景慕之私云。

【译文】陈宏谋按：汉舒先生，是同馆二洙先生的尊人。我在二洙处，得读其笔记一册，深感其读书以穷理为本，讲学以力行为先，所言根极理要，曲尽人情。可见先生阅历有得，修炼身心，常若不及之意，言之有物。敬录有关居家处世的数条格言，作为世俗之训，且以表达景仰爱慕之情。

人坏念将起时，只觉得可耻，便有转机。

【译文】人坏念将起时，觉得可耻，便是改邪归正的转机。

人看得自己贵重，方能有耻。

【译文】人看得自己贵重，不自暴自弃，方能有耻心。

人平日讲得义理明白，觉得有耻。

【译文】人平日讲得义理明白，觉得有耻。

人世得意事，我觉得可耻，亦非易事。

【译文】人有得意事，我觉得可耻，并不容易。

学者到说好话，做好事。人信不及，便无药可医矣。推其流弊，只是不诚。（己不自信，焉能信人，欺人还以自欺耳。言之可发深省。）

【译文】学者到说好话，做好事，而别人不相信，便无药可医。追其根源，只是没有诚心，自欺欺人。（自己不诚信，怎能使人信你？欺人还是始于自欺。此言可发人深省。）

看他人错处，时时当返观内省。

【译文】看到他人错处，当时时对照检查自己。

说他人是非处，时时将自己一一勘验。

【译文】说他人是非处时，应时时将自己一一勘验。

常人之畏天在祸福。学者之畏天在是非。常人之畏天，在罪孽难逭之际。学者之畏天，在事机将动之初。（不论数而论理，君子居易俟命，正是此意。）

【译文】常人畏天，在祸福。学者畏天，在是非。常人畏天，在罪孽难逃之际。学者畏天，在事机将动之初。（不论数而论理，君子居易俟命，正是此意。）

我辈动谈经济，且看他在家中，设施布置是如何。近处不能感动，未有能及远者。小处不能条理，未有能治大者。亲者不能联属，未有能格疏者。一家生理，不能全备，未有能安养百姓者。一家子弟，不率规矩，未有能教诲他人者。（齐治相因之理，难得如此亲切。）

【译文】我辈动辄谈论经济，且看他在家中，设施布置如何。近处不能感动，没有能触及到远处的。小处不能有条理，没有能治理大事的。亲者不能合作，没有能感通疏者的。一家生计不能全备，没有能安养百姓的。一家子弟不守规矩，没有能教诲他人的。（齐家治国相袭相承的道理，难得能说得如此亲切。）

人不能无差错念头，只要扯得转来。

【译文】人不可能无差错念头，只要能省悟回转就好。

一家之中，老幼男女，无一个规矩礼法。虽眼前兴旺，即此便是衰败景象。

【译文】一家之中，男女老幼，无一个规矩礼法，虽目前兴旺，然而只此一条便是衰败的征兆。

学者平日在家中，一言一动，轻率苟且惯了。一入于衣冠礼乐之场，便觉耳目无所加，手足无所措，岂不可耻？

【译文】学者平日在家中，一言一行，轻率苟且惯了。一入衣冠礼乐之场，便觉无所适从，手足无措，岂不可耻。

周全人争辩事，必期于彼此相安。若其中有一人不谅，只以至诚动之。不可失了周全的初意。至家庭骨肉间，尤用不得一毫忿疾，慎之，慎之。

【译文】周全人与人争辩，必以彼此相安为目的。若其中有一人不谅解，只能以至诚感动他，不可失了周全的初意。至于家庭骨肉间，尤其用不得一毫忿疾，一定要谨慎啊。

爱人不亲，若不自反其仁，便以不亲加人了。我初念之爱人者谓何。

【译文】仁爱别人而不亲，若不反省自己的仁心，便是以不亲加于人。那当初又何必想要仁爱别人呢？

人家生事的家人，其意亦或主于为家主。即家主亦说他本来为我。及至生出事来，破家荡产，只是家主受累。这家人，如何算得是忠义之仆。人臣之急公奉上，亦要识破此种道理。

【译文】到别人家中生事的家人，其本意或许是为了自己家主，而且家主也说他本来是为了我。直到生出事来，破家荡产，受累的却是家主。这种家人，怎能算得是忠义之仆？作为人臣的急公奉上，也要识破这种道理。

爱子弟，不教之守本分，识道理。田产千万，适足助其淫邪之具。

即读书万卷,下笔滔滔,亦不过假以欺饰之资。有识者所当深省。

【译文】爱子弟,不教其守本分、识道理,即使有田产千万,也会全成为助其淫邪的工具;即使读万卷书,下笔滔滔,也不过是他用来欺心粉饰自己的资本。有识之士当深省。

人说话,先有个他人说的话便不是。此种意思,只是好胜。自己心中,如何得有平正日子。

【译文】人说话,内心先有个他人说的都不对。抱有这种想法,只是好胜。自己心中,怎能会有平正日子?

今乡村人家,中堂之上,必贴"天地君亲师"五字。人知起于何时。不要看得此五字重大,亦不至大无忌惮。(每日之间,有人将此五字指点,令其顾名思义,触目警心,所益不小。)

【译文】乡村人家中堂正上方,必贴"天地君亲师"五个字。但人们不知起于何时,不要看得此五字重大,也不致肆无忌惮。(每日之间,有人将此五字指点,令其顾名思义,触目警心,所益不小。)

子弟有冥顽之行。亦只正其事而止。添一毫忿嫉之心,不特不忍,亦使彼无自新之路也。

【译文】子弟有冥顽之行,也只是指正具体事为止,添一毫忿嫉之心,不但不忍心,也使其无自新之路。

自己必无行恶得福,行善得祸之理。天下必无见善人而怒,见恶人而喜之情。君子可以自信矣。

【译文】自己必无行恶得福，行善得祸之理。天下必无见善人而怒，见恶人而喜之情。君子可以自信。

今习俗多不亲迎。彼此省费，安于简陋。不知婚姻人道之始。一直苟且，男女彼此相轻矣。苟无费，一轿一马，奠雁。跟随，男女一二人可也。（求合于礼，又不多费，故可信从。）

【译文】今天婚礼习俗多不亲迎。彼此省费，安于简陋。不知婚姻是人道之始，一直苟且行事，男女则彼此相轻。苟且省费一轿一马，举行奠雁仪式。跟随，男女一二人即可。（求合于礼，又不用多少花费，故可信从。）

每见有才气人，说到他人是者，犹多不满。说到自己短处，犹有所长。以此见自反之难。

【译文】每见有才气的人，说到他人是时，也会多有不满。说到自己短处时，则好像其中又有所长。可见自我反省很难。

各府州县明伦堂，写大学一章，极有意思。盖师儒悬此以为准，庶几道德之一矣。教者学者，实实讲习，实有裨益。以此推之，今乡里社学，将弟子入则孝一章，书之肄习之所。使教者学者，实实遵行。有成效者，奖拔之。不率教者，惩戒之。有良有司，举行得法，风俗人材，不无小补。（弟子一章，即一部小学之间架也。余向欲即孝悌诸条为目，编辑蒙养学规，以采辑未广而止。近见耿天台先生，所编小学衍义，亦同此意。今将诸条书于学馆，朝夕劝惩，更觉简易。更觉警切，以此为教学之极则可也。）

【译文】各府州县的明伦堂，书写"大学"第一章，极有意思。师儒悬此作为准则，或许列为道德之一。教者和学者，实实在在地讲习，实有裨益。以此类推，今乡里社学，将《弟子规》"入则孝"一章，写好贴在教室里。使教者学者实实在在地遵行。有成效者奖励提拔，不做表率教者，惩戒。有奖有戒，举行得法，对于风俗和人才的教化，不无小补。（《弟子规》第一章，是一部《小学》的纲领。我以前曾想以孝悌诸条为纲目，编辑蒙养学规，因采辑资料不完备而搁置了。近来见到耿天台先生，所编著的《小学衍义》，亦同此意。现在将诸条目书于学馆，日日以此劝诫大家，更觉简易警策，以此为教学准则是可以的。）

人要为人，当思异于禽兽者何处。人要为圣贤，当思异于凡庸者何在。

【译文】人要为人，当考虑人异于禽兽者在何处。人要为圣贤，当考虑圣贤异于凡庸者在何处。

人一心先无主宰，如何整理得一身正当。

【译文】人一心先没了主宰，怎能整理得一身正当？

人一身先无规矩，如何调剂得一家整肃。（数段于致知诚意正心修身齐家的道理，说得亲切有味，虽不读书人，亦当首肯矣。）

【译文】人一身先没了规矩，如何调剂得一家整肃？（数段于致知诚意正心修身齐家的道理，说得亲切有味，即使不是读书人，也会首肯啊。）

卷
四

史搢臣《愿体集》

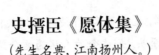

（先生名典，江南扬州人。）

宏谋按：史君，生长维扬①繁华之地。饱谙世故，曲体人情。其言质直而透切，智愚易晓。此集流布十余年，有续刻，有增补，足知有益于世也。余喜其近情当理，于训俗为宜，故摘录之。至其所载，多古今名言，惜未注明出自何书，及何人之语。言行汇纂，亦复如此。然言苟切于身心，事果可为规劝，即当服膺②勿失。如人因病而服药，苟能疗疾，即未知方所从来，亦不害其为良剂也。

【注释】①维扬：地名，在今扬州。②服膺：铭记在心，衷心信奉。

【译文】陈宏谋按：史君，出生于维扬这繁华之地。他深谙人情世故。他的话质朴平实而透切，不管是聪明人还是愚笨之人都能看明白。这本集子流传十多年，有续刻的，有增补的，可见对于世人是很有益的。我喜欢其合乎人情，说事在理，适合训俗之用，所以摘录了下来。书中所记载的，大多为古今名言，可惜的是没有注明出自何书，以及何人所说。搜集的言行材料，也是这样。然而所言都贴近于身心，所说的事都可作为规劝事例，我们应当铭记在心，衷心信奉。如同人因病了而吃药，假使这药能够把病治好，即使不知道药方是从哪来的，也不会妨害这药是好药。

父慈，子孝，兄友，弟恭，纵到极尽处，只是合当如此。着不得一毫感激居功念头。如施者视为德，受者视为恩，便是路人，便成市道矣。

【译文】父慈子孝，兄友弟恭，即使做到极处，也应当如此，不能有一丝一毫感激居功的念头。如施舍的人认为施舍是一种恩德，受救助的人把这当作恩情，那么他们间便是路人，这种行为也就形同一种买卖关系了。

事亲者，虽菽水①当尽承欢。若到子欲养而亲不在，即椎牛以祭，不如鸡豚之逮亲存也。

【注释】①菽水：豆与水。指所食唯豆和水，形容生活清苦。
【译文】事奉父母，即使生活贫困也要尽心孝养父母。如果等到子欲养而亲不在时，即使是杀牛来祭祀，也不如父母在世时杀鸡宰豚来奉养。

继嗣一节，多有不肯早立，以致身后争继，祸起萧墙。且争继者何心，原图继产，非为继嗣也。及至纷争，家产荡废，应继者反不愿继。何如身在之日，于应继之中，择其善者而早继之。加意抚养，令其感恩深重，不独无身后争端，亦且顶戴过于亲生矣。

【译文】于家主继承人的确立，很多人因为不肯早点确定，以致死后子嗣争夺继承权而手足相残。而子嗣争夺继承权，原来只是为争夺财产继承权而不是争夺继承人的位置。等到纷争后，家产败废，本来应当继承的反而不愿继承了。为什么不在生前，从继承人当中挑选一个合适的继承家主之位呢？只要特别加以抚养，令其感恩深重，这样不仅不会使自己死后家中起争端，也可能会让继承者胜过自己的亲生儿子。

少年子弟，不可令其浮闲无业，必察其资性才力，无论士农工贾，授一业与之习。非必要得利也。拘束身心，演习世务，谙练人情，长进学识，这便是大利益。若任其闲游，饱食终日，必流入花酒呼卢斗狠之中。诸般歹事，俱做出来。凡纵容子弟浮闲惯了，是送上了贫穷道路。虽遗金十万，有何益哉。

【译文】家中的年轻子弟，不可让他游手好闲，一定要根据他们的资性才力，无论士、农、工、商哪一行，选择一行让他们学习。不一定要他们赚到钱，只要能够拘束他们身心，了解世务，熟悉人情，长进学识，这就是得到大利益了。如果任其游手好闲，整天吃饱了无所事事，必定会使他们沦为花天酒地，赌博游戏，争强斗狠，各种坏事都做得出来的人。凡是纵容子弟游手好闲惯了的家庭，必定会走上贫穷的道路。即使留给他们十万金钱，又有什么用呢？

分析之事，不宜太早，亦不宜太迟。太早，恐少年不知物力艰难，浮荡轻废，以致速败。若太迟，则变幻多端。如子孙繁衍，眷属众多，家务统于祖父一人掌管。一切食用衣服，个个取盈，人人要足，全无体贴之心。或有取而私蓄不用，谁肯①足用即不取。稍有低昂，即比例陈情。甚有明知家道渐衰，而取用如常。目击婢仆暗窃，视为公中之物，不以为意，漠然不顾。且衣服什物，取索不已，稍不遂意，即怀不满之心。莫若酌量各房人口多寡，每年给以衣食之费，令其自置自炊。俗云：亲生子，着己财。使知物力钱财之难，不独惜财，亦且惜福。（遇道义之事，当以钱财为轻，至于衣食自奉，又当念钱财之难，方不妄费，方能惜福。）

【注释】①谁肯：哪里会。
【译文】兄弟分家的事，不能过早，也不宜太迟。太早了，恐怕会因年轻不懂得财物获得的艰难，因此轻浮放荡，致使财物挥霍一空，导致家道败落。如果太迟，则各种不确定因素太多难以把握。如子孙繁衍，眷属众多，家务全部由祖父一人掌管，一切食用衣服，大家都要求足额发放，没有一点体贴之心。或者是有的人领取了财务却私下积蓄不用，哪里会因够用了而不取呢？如果领取的财物稍有变化，便相互攀比，斤斤计较。甚至有的人明知家道已渐渐衰败了，但是却取用如常。他们看到婢女奴仆们私下偷窃财物，却认为这是公家之物，不以为意，漠然不顾。对于衣服、用具等，不停取索，稍不顺意，就怀不满之心。这样，还不如根据各房人口的多少，每年按人头给予衣食费用，让他们自己安置经营生活。俗话说："亲生子，着己财。"让他们知道财物得来的艰难，这不仅是惜财，也是惜福。（遇到有关道义的事，当以义为重，以财为轻。至于自己的衣食生活，又当念及钱财来之不易，这样才不致浪费，才能做到惜福。）

父母教子，当于稍有知识时，见生动之物，即昆虫草木，必教勿伤，以养其仁。尊长亲朋，必教恭敬，以养其礼。然诺不爽，言笑不苟，以养其信。稍有不合，即正言厉色以谕之。不必暴戾鞭扑，以伤其忍。（养蒙之理，此为切近。）

【译文】父母教育孩子，在孩子刚刚能辨识事物时，见到各种生物，即昆虫草木，一定要教他们不要伤害，以培养他们的仁慈心；遇到尊长亲戚朋友，一定要教他们恭敬，以培养他们的礼敬之心。教他们要信守承诺，不随便开玩笑，以培养他们的诚信之心。只要他们一有不符合礼义之处，便当正言厉色纠正，但不必暴戾鞭打，以伤其忍。（童蒙养正之理，此为切近。）

父母而下，惟有兄弟。孩提时，无刻不追随相好。长各有室，或听妻子言语，或因财帛交易，多致参商^①。有余则妒忌，不足则较量。及患难相临，虽至厚之亲朋，终不若至薄之兄弟。能同居共爨固为妙。然有势不能不分者。如食指多寡不同，人事厚薄不一。各有亲戚，各有交游，各有好尚不齐。难称众心，易生水火。各行其志，则事无条理。况妯娌和睦者少，米盐口语，易致争端。分爨而不分居者为上。甚至分居，兄友弟恭，当愈加和好。语云："兄弟同居忍便安，莫因毫末起争端。眼前生子又兄弟，留与儿孙作样看。"念之哉。

【注释】 ①参商：指参星与商星，二者在星空中此出彼没，彼出此没。喻彼此对立，不和睦。

【译文】 除了父母，就只有兄弟关系最近了。孩提时，大家无时无刻不追随、相互亲爱。长大后各自有了妻室，或听妻子言语，或因财帛交易，多会导致彼此对立，不和睦。谁家财物有余，另家则妒忌，不足则较量。但当患难来临时，即使是至厚的亲朋好友，能给予帮助的终究不如关系薄弱的兄弟。兄弟间能共同生活固然是好的，然而有些情况令他们无法共同生活，如各家人口多少不同，在家族中地位高低不一样，各自有自己的亲戚朋友，各自的兴趣爱好不一样等等，难以满足各自的需求，容易产生矛盾；如果大家各行其志，则事无条理，何况妯娌间能和睦相处的少，米盐口语，容易起争端。这种情况宜分开吃饭而不分开居住，甚至是分开居住，这样可使兄友弟恭，关系更加和睦友好。俗话说："兄弟同居，懂得谦虚、忍让，不要因为一点点小事便起争端。眼前兄弟姐妹又都生了孩子，他们又是一辈兄弟姐妹，我们应该留个好样给儿孙们看。"要好好想想啊。

兄弟不睦，则子侄不爱，子侄不爱，则群从疏薄。群从疏薄，则僮仆为仇敌。如此，若外侮一至，谁御之哉。

【译文】兄弟间不和睦，则子侄间不会友爱；子侄间不友爱，则族里的后辈们就会疏远淡薄；族里的后辈疏远淡薄，那么僮仆之间就会成为仇敌了。这样，如果有外敌来侮，谁来抵御他们呢？

谚云：兄弟如手足，妻子如衣服。此言兄弟系同胞一体，痛痒相关也。人每溺妻子而仇兄弟者，盖缘妇人见识卑浅。每于锱铢升斗，即切切于心，啧啧于口。男子听之，近情达理，因而信之。钱财之念重，而兄弟之谊疏矣。独不思父母所遗家赀，原无一定之数。或授数万者，数千者。或授一百五十者。或仅有十亩五亩。更有毫无所遗，犹有逋负者。分授后，即少有不均，当退思假如父母原少这丘田，这间屋，这件物，或多欠几两债，或再有一个兄弟，则心自平。即或人心不同，此则宽容退让，彼则较量锱铢。钱财有限，兄弟情重，妇言勿听信，而兄弟之谊笃矣。

【译文】有谚语说："兄弟如手足，妻子如衣服。"这话是说兄弟是同胞一体的，痛痒相关。那些因溺爱妻子而仇视兄弟的人，大概就是因为其妻子见识卑浅的缘故吧。她们在生活中锱铢计较，切切于心，啧啧于口。丈夫听了，因与妻子情感亲近而觉得有理，便信了妻子的话。从此兄弟之间只重钱财，而兄弟之谊就疏远了。他们却不想父母所留下来的家产，原本就没有一定之数。有的留下来的或有数万，或是数千；有的留下来的或只有一百或是五十；有的仅留下十亩或五亩田地；有的根本什么都没留下，甚至还有的留下债务。在分产后，兄弟间如果有财产分配不均，就应当退一步想想，假如父母留下来的原本就少这丘田，这间屋，这件物，或是多欠几两债，或是再有一个兄弟，这样心中就自会平静了。即使人心不同，也应当一个宽容退让，一个锱铢计较，因钱财有限，兄弟情重。妇人的话不要轻信，这样，兄弟间的情谊就会更深了。

人之于妻也，宜防其蔽子之过。于后妻也，宜防其诬子之过。天下未有不正其妻，而能正其子者。故曰刑于寡妻。

【译文】 对于妻子，丈夫应当防备她掩盖孩子的过失；对于后妻，应当要防备她诬蔑孩子。天下没有不正其妻而能正其孩子的，所以说"刑于寡妻"。

合婚①一事，古所无。今时惑于星家②，动称合犯铁帚狼籍退财等煞为不宜，因而破婚者甚多。不知古来雀屏中目③，坦腹择婿，未闻有合婚之说。止宜男择女之德，女择男之行。门户相当，年齿相等，此即合婚之道。选吉月日，合卺④而已。何必好从俗说，致有愆期哉。

【注释】 ①合婚：经过互相查访，双方主婚人均无异议，再过"八字帖"。男女双方各用一幅红纸的折子，写上出生年、月、日、时，请星命家测看男女双方"八字"，叫合婚。②星家：即星相家，以星命相术为职业的人。③雀屏中目：指得选为女婿。雀屏，画有孔雀的门屏。④合卺：汉族婚礼仪式之一。即新婚夫妇在新房内共饮合欢酒。

【译文】 合婚一事，古代是没有的。现今之人为星相家所迷惑，称两人八字犯铁帚、狼籍、退财等煞的不宜在一起，因此破除婚姻的很多。他们是不知道古时有雀屏中目、坦腹择婿的佳话呀，没有听说过要合婚的。那时只要女子有德，男子有义行，门户相当，年龄相等，这就是婚姻选择的方法。只要选择一个良辰吉日，办一个结婚仪式就行了。何必要听从俗习，以致耽误双方婚姻呢？

朋友即甚相得，未有事事如意者。一言一事之不合，且自含忍，不得遂轻出恶言，亦不必逢人愬说。恐怒过心回，无颜再见。且恐他友闻之，各自寒心。

【译文】朋友间相处，即使是情投意合，也未必会事事如意。如果有一言一事不相合的，应当各自忍让，不能轻易口出恶言，也不必逢人就诉说，以免怒气过后心意回转而无颜再见。更是恐防其他的朋友听了，各自寒心。

小人固当远，然亦不可显为仇敌。君子固当亲，然亦不可曲为附和。

【译文】对于小人，固然应当远离，但是也不可表现出仇敌的样子。君子固然应当亲近，但是也不可违心附和。

交之初也，多见其善。及其久也，多见其过。未必其后之逊于前也，厌心生焉耳。人之生也，但念其过；及其死也，但念其善。未必其后之逾于前也，哀思动之耳。人能以待死者之心待生人，则其取材①也必宽。人能以待初交之心待故旧，则其责备也必恕。宜思之。

【注释】①取材：裁度。材，通"裁"。

【译文】与人相交之初，所见多是对方的好；到相处久了，所见的多是对方的过失。这并非是后来对待对方不如以前，而是相处久了心生腻烦罢了。人在世时，我们总是记着他的过失；等到他死后，又总会想着他的好。这并非是后来对待对方超过以前，只是因为对对方的哀思罢了。人如果能以对待死者之心对待活着的人，那么他对人的态度一定会宽容；人如果能以初交之心对待老朋友，那么他对人的过失必能宽恕。这值得大家深思。

古人云：有一人知，可以不恨，以明知己之难也。逢人班荆①，到处投辖②，然则知己若是其多乎。不过声气浮慕，以为豪举耳。一事不如意，怨谤<u>丛</u>起。不如慎交择友，自然得力。（可为近日鹜名广交者警。）

【注释】①班荆：指朋友相遇，共坐谈心。喻知心朋友相遇而谈心，或喻思念家国。②投辖：典故名，典出《汉书》卷九十二《游侠列传·陈遵》。喻主人好客，殷勤留客。

【译文】古人说，一生如果能有一个知己，就没有遗憾了，以此来说明知己难得呀。如果逢人就谈心，到处宴客，难道是真有这么多知己吗？不过是表面上志趣相投，故做豪爽罢了。一旦有什么事情不如意，就会相互怨谤。还不如谨慎交友，自然能够避免这些情况。（此理可警诫近来那些鹜名广交的人。）

友先贫贱而后富贵，我当察其情。恐我欲亲，而友欲疏也。友先富贵而后贫贱，我当加其敬。恐友防我疏，而我遂处其疏也。

【译文】朋友由贫贱而后富贵的，我们应当谨慎体察对方的情态，以免我想亲近，而朋友却想疏远。朋友由富贵而后变得贫贱的，我们对其应当更加尊敬，以免朋友防备我们会疏远他，而我们自己也任其疏远。

疏族穷亲无所归，代为赡养，乃盛事也。若视同奴隶，全不礼貌，反伤元气。

【译文】远房的族人或穷困的亲戚，无家可归的，应代为赡养，这是一大盛事。如果把他们视同奴隶，一点也不讲礼貌，反而会伤了元气。

毋以小嫌疏至戚。毋以新怨忘旧亲。

【译文】不要因为小的嫌隙而疏远了至亲。不要因为新的怨恨而忘却了旧时的恩情。

亲族邻里，居址甚近。凡牲畜之侵害，僮仆之争斗，言语之相角，行事之错误，势不能尽免。惟在以心体心，彼此相容。但求反己，不可责人。若不忍小忿，遂生嗔怒。必致仇怨相寻，终无了时矣。

【译文】亲戚邻里，居住的地方很近，因而相互间可能会有牲畜侵害，僮仆间会有争斗，言语间会有不和，相互行事之间会出现差错和误会，这些势不可免。只有大家以心体心，彼此相互包容才可避免。遇事应自我反省，不可责备他人。如果不能容忍小忿，反生嗔怒，那么必定会导致相互仇怨，没有终了之时。

亲三党，睦九族，交朋友，和邻里，人生缺一不可。然睦族更宜讲求。从来帝王，尚敦天潢①之派。况庶人，岂可薄视本支。每见今人修寺塑像，蓄养歌妓，赌赛豪华，往往不惜千金。独宗族面上，争较厘忽，不肯错用一文。殊不知一族，我果出人头地，此祖宗积德所及，更宜培养厚道，以及后人，岂可漠视族中饥寒困苦，如同陌路。常见亲支贫富相形，终年而不一聚。即有庆吊大事，在贫者非袖短裙长，即相将无物，几回欲行欲止。纵使勉强登堂，足欲进而趑趄②，口将言而嗫嚅，甚至逢迎少人。此际即曲意周旋，尚增几许跼蹐，况以傲慢临之乎。此骨肉所以日远日疏也。人当审己量力以周恤之，庶一本之谊全矣。（富贵固宜如此，贫贱亦当自重。）

【注释】①天潢：古时称皇室为“天潢”，谓皇族支分派别。②趑趄（zī jū）：想前进又不敢前进。形容疑惧不决，犹豫观望。

【译文】亲爱三党，和睦九族，广交朋友，和睦邻里，这些在人生中缺一不可。然而其中和睦族人更应当重视。自古以来，帝王皇家都重视皇室亲族。何况是平民百姓，又怎么能慢待自家族人呢？可现在，每每见到有人修寺庙塑佛像，蓄养歌妓，赌赛豪华，往往不惜一掷千金，独独在对待宗族亲人时，却厘毫必较，不肯错用一文。他们却不知道，家族中如果我出人头地，那是祖宗积德所致。我们更应当培养厚道，以惠及后人，怎么能够漠视族人饥寒困苦而如同陌路呢？常见有一些亲戚族人因贫富相差悬殊，一年到头也不会相聚一次。即使有喜庆或吊唁等大事时，那些贫困者穿着不是袖子短了就是裙子长了，也没有什么礼物可带，几回欲行欲止。即使勉强去了，想进门却又因心虚而迈不开步，想说点什么却又不敢说，甚至很少与人招呼。此时即使是尽情照顾，也会让他觉得拘束，何况是傲慢相待呢？这就是骨肉亲戚日渐疏远的原因。我们应当审视自己，量力周恤亲族，希望以此能保全亲族之情。（富贵人家固当如此，贫贱人家也应当自重。）

联宗一事，颇为近日恶套。以漫不相识之人，一朝得第，认为同宗。凡所缘引，俱现在职位之人。而不必认者，即现在职位之祖若父，亦不与焉。此为联势，非联宗也。世情淡漠，本族弟兄叔侄，尚置不问，何有于泛合者乎。势在而宗联，势去而宗断。不如君子以志同道合为主，四海之内，皆兄弟也。（同志可以为朋，同姓可以联宗，惟当以道义相联属，不宜因势利为亲疏耳。）

【译文】联宗，是近来形成的很让人厌恶的习惯。一个漫不相识的人，一朝登第，便认为同宗。凡所引见的人，都是在职之人。而不必引见的，即使与父同辈的现在在职之人的祖父辈，也不会引见。这是联势，而不是联宗。世情淡漠，本族的弟兄叔侄，尚弃置不问，何况是对于略为认识之人呢？权势在时而相互联宗，权势失时而宗族关系断绝。不像君子一样以志同道合为主，四海之内皆兄弟啊。（同志者可以为朋友，同姓者可以联宗，只是当以道义相联属，不可因势利而决定亲疏。）

闻人之善而疑，闻人之恶而信。惯好说人短，不计人长。其人生平，必有恶而无善。

【译文】听到别人的优点怀疑不信，听到别人的缺点却轻易相信；经常论人过失，却无视别人的长处。这样的人，一生必有恶果而无善缘。

贫贱时，眼中不着富贵，他日得志，必不骄。富贵时，意中不忘贫贱，一日退休，必不怨。

【译文】贫贱时不羡慕别人的富贵，将来得志时必定不会骄傲。富贵时心中不忘贫贱，他日退休时必定不会心生怨恨。

人每临终时，忧子孙异日贫苦，不思子孙贫苦，从何处来，乃祖父积恶所至。平日事苛刻，讨便宜，损人利己，无所不为，是日日杀子孙也。平时杀子孙，至临终，则忧子孙。自我杀之，复自我忧之，则惑之甚也。

【译文】人每到临终时，总是会担忧子孙日后贫苦；却不想想子孙贫苦是如何来的，是祖父们积恶所致。他们平日事事苛刻，占小便宜，损人利己，无所不为，这是在天天害子孙啊。平时行恶害子孙，到临终时却又为子孙担忧。自己平日害子孙，却又来担忧子孙，实在是让人不解。

行一件好事，心中泰然。行一件歹事，衾影抱愧。即此，是天堂地狱。

【译文】做一件好事，心中安定；做一件坏事，心中有愧。这就是天堂与地狱的区别。

尽其在我四字，可以上不怨天，下不尤人。亦可以仰不愧天，俯不怍人。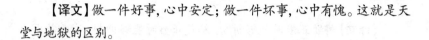

【译文】只要做到"尽其在我"四个字，可以上不怨天，下不尤人。也可以仰不愧天，俯不怍人。

凡应人接物，胸中要有分晓，外面须存浑厚。

【译文】凡待人接物，心中要有主意，且行为一定要表现得敦厚、质朴。

凡有望于人者，必先思己之所施。凡有望于天者，必先思己之所作。此欲知未来，先察已往。

【译文】凡是希望能得到别人帮助的，一定得先考虑自己有所付出。凡是期望能从老天那得到好处的，一定得先考虑自己的所作所为。这也就是说想要知道未来，一定要先考察自己过去的所作所为。

尽前行者地步窄，向后看者眼界宽。

【译文】只管向前而不会回顾反省的人，前途会很狭窄；能够时常回顾反省的人，眼界和见识会越来越宽。

嗜欲正浓时能斩断，怒气正盛时能按纳，此皆学问得力处。

【译文】嗜欲正浓时能够斩断，怒气正盛时能够抑制，这都是因为学问落实得好，真实受益的结果。

欲人勿闻，莫若勿言。欲人勿知，莫若勿为。

【译文】想要别人不听到，不如不要说。想要别人不知道，不如不要做。

对失意人，不谈得意事。处得意日，莫忘失意时。

【译文】在失意人面前，不要谈论得意之事。自己得意时，不要忘记过去失意之时。

体认天理，只在吾心安不安，人情妥不妥上。

【译文】体察、认识天道，只需在意是否对得住自己良心，是否符合人情事理。

临事肯替别人想，是第一等学问。

【译文】遇事肯替别人着想，这是第一等学问。

富贵家宜学宽，聪明人宜学厚。（聪明而不学厚，何所不为。）

【译文】富贵之人应当学会宽容别人，聪明之人应当学会厚待他人。(聪明而不学着厚道，就会任意妄为。)

护体面，不如重廉耻。求医药，不如养性情。立党羽，不如昭信义。作威福，不如笃至诚。多言说，不如慎隐微。求声名，不如正心术。恣豪华，不如乐名教。广田宅，不如教义方。

【译文】维护面子，爱慕虚荣，不如重视廉耻。求医问药，以求健康，不如怡养自己的性情。拉帮结派，结党营私，不如以信义取信于人。作威作福，以势压人，不如笃诚待人。嘴上多说，不如谨慎每一件事。追求名声，不如端正自己的心术。追求豪华享受，不如享受教化世人的快乐。增加田宅，不如教育后代以正道。

见遗金于旷途，遇艳妇于密室，闻仇人于垂毙，好一块试金石。

【译文】在大道上偶见遗金，在密室遇见艳妇，听到仇人将死，是检验一个人品性的试金石。

慎风寒，节嗜欲，是从吾身上却病法。省忧愁，戒烦恼，是从吾心上却病法。

【译文】小心风寒，节制嗜欲，是从身体上预防疾病的方法。减少忧愁，戒除烦恼，是从精神上预防疾病的方法。

如为善，虽一介寒士，有人服其德。我如为恶，虽位极人臣，有人议其过。

【译文】如果为善，即使是一介寒士，也会有人信服其德行。如果为恶，即使是位高权重的大臣，也会有人议论其过失。

主人为一家观瞻。我能勤,众何敢惰。我能俭,众何敢奢。我能公,众何敢私。我能诚,众何敢伪。此四者,不独仆婢见之,上行下效,且为子侄之模范。语云:心术不可得罪于天地,言行要留好样与儿孙。

【译文】主人是一个家庭的榜样。如果主人能够勤奋,大家又怎么敢懒惰?如果主人能够节俭,大家又怎么敢奢侈?如果主人能够一心为公,大家又怎么敢为私?如果主人能够以诚待人,大家又怎么敢虚伪以对?这四种情形,不仅仆人奴婢见了会上行下效,而且也会成为子侄的模范。正如俗话所说,心术不可得罪于天地,言行要留好样与儿孙看。

凡人无不好富贵。不知富贵二字,岂是容易享受。其上以道德享之。其次以功业当之。又其次以学问识见驾驭之。如道德不足享,功业不足当,学问识见不足驾驭,虽得富贵,何能安享。是以君子每兢兢业业以保守之,非畏富贵之去也。每见富贵之去,必有祸患以驱之,正惧祸患之来也。

【译文】凡是人没有不喜好富贵的,他们却不知道"富贵"二字,岂是那么容易享受的呢?要想享有富贵,最好的办法是拥有德行;其次是以建立功业换取;再次是以学问识见来获取。如果自己的德行不足以享有富贵,功业不足以拥有富贵,学问识见不足以驾驭富贵,即使得了富贵,又如何能安享富贵呢?所以德行高尚之人总是兢兢业业地保持着富贵。这并不是害怕会失去富贵,而是因为失去富贵之时,总是伴随有祸患。他们正是害怕随富贵而来的祸患啊。

子弟少年,不当以世事分读书,但令以读书通世务。切勿顺其所欲，须要训之以谦恭。鲜衣美食，当为之禁。淫朋匪友，勿令之亲。则志趋自然朴实近理。其相貌不论好丑，终日读书静坐，便有一种文雅可亲，即一颦一笑，亦觉有致。若恣肆失学，行同市井。列之文墨之地，但觉面目可憎，即自己亦觉置身无地矣。

【译文】年轻的后辈们，不应该因为世事而分心误了读书，而应该通过读书来明白世务。切记不要让他们随心所欲，一定要教他们学会谦虚恭敬，禁止他们享受奢服美食，不要让他们亲近淫朋匪友。这样会让他们的心志趋向自然朴实，通情达理。不论他们的相貌好丑，终日读书静坐，便会有一种文雅可亲的气质，即使一颦一笑，也会觉得有风度；但如果他们放纵自己不学无术，他们的行为将如同市井之人。与那些文人墨客相比，只会感觉这些不学无术的人面目可憎，即使他们自己也会羞愧得无地自容。

至乐无如读书，至要无如教子。富之教子，须是重道。贫之教子，须是守节。

【译文】最快乐的事莫过于读书，最要紧的事莫过于教子。富贵人家教子，一定要注重道义；贫困人家教子，必须要持守节操。

万般皆下品，惟有读书高。世上岂真万般皆下品乎，此不过勉励幼学之言耳。若信以为真，便眼空一世，恐非远大之器所宜。是在贤父兄之教诲耳。

【译文】万般皆下品，唯有读书高。世上难道真的是万般皆下品吗？这不过是勉励学童的话而已。如果信以为真，便目空一切，只知道读书，却不懂得落实伦常道德。这不是成为大器认所应做的。这都有赖贤父贤兄的教诲。

经一番折挫，长一番识见。多一分享用，减一分福泽。加一分体贴，知一分物情。

【译文】经历一次挫折，便会增长一些见识。多一分享受，便会减少一分福泽。增加一分体贴，便会多知晓一分事理人情。

好利，非所以求富也。好誉，非所以求名也。好逸，非所以求安也。好高，非所以求贵也。好色，非所以求子也。好仙，非所以求寿也，今人所求，皆反其所好。无惑乎百无一成。

【译文】追求财富，并不是为了求得个人富贵；追求声誉，并不是为了求得个人名声；追求安逸，并不是为了求得个人的安宁；追求高位，并不是为了求得个人显贵；追求美色，并不是为了生个儿子；追求仙道，并不是为了求得个人长寿。但现今之人所追求的，都是反其道而行，那么百无一成也就不难理解了。

有聪明而不读书建功，有权力而不济人利物，辜负上天笃厚之意矣。既过而悔，何及哉。

【译文】有聪明的头脑却不去读书建功，有权力却不去济人利物，这真是辜负了上天的深恩啊。等到已经失去时再来反悔，又怎么来得及呢？

容得几个小人，耐得几桩逆事，过后颇觉心胸开豁，眉目清扬。正如人啖橄榄，当下不无酸涩，然回味时，满口清凉。

【译文】如果能容忍得下几个小人，能忍受几件不顺心的事，那么过后一定会觉得心胸开朗，眉目清爽。这就正如人吃橄榄，当时觉得酸涩，但过后回味时，却满口清凉。

可以一出而救人之厄，一言而解人之纷，此亦不必过为退避也。但因以为利，则市道矣。

【译文】如果一出手就能救人于困厄，一出言就能排解他人纷争，这样的事我们就应当不要退避。但是如果因此来谋取利益，那么就成市道了。

行客以大道为迂，别寻捷径。或陷泥淖，或入荆榛，或歧路不知所从，往往寻大路者，反行在前。故务小巧者多大拙，好小利者多大害。不如顺理直行，步步着实。得则不劳，失亦于心无愧。

【译文】行客认为大道太绕了，于是另外寻求捷径。有的自陷泥淖，有的掉进荆榛丛中，有的在岔道口不知所从，往往是那些走大道的人，反而走到了前面。所以想取巧的大多数人反而变得更拙笨，喜爱占小便宜的大多数反而吃大亏。还不如顺道直行，脚踏实地。这样，成功了则不会觉得有功劳，失败了也于心无愧。

见人私语，勿倾耳窃听。入人私室，勿侧目旁观。

【译文】看见别人私下说话，不要侧耳偷听。进入别人的房间，不要斜眼乱看。

凡经商十数年而不一归者，此止知有利，不知有天伦之乐也。若堂有双亲，不思归省，谓之无人心可也。

【译文】凡是经商十数年而没回过一次家的，就是只知道钱而不知晓有天伦之乐的人。如果堂上双亲健在，而不想着回家探望父母的人，可以说是已经没有良心了。

富贵之家，虽主人谦虚，而阍人①多有骄悍之气。士君子于此，当自爱。可以无求，便宜少往。能令怪其不来，无令厌其数至也。

【注释】①阍人：守门人。

【译文】富贵之家，虽然主人谦虚，但守门人却多有骄悍之气。所以，士君子对此应当自爱，可以尽量不求他们，少与他们来往。宁可让他们责怪自己怎么不来，不要让他们厌烦自己总是登门拜访。

凡人出外，每带器械防身，能带未必能用。不特疑有重赀，而且防我害彼，势必先下毒手。是防身适足以害身也。每见江湖老客，衣囊萧索，钱财秘密。不贪路程，不冒风浪，择旅店，慎舟人，禁嫖绝赌，节饮醒睡，而宽袍大袖，粗帽敝衣，未尝见其失事也。

【译文】一般人外出，常常会带一些器械防身。但一般带去也未必能用到，带了不仅会让人怀疑带有贵重物品，而且一定会让人因担心自己害他而先下毒手。这样的防身正好是害了自己呀。每次看到那些老江湖客，总是衣囊萧索，钱财放得隐蔽；他们不会急着赶路，不会冒着风浪而行，慎重选择旅店，谨防船夫，远离嫖赌之事，节饮醒睡，而且宽袍大袖，粗帽敝衣，也没见他们出过什么事。

人生自幼至老，无论士农工商，智愚贤不肖，刻刻常怀畏惧之心。

如明中畏天理，暗地畏鬼神，终身畏父母，读书畏师长，居家畏乡评，做官畏国法，农家畏旱涝，商贾畏亏折，兢兢业业，方了得这一生。

【译文】人生从小到老，无论是从事士、农、工、商哪一行，是聪明、愚昧、贤德，还是不肖，应当时刻胸存畏惧之心，有如白天畏慎天理，暗地里畏慎鬼神，终身畏慎父母，读书畏慎师长，居家畏慎乡评，做官畏慎国法，种地害怕旱涝，买卖害怕亏损，必须兢兢业业，才能成就这一生。

做人无成心，便带福气。做事有结果，亦是寿征。

【译文】做人无成见，便常会有福气。做事有结果，也是长寿的征兆。

言有三不可听。昵私恩，不知大体，妇人之言也。贪小利，背大义，市人之言也。横心所发，横口所言，不复知有礼义，野人之言也。

【译文】话有三种不可听，贪恋私人恩惠，不识大体，这是妇人之言。贪图小利，背弃大义，这是市井小人之言。行为蛮横，言语粗暴，不知有礼义，这是野人之言。

事事顺吾意而言者，小人也，急宜远之。

【译文】事事都顺着你的意愿说话的人，是小人，应当迅速远离他。

一坐之中，有好以言弹射①人者，吾宜端坐沉默以销之。此之谓不言之教。

【注释】①弹射：用言语指责人。

【译文】座席之中，有喜欢以言语指责他人的，我们应该端坐沉默来对待。这就是不言之教。

人言果属有因，深自悔责。返躬无愧，听之而已。古人云：何以止谤，曰无辩。辩愈力，则谤者愈巧。

【译文】别人说的话如果确实有缘故，我们就应当自我深刻反省。如果问心无愧，那就任由别人说吧。古人说："怎么做可以让别人停止毁谤呢？答案是不辩解。越辩解，那么毁谤者就会毁谤得越厉害。"

责我以过，当虚心体察，不必论其人何如。局外之言，往往多中。每有高人过举不自觉，而寻常人皆知其非者，此大舜所以察迩言^①也。

【注释】①迩言：浅近之言，常人之语。

【译文】有人责备我们的过失时，应当虚心体会，自我省察，不必讨教他为人如何。局外人所说的话，往往比较中肯。常有德行高尚之人犯错了却不能自我察觉，但平常人见了都能知道其过失。这就是大舜所以常体察常人之语的原因。

有人告我曰"某谤汝"，此假我以泄其所愤，勿听也。若良友借人言以相惕，意在规正，其词气自不同。要视其人何如耳。

【译文】如果有人告诉我说"某某人毁谤你"，这只是他想借我来发泄他个人的私愤而已，不要听。如果良友借他人言来警戒我，意在规劝匡正我的过失，其语气自然会不一样，我们要观察其人如何从而选择听取。

好说人阴讳事，及闺门丑恶者，必遭奇祸。且言之凿凿，如曾目睹。旁有鬼神，何不说得略活动些。

【译文】喜欢说人隐私事，以及闺门丑事的人，必定会遭遇奇祸。况且他们说的很真实，好像曾亲眼目睹似的。其实旁边自有鬼神看着，为什么不说得稍灵活些呢？

愚人指异端左道募化，称说灵异，以诳乡人。我既不信，远之而已，不必面斥其非。

【译文】愚昧之人常借着那些不正当的学说言论来化缘，说是灵异现象，以此来欺骗乡人。我只需不说话，远离就行了，不必当面斥责他们。

觉人之诈而不说破，待其自愧可也。若夫不知愧之人，又何责焉。（业已诈矣，尚不可说，况不诈，而以为诈者耶。）

【译文】发觉了别人的谎言，不要说破，只要等他自己觉得羞愧就行了。如果他是那种不知羞愧的人，又何必责备他呢？（别人已经说出来的谎言，尚不能随便说破，更何况那些本不是谎言，而被当成谎言的事呢？）

隐恶扬善，待他人且然。自己子弟，稍稍失欢，便逢人告诉，又加增饰，使子弟遂成不肖之名。于心忍乎。

【译文】隐恶扬善，待他人尚且这样。对待自己的子弟，只要稍稍不讨你喜欢，便逢人诉说，还添油加醋，使子弟背负不肖之名。于心何忍呢？

我有冤苦，他人问及，始陈颠末。若胸中一味不平，逢人絮絮。听者虽貌为咨嗟，其实未尝入耳，言之何益。

【译文】如果心中有冤苦，只有别人问起时，才诉说始末。若胸中一点不平，逢人便絮絮叨叨，听了的人虽然表面上叹息，其实未必真正听进去了。这样，说了又有什么用呢？

人当厚密时，不可尽以私密事语之。恐一旦失欢，则前言得凭为口实。至失欢之时，亦不可尽以切实语加之。恐忿平复好，则前言可愧。

【译文】当与人关系非常亲密时，不可以把自己所有的私事、机密事告诉对方，以免一旦双方关系失和时，先前所说的话成为话柄。即使是双方关系失和，也不可以切实之语来责备对方，以免双方间的怨忿平复关系和好时，前面所说的话让人羞愧。

向人说贫，人必不信，徒增嗤笑耳。人即我信，何救于贫。（真贫尚不必说，况不贫，而以为贫者耶。）

【译文】向别人诉说自己穷，别人必定不信，只会让别人嗤笑你。别人即使相信我，对于贫困又有什么帮助呢？（真贫者尚不必说，何况不贫而装贫的呢？）

存心说谎，固不可。开口赌咒，亦不可。

【译文】存心说谎，固然不可，但开口就赌咒，也是不行的。

人前做得出的，方可说。人前说得出的，方可做。

【译文】只有能当着别人面做得出的事，才可以说；只有能当着别人面说得出的事，才可以做。

"不为过"三字，昧却多少良心。"没奈何"三字，抹却多少体面。（四语义味无穷，非老于世务者不知。）

【译文】"不为过"三个字，不知蒙昧了多少良心。"没奈何"三个字，不知抹却了多少体面啊。（这四句话义味无穷，只有那些老于世故的人才能理解。）

公门不可轻入。若世谊素交，尤当自远。或事应面谒，亦不必屏人私语，恐政有兴革，疑我与谋。又恐与我不合者，适值有事，疑为下石。

【译文】不可轻入公门。如果世交故友属公门，也应当自动保持一定距离。如果有事应当面说明，也不必躲着别人私下谈话。以免政策有什么变革时，别人会怀疑我参与谋划；再说以防那些与我不合的人，遇到我有难时，落井下石。

进一步想，有此而少彼，缺东而补西，时刻过去不得。退一步想，只吃这碗饭，只穿这件衣，俯仰宽然有余。

【译文】想前进一步，发现会顾此失彼，缺东而补西，怎么都无法前进一步。但如果能退一步想，只吃这碗饭，只穿这件衣，那么无论是进是退都会海阔天空。

天生五谷以养人，不食则饥，缺之则死。每见高门巨室，田连广陌，视米谷为草芥。厨灶经年不一到，仆婢孩姬，抛撒作践。或沟厕白粲累粒，或几案馊秽成堆，略无禁忌。昔有一庵，邻于大宅。寺僧常见沟中米饭流出，密用水淘净，蒸晒一囤。不数年，而大宅缘事暴贫，僧人即以此饭饷之。大宅衔谢不已。后细询，知为沟中物也，嗟悔无及。屡见暴殄五谷之人，或罹①饥寒困厄。此皆家长区置无方，以致如此。昔云："谁知盘中飧，粒粒皆辛苦。"吾辈安逸而享之，岂可狼藉以视之乎。明理惜福之士，当体察之。

【注释】①罹（lí）：遭受苦难或不幸。

【译文】天地间生长了五谷用来养人，不吃就会饥饿，缺乏就会饿死。现今总能见到一些富贵之家，家中田亩纵横连片，视米谷为草芥。他们全年不进厨房一次，任由仆人奴婢、小孩老姬抛撒糟蹋粮食。或是沟渠厕所随处可见白米累粒，或是桌案上剩余饭菜成堆，没有一点禁忌。从前，有一座庙宇，紧挨着一户大户人家。寺僧常见沟渠中有米饭流出，便悄悄用水将这些米饭淘洗干净，蒸晒后储存起来。没过几年，这户大户人家因事突然变得一贫如洗，于是庙中僧人便将以前那些储存起来的米饭接济他们。这户大户人家对此称谢不已。后来一打听，才知道这些粮食是他们家以前丢在沟渠中的，对此后悔莫及。我们常常能见到那些任意浪费粮食的人，有的遭了饥寒困厄，这都是家长治家无方造成的呀。从前李绅曾在诗中说："谁知盘中餐，粒粒皆辛苦。"我们现在虽然生活安逸无忧，但怎么能随意糟蹋粮食呢? 明白事理的惜福之人，应当仔细体味省察。

人家隆盛之时，产业多不税契[①]。虽当事未必遍查，恐久之势去，子孙反受其累。

【注释】①税契：旧时民间不动产买卖典当，在契约订立后，新业主持白契向官署交纳契税的行为。
【译文】家道隆盛之时，家中产业一般不交契税。虽然当政者不一定会普遍调查，但恐怕时间长了家道衰败时，子孙反会受此连累。

人子服阕[①]，流俗相率庆贺。至期笙歌燕饮，结彩披红，谓除凶而就吉。夫恨未终天，欢成一旦。孝思罔极，岂无余哀。何喜可贺，悖谬甚矣。明理义者，不可不慎。

【注释】①服阕：守丧期满除服。阕，终了。
【译文】作为人子守丧期满后，按一般习俗，都会有人相继来庆贺。守丧期满了便笙歌宴饮，结彩披红，称为除凶就吉。仇恨不会伴随终生，欢乐只需一旦，但对先人的思念却是没有尽头的，怎么能没有余哀呢? 又有什么可喜可贺的? 真是谬论呀。明白理义之人，不可不慎重呀。

彼之理是，我之理非，我让之。彼之理非，我之理是，我容之。

【译文】对方的话有道理，我们的理由不对，我们应顺让对方。对方的话没有道理，我们的理由是对的，我们应当包容对方。

门内罕闻嬉笑怒骂，其家范可知。座右多书名语格言，其志趣可想。

【译文】家庭中很少听到嬉笑怒骂声，就可知晓这个家庭的家风之好。座位右手边多书名语、格言，就能看出这个人的志向。

治家严，家乃和。居乡恕，乡乃睦。

【译文】治家严厉，家庭才会和睦。对待乡邻宽容，乡邻才会和睦。

读书正以明理为本也。理既明，则中心有主，而天下是非邪正，判然矣。遇有疑难事，但据理直行，得失俱可无愧。何须问卜，求签，祈梦。

【译文】读书应以明理为本。道理明白了，那么心中就会有主张，而天下的是非邪正也就能判别了。遇到疑难事情，只要据理直行，不管得或失都可问心无愧了。又何须问卜、求签、祈梦呢？

语云：开卷有益，是书皆可资长学问。独今之小说，多将男女秽迹，敷为才子佳人；以淫奔无耻为逸韵，以私情苟合为风流。云期雨约，摹写传神。使阅者即老成历练，犹或为之摇撼。至于无识少年，内无主宰，未有不意荡心迷，神魂颠倒者。在作者本属子虚，在看者竟认为实。因而伤风败俗者有之，犯法灭伦者有之。虽小说中，原有寓意因果报应者。但因果报应，人多略而不看，将信将疑。况人好德之心，不能胜其好色之念。既以挑引于其前，鲜能谨持于其后。吾愿主持风化君子，于此等淫词，严请禁毁，使民惟经史是诵。厚风俗，保元气，是亦圣世之善政也。

【译文】俗话说开卷有益，只要是书都能增长学问。只是现今的小说，大多却将男女间的丑陋行径，称为才子佳人之事；把私奔无耻的行为称为逸韵，把私情苟合称为风流。对男女间私下约定的幽会，描写得格外传神，使阅读者即便是老成历练之人，也为之感到震撼。至于那些没有什么见识的少年人，心中没有主见，所以没有不意荡心迷，神魂颠倒的。这些小说本是作者虚构，但读者却把它当成真实的了。因而有的看过小说后伤风败俗，有的犯法灭伦。虽然小说中，原有寓意有因果报应，但是这些因果报应，读者大多忽略不看，将信将疑；况且人的好德之心，不能胜过其好色之念。既然小说已挑引起了他的欲念，就很少有人能谨慎克制的了。我希望主持风化的道德君子，对于这些淫词诲语，能够严禁销毁，使人民都只读经史。重视风俗教化，保持道德元气，这也是圣世清明政治的目的。

横逆之来，正以征平日涵养。若勃不可制，与不读书人何异。

【译文】遇上横逆之事，正好可以用来验证平日的涵养功夫修得如何。如果一遇到不顺之事就怒不可遏，那么这与没读书的人有什么区别呢。

待小人宜宽，防小人宜严。

【译文】对待小人宜宽容，防备小人宜严格。

年高而无德，贫极而无所顾惜。惟此两种人，不可与之较量。

【译文】年纪大且没有德行，一无所有且无所顾忌，这两种人，我们不可以与他们计较。

见人作不义事，须劝止之。知而不劝，劝而不力，使人过遂成，亦我之咎也。

【译文】见了他人做不义之事，必须劝止他。知道他人做不义之事而不劝止，或者是劝止不力，使别人犯了过失，这也是自己的过错。

能容小人，是大人。能处薄德，是厚德。

【译文】能够容忍小人者，其人是有德行的人。能够与薄德之人相处者，其人是厚德之人。

德业常看人胜于我者，则愧耻自增。境界常看人不如我者，则怨尤^①自寡。

【注释】①怨尤：怨恨责怪。

【译文】常见他人的德行与功业胜过自己，那么羞耻之心自会增加。常见他人的境界不如自己，那么怨恨责怪之心定会减少。

凡权要人，声势赫然时，我不可犯其锋，亦不可与之狎。敬而远之，全身全名之道也。

【译文】凡是权势要人，声势显赫之时，我们不可触犯其锋芒，也不可与他们太过亲近。对待这种人，敬而远之才是保全生命和名誉的最好方法。

纵与人相争，只可就事论事，断不可揭其父母之短，扬其闺门之恶。此祸关杀身，非止有伤长厚已也。

【译文】纵使是与人相争，也只能就事论事，千万不能因此而揭露对方父母的过失，或是宣扬对方家门的恶事。这关乎身家性命，而不仅仅是有伤自己的德行了。

事无大小，以理为主。然我虽依理而行，恐所遇之人，或愚者不知理，强者不畏理，奸猾者故意不循理，则理又有难行之处。便当审度时势，从容处之。若小事，宁可含忍。倘万不能忍之大事，则质之亲友，鸣之官长，辨白曲直，彼终越理不得，自然输服。若恃我有理，便悻悻生忿，任意做去，则愚者终不明，强者终不屈，奸猾者必百计求胜，是有理翻成无理矣。（知此决无讼事。）

【译文】事情无论大小，都要以理为主。但即使自己依理而行，恐怕有时所遇到的人，可能会是愚昧不知理的人，或是强势而不畏理的人，或是奸猾而故意不循理的人，那么这样即使有理也难依理而行呀。此时我们便应当审时度势，从容对待。如果是小事，宁可容忍。倘若是万万不能容忍的大事，则应当将事情告之对方亲友，向政府官员申诉，辨明是非曲直。最终对方在众人面前理亏，自然就认输了。如果凭恃自己有理，就怨恨生气，任意而行，那么结果是愚昧之人最终无法明理，强势之人最终不会屈服，而奸猾之人必定会千方百计求胜，最后自己有理也会变成无理了。（能够明白这些道理的人，一定不会与人闹官司。）

亲族朋友中，焉能个个相投，事事恰当。且嗜好不同，性情不一。即有与我不相得处，不过小忿微嫌耳。竟有其人已死，或报复孤孀，或逢人责诮。独不念其人既死，则万念冰释。当改嗔怒为怜悯，照拂提携，乡党自钦厚道。若芥蒂不忘，啧啧于口，徒伤忠厚耳。旁人视听，能不薄之乎。

【译文】亲族朋友中，不可能个个都意趣相投，事事想法一致。况且大家爱好不同，性格不一样，因此即便有与我相处不合的，也不应太过于计较。竟然有人却在对方死后，或是报复孤儿寡妇，或是逢人便责其不是。独独不想，人已经死了，那么什么恩怨也当消失了。我们应当化嗔怒为怜悯，多多照应提携孤儿和寡母，乡邻自然佩服你厚道。如果是一点点怨恨就念念不忘，时刻挂在嘴上，只会损害自己的忠厚之德。旁人看了听了，能对你好吗？

君子不迫人于险。当人危急之时，操纵在我，宽一分，则彼受一分之惠。若扼之不已，鸟穷则攫，兽穷则搏，反噬之祸，将不可救。

【译文】君子不会在别人陷于险境时落井下石。当别人处于危急之时，如主动权在我，我们待人多一分宽容，那么对方就会收受一分好处；如果此时我们不停逼迫对方，鸟饿了还会从人手中攫食，兽被困了还会拼命，这样我们将遭反噬之祸，以致无可挽救。

现在之福，积自祖宗者，不可不惜。将来之福，贻于子孙者，不可不培。现在之福如点灯，随点则随竭。将来之福如添油，愈添则愈久。

【译文】现在的福报，是祖宗积德留下来的，我们不可不珍惜；将来的福报，是留给子孙的，我们不可不培德。现在的福报就如灯，随时点着了则随时可能用完；将来的福报则有如为灯添油，添得越多则点得越久。

肯为人说眼前报应，肯听人说报应诸事，肯将已验医方或抄或刻授人，亦是美事。

【译文】肯以眼前之事教人以因果报应，肯听别人说因果报应之事，肯将已验证过的医方或抄或刻教授给别人，也是美事。

君子能扶人之危，周人之急，固是美事。能不自夸，则益善矣。

【译文】有德行之人能够帮助他人渡过危难，接济他人于急难之时，这是美事。如果能不以此自夸，那么就更好了。

终日安坐，未饥而饭至，未寒而衣添；饮酒食肉，呼奴使婢；居有华堂，出有舟舆，可谓色色^①如意。不于此为善，更且使性气，纵喜怒，有些子事，便不耐烦，甚至行造罪孽，岂不可惜。尝念及此，久久自然寡过。

【注释】①色色：样样，各式各样。
【译文】整天安坐不动，未饿之时饭便送到了嘴边，天未寒便有人为你增添衣裳；喝酒吃肉，呼奴使婢；住的是华丽的厅堂，出行坐的是车船，可以说是样样如意。但如果此时不做善事，更是率性使气，纵容自己的喜怒，一有什么事便不耐烦，甚至做些造罪孽的事，岂不可惜？常想想这些，时间一久过错自然便少了。

凡遇卖儿鬻女，及施粥，施袄，施茶，施药，施棺，若独力不能，须募众举行，此眼见功德。

【译文】凡遇卖儿鬻女之人，便及时施助以粥、袄、茶、药、棺等。若自己能力有限，便须号召大家一起募捐帮助。这些都是很明显的功德。

人当贫贱时，为善，善有限，为恶，恶亦有限，无其力也。一当富贵时，为善，善无量，为恶，恶亦无穷，有其具也。故富贵者，乃成败祸福之大关，不可不慎。

【译文】人在贫贱时，做善事善有限，做恶时恶也有限，因为能力有限。而当富贵时，为善善无量，做恶恶也会无穷，因为他具备了这个条件。所以富贵者，是成败祸福的关键，不可不小心。

径路窄处，须让一步与人行。滋味浓的，须留三分与人食。

【译文】道路狭窄的地方，要让一步路给他人行走。滋味美的食物，要留三分给他人食用。

人之所赖以生者，惟钱财。能于钱财上，宽一分待人，省一分济人，若能事事留心，久久习惯，虽不见福，而祸自消矣。如一味刻薄，以为得计，一遇飞灾，荡产倾家，所入不偿所出，悔之晚矣。

【译文】人赖以生存的，是钱财。能在钱财方面，宽待他人一分，节省一分来救济他人，如果能这样事事留心，处处留意，时间一久养成了习惯，即使没有得到福报，但是灾祸一定会自动消除。如果待人一味刻薄，自以为得计，一旦遇到意外灾祸，导致倾家荡产，入不偿出，那时悔之晚矣。

人以持斋戒杀为行善，是功德止及于禽兽，而不及民生，此善之微者也。人以济困扶危为行善，是功德能及民生，而旁及于禽兽，此善之广者也。若夫大利大害，居得为之位，而不兴之革之，与作恶者何异。

【译文】人以持斋戒杀为行善，这种功德只施及于禽兽，而不能惠及民生，这是小善。人以济困扶危为行善，这样的功德不仅能惠及民生，而且能顺便惠及于禽兽，这是大善。如果处在这种大利大害之位，却不想着如何惠及众生，这与作恶又有什么区别呢?

处富贵者，不知世有炎凉小人。处贫贱者，不知世有窥伺小人。是皆不关自己痛痒故也。

【译文】富贵之人，不知道世上尚有炎凉小人；贫贱之人，不知道世上还有窥伺小人。这都是因为大家对于来涉及自己利害关系的事漠不关心造成的。

贫贱生勤俭，勤俭生富贵，富贵生骄奢，骄奢生淫佚，淫佚复生贫贱，此循环之情理。

【译文】贫贱使人勤俭，勤俭让人富贵，富贵使人骄奢，骄奢使人淫佚，淫佚又导致人贫贱，这是一个循环的情理。

馈送仪文，人情不免。贵于所送之物，令人得用。世俗动辄鸡、鱼、蹄、鸭、糕馒、吃食之类。若遇喜庆，塞满庭厨，焉能一时尽用。在隆冬尚可区处，炎夏顷刻馁败。常有物未出盒，已有臭气。在馈者必费数星，受者有何济益。余意可送之物颇多，何必拘于口腹。夏则手巾、凉鞋、砂壶、纸扇、枕簟、松茗、笔墨、磁器，以至纱罗葛苎。冬则红烛、乌薪、绒袜、暖帽、炉香、坐褥、书画、醇醪，以至绸缎靴裘，无不可送。不独令人可以适用，且免糜费暴殄之过。否则或竟用仪函，丰俭随人，受者款之，不受者璧^①之。彼此两便，亦交接可久之道耳。

【注释】①璧：退回赠送的礼品或归还借用之物。

【译文】馈送礼物，是人情往来中免不了的事。馈送礼物主要在于所送之物，可令对方得用。世俗之人常送人以鸡、鱼、蹄、鸭、糕馒、吃食之类。如遇喜庆之事，礼物塞满了庭院厨房，怎么能一下子就吃完呢？如果是在隆冬季节，还可以分别保存，但如是在炎炎夏日，短时内就坏掉了。常常有些东西还未开封，就已经臭了。这样，对于馈送者来说必定花费了一定费用，但对于受赠者来说又有什么益处呢？我认为可送之物颇多，何必拘于食物呢？夏日则可送手巾、凉鞋、砂壶、纸扇、枕簟、松茗、笔墨、磁器，以至于纱罗葛苎；冬天则可送红烛、乌薪、绒袜、暖帽、炉香、坐褥、书画、醇醪，以至于绸缎靴裘，都可以送。这些礼物不仅合适受赠者使用，而且可避免浪费、暴殄天物的过失。否则就以仪函的方式，丰俭随人，受则款待，不受则退回。这样彼此都方便，不必花费太多心思，而且这也是相互往来的长久之道。

富贵受贫贱人礼，以为当然，殊不知几费设处而来。即一箑^①一丝，宜从厚速答。

【注释】①箑（shà）：扇子。

【译文】富贵之人接受贫贱之人的礼物，自以为是理所当然的，却不知道这礼物是别人苦心筹备而来。即便是一把扇或是一根丝，也应当从厚从速答谢人家。

赴酌勿太迟。众宾皆至而独候我，则厌者不独主人。却则宜早辞，勿令人虚费。

【译文】赴宴席不要迟到，否则众宾客都到了而独独等候我一人，那么心中厌烦的就不仅仅是主人了。如果想推却不去，那么应当早早辞谢，不要让人浪费时间。

常见有余之家，当极盛时，每一婚嫁丧葬，辄费数百金千金。及至衰落，遇有此事，即数十金数金，亦可敷演发脱①。可见丰俭原在乎人。纵使豪华满眼，不过一瞬虚名，有何实济。姑以一二事言之。富贵之人，簪之可金者，未始不可银。衣之可缎者，未始不可绸。寒素之家，米之可精者，未始不可粗。酒之可浓者，未始不可淡。由此类推，不独积蓄有余，且为我生惜福。

【注释】①发脱：处置，对付。

【译文】常见一些富裕之家，当家族处极盛时，每次婚嫁丧葬，动辄花费数百金、千金；及至家道衰落，每遇婚嫁丧葬，即便是数十金或是数金，也能敷衍对付。由此可见，用度丰俭本就在于主事之人自身操控。纵使是豪华满眼，也不过是一瞬虚名，又有何实际意义？暂且举一两件事例来说明。富贵之人，所用簪子，金做的未必不可用银来做；丝缎做的衣服，未必不可用绸布来做。家世贫寒之人，可以吃精米的，未必不能吃粗粮；可做精酿之酒的，未必不能喝淡酒。由此类推，不仅可使积蓄有余，而且能为自己积蓄福德。

人谓北方风土厚，其富贵也久。南方风土薄，其富贵也暂。予窃以为不然。富贵久暂，在奢俭，而不在厚薄。在人事，而不在风土。何也，如北方有余者，生子多系自乳，不过觅人抱负。南方之人，稍有余者，动辄雇觅乳媪。其乳媪之子，势必托亲戚代哺，送婴堂延命。痛痒无

关，饥寒困恤。疾病痘疹，十中难存一二。是损人子以益己儿，岂于阴
骘无损。又如北方有田者，纵使富饶，多系自种，必须劳力劳心。南方
之人，田与佃种，坐享其成，致令子孙游惰，耒耜不识，五谷不分，岂
得为成家之器。又如北方妇女，脂粉不施，衫裙布素，首饰不过鬏髻
簪戒而已。南方妇女，金珠钗钏，有余者不吝千金，合一家女媳妯娌
计之，岂不损许多赀本。至于北方治席，不过猪羊鸡鸭，加以自产园
蔬。非吉凶大事，不设方物。今南方偶酌，音乐绕梁，珍错①毕集。顷
刻而出四时之藏，一席而列各省之物。以此类推，何可胜算。可见富
贵久暂，安得舍奢俭而言厚薄，舍人事而言风土哉。（富贵久暂，不尽由
此，然此种道理，居家不可不知。）

【注释】①珍错："山珍海错"的省称。泛指珍异食品。

【译文】人都说北方风土厚实，其富贵也久；而南方风土薄弱，其富
贵也短。我个人却不这样认为。富贵长久短暂，在于奢侈或节俭，而不在
风土厚薄；在于人事，而不在于风土。为什么这样说呢？如北方那些家中
富裕者，生儿育女多数由自己哺乳，最多也就是找人帮忙抱抱或背一背。
而南方之人，只要家中稍稍有余，动辄就雇请乳母，而乳母的孩子，势必
只有托亲戚代哺，或送婴堂管照。因不是自己孩子，与自己痛痒无关，对
孩子饥寒困恤，因此这些小孩一旦有疾病痘疹，十人中存活者难有一二。
这是损人之子以益己儿的行为，怎么会无损于自己的阴德呢？又如北方
的有田之人，纵使家中富饶，也多数是自己耕种，劳力劳心；而南方之
人，却把田地佃给他人耕种，自己坐享其成，以致令子孙游手好闲，耒
耜不识，五谷不分，这又怎么能成为家中之大器呢？又如北方妇女，脂粉
不施，衫裙布素，首饰不过发髻、发簪、戒指而已；而南方的妇女，金珠
钗钏，家中富有者不吝千金，为家中女媳、妯娌全部购置，这又怎么会不
损耗家中钱财呢？至于北方人置办宴席，不过是猪羊鸡鸭，加上自己园中
产的蔬果而已；不是遇有吉凶大事，不会添置本地物产。现在南方之人，

偶尔小酌就音乐绕梁，各种珍异食品全部上齐，一下就把一年储藏的食物全用尽了，一席就罗列了全国各省的物产。以此类推，又怎么能算得过来呢？由此可见，富贵的长久与否，怎么能不计奢俭而言厚薄，不计人事而言风土呢？（富贵久暂，不尽由此，然这个道理，居家不可不知。）

祖宗富贵，自诗书中来；子孙享富贵，则弃诗书矣。祖宗家业，自勤俭中来；子孙享家业，则忘勤俭矣。此所以多衰门也，可不戒之。

【译文】祖上得来的富贵，是从诗书中得来的；子孙享受富贵，却抛弃了诗书。祖宗传下来的家业，是通过勤俭而得；子孙继承家业后，却忘了承继勤俭。这是很多人家家道衰败的原因，我们不能不警戒。

待己者，当从无过中求有过。非独进德，亦且免患。待人者，当于有过中求无过。非但存厚，亦且解怨。

【译文】对待自己，应当从没有过错中寻求过错；这样不仅能培养自己的德行，而且还能免除祸患。对待他人，应当宽容他人过失，从别人的不足中发现他人的优点；如此非但能保存自己的厚道之心，而且也有利于消解与他人的恩怨。

勿以人负我，而隳为善之心。当其施德，第自行吾心所不忍耳，未尝责报①也。纵遇险徒，止付一笑。

【注释】①责报：求取报答。
【译文】不要因为他人有负于自己，就失去了行善之心。当其施德之时，只是自己不忍心罢了，未尝考虑过要求报答。纵然遇到危险分子，也只是一笑了之。

富贵之家，常有穷亲戚来往。不戏谑父执贫交。躬送破衣亲友出门外。如此，足称厚道，富贵方得久长。

【译文】富贵之家，常有穷亲戚来往。他们不因父亲结交的朋友贫穷而取笑，亲自恭送穷困亲友到门外。这样，他们的行为足以称得上厚道，富贵也才能久长。

待富贵人，不难有礼而难有体。待贫贱人，不难有恩而难有礼。

【译文】对待富贵之人，不难保持礼仪而怕难以保持体面。对待贫贱之人，不难有恩而难于保持礼仪之心。

排难解纷，实行门中第一义。能以言语和人骨肉，见人拘斗间，一语解释，其福无量。

【译文】为人排解困难纠纷，实在是行门中第一重要的。能通过言语劝解使人骨肉和睦，见人拘斗，一语劝解，其福德无量啊。

骨肉贫者莫疏。他人富贵莫厚。其一切馈遗，须有常度。勿以富贵而加丰，贫而致薄。

【译文】对贫穷的亲人莫要疏远，对待富贵之人莫要亲厚。相互往来间的一切馈赠，必须有常度，不要因为对方富贵而馈赠丰厚，不要因对方贫困而致馈赠微薄。

自让，则人愈服。自夸，则人必疑。我恭，可以平人之怒气。我贪，必至启人之争端。是皆存乎我者也。

【译文】自己谦让，那么别人会更加佩服；自我夸耀，那么别人必定怀疑。自己待人恭敬，可以平息对方的怒气；自己为人贪婪，必定会导致与他人争执。这一切，都在于自己的存心如何。

人固不可多事。然亲友有义不容辞者，以事重托，理宜委婉力行。行至必不能行，我心已尽，而亲朋自亦见谅。近见一种自了汉[1]，止知自吃饭，自穿衣，若人稍有所托，即沉吟推诿。生平未尝代人挑一担，解一事。及到有事，未必不求人。若人人似我，又当何如。

【注释】①自了汉：只顾自己，不顾大局者。

【译文】人固然不能多事，但如果亲友中有义不容辞的事重托于我，我们应当委婉接受，尽力而为。做到了自己能力的极致，自己尽心了，那么亲朋好友自然也会体谅了。近来常见一种自了汉，他们只知自己吃饭，自己穿衣，若他人稍有事相托，即沉吟推诿。他们生平没有代他人挑过一次担子，解决过一件事情。碰到事情时，他们未必不有求于人。要是人人都像自己一样，又会如何呢？

周急恤贫，仁者犹病。焉敢迂言[1]博济，强人所难。独是同一施与，有缓急之间，在己无伤于惠，在人便得其益者。每见有余之家，于岁底时，一切仆从工食，亲友补助，必捱至除夕，方肯给散。殊不知度岁之具，自己既欲早办，何不推己及人。且此日银纵到手，市物阑残[2]，非贵即缺。衣履袍帽，从何置办。此中微情隐苦，有不能尽述者。予目击极多，故琐言之。

【注释】①迂言：不切实际的话。②阑残：将尽；将完。

【译文】救急恤贫，仁者还嫌不足，又怎么敢大言说广泛救助，强人所难呢？单单是同样一次救济，就有缓急之分，对于自己来说不会受到损害，对于他人又能得到好处。常常见到一些富裕之家，每到年底时，一切仆从、工匠、炊食员，以及亲友的补助，必定要挨到除夕才肯发放。却没想到过年的物品，自己知道要早办，为何不想想别人也是一样呢？况且即使除夕日银钱到手了，但市场却快收市了，市场上的物品非贵即缺，衣履袍帽，又要从何置办呢？这其中的隐情苦处，不能尽述。我亲眼见的极多，所以啰嗦几句。

邻有丧，不可快饮高歌。至新丧之家，不可剧谈大笑。对新丧人，不可亵狎戏谑。凡亲友中，或有家庭之变，或有词讼疾病不测之事，当设身处地，为之谋虑。不可嘻嘻漠视，并无关切，恐近似幸灾乐祸矣。

【译文】邻家有丧事，不可痛饮高歌。去新丧之家，不可高谈大笑。对新丧之人，不可轻慢开玩笑。凡亲友中，或是家庭有变，或是有官司疾病等不测之事的，我们当设身处地，为他们考虑，不可嘻嘻哈哈，漠视不见，毫无关切，以免有幸灾乐祸之嫌。

攻人之恶毋太严，要思其堪受。教人之善毋过高，当使其可从。

【译文】责备他人过恶不要太严，要考虑对方的承受能力。教人为善不要要求过高，应当在对方力所能及范围内。

我施有恩，不求他报。他结有怨，不与他较。这个中间，宽了多少怀抱。忍不过时，着力再忍。受不得时，耐心再受。这个中间，除了多少烦恼。

【译文】自己施恩于人，不应求人回报。他人与己结怨，不应与人计较。这中间，会让人心胸变得更为宽阔。忍不住时，应当尽力隐忍；受不了时，应当耐心再受。这中间，可以为人减除很多烦恼。

凡作事，第一念为自己思量，第二念便须替他人筹算。若彼此两利，或于己有利，于人无损，皆可为之。若利于己者十之九，损于人者十之一，即宜踌躇。若人与己之利害正半，便宜辍手。况利全在己，害全在人者乎。若损己以利人，尤上上人事，愿同志共图之。

【译文】凡做事，第一念为自己思量，第二念便须替他人考虑。如果彼此两利，或于己有利于人无损，那么都可以去做。如果对于自己有大利，但对于他人有小损，那么就应当多考虑了。如果对人对己利害参半，便应当停手；何况利全在己，而害全在他人就更不用说了。如果是于己有损，于人有利，但对大家来说是最好的方案，那么希望大家能共同完成它。

事系幽隐，要思回护他，着不得一点攻讦①的念头。人属寒微，要思矜礼他，着不得一毫傲睨的气象。

【注释】①攻讦：揭发别人的隐私或攻击别人的短处。
【译文】如果事关他人隐私，我们做事时要考虑维护他的权益，不能有一点点攻讦的念头。如果对方出身寒微，我们要庄重地以礼待他，不能有一丝一毫傲睨的表现。

常见笔札中，有知感处，则云刻骨镂心，当在世世。有沾惠处，则云覆载之恩，举室焚顶。或云衔结难忘，犬马图报。余谓谦固美事，亦当斟酌措辞，须有分寸。若太过，则近乎谄矣。（将此等字句，看作泛常套语，人心风俗，概可知矣。）

【译文】常见笔札之中，有让人知感的地方，则有人会说当刻骨镂心，世世铭记；有让人受益的地方，则有人会说承载之恩，当全家焚香顶礼，或是说衔草结环，难忘恩情，当以犬马相报。我认为，谦虚固然是好事，但也应当斟酌措辞，要有分寸。如果谦虚太过，那么就有谄媚之嫌了。

凡作格言庄语^①，原以劝人为善。人虽未因其劝，而改弦易辙，即化为善，善念未必不动。作者之心血，不致空费。若作淫词艳曲，虽以戒人为恶，人乃忽视其戒，痴心想慕，将效为恶。恶事未必即行，而作者之造孽实多。

【注释】①庄语：严正的议论；正经话。

【译文】凡是作格言庄语，原意都是想劝人为善。人虽没有因为这些话而改弦易辙，转化为善人，但其善念未必没有动过。作者的心血，也不致白白浪费。如果作的是淫词艳曲，虽也是劝诫世人不要为恶，但世人却往往忽视了其警戒之意，而痴心想慕，仿效为恶。虽然恶事未必即行，但作者所造罪孽却多了。

好便宜者，不可与之交财。多狐疑者，不可与之谋事。

【译文】喜欢占便宜的人，不可因为钱财而与之交往。喜欢猜疑之人，不可与之谋划事情。

观富贵人，当观其气概。如温厚和平者，则其荣必久，而其后必昌。观贫贱人，当观其度量。如宽宏坦荡者，则其富必臻，而其家必裕。

【译文】观富贵之人，应当观其气概如何。如果是温厚和平之人，那么其荣贵必定长久，而其后人必定昌盛。观贫贱之人，应当观其度量大小。如果是宽宏坦荡之人，那么这人必会富贵，而其家必裕。

凡观人，须先观其平昔之于亲戚也，宗族也，邻里乡党也，即其所重者，所忽者。平心而细察之，则其肺肝如见。若至待我而后观人，晚矣。

【译文】凡观察人，须先观察其平时对待亲戚、宗族、邻里乡党如何，看其所重视什么样的人者，忽视什么样的人。只要平心细细观察，那么他为人如何清晰可见。若等到对方待我而自己不满时再来观察他，就已经晚了。

凡遇不得意事，试取其更甚者譬之，心地自然凉爽矣。此降火最速之剂。

【译文】凡是遇到不得意的事，可试着拿比这更糟的事来比较，这样心地自然就清爽了。这是降火最快的方法。

自信者不疑人，人亦信之，吴越皆可同胞。自疑者不信人，人亦疑之，骨肉皆成敌国。

【译文】自信之人不会怀疑他人，别人也会相信他，这样即使吴人越人也可成为同胞一样的关系。自疑的人常不相信他人，因而别人也常会怀疑他，这样即使是骨肉之亲也会变成敌人。

人之谤我也，与其能辩，不如能容。人之侮我也，与其能防，不如能化。（此中有大学问在。）

【译文】他人毁谤我，与其与他争辩，不如宽容点。他人侮辱我，与其去防备，不如去化解。

见人与人忿争不休者，当劝之曰，天下事，未有理全在我，非理全在人之事。但念自己有几分不是，即我之气平。肯说自己一个不是，即人之气亦平。

【译文】见到他人忿争不休，应当劝诫他们，天下之事，没有道理全在我一边而错误全在他人身上的事。只要想到自己也有不对的地方，那么自己的怨气就会平息下来。只要自己肯说自己的一个不是，那么对方的怨气也会平息下来。

待有余而后济人，必无济人之日。待有余而后读书，必无读书之时。

【译文】总是想等到钱财有余后再去帮助他人，那么必定会没有助人的一天。总是想等到时间有余后再去读书，那么必定会没有读书之日。

为人谋事，必如为己谋事，而后虑之也审。（为谋而忠）。为己谋事，又必如为人谋事，而后见之也明。（当局易迷，局外者清。）

【译文】为他人做事情，一定要像为自己做事一样，而后考虑事情才会详细。为自己谋事，也一定要如为他人谋事一样，而后谋划事情才能看得清楚。

处兄弟骨肉之变，宜从容，不宜激烈。遇朋友交游之失，宜剀切[1]，不宜含糊。

【注释】①剀切：恳切，切实。
【译文】当兄弟骨肉之间发生矛盾时，宜保持从容心态，不宜激烈。遇到与朋友因事失和时，态度宜恳切中肯，不要含糊。

无病之身，不知其乐也。病生，始知无病之乐。无事之家，不知其福也。事至，始知无事之福。

【译文】人在无病时，不知道身体健康是多么快乐的一件事；等到生病时，才知道身体健康的快乐。家中无事，大家不知这是多的大福分；等到家中发生事时，才知家中无事之福。

容人之过，却非顺人之非。若以顺非为有容，世亦安赖有君子。（一味以容过为厚道者，亦非也。）

【译文】容忍他人之过，不是说要随顺他人的过错。若把随顺他人的过错当作大度、宽容，那么世间也就不必要有君子了。（以一味忍让为厚道，也是不明智的。）

古人以喜怒中节[1]为和，今人以有喜无怒为和。

【注释】①中节：谓守节秉义，中正不变。
【译文】古人认为喜怒哀乐等情绪中正不变是平和，今人以情绪有喜无怒当作平和。

交财一事最难。虽至亲好友，亦须明白。宁可后来相让，不可起初含胡。俗语云：先明后不争。至言也。

【译文】与人之间的钱财往来一事最难处理。即使是至亲好友，也须弄得清楚明白；宁可到后面让利给对方，也不可在最开始时就账目含糊不清。俗语所说"先明后不争"，真是至理名言呀。

即或有人负欠，决非甘心不肖。理虽据而情须原，不必凌虐太甚，言语说尽，身分做尽。当看儿孙面上，稍稍宽容。遇众擎易举①之事，亟宜赞助，不可从中阻住，使人无一线生路。所云赞人陷人皆是口，推人扶人皆是手。但恐做尽说尽，天道好还，将来思人一赞一扶，不可得也。

【注释】①众擎易举：大家一起用力，容易把东西举起来。比喻大家同心协力就容易把事情办成。擎，往上托。

【译文】即使有人欠了你财物，也决不是对方甘愿如此没出息。我们虽然占据了理，但在情理上要体谅对方，不必逼迫对方太过，把话说绝了，身份做尽了，我们应当看在为儿孙积阴德的份上，稍稍宽容。遇到众擎易举之事，急需赞助的，我们不可从中阻止，断了人家的一线生路。俗话说"赞颂人的诬陷人的都是口，推人的扶人的都是手"。但如果我们把事做尽把话说尽，虽然说天道自在，善恶自有报应，但将来想要别人说你一句好话，帮助你一下，可能就难了。

人因困乏，或欠人赀财，或借人衣物，一时无偿，人即呼为坏人。若赴诉求宽，又恶其巧言善辨；若觍面无言，又嫌其默讷柔奸。总之欠字压人头，不知何法可合人意。愚谓良心信行，人人俱有，孰不愿报德全信。总因无计设法，未免辗转推诿。俗云：人人说我无行止，你到无钱便得知。且礼义生于富足，岂有余之人，甘失信于人哉。（世不少甘心负骗之人，然富而有力者，不可不知此种。）

【译文】人因家中穷困，因而或是欠人钱财，或是借人衣物，一时偿还不上，大多就会被人称为坏人。如果是对方来请求宽以时限，又厌恶对方巧言善辩；若见面了对方什么也不说，又厌恶对方木讷而心怀奸诈。总之，欠字压人头，不知该如何才会让对方满意。我认为良心、诚信，是人人俱有的，谁不想报答对方的恩德，保全自己的信用呢？一定是因为自己无计可施了，才会辗转推辞。俗话说"人人说我无行止，你到无钱便得知"，况且礼义产生于富足，又怎么会有家中富足之人甘愿失信于人呢？（世间有甘心做骗子的人，但作为富裕而有能力的人，不能不知道这种情况。）

钱财不可不惜，然亦不可苛刻。我能宽一分，则人受一分之惠。如小本生理，及挑负奔驰者，惟仗工夫气力，养家活口，尤当倍加优恤。在我厘毫之宽，所去有限；彼得一厘一文，所喜无穷。每见刻薄之人，取之尽锱铢，剥削半生，害生一旦，反至倾家荡产。又见宽厚之人，终日受人侵削，反能饱食暖衣，终身无祸者，比比然也。人欲自算，莫若观人。清夜将所见所知者，屈指而计。刻薄之后人，与宽厚之后人，较量之，孰享孰否，孰富孰贫。便见天之报施不爽矣。

【译文】对于钱财，我们不能不珍惜，但也不可过于吝啬。我们能待人宽厚一分，别人就能受一分之惠。如做小本生意的，以及挑着货担四处奔走买卖的，他们只是靠力气来养家糊口，对于这种人更当倍加体恤。我们待人有一厘一毫的恩惠，所失的有限；但对方得到这一厘一文的资助，却是欢喜无限。常见一些刻薄之人，对钱财锱铢必较，半生中都在剥削别人的钱财，可一旦祸害来临，反而导致倾家荡产。又见一些宽厚之人，整天受人侵夺，反而能饱食暖衣，终身没有祸害的，比比皆是。人欲自算，莫若观人，清静的夜晚将所见所知的，细细比较衡量一下，看看刻薄之人的后代与宽厚之人的后人，谁能享有福报而谁没有，谁能富贵而谁将变得贫穷。由此，便可见天之报应丝毫不爽了。

子弟僮仆，有与人相争者，只可自行戒饬，不可加怒别人。他人僮仆，遇我不恭，如坐不起，骑不下，指为无礼。彼与我原无主仆之分，不足较也。

【译文】家中的子弟、僮仆，有与人相争的，只可自行告诫，不可将怒气加给别人。遇到别人的僮仆对自己不恭敬，如坐着不起身，骑马不下来，即指责其无礼。他们与自己原本就无主仆的名分，所以不值得计较。

看古今文字，立意求其佳处，则竟得其佳。立意求其疵处，则亦染其疵。君子于人之善恶也亦然。故取长略短，道必日益。

【译文】我们看古今文字，如果决心想要求得文中佳处，则终会获得文中妙处；如果是决心想要求得文中不好的东西，那么自己也一定会染上不好的毛病。德行高尚之人对于他人的善恶，也是这样。所以只要学习他人的长处，忽略短处，我们的德行、知识必定会日益精进。

锄奸杜恶，要放他一条去路。若使之一无所容，譬如防川者，若尽绝其流，则堤岸必溃矣。

【译文】锄奸杜恶时，要给别人留一条出路。如果让人无处容身，就好像防止水患一样，如果把水流完全堵住，则堤岸必定溃毁。

事有急之不白者，宽之或自明。人有操之不从者，容之或自化。即家庭嫌隙，常有愈理而愈多，缓之则如故。（处事待人，因激烈而害事者不少。）

【译文】做事匆忙肯定会有不明白的地方，只要宽缓一点时间，或许就会明白了。人有不听从管理的，只要我们待他们宽容点，或许他们就会自我改正了。即使是家庭中的矛盾，常常也有越处理而越多的，缓点处理倒又会如往常一样和睦了。

亲友婚丧之事，有窘乏者，能随力相助，方可代筹丰俭。若于事无所补，徒用关切虚言，似可不必。礼云：吊丧弗能赙，不问其所费；问病弗能遗，不问其所欲。

【译文】亲友家中有婚嫁、治丧之事，对于其家境窘乏的，我们如有能力相助，才可以代为筹划是办得隆重些还是节俭些。如果我们的能力于事无补，仅是用些关切的虚言，那就不必了。正如《礼记》中有言："去别人家吊丧而无礼金相送的，不问其丧事所花费的额度；去看望病人时而没有礼物馈送的，不问病人所想要的东西。"

人止知耕种之苦，不知炊煮之难。如有余之家，人口众多。日食何止三餐，爨烟至晚不断。火夫任劳，竟无宁刻。其当酷暑之时，茶水愈多。炙煿①薰蒸，汗如雨下。较锄禾农夫，炉边铁匠，尚有闲时。司爨者，刻期供箸，难偷一瞬之凉。及至隆冬，敲冰汲水，淘米洗菜，渗入心骨。享用子弟，勿视饔飧②之易，当辨服役之劳。

【注释】①炙煿：熏烤。亦比喻折磨。②饔飧（yōng sūn）：亦作"饔飱"。做饭。早饭和晚饭；饭食。

【译文】人一般只知道耕种的辛苦，却很少知道炊煮的难处。如家境富裕的人家，家中人口众多，每日用餐何止三顿呢，炊烟从早到晚就没断过。火夫任劳任怨，整天没有片刻休息。每到酷暑之时，喝的茶水越来越多，又整天火烤薰蒸，以致汗如雨下。比起那些锄禾的农夫、炉边的铁匠，他们还有闲暇时间，而火夫却没有。主管餐饮的人，定时得准备碗筷，难以偷得瞬间的清闲。等到了冬天，他们敲冰打水，淘米洗菜，寒冷渗入心骨。那些只知享用的家族子弟，不要以为做饭容易，应当知道仆役的艰辛。

经营二字，须看得大。如耕农织妇，行商坐贾，无一非经之营之也，必要平心公道。而利有自然者，顺其自然，则无妄念，而不冒险。如蓄有米而望米价贵，蓄有布而念布价增，则其心不平。如大入而小出，造假以混真，则其道不公。不平不公，皆出于利心太重。究之丰啬有数，未必即如其意，空起刻薄心肠。即或获利致富，天道福善祸淫，未必亲享其利。世有商贾成家，而子孙不享厚泽者，良由此也。

【译文】经营二字的意义，我们必须要理解得广一点。如农耕妇织，行商买卖，无一样不是经营，我们一定要抱持平心，讲究公道。有些钱财是命中注定有的，我们只要顺其自然，这样心中就不会有妄念，因而也就不会有什么风险。如果自己积蓄了米便希望米价升高，积蓄有布匹则想着布匹涨价，这样心中就会想些不公平的法子，如买卖时大入小出、造假以混真，这样就有违公道了。不平又不公，这都是因为利益心太重的缘故。想要做到丰啬有数，未必就会如自己的意，空起了刻薄心肠。即便有的人获利致富，但是天道自有福善祸淫的报应，自己未必就能享受其利。世间常有一些商贾发家致富了，但他们的子孙却享受不到什么福报，就是因为天道报应呀。

钱粮差徭，输纳自有定期，供应自有大例。惟预先措办，依期急公，免滋差扰，自然快活。若迁延时日，使催者受比较^①之苦，而我亦终不能免，则何益矣。况国赋原系正供^②，避重就轻，闪差跳^③甲，恐一败露，为罪尤大。纵然隐秘，从来欺公不富，冥冥之中，亦必不放过。

【注释】①比较：旧时官府征收钱粮、缉拿人犯等，立有期限，至期不能完成，须受责罚，然后再限日完成，称作"比较"。②正供：常供；法定的赋税。③跳：同"逃"。

【译文】钱粮差徭等赋税，缴纳有固定的时间，供应多少也有通例。只要预先筹措，按规定期限先把赋税缴了，以免相关公差骚扰，这样生活自然快乐。如果是拖延时日，使催者遭受比较之苦，而自己最终也不能免缴，这样又有什么好处呢？况且国家赋税本就是法定赋税，如果我们避重就轻，躲避官差逃避甲长，恐怕事情一旦败露，罪行就更大了。纵然自己做得隐秘，但从来欺公不富，冥冥之中，天道也不会放过你的。

近日虽有急公之人，鞭银不亲身投柜，米麦不自看入廒，托人代封代纳。多系私帖收去，并无印票为凭。非是闲懒好逸，只图些小便宜。及至捉比，势必重完。不独差扰使用，亦且拖累公庭。可见惜小费，必误大事；贪闲逸，反受劳烦。若轮当里甲，更宜慎重。

【译文】近日有些人虽是热心公益，却不是亲身把鞭银交到钱柜，米麦不是亲眼看着入仓，而是托人代封代纳。他们的钱粮多数是人私自开单收去，并没有开具印票。这种人不是闲懒好逸，就是想图些小便宜。等到官府发现时，势必要求从重完税。这样不仅差扰使用，也会拖累公庭。由此可见，贪图小便宜，必定会误大事；贪图一时闲逸，反会遭受劳烦。若轮到当值里甲时，更应该慎重。

岁逢水旱，流离满道。仁人君子，谅皆垂慈。然非空空叹息也。或曰俟其有而与之，何时是有？何不分一二口食，一二文钱，亦可救饥度命。若曰善门难开，恐其不继，即密持钱米于流民往来之地，随缘给之。老幼残疾者，加之。不必居名。救得一人是一人，施得一日是一日。囊罄则止，何虑不继哉。今人建寺烧香，自谓功德，殊不知寺不建，佛未必露处；香不烧，佛未必饥饿。若移此以济人，佛必大悦，福报当百倍矣。

【译文】每逢水旱灾年，路上四处都是流离之人。作为仁人君子，见了想来一定都会大发慈心吧。然而，这不能仅仅是空空叹息几声。有的人便说，等到自己有了钱粮后再分发给这些灾民吧。那么，什么时候才算是有呢？为什么不现在就分一两口食物、一两文钱给他们呢？这样也许就可以让流民救饥度命。若是担心善门一开而后续不继的话，便悄悄拿了钱米到灾民往来之地，随缘分发就是；遇有老幼残疾的，加倍多给。不必想着获取什么名，能救得一人是一人，施得一日是一日。等到囊中钱粮发完为止，又何必担心后续不继呢？现在的人建寺烧香，自以为是功德，却不知如果不建寺庙，佛也未必就会露天而处；不烧香，佛也未必会饥饿。但如果他们用这些钱财来救济灾民，佛必定会大悦，所得福报也必定比建寺烧香大百倍。

屡有愚人，生育举女，投之水中。婴儿何罪，遭此毒手。呜呼，鸟恋巢雏，甘心受弋；鳝怜腹子，鞠体重伤。物类如斯，人何异焉。因吝日后之财，肆目前之恶。殊不知天生一人，自有一人衣禄。且骨肉天性，投生反死。不但于心不忍，自是天地鬼神之所共愤。仁人君子，亟宜劝戒。如各郡有育婴堂，是亦体天地好生之意也。

【译文】经常有些愚昧之人，如果生育的是个女儿，便把她丢到水中淹死。婴儿有什么罪过，竟然遭此毒手？唉！鸟儿还因爱恋巢中的雏鸟，而甘心被人猎杀；鳝鱼爱怜腹中的孩子，而盘屈身体宁愿自己身受重伤。动物尚且如此，人为什么就不行呢？他们因为吝啬日后女儿会出嫁而浪费钱财，就放纵目前为恶，却不知道天生一人，便自会有一人的衣禄。况且骨肉之情本是天性，没想到投生而来反遭害死。这不但让人于心不忍，更是为天地鬼神所共愤。仁人君子，对于这种现象应当马上加以劝戒。如各郡设有育婴堂，这也是体察到天地有好生之德呀。

暗里算人者，算的是自己儿孙。空中造谤者，造的是本身罪恶。（行善事，最重人不知，故曰阴德，行不善事，又最怕人或知，故曰阴恶。）

【译文】背地里算计他人的，其实最终算计的是自己的儿孙。凭空捏造毁谤别人的，其实造的都是归于自己本身的罪恶。（行善事，最重人不知，所以叫阴德；行不善事，又最怕人知道，所以叫阴恶。）

王孙一饭，报以千金。至今止知为漂母，而不知姓氏者何也？施时无望报之心也。若望报而后施，是一味图利，而非仁人君子之心矣。但世情浇薄，不以有施必报为劝，何以动愚人好施乐善之心哉。故有施必报，天理之自然，仁人述之以化俗。不望报而施，圣贤之盛德，君子存之以济世。（如此道理方足，总是躬自厚而薄责人之义。）

【译文】旧时韩信因漂母一饭，而回报千金。而今天很多人学习漂母，大家却不知她的姓氏名讳，这是为什么呢？这是因为她在帮助他人时就没有想让人回报的心。如果是想着对方回报而再施以帮助，这是一味图利的做法，而不是仁人君子的本意。但是现今世情浮薄，不用有施必有报来劝人为善，又怎么能发动愚人好施乐善的心呢？所以有付出必有回报，是天理自然之道，仁德之人用这些来教化世俗。不望回报而施助他人，是圣贤之人的盛德，德行高尚之人应当心存此念来救济世人。（这就是"躬自厚而薄责于人"的意义。）

劝惜字纸，使人捡拾，不过在于通衢大道。若人家内，焉能入室寻觅。且妇女知惜字纸者少，任其委掷沟厕污秽之处，更为可惜。莫若令检拾字纸之人，笼上写一收买废坏字纸一帖，使愚夫愚妇，知字纸可以卖钱，或少护惜。究竟所费无多，所收甚普。

【译文】劝人要珍惜字纸，但使人捡拾，也只能在宽敞平坦的大道上。如果是别人家里，怎么能入室寻找呢？且妇人家知道要珍惜字纸的很少，如任其丢掷在沟渠厕所等污秽之地，就更为可惜了。不如让捡拾字纸的人，在篓笼上写一收买废坏字纸的帖子，使那些愚夫愚妇，知道字纸可以卖钱，或许他们会稍微爱惜字纸些吧。究竟花费的钱财不多，所收到的废书废纸也更多一些。

命应富贵者，美事忽然而至，无意而得，头头凑合。非其才智之巧也，命也。命应贫贱者，美事将成忽败，纵得必失，局局乖违。非其才智之拙也，亦命也。处顺境者，不可自夸其能；处逆境者，不可徒增怨恨。

【译文】命中注定富贵的，美事往往忽然而至，这无意中获得的富贵，样样顺意。这不是其才智机巧，而是命中注定有的。命中注定贫贱的，美事也会忽然失败，纵使得到了也必定会失去，事事反常。这不是其才智拙笨，也是命运如此。因此，处顺境者，不可自夸其能；处逆境者，也不可徒增怨恨。

巡更守夜，所以防窃，贫富均有关系，毕竟富者为重。近见有余之家，重门高扃，安眠稳睡。反令市肆小户，鸣锣击梆。独不思小户人家，灶在床头，孑然一身，所守何物，贼岂来偷。况十家守夜，十日止轮一次，一次止用一人。有余之家，即不令仆从亲守，便当雇募更夫。所费有限，何苦吝此些微，独苦穷人，于心安乎。

【译文】巡更守夜，以防止窃贼，与贫富都有关系，但主要还是以富者为重。近来见一些家境富裕之家，门户重重，墙高门厚，自己安眠稳睡，却让街上小户人家，鸣锣击梆，巡更守夜。他们也不想想，小户人家，灶在床头，孑然一身，又有什么东西需要守护，以防贼来偷呢？况且十户人家守夜，十天只轮一次，一次只用一人，家中富裕之人，即使不让仆从亲自去守夜，也应当雇募更夫来守夜。其所需费用有限，何苦吝啬这一点点钱而苦了那些穷人？他们这样做就觉得心安吗？

草野之夫，不可妄议政治。譬如官长扰民，则有怨谤。如民使官长扰之，又当何如。聊举一二言之。如有田供赋，自应依限上纳。若抗不完，奏销①提比②，是官扰民乎。如置产税契，自应投税。隐漏查出，势必差催，是官扰民乎。如官长经过，自应避道站立。喧哗直走，见加戒饬，是官扰民乎。如禁止夜行，自应早归。彻夜遨游，遇着盘诘，是官扰民乎。至于为非犯法，干名犯义，种种违条之事，皆系自罹法网。即唐虞之时，皋陶执法，虽欲不扰可得乎。惟在自己防守以免之。（至公至平之论，无人道及。）

【注释】①奏销：清代各州县每年将钱粮征收的实数报部奏闻，叫奏销。②比：官府限期办好公事。

【译文】草野村夫，不可随便议论政治。譬如有官吏扰民，便心中有怨言，妄加评论。但假如是因村民自身之过才使官吏扰民，又当如何呢？随便举一二个例子说说吧。如家中田亩税赋，自然应当按法律规定上缴，要是抗命不缴，官府奏销，限期完税，这是官扰民吗？再如添置财产了要缴税，本应当我们自己主动缴纳，但有些人隐瞒不缴被查出，官府势必会派人催缴，这是官扰民吗？又如官长经过，百姓自应避道站立，如喧哗直走不让而被告戒，这是官扰民吗？再如官府禁止夜行，百姓本应早归，但他们却整夜在外游乐，遇到官吏盘查，这是官扰民吗？至于为非犯法，干名犯义，做种种违法之事，都是自投法网。即便唐虞之时，皋陶执法，想要做到不扰民，能实现吗？只有我们自身谨守律法，才可能免遭官府骚扰。（至公至平之论，常没有人说。）

训俗遗规

唐翼修《人生必读书》

（先生名彪，浙江兰溪人。历任会稽、长兴、仁和、训导。）

宏谋按：唐君此集，采录古今人之言，而己所著论为多。大抵存心则平恕周匝①，立论则和易近人；宁过于厚，毋趋于薄。而于伦常之地，患难之顷，尤极切挚。人能如此，风俗焉得不厚也。

【注释】①平恕周匝：平恕，持平宽仁，公平正义，宽厚仁慈。周匝，周到，周密。

【译文】陈宏谋按：唐先生这本集子，主要是采录古今之人的话语，而自己则所作评论较多。大概是他存心平恕周匝，所以其立论平易近人，宁愿宽厚待人，也不愿刻薄对人；而对于伦常教育，患难之时，应如何待人，说得尤为恳切真挚。人能够如此，世俗民风怎么会不淳朴呢？

我初生时，不带一钱来；自孩提以至成人，百事费用，无非父母之财也。无奈世人，一至长大，各听妻子婢仆之言；兄弟分析，争多竞少，彼此皆谓父母有偏。似乎一切家财，皆当我所独得。而兄弟不当有，并父母亦不当有者。噫，何其愚也。人苟听妻子婢仆之言，不孝于亲，纵使父母亿万家财，尽归于我，未有不速败者。惟平心让财敦孝之人，天必佑其子孙，得常享富厚，断无爽也。吾愿世之人，凡妻子有争较财物之言，入于我耳，不唯不当听，且当即时训诫，勿使再言。至于婢仆，离间訾诳之言，当训诲妻子，不可听信，甚则挞之。则离间之言，自不敢再行，而孝行可完矣。

【译文】我们刚出生时，没有带一文钱来；我们从孩提时到长大成人，所有费用，无不是父母赚来的钱财。可惜世间之人，一到长大后，却都只听妻子婢仆之言；兄弟分家析产时，都是争多竞少，彼此都说父母有偏心，似乎一切家财，都应当由我独得，而兄弟不应该拥有，且父母也不应当拥有。唉，这些人何其愚昧啊。人如果听任妻子婢仆之言，不孝敬亲长，纵使父母的亿万家财都给了你，从没有过不迅速家道败落的。只有那些能够平心静气礼让财产且敦厚孝亲之人，上天必定会保佑其子孙，使其能常享富贵，绝无爽约的。我希望当世之人，凡是听到妻子有争较财物的话，不仅不应当听，并且应当马上训诫，使她们不要再说类似的话。至于婢仆们说的那些挑拨离间、搬弄是非的话，应当训诲妻子不可听信，严重的甚至应当予以鞭挞。这样，那些离间的话，自然不会再有人敢传了，而孝行也就能圆满了。

父母一切所用之物，如笔墨、纸砚、杯盏、壶榼、伞屐之类，安置之所，宜有常处，不可屡移。恐父母一时取用而不得，致生烦躁也。

【译文】父母所用的一切物品，如笔墨、纸砚、杯盏、壶榼、伞屐等，放置的地方应当固定，不可经常变换。以免父母有时取用时找不到，导致心中烦躁。

或问古有晨昏定省之礼，安能事事如仪也。曰：此非板定①，有易行之理焉。或父母有事过劳，恐其睡卧不宁，次日清晨，宜问安也。或有拂意之事，恐其怀抱不舒，当问安以宽慰其心也。大寒大热，难于调养，问安自不容已。或身体倦怠，或冒风寒，宜时时问安，不必拘晨昏也。至于事当远出，则宜叮咛嘱咐兄弟妻妾，代己尽心。定省之事，固不可懈。温清②之事，尤所当谨。父母年高畏寒，贴体里衣，最有关系。紧小则暖，短则可眠。背绵宜厚，臂绵稍薄，则不虑臃肿。眠不脱衣，则卧不畏衾冷，起不畏衣寒。调养亲体，此为要也。又年高体弱之人，足尤畏冷。不问男女，睡宜穿袜，装绵宜厚，若当仲冬极寒，宜加其绵衣，厚其衾絮。炉炭时加，毋令缺火。此冬温实际也。屋低小者，夏必炎蒸。即屋大而天井无蔽，亦不免于炎蒸。覆以凉棚，庶可免于炎热。或臭虫为患，有巢于四壁者，以油灰塞之。藏于椅桌者，以漆面嵌之。卧床之隙，不可以塞嵌者，则时检点而扑去之。帐幔与枕衣，时时展视，有则去之。独藏于寝席者难去。惟以蒲为席，则无藏匿处矣。至于蚊虻之患，帐幔稍有隙缝，蚊即从此而入。虽终夜挥扇，旋去旋来，困人莫甚。惟去其隙缝，则可安枕而卧。此夏清实际也。凡古人所言，皆寻常可行之事，不可视为复绝之行。举此数事，而余可类推矣。

【注释】①板定：肯定，一定，必定。②温清（wēn qìng）：冬温夏清的省称。冬天温被使暖，夏天扇席使凉。侍奉父母之礼。借指生活起居。

【译文】有的人问，古时候侍奉父母有晨昏定省的礼节，如何能够做到事事合礼呢？回答说，其实这并不是固定不变的，而有简易而行的道理。父母有事过劳时，晚上他们可能会睡不好，第二天清晨应该去问安；父母遇有不顺意的事时，他们的心情可能会不舒畅，我们应当向他们问安，宽慰其心；遇到大寒大热天气，身体难于调养时，自然应当向父母问安；如果父母身体倦怠，或是感染了风寒，则应当时时问安，不一定要等到早晨或晚上；至于我们有事需要远出，则应当叮嘱兄弟妻妾，代自己尽心孝养父母。问候父母的事，固然不可懈怠；但父母的生活起居，尤当谨慎。父母年事已高，害怕寒冷，贴身的里衣，最是要紧。如果里衣紧、小则暖和，短小则可穿着睡觉；背后的丝棉应当厚实，衣袖里的丝棉则要稍稍薄一点，这样穿着就不会臃肿。睡觉时不脱衣，则躺下时不会害怕被子冷，起床后也不怕会衣寒。调养亲体，这是最要紧的。另年高体弱之人，最怕脚冷。不管是男是女，睡觉时应当穿上袜子，且袜子装棉应当厚点。如果是十一月份天气极寒时，应当为父母添加绵衣，增厚被子；房中烧的炉炭要时刻添加，不要让火灭了。这些是冬天为让父母温暖应该做的。如果房屋低小，夏天必定炎热蒸闷，即便是屋子大而天井没有遮蔽的话，也免不了闷热。如果是盖上凉棚，庶可以减缓炎热。如果家里有臭虫，巢穴在房屋四周墙壁的，可用油灰塞上；如是藏在桌椅中的，可涂上油漆堵住；如果是睡床的缝隙中有，不方便堵塞的，则可以经常检查而捕灭它；帏帐与枕衣内，要常常察看，如发现有臭虫则灭除；只是藏在寝席内的难以去除，只要以蒲草为席，那么臭虫就无处藏匿了。至于蚊虫之患，蚊帐稍有隙缝，蚊子便能从此处进入蚊帐内，就算是整夜挥舞扇子，蚊子突然离去又突然而来，很是让人困恼。只要将蚊帐隙缝补上，就可安枕而卧了。这些是夏天照顾父母生活起居要注意的。凡是古人所说的，都是一些寻常可行的事，不可将他们说的看作是远离我们生活而无法做到的事。举了这几件事，而其余的就可类推了。

人子一生大事，莫如送终。于此而不尽心，则无复可尽之心矣。奈何以兄弟众多，彼此推诿。使日久暴露，或草草完事，致有日后之悔。窃以为诸子中，饶裕者宜争先费用，不必与众较量。即力不及者，亦须勉强支持，不宜推诿，偏累一人。岂不闻古之孝子，遇亲之难，争先赴死，以求相代者乎。彼于生命尚可舍，何区区财物之足云也。

【译文】为人子女一生的大事，莫过于为父母送终。如果对于此而不能尽心，那么就没有什么事值得我们尽心了。可惜的是很多人以兄弟众多而彼此推诿，使亲人尸骸日久暴露，或是草草完事，以致日后后悔。我私下以为，众多孩子中，家境富裕的应当主动争着出费用，不必与其他兄弟计较。即便是能力有不及的，也要勉强支持，不应当推诿而偏累一人。难道没听闻古时候的孝子，遇到父母有难，他们都争先赴死，以求代父母受难？他们为了父母能够舍去生命，区区财物又何足道？

颜光衷曰：人子有大不孝，而竟忘其为不孝者，有八焉。父母爱惜之过甚，常顺适其性，骤而拂之，便违拗不从，甚或抵忤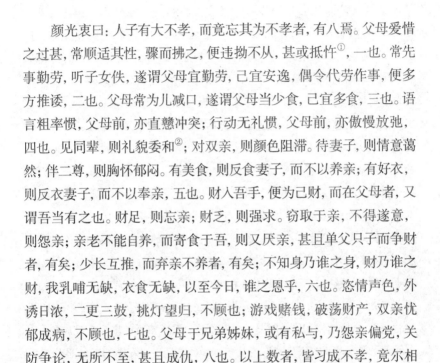①，一也。常先事勤劳，听子女佚，遂谓父母宜勤劳，己宜安逸，偶令代劳作事，便多方推诿，二也。父母常为儿减口，遂谓父母当少食，己宜多食，三也。语言粗率惯，父母前，亦直戆冲突；行动无礼惯，父母前，亦傲慢放弛，四也。见同辈，则礼貌委和②；对双亲，则颜色阻滞。待妻子，则情意蔼然；伴二尊，则胸怀郁闷。有美食，则反食妻子，而不以养亲；有好衣，则反衣妻子，而不以奉亲，五也。财入吾手，便为己财，而在父母者，又谓吾当有之也。财足，则忘亲；财乏，则强求。窃取于亲，不得遂意，则怨亲；亲老不能自养，而寄食于吾，则又厌亲，甚且单父只子而争财者，有矣；少长互推，而弃亲不养者，有矣；不知身乃谁之身，财乃谁之财，我乳哺无缺，衣食无缺，以至今日，谁之恩乎，六也。恣情声色，外诱日浓，二更三鼓，挑灯望归，不顾也；游戏赌钱，破荡财产，双亲忧郁成病，不顾也，七也。父母于兄弟姊妹，或有私与，乃怨亲偏党，关防争论，无所不至，甚且成仇，八也。以上数者，皆习成不孝，竟尔相忘。苟不细思猛改，则天地鬼神，谴责之加，必不能免矣。（堂有双亲者，每日将此八件，反己自问，有则改之，所全不少。）

【注释】①抵忤：亦作"抵午"。抵牾。抵触，矛盾。引申为用言语顶撞、冒犯。②委和：随顺自然。

【译文】颜光衷曾说，为人之子有大不孝的行为，而自己却不知道自己不孝的情况有八种：第一种是父母过于溺爱儿子，平时常顺着他的性子，哪天突然不顺他的意了，他便违拗不从，甚至言语顶撞、冒犯父母。

第二种是父母平常只顾自己勤劳干活，听凭子女放逸自己，结果导致子女认为父母勤劳是应该的，而自己安逸也是应该的，因此父母偶尔令子女代劳做事，子便会多方推诿。第三种是父母常为了子女省吃俭用，导致子女认为父母本就应当少吃，而自己应当多吃。第四种是语言粗率惯了，对父母也直来直去，语言顶撞；行动无礼惯了，对父母也傲慢放纵。第五种是遇见同辈则礼貌委和，对双亲则脸色不悦；对待妻子则情意温和，对待二老则胸怀郁闷；有美食则给妻子食用，而不用来奉养双亲；有好衣，则给妻子穿，而不给父母穿。第六种是钱财一入自己手，便据为己有，而对于父母，则说这是我应当有的；家中钱财富足时便忘了双亲，钱财贫乏时则向父母强取；窃取父母钱财没有得手时便怨恨双亲，而当双亲老了不能自养而寄食于子女时便嫌弃双亲；甚至是只有父亲一人了，独子也有与父争财的；年少的年长的相互推诿，而抛弃父母不养的大有人在；不知自己身体是怎么来的，自己的财物是哪来的，反正自己乳哺无缺，衣食无缺，以致到今日也不知道这是父母的恩情。第七种是纵情声色，日益迷恋外界诱惑，晚上二更三鼓了，父母挑灯盼望着孩子归来，他们也不管不顾；他们游戏赌钱，破家荡产，以致双亲忧郁成病，他们也置之不理。第八种是父母对兄弟姊妹，或有私下给予某人东西，其他人便抱怨父母偏心，便时刻盯防，相互争论，无所不至，甚至反目成仇。以上种种，都是养成不孝习惯，甚至不自知的例子。如果他们不细思悔改，那么天地鬼神对他们的谴责惩罚，必定不能免除。（堂上有双亲的，每天将这八件事，反己自问，有则改之，所全必定不少。）

祖父母与父母，服有三年期年之别。然父死祖在者，诸孙必当代父行孝，不得以孙自诿也。长孙尤当尽孝，以有承重之责也。晋李密乞养祖母一表，千古皆称其孝，有读之垂泪者。则知祖父母之当孝也。盖祖父母，其年必高。高年之人，苟无人尽心服事，诸苦毕集，无处可告。则其罪与不孝父母同。

【译文】祖父母或父母过世时，有三年和一年服丧期的区别。然而父母死了而祖父仍健在的，孙子孙女必须要代父行孝，不得以自己是孙儿而推诿。长孙尤当尽孝，以承担祭祀宗庙的重责。西晋时李密上书晋武帝乞求辞官不受以奉养祖母的《陈情表》，令历代士人都称颂其孝，甚至有读后落泪的，由此可知祖父母同样当孝养。因为祖父母年纪一定很大了，而年纪大的人，如果没有人尽心服侍，导致各种苦难之事聚集而又无处可告，那么孙子的罪过与不孝养父母的罪责相同。

子弟不宜避宾客。少年无才能，正当于见客周旋进退处学之。若一味回避，必至如樵夫牧子，毫不知礼。一见正人^①，手足无措，大为人所轻鄙也。

【注释】①正人：做官长的人。
【译文】家中子弟不应当回避接待宾客。他们年少无才能，正应当在接待客人时学习如何应对进退。如果是一味回避见客，必定会变得如樵夫牧子，毫不知礼；一见到正人便手足无措，以致被人大大轻鄙

凡贤达子孙，每从父母祖宗起见。视公众之事，公众之室产，必胜于己事己产也。无良之子孙，止知自为自利。公众之事，公众之室产，毫不经营，全不爱惜。其存心既私，必无善报。后日子孙，盛衰可预卜也。

【译文】凡是贤达子孙，每做事都会为父母祖宗着想；他们对待公众之事、大家的利益，一定胜过自己的事、自己的利益。那些不肖子孙，只知为自己着想，自私自利；对于公众之事、大家的利益，他们毫不关心，全不爱惜。他们既然存心自私，必定不会有善报，将来子孙的盛衰，也就能预知了。

何士明曰：功名富贵，固自读书中来。然其中有数，非人力所能为。苟人力可为，将尽人皆贵显矣。尝见人家子弟，一读书，就以功名富贵为急。百计营求，无所不至。求之愈急，其品愈污。缘此而辱身破家者，多矣。至于身心德业，所当求者，反不能求。真可惜也。吾谓读书者，当朝温夕诵，好问勤思。功名富贵，听之天命。惟举孝悌忠信，时时励勉。苟能表帅乡间，教导子侄，有礼有恩，上下和睦，即此便足尊贵。何必入仕，然后谓之仕哉。至于不能读书者，安心生理，顾管家事，能帮给束脩①薪水之资，使读书者，得以专心向学，成就一才德迈众之人，则合族有光。即此便是学问，何必登科及第，然后谓之出人头地也。

【注释】①束脩：指古代入学敬师的礼物；学生致送教师的酬金。

【译文】何士明曾说，功名富贵，本就是通过读书得来的。然而，其中有些也是有定数的，并不是人力所能左右的。如果事事人力可为，那么所有的人都将显贵了。我曾经见有些人家子弟，一读书，就以功名富贵为最紧要之事，千方百计地谋求，无所不为。其实越是想得到功名富贵，自己的品行会变得越坏，因为这个原故而身辱家破者，便有很多。至于身心德业，是他们本应当去求取的，却不去求取，真是可惜呀。我认为，读书人应当朝温夕诵，好问勤思；对于富贵功名，听天由命就是了，只是应提起孝悌忠信，时时勉励自己。如果能够表率乡里，教导子侄，有礼有恩，上下和睦，就是这样便足以使自己尊贵。他们又何必入仕，然后自认为显贵了呢？至于那些不能读书的，便安心经营生计，管好家事，如能帮读书人给付拜师之资，使读书人得以专心学习，成为一个才德超众的人，那么整个家族就有荣光了。这便是学问，何必一定要登科及第，然后才称之为出人头地呢？

　　尝见再醮①之妇，不能育子者，薄视夫家，而一心专厚兄弟。暗以夫家财物厚遗之，夫不及禁，子不敢问，家计因此而坏者，多矣。此当有法以驭之。察其兄弟果贫也，宜显然与之，以资日用。如此，权出自我，妇无权焉。所费之财有数也，与妇人之暗与不同也。非特此也，妇人无子而专厚其婿者，丈夫亦当以此法处之。凡人不幸而中年弦绝，则后妻与前妻之子，其中有甚难处者，妻非必不贤，子非必不孝也。尔我猜疑之心一生一言也，言之者无心，听之者有意。一礼也，失之者无意，见之者有心。渐至失欢，终成大恨。为父者，岂可听不明之妇，与童稚之子，而不预为之地乎？平居必早教其子曰，言不可直遂也，必以委婉出之；事不可草率也，必以周旋行之；声音笑貌，贵有弥缝补救之意。行于其间，庶可得继母之无怒。又必早训其妇曰，己所亲生，尚多不孝，况非己出者乎？己之所生，虽忤逆，犹加慈爱；非己子，一言稍失，便加弃绝，亦非人情。况子，我之子也。爱我子，即是爱我。不爱我子，即是弃我矣。如是开诚训诲，庶可令子母和好。不然，未有不相疾相残者也。

　　【注释】①再醮：古时寡妇改嫁称再醮。

　　【译文】曾见有些再嫁之妇，不能生育子嗣，便轻视夫家，而一心重视自己的兄弟，暗中拿了夫家的许多财物送给他。由于丈夫没有及时禁止，儿子又不敢过问，导致家道因此败坏，这种情况发生的多了。像这种情况应当要处理。做丈夫的察知妻子兄弟果真是贫穷之人，应当光明正大地给予他帮助，以助他日常开支用度。这样，给予多少的权力在自己，妻子也就没有给予的权力了，而所花费的钱财也有数，与妻子暗中给予完全不同。非止如此，如果妇人无子而偏厚其女婿的，丈夫也应当以这种方法来处理。凡是不幸中年丧妻而续娶的人，后妻与前妻之子，其中有难以相处的，不一定是后妻不贤德，也不一定是儿子不孝。你我的猜疑之心一生只需一句话，所谓言者无心，听者有意；一个失礼的动作，失礼者本是无意，但见者未必无心，因此导致两人渐渐失欢，最终成为彼此仇恨之人。作为父亲，怎么能听从不明事理的妇人与小孩子的话，而不考虑预留转圜的余地呢？平日里从小就必须教孩子："说话不可过于直接，必须委婉；行事不可草率，必须反复认真思考后方可行动；说话时声音笑貌，贵在有弥缝补救之意。这样与家人相处，应该能让继母不发怒了。"丈夫同时还要训诫妻子："自己亲生的孩子，尚有很多不孝，何况不是自己亲生的呢？自己亲生的，虽然不孝敬父母，父母还是会痛爱他；不是自己的亲生子，只要有一句话稍说错了，便会遭嫌弃，这本就不符人情。何况这孩子，是我的孩子。爱我的孩子，便是爱我；不爱我的孩子，便是嫌弃我。"如果这样坦诚训诲，或许可令母子和好。不然的话，就会相互仇视相互伤害。

凡人立身，断不可做自了汉[1]。人生顶天立地，万物皆备于我。范文正做秀才时，便以天下为己任，便有宰相气象。如今人，岂能即做宰相。但设心行事，有利人之意，便是圣贤，便是豪杰。为官，可也；为士民，亦可也。无如人只要自己好，总不知有他人。一身之外，皆为胡越。志既小，安能成大事哉。

【注释】①自了汉：只顾自己，不顾大局之人。

【译文】我们立身处世，万万不可做"自了汉"。人生顶天立地，当胸怀万物。范文正公做秀才时，便以天下为己任，自然就有了宰相气象。如今之人，怎能就轻易地做宰相呢？只要居心行事，有利于他人之意，便是圣贤，便是豪杰了。如能这样，那他做官也行，当老百姓也是可以的，总比那些只顾自己好而不知有别人的人强多了。如果是自以为除了自身之外，都是些胡越蛮人，立志如此之小，又怎么能成就大事呢？

圣贤无他长，只是见得己多未是，所以孜孜悔过迁善，而为圣贤。凶恶之所短，只是见得自己是，而人多不是，所以刻刻怨物尤人，而为凶恶。语云: 世人皆言人心难测, 而不知己之心更难测。世人皆言人心不平, 而不知己之心更不平。苟非细察, 安得知之。

【译文】圣贤没有别的长处, 只是见到自己多有不是, 能够孜孜不倦, 改过迁善, 所以能成圣贤。凶恶之人的短处, 就在于只看见自己的好, 而认为别人都是错的, 所以经常怨物尤人, 所以也就成了凶恶之人。俗语说:"世间之人都说人心难测, 却不知道自己的心思更难测。世间之人都说人心不平, 却不知道自己的心更不平。"如果不仔细审察, 又如何能得知这个道理呢?

王龙舒曰: 人为君子, 则人喜之, 神佑之。祸患不生, 福禄可永。所得多矣, 虽有时而失, 命也。非因为君子而失, 使不为君子, 亦失也。为小人, 则人怨之, 神怒之。祸患将至, 福寿亦促。所失多矣。虽有时而得, 命也。非因为小人而得, 使不为小人, 亦得也。命有定分故也。故君子乐得为君子, 小人枉了为小人。

【译文】王龙舒说, 人如果是君子, 那么大家都喜欢他, 神灵也会保佑他; 祸患不会发生, 福禄可以永享。君子所得可以说是很多了, 虽然有时会失去一些, 这也是命也。并不是因为他们是君子而失去某些东西; 假使他们不再是君子, 这也是一种损失。如果是小人, 那么人人都会怨恨他, 神灵也会对他发怒; 祸患将临头, 福寿也短。他们失去的可以说是很多了。虽然他们有时也会有所得, 这是他们命中该有的, 并不是因为他们是小人而有所得; 如能使他们不再是小人, 这也是一种收获。这些都是因为人的命运自有定分之故。所以君子乐得做君子, 小人冤枉做了小人。

士君子①处心行事, 须以利人为主。利人原不在大小。但以吾力量所能到处，行方便之事，即是惠泽及人。如路上一砖一石，有碍于足，去之，即是善事。惟在久久勤行耳。岂宜谓小善不足为。

训俗遗规

【注释】①士君子：此指有学问、有德行的人。

【译文】有学问有德行的人，存心行事，必须以利人为主。利于他人原本不在利益大小，只要以自己能力所及，做些方便别人的事，便是惠泽他人了。如路上有一砖或一石，阻碍行走，清除掉，这便是善事。只是这些小事，需要我们长期坚持去做，不能因为是小善便认为不值得去做了。

严君平①虽卖卜，与子言依于孝，与臣言依于忠，与弟言依于悌。终日利物，而无利物之名。士君子有志于惠泽及人者，不可不识此妙理。（由此推之，何事不可济物利人。）

【注释】①严君平：西汉道家学者，思想家。名遵，蜀郡成都市人。汉成帝时隐居成都市井中，以卜筮为业，宣扬忠孝信义和老子的《道德经》，以惠众人。

【译文】严君平虽以为人占卜为生，但他为他人占卜时总是教人行孝，为为人臣子占卜时便劝人要忠，与兄弟言谈时便劝其以悌道。他整天做着益于万物的事，却没有益于万物的名声。士君子如果有志于帮助他人，不可不明白这个道理。

施药不如施方，极善之言也。贫穷之人，尝苦于无钱取药，听其病死，殊为可伤。余闻人言海上单方，有不必费财，得之易而有奇效者。余每试之，果验。如好义君子，能各出所闻，遍贴于人烟凑集之所，则济人阴德，比于施药，加十倍矣。

【译文】施药给别人不如把药方给别人，这话说得真是好极了。贫穷之人，常苦于没钱买药，只能听其病死，让人看了很是伤心。我听说了一个从海外得来的药方，这个药方不用花费什么钱，很容易得到而且有奇效。我每次尝试，果真灵验。如果热心公益的仁人君子，都能拿出自己所知道的药方，贴遍人烟密集的地方，那么这种助人的阴德，比给人药物大十倍呢。

古人所以重侠烈①者，非无谓也。人当危迫之际，呼天不应，呼地不应，呼父母不应，忽有人焉，出力护持，不及于难，济天地父母之不逮。故知侠烈不可及也。

【注释】①侠烈：刚直严正，见义勇为。

【译文】古人所以喜欢刚直严正、见义勇为的人，并不是没有原因的。当人处在危迫之时，叫天天不应，叫地地不灵，叫父母也没用，这时忽然有人出来帮助你护持你，使你得以幸免于难。他们做到了天地、父母所不能为你做到的，由此可见刚直严正、见义勇为之人是有过人之处的。

凡人之为不善者，造物未必即以所为不善之事报之，而或别于一事报之。别一事，又未必大不善也，而得祸甚酷。此造物报应之机权①也。

【注释】①机权：机智权谋。

【译文】凡是做坏事的人，上天未必就会以他所做的坏事来回报他，而有可能以另一事来报应他。而别的事，也不一定是大不好的事，然而得祸更严重。这是上天报应的机权。

凶人贪冒无耻，随处必欲占小利，而人亦畏之让之。独怪终身所占小利，必以一事尽丧之，而更过其所占之数。吉人守分循理，不敢妄为，而人亦欺之侮之。故凡事受亏。然冥冥之天，必将以大福之事补之，而浮于其所受亏之数。或及其身，或及其子孙。历观往辙，无不然者。

【译文】凶恶之人贪图财利而无耻，随处都想占小便宜，人们往往害怕这种人而让着他。令人奇怪的是，这些人一生中所占的小便宜，必定会因为某一件事而全部丧尽，甚至丧失钱财会超过他们一生所占便宜的数量。好人往往守分循理，不会妄为，而也常常会受到别人的欺负、侮辱，所以凡事易亏欠。然而冥冥之中，天意必定会以大福之事来弥补他的，且所获福报要超过他所亏欠之数。所获福报，或者应在自己身上，或者应在子孙身上。历观过往，无不是这样的。

暗箭射人者，人不能防；借刀杀人者，己不费力。自谓巧矣，而造物①尤巧焉。我善暗箭，造物还之以明箭，而更不能防。我善借刀，造物还之以自刀，而更不费力。然则巧于射人杀人者，实巧于自射自杀耳。

【注释】①造物：指运气，造化。旧时以为万物是天造的，故称天为"造物"。

【译文】对于暗箭伤人的，人不能防；那些借刀杀人的，自己不用出力。这些人自认为做得巧妙，而命运更是巧妙。我善于射暗箭，命运便会还报我以明箭，而这更不能防；我善于借刀杀人，命运便还报我以自刀，而这更不费力。这样，那些精于射人或杀人的，实际上是精于自射或自杀罢了。

人情盛喜时，必率略于约信，轻易于许人。后日不能践言，多至偾事，为人轻鄙。故喜极莫多言也。盛怒时，与人言语，颜色必变，词气必粗。知我者，谓我因怒而气暴。不知我者，谓我怒彼而发嗔，启人仇怨矣。又人怒时，一语不合，即加迁怒。甚且迁怒于毫无关涉之人。故怒极莫多言也。盛醉时，心气昏迷，不辨是非利害。举生平最机密之事，尽吐露^①于人，醒时有茫然不知者。即知而百计挽回，终无济也。故醉极莫多言也。

唐翼修《人生必读书》

【注释】①吐露：说出实情或真心话。

【译文】人情盛喜时，常忽略于守约守信，轻易许诺人，日后不能兑现诺言，多至败事，被人鄙视，所以，要做到喜极不多言。人在盛怒时，与人谈话，颜色必变，词气必粗。知己者，理解我是由于发怒而脾气暴躁，不了解的人，说我是针对他发怒，则会招来仇怨。又有人在发怒时，一句话不合心意，迁怒越厉害，甚至迁怒毫不相关的人。所以怒极莫多言。盛醉时，迷迷糊糊，是非利害不辨，将生平最机密事乃至隐私，尽吐露给别人，酒醒后茫然不知，即使知道而想百计挽回，却已无济于事，所以醉极莫多言。

面赞人之长，人虽心喜，未必深感。惟背地称其长，则感有不可胜言者。此常情也。面责人之短，人虽不悦，未必深恨。惟背地言其短，则恨有不可胜言者。此亦常情也。夫人之与我，苟无怨，何必背地短之。若与我有怨，虽短之，而人不信。何也，以其出于仇人之口也。即信矣，不能代我而加之以祸。在彼闻之，益增其不可解之怒。是背地短人，愚者不为，若背地称人，正忠厚之事，智者所不废也。

【译文】当面赞人之长处，人虽心中喜悦，未必有深感。只有背后说其长处，则感到有不可胜言。当面指出人的短处，人虽不悦，未必深恨。惟有背地言人短处，则会使人恨之入骨。人与人之间，如果无怨，何必背后言人短处，虽有怨，何必背后逢人便说？说了别人也不一定相信，因为是出自仇人之口。即使相信，也不会代我加祸于人。而且传到对方耳中，更加深仇恨。所以背后言人短切不可为。背后称赞人，是忠厚、明智之举。

先贤云：半句虚言，折尽平生之福。释氏云：说谎为第一罪过。尝见虚伪之人，从幼稚时，即喜谎言。及其长也，随念所起，造为虚假之论。空中楼阁，虽无意害人，而适逢其害者多矣。安得非罪过之大乎。尤可恶者，其炫耀己之才能学行也，则增一为十。矜夸粉饰，以为人可欺也。不知人皆厌听也，徒增己之丑耳。

【译文】先贤说：半句虚言，折尽平生之福。佛家说：说谎为第一罪过。常见虚伪之人，从小喜欢说谎话，长大后随念所起，制造虚假言论，虽无意害人，而深受其害者很多。这罪过还不大吗？还有更恶浊者，为炫耀自己才能学识，以一说成十，自夸粉饰，自欺欺人。不知人人厌恶，丑态暴露无遗。

戏谑之言，出于贫贱人之口，受者不过心怀忿忿，甚或口角是非而已。若富贵之人，其招祸也必大。盖我贵矣，虽戏言之，而彼虑我为实语也，必畏惧恐栗。轻则多方防我，重则先施毒手矣。

【译文】戏谑言语，出自贫贱人之口，受者不过心里不愉快，或者生些口角是非。若出自富贵人之口，则听话者信以为实。轻则多方防我，重则先下毒手，招祸必大。

人之过端，得于传闻者，十有九伪。安可故意快我谈锋[①]，增加分数。使其人小过成大，负玷终身。他日与人有讼，人即据传闻为口实。或官府闻之，令其受殃。是我害之，罪莫重矣。故传闻人过，增加分数，关系己之阴骘[②]尤大也。

【注释】①谈锋：谈话的劲头。②阴骘：阴德。

【译文】别人的过失，得自传闻的，十有九伪。怎能将别人的过失作为饭后谈资，甚至添减分数，使其人小过成大，玷污终身？日后与人有讼事，人即据传闻为言证，令其受殃败诉。这是无意中害人，关系自己阴德，切不可行。

局外而訾人短长：吹毛索垢，不留些子余地。试以己当其局，未必能及其万一。薛敬轩①曰：在古人之后，议古人之失，则易。处古人之位，为古人之事，则难。

【注释】①薛敬轩：即薛瑄，明代思想家，著名的理学大师，河东学派的创始人，字德温，号敬轩，山西省河津县里望乡平原村（今万荣县里望乡平原村）人。由于他曾在朱熹的白鹿洞讲学，深受欢迎，所以人们尊称他为"薛夫子"。进士出身，曾任大理寺正卿、礼部侍郎、翰林院学士等职，晚年辞官居家讲学、著述。

【译文】局外议论人的长短，吹毛求疵，不留一点余地。试以自己身当其局，未必能及其万一。薛敬轩说：在古人之后，议古人之失，容易。处古人之位，做古人之事，则难。

小人立心狠毒，度量浅狭。与人有怨，即以谗言中之。我心虽快，其如鬼神不悦何。语云：劝君莫要使暗箭，射人至死无人见。谁知鬼神代不平，偏向空中还重箭。念及此，则人当度量宽宏，不可以谗言害人也。

【译文】小人心狠毒，度量浅，与人有怨，便以谗言中伤。自己心中虽有快感，但鬼神不愉悦。俗语说："劝君莫要使暗箭，射人致死无人见, 谁知鬼神代不平, 偏向空中还重箭。"念及此, 当知人当度量宽宏, 不可以谗言害人。

富贵则人争趋之, 盖有故也。彼有称扬提拔人之力, 有祖庇曲护人之势, 又有加祸于人之权。庸人不得不趋附之者, 势也。贫贱则人疏远之, 亦有故焉。一谓无所仰望于彼也; 二恐其来借贷也; 三恐其求我周恤也; 四虑与贫贱人往来, 减我体面也。庸人不得不疏远者, 亦势也。乃知世态之厚薄亲疏, 是理势之所固有, 不必尽属炎凉也。明达^①者, 不当以此介意焉。

训俗遗规

【注释】①明达: 明了通达。

【译文】富贵者, 人争相趋附。是因为他自有称赞、提拔人的能力, 有祖护人的势力, 还有加祸于人的权力。庸人不得不趋附, 是畏其势。贫贱者, 被人疏远。是由于无求于他, 担心他来借钱物, 担心他来求我周济, 担心与贫贱人往来有失体面。庸人不得不疏远贫贱者, 是因为他没有权势。可见, 世态的厚薄亲疏, 是理势之所固有, 不必尽归咎于世态炎凉。明白之人, 不必为此介意。

俗人之相与也, 有利生亲, 因亲生爱, 因爱生贤。情苟贤之, 不自觉其心亲之而口誉之也, 无利生淡, 因淡生疏, 因疏生贱。情苟贱之, 不自觉其心厌之而口毁之也。是故富贵相交, 虽疏日亲。一贫一富, 一贵一贱, 虽亲日疏。此情理之必至也。

【译文】俗人相互往来, 有利而生亲, 因亲生爱, 因爱生贤, 勉强认为是贤, 不自觉地心里亲, 口也赞誉。无利生淡, 淡则生疏, 因疏生贱, 一旦认为是贱, 不自觉地心中生厌, 口也诋毁。因此, 富贵相交, 虽疏日亲。一贫一富, 或一贵一贱相交, 虽亲日疏。是情理必然。

世人评论是非，多系臆度，或由传闻，或因怨生诬。百无一宝，岂可轻信。若受谤之人，与我不相识者，则置而不传。若其人与我相识矣，必当审其虚实。有则隐之。无则为之辩白。庶称隐恶扬善之君子耳。

【译文】世人评论是非，多是主观推测，或由传闻得来，或因怨生诬，百无一实，岂可轻信？遇到受诽谤之人，与我不相识者，则置之不传，与我相识者，必须审其虚实，有则隐之，无则为之辩白。这样才能算得上是隐恶扬善的君子。

人生世间，自幼至壮，至老，如意之事常少，不如意之事常多。虽大富贵人，天下之所仰羡以为神仙。而其不如意事，各自有之，与贫贱者无异，特所忧患之事异耳。从无有足心满意者，故谓之缺陷世界。能达此理而顺受之，则虽处患难中，无异于乐境矣。

【译文】人生世间，自幼至老，常是如意事少，不如意事多。虽大富大贵之人，世人之所仰慕以为神仙的，也是各有各的不如意事，与贫贱者无异，只是所忧之事有所不同罢了。从没有知足满意之日，称之为缺陷世界。如能通达此理，做到身处患难逆境，以顺境之心苦中求乐，则事事如意。

早眠早起，其家无有不兴盛者。夜间久坐，膏火①费繁。日间早起，则早膳之前，已可经营诸事。较之晏起者，一日如两昼焉。晏起②之人，于紧要之事，每以日晏不及为而中止。百事废弛，皆由于此。又晏眠晚起，则门户失防。管理无人，窃物甚便。家多隙漏，衰败之根也。

【注释】①膏火：照明用的灯火。②晏起：很晚才起床。

【译文】早睡早起，家庭没有不兴盛者。晚上久坐，灯火多耗费。清晨早起，在早餐之前，可以做很多事，比晏起者，一日如同两日。晏起的人，紧要事常因来不及处理而中止。很多事情被荒废，往往都是由于这个原因。另外晏睡晚起，则会门户失防，无人管理，盗窃方便，家多隙漏，衰败之根。

早眠早起，勤理家务。节省衣食，使每岁留余，以备日后吉凶大事。

【译文】早睡早起，勤理家务。节省衣食，使年年有余，以备日后吉凶大事。

由湖马吊之类，染习既久，心志荡佚。奸人诱之，必流赌博。父母宜婉转教谕。子弟须深思猛省，斩断根苗。

【译文】玩耍纸牌、扑克、麻将等物，久则染成恶习，心志荡佚。奸人引诱，必流入赌博。父母应婉转教诫，子弟须深思猛省，斩断根苗。

勤葺屋宇器皿，毋令大坏难修。公众器皿屋宇，尤宜爱惜修治，不分人我。

【译文】勤修屋宇器皿，莫使其大坏难修。公众的器皿屋宇，尤其要爱惜修治，不分人我。

讼至危险，小能变大。争财争产，得不偿失。非重大万不得已之事，勿轻易进祠。

【译文】讼事危险，小可变大。争财争产，得不偿失。不是重大事情，万不得已，莫轻易诉至法庭。

均调茶饭，迟早得宜。不使下人忍饥怀怨，妨工废事。

【译文】适时开餐备茶，不使做工人员忍饥怀怨，妨工废事。

往来礼仪，量家贫富，以为丰俭。不可随俗胡行。

【译文】往来送礼，量家贫富，酌情丰俭，不可随俗攀比。

待客宴客，当因人数多寡，新旧亲疏，以酌品物丰俭。

【译文】宴客当按人数多少、新旧亲疏，决定菜肴丰俭。

勤晒衣冠书画谷粟，不得霉霦^①朽蛀。

【注释】①霦（wēi）：古同"潵"，小雨。
【译文】勤晒衣服、书画、谷米，防止霉败虫蛀。

勤关门户。遇吉凶诸事，身体虽疲，临睡之时，亦宜检点。洁净室宇，拂拭椅桌，半在自己，不可专靠他人。

【译文】勤关门户。遇吉凶大事，身虽疲乏，睡前也应检查。保持室内外清洁，擦拭桌椅，半在自己，不可专靠他人。

训诲婢仆，安顿什物，必令位置停当^①。不使动作触碍，因而损伤。

【注释】①停当：妥帖；妥当。

【译文】训诲婢仆，安顿什物，必令位置得当，防止动作触碍，造成损伤。

完全器皿。毋使一器分散数处，致遗失毁坏。

【译文】整套器皿，不要分散存放，防止遗失损坏。

绅衿①富室子弟，倘家计一落，何妨亲至畎亩②督耕，亲率家人经纪③，切勿畏人轻笑。轻笑者无知小人，何足计较。

【注释】①绅衿：绅，绅士，有官职而退居在乡者；衿，青衿，生员所服，指生员。泛指地方上体面的人。②畎亩：田野，田地。③经纪：管理照料。

【译文】富家子弟，因家境衰落，随亲务农，不要怕人讥笑。讥笑者是无知小人，不必计较。

勤记账册，毋令遗忘，致有错误。

【译文】勤记账册，防止遗忘以致出错。

炉煤烟管，宜勤拭刷。燃烛过夜，檠①底必置水盆。幼童小婢，宁令衾絮温厚。勿许被内安炉，烘熏被褥。稻草绵絮灯心，安放处，勿使火光相近。

【注释】①檠（qíng）：灯台，烛台。

【译文】炉煤烟道，宜勤拭刷，燃灯过夜，灯座下必置水盆。幼童小婢，宁可被絮厚暖，不许被内安炉，烘烤被褥。稻草棉絮灯芯，远离火源存放。

保家要务，事在眼前，行之甚易。惟在一家大小，人人将此事理放心上也。（书此一段，贴于壁间。每日检点，正自有益。）

【译文】保家要务，事在眼前，做之甚易，关键在于一家大小，人人放在心上。（书写这一节，贴在壁上，每日照做，自然有益。）

齐家所以难于治国者，有故也。朝廷诸事，皆有一定之法度，令民遵守。家则不然。细民之家不必言，即绅士之家，礼法条款，平日多不讲求。即欲教子孙妻女，而无其具。此家之所以不能齐也。齐家之法，宜摘取经史中，近情可行之礼，及律例要款，又历代所传嘉言懿行，班氏《女戒》、陆氏《新妇谱》等篇，集成二册，四季请善讲者，在于讲堂；令男子依长幼坐于外，女子依长幼坐于内，遮以帘幕，静听讲解。诸般义礼，习闻既久，虽愚昧皆有所知；桀傲者，亦将渐变而循良矣。每岁须四季行之。然行此不能无费。讲师之酬金，讲时之饮食，必令有所取资。宜另设公田数亩，以为公产。取资于此，庶可垂永久而不废也。

【译文】齐家比治国难，原因在于：朝廷各项事务，都有一定法度令民遵守，家则不然。即使绅士之家，礼法条款，平日多不讲求。即使想教育子孙妻女，也没有具体规定。此家所以不能齐。齐家之法，宜摘录经史中，近情可行之礼，及律例条款，还有历代所传嘉言懿行，班氏《女戒》、陆氏《新妇谱》等篇，整理成册，四季请族中善讲的长者，在讲堂授课，令男子依长幼坐在外，女子依长幼坐于内，遮以帘幕，静听讲解。各种礼仪，经常练习，使愚昧者有所知，凶暴骄傲者渐得循良。每年须讲解四次，讲师酬金、饮食，从所设公田中支取。如此，这一传统可永久不废。

凡婢仆虽至贱，亦当养其耻心。惟有耻心，方始可用。故虽有过，不当数责，不当频骂。数责频骂，虽辱不耻。廉耻既无，不可用矣。

【译文】婢仆虽然地位低下，但也要养其知耻心，有知耻心，才可用。有过不必经常责骂。经常责备，骂詈，虽辱不耻，廉耻既无，也不可用。

凡购置田地房屋，不宜急骤。须访来历明白，然后受之。试言其故，或母孀而子不肖，听信奸人诓诱而卖者；或无子之产，非应承继之人卖者；或相持之产，未有归着者；或与势豪争衡，知力不敌，而来投献者，皆能致日后是非官讼也。至于坟茔中木石，与先贤墓堂基址，尤宜慎重，不可受也。

【译文】凡置田产房屋，不能急躁，要察访，来历明白才能受。若系寡母而子不肖，听信奸人而卖者，或无子之产不是继承人之卖者，或相争之产尚未处理妥当而卖者，或与势豪争衡，知力不敌而卖者。这类情况，都能造成日后是非诉讼。至于坟墓界限、木石，先贤墓址，尤其要慎重，不可轻易接受。

邻近利便之产，而适欲卖于我，宜增其价。不可因无人敢买，而低折其价，大伤阴骘。

【译文】邻近便利的田产，恰好又要卖给我，宜适当增价，不可因无人敢买而低折其价，大伤阴德。

冯琢庵①曰：事之初起，往往甚小。因分人我而渐大。因争小利而益大。事已观之，又甚小。故善处事者，大事当使之小。（此种道理，局外者清，当局多迷。临事不觉，事后自见。）

【注释】①冯琢庵：即冯琦。字用韫，号琢庵，临朐人。1577年（明万历五年）进士。历任编修、侍讲、礼部右侍郎、礼部尚书等职。后卒于官，赠太子少保，谥"文敏"。其生平《明史》有传。其著作有《宗伯集》81卷，内收诗歌300余首，记、序百余篇，奏、对、策、论百余篇。

【译文】冯琢庵说：事起初时往往很小，由于分你我而渐大，因争小利而加大。事后再看又很小。所以善处事者能大事化小。（这种道理常是旁观者清，当局者迷，当时不觉，事后自见。）

德盛者，其心和平，见人皆可交。德薄者，其心刻傲，见人皆可鄙。观人者，看其口中所许可者多，则知其德之厚矣。看其人口中所未满者多，则知其德之薄矣。

【译文】德行高者，其心平和，见人都可交。德行薄者，其心刻薄，见人都可鄙。看人，可看其口中所许可事多，则知其德厚；看其口中所未满事多，则知其德薄。

人生涉世，有忽略之事，有过激之言，二者皆不自知。若知之，必不施之于人矣。宜代为推原①，以为彼之过端②，彼不自知也。勿置芥蒂于心，恶怒可释矣。若不能，则当直言以告，令其知之，彼必知过而谢罪矣。乃世之人，缄口不言。他日乘其有隙，搜索过端以报之。若受报之人，能自反者，必思曰：彼如是加我，或我平日有怨于彼。虚心下气，问其所以。彼将开诚言我之过。怨可由此两忘矣。无如亦不能也。于是怨毒相加，至于展转反覆，而无休息。若更有谗人交构③于中，则报复

427

唐翼修《人生必读书》

益烈。嗟乎，忽略之事，过激之举，人孰无之。既不能推情宽恕，复不能坦怀直告。至令展转报复而无休息，岂非自成其衅乎？

【注释】①推原：从本原上推究。②过端：过失。③交构：离间；搬弄是非。

【译文】人生涉世，有忽略之事，有过激之言，却常不自知，如果自知，必不施于人。从此推论，彼有过端，是其不自知，当然应该加以原谅消除恶怒。如果不能，则当面直言相告，使其知道，彼必知过而认错。而世人闭口不言，日后乘其嫌隙，搜集过失一并报复。如果受报人能自我反省，彼这么说我，许是我平日有怨于彼。平心静气，问其原因，彼将开诚说我的过失。怨可由此两忘。如果不这么对待，怨毒相加，没完没了。若被人从中谗言挑拨，则报复更激烈。忽略之事，过激之举，人不可免，既不能推情宽恕，又不能坦诚直告，以致不能休止，岂不是自己促成双方的仇隙吗？

凡人治家，一切田野园圃之物，不能不为人盗窃。但不至太甚可耳。慈湖先生①曰："先君尝步至蔬圃，谓园丁曰：'吾蔬每为人盗取，何计防之？'"园丁曰："须拚一分与盗者，乃可。"先君大是之。叹曰："此园丁，吾之师也。尔等不可不谨记。"

【注释】①慈湖先生：即杨简（1141年~1226年），字敬仲，南宋慈溪县城（今江北区慈城镇）人。晚年筑室德润湖（慈湖）上，学者因称"慈湖先生"。是南宋著名心学创始人陆九渊的高徒，与袁燮、舒璘、沈焕并称"甬上四先生"或"醇熙四先生"。

【译文】凡人治家，一切田野园圃之物，难免不被人盗窃。但不至于太甚。慈湖先生说："先父曾走入菜园，问菜农：'我的蔬菜常被人盗取，有什么办法防止？'菜农回答：'预先拿出一分给偷菜者就可以了。'

先父认为很对，感叹道：'这菜农是我的老师！你们不可不谨记。'"

富贵居乡，被人侵侮，每每有之。然毕竟是我好处。若使人望影远避，无敢拾其田中一穗者。虽是快意，然其为人可知矣。

【译文】富贵居乡，常被人侵犯，毕竟是我的为人的好处，如果使人远避于我，不敢拾田中一穗，虽是快意，然而其为人如何，也可想而知。

士人贫困时，乡人不知其后日尊贵，不加敬重。一旦荣达，则视乡人如仇雠^①，以为始轻慢我也。殊不知乡人中，亦有后日尊贵者。我何尝知其日后尊贵，而敬重之耶。不知自反，止责他人，何背谬也。

【注释】①仇雠：仇敌。雠（chóu），"仇"的异形体，与"仇"同意。
【译文】士人贫困时，乡人不知其日后尊贵，不加敬重。一旦荣达，则视乡人如仇敌，认为当时轻慢我。殊不知乡人中日后也有尊贵者。我何尝知其日后尊贵而敬重他了呢？当自我反省，莫只知责人。

张安世^①家僮数十人，皆有技业。虞悰^②治家，亦使奴仆无游手。此绅宦之最有家法者也。至于邓禹^③，身为帝师，位居侯王，富贵极矣。有子十三人，读书之外，皆令各习一艺。推邓禹之心，盖欲拘束子孙身心，不使其空闲放荡。即或爵除禄去，子孙亦有以资身，不至饥寒潦倒。其为子孙谋，何深远也。

【注释】①张安世：西汉酷吏张汤之子。性谨慎，以父荫任为郎。后历任尚书令、光禄大夫、右将军，封富平侯。宣帝时拜为大司马。他为官廉洁，生活简朴，虽食邑万户，仍身穿布衣，夫人亲自纺织。元康四年（前62年）春，因病上书告老还乡，汉宣帝不舍。他勉强视事至秋而卒。在麒麟阁十一功臣中排名第二。②虞悰：公元435~499年在世，字景豫，会稽余姚人。南北朝时期的官僚和医学家。南朝齐武帝萧赜在即位之前，与虞悰私交甚厚。萧赜即位之后，虞悰即受封为高官。③邓禹：公元2~58年在世，字仲华，汉族，南阳新野（今河南省新野）人，东汉开国名将，云台二十八将之首。

【译文】张安世有家僮数十人，人人有一项技术。虞悰治家，使奴仆不游手好闲。这是绅士中最有家法的代表人物。邓禹身为帝师，位居王侯，富贵至尊，有十三个儿子，除读书之外，使其各学一门技术。推究邓禹之心，无非是拘束子孙身心，不使其空闲放荡，以备削职为民，家产减少之日，子孙各有谋生手段，不致饥寒潦倒。他们为子孙谋虑，多么深远。

或问，人生无事不需财，故无不营营于利，亦无不因财而坏品行，有善处之法欤？曰：有之。一在择术。不可因贫而窝赌，诱人子弟也。不可用炮火鹰犬，以伤禽逐兽也。不可贪口腹，而椎牛屠狗也。不可为媒为保，而令人财物落空，致人官讼也。不可因商贾贸易，串假伪之物以诳人也。为贫士者，不可武断乡曲，出入公门，而平地生波也。此必不可为者也。其有虽不可，而不能禁人不为者。但当日夜思维，吾力不能择术，而苟且为此，已非善行。则当充无欲害人之心。为册书者，不可飞洒钱粮，损人利己也。为胥吏者，不可搜寻弊窦①，诱官施行也。不可得财枉法，令人冤无伸雪也。为两班者，不可借势居奇，勒索不已也。为讼师者，代人伸冤，不可虚架大题，令受者破身家，令告者坐反诬也。能如此，亦无害矣。至若贫贱者，更当安命。吾命当无妻子也，虽终身营求，必不能得妻子之奉养。吾命当缺衣食也，虽终身妄求，必不能得梁肉②绮罗③之适体。故知命已前定，则一切因利造孽之事，自然不作矣。此贫贱者，以义制利之法也。

【注释】①弊窦：指作奸犯科的事。破绽，漏洞。②梁肉：泛指美食佳肴。粱，通"粱"。③绮罗：泛指华贵的丝织品或丝绸衣服。

【译文】有人问，人生无事不需财，所以无不营求于利，也无不因财而坏品行，有什么办法应付？回答是：一在择术，不可因贫而聚赌，诱人子弟。二是不可用炮火鹰犬，伤禽逐兽。三是不可贪口腹而宰牛屠狗。四是不可说媒做保，使人财物落空，致人官讼。五是商贾贸易，不可掺杂使假，牟取暴利。六是贫士不可武断歪曲，出入公门，平地生波。上述是必不可为之事。有虽不可为，而不能禁人不为的，当日夜思维，力不能择术，不得已为之，已非善行，定不能再有害人之心。为税吏者，不可多征钱物，损人利己。为狱吏者，不可搜寻破绽，诱官施法定刑。不可得财枉法，使人冤屈无伸。为官者不可借势居奇，勒索不已。为讼师者，代人伸冤，不可虚构大题，使被告破身家，原告坐反诬。照此理行事，则无害于人，也无害于己。贫贱者，更当安命。命中无妻子，虽终身营求，必不能得到妻子奉养。命中衣食不足者，终身妄求，必不能得到绮罗珍馐之适体。须知命由天定，则一切因利造孽损阴德之事，自然不做。这是贫贱者以义制利之法。

富贵者之利财也，其义有三。一在知足。我高堂大厦，冬温夏凉。绮罗轻暖，不脱于身。肥甘膏粱，不绝于口。岂知有草房茅舍，厨灶栏厕，皆在一室者乎？岂知有寒无绵被，直卧于稻草中者乎。一日三餐薄粥，尚有不饱者乎？常以此自反于心，自然知足矣。二在明于道理。我虽积财如山，身既死，则不能分毫带去。惟因财所造之孽，反种种随吾身也。三当知子孙贫富有命。彼命优，我不遗之财，而自然有之。彼命薄，虽以万金与之，亦终不能担受，不数年而败去矣。知此三者，慎毋争利而伤兄弟手足之天伦也。毋争利而令亲戚朋友，情谊乖绝也。毋因人借贷押典，而取过则之息也。毋因交易，而斗斛权衡①，入重出轻也。毋悭吝太过，而令诸礼尽废也。毋淡泊太过，而令婢仆怨恨也。此富贵者，以义制利之法也。

【注释】①权衡：称量物体轻重的器具。权，秤锤；衡，秤杆。

【译文】富贵者理财之法有三：一在知足。我高堂大厦，冬温夏凉，衣食不愁。当思有草房茅舍，厨灶栏厕皆在一室者，冬无棉絮直卧稻草者，三餐薄粥不能饱腹者。常以此自问，自然知足。二在明理。我虽财积如山，死后带不走分毫，只有因财所造之孽，反而紧随自身，又贻害子孙。三是当知子孙贫富有命。命优，我不遗财，子孙自然能创造财富。命薄，虽遗以万金，子孙终究不能保住，不出几年就会败尽。懂此三者，则不致因争利而伤兄弟手足之天伦。不致因争利而与亲戚朋友情断义绝。不会因借贷典押而取过则之利息。不会在交易中出现重入轻出。不会悭吝太过使诸礼尽废，不会因太过淡泊，致使婢仆怨恨。这就是富贵者以义理财之法。

又问中等之家，亦有法欤？曰：中等之家，既不至于饥寒无良，亦不至于因富造孽。农工商贾，各安本务。凡事量入以为出，每岁十分留二三，以备不虞。毋争虚体面，而多闲费。此中等之家理财之法也。

【译文】中等之家如何理财？方法如下：中等之家既不至于饥寒交迫，也不至于因富造孽。农工商贾，各守本业。凡事量入支出，每年收入提留十分之二三，以备日后意外之事。不争体面而闲费乱花。这就是中等之家的理财之法。

颜光衷曰：顷有富者，贪利奇刻，计及锱铢。平时一意啬蔷，不知礼义为何物也。身死，子孙不哀痛，不治丧，群相斗讼。其处女亦蒙首执牒①，讼于公庭，以争嫁资，为乡党笑。其子孙自幼及长，惟知有利，不知有义故也。（以义为利，义得而未尝不利，家国同此一理。）

【注释】①牒：文书，证件。

【译文】颜光衰说：少数富裕家庭，贪利苛刻，平日一毛不拔，吝啬成性，不知礼义为何物。身死，子孙不哀痛，不治丧，互相斗讼。其在室闺女也蒙头执牒，诉于公庭，争要嫁资，被乡邻所笑。其子孙从小到大，只知有利，不知有义。（全不知以义为利，义得而未尝无利，齐家、治国都是这个道理。）

张庄简公①书屏有云：客至留饭，四碗为程。简随便进，酒随量斟。法何妙也。近世人情，涂饰耳目。客至盛款，谓不露寒酸本色。及至贫乏逼身，寡廉鲜耻，全不顾惜，何止露出寒酸本色也。人之失算，莫此为甚。

【注释】①张庄简公：北宋官吏。应天府（今河南商丘）人。元丰三年（1080年），擢进士第。官至龙图阁直学士、广南西路转运副使等。

【译文】张庄简公书写条屏教子孙："客至留饭，四碗为程。简随便进，酒随量斟。"此法何等高妙。世人为粉饰耳目，客人来了盛情款待，为的是不露寒酸本色。一旦贫乏，则不顾廉耻，何止是露出寒酸相。人之失算莫此为甚。

悭吝与俭有大别。当于理之谓俭，吝于财之谓悭。寒不惜婢仆，而令之无绵；食不惜婢仆，而令之饥饿。剩肥余菜，不令婢仆沾唇。家财甚多，而三族之极贫无告者，有求不赈。利济之事，毫不肯为。乞丐至门，任彼呼号，而颗粒不与。盖俭者，用财不过则之谓。非无良残忍，只知有财而不用之谓也。愿人深辨乎此也。

【译文】悭吝与俭有很大区别。当于理是俭，吝于财是悭。寒不怜惜婢仆，不给棉衣、棉絮。食不怜惜婢仆，使其挨饿。剩肥余菜，不让

433

婢仆沾唇。家财甚多，而三族中贫困无告者，有求不赈。利物济人之事，毫不肯为。乞丐至门，任彼呼号，颗粒不给。俭，是用财不超过原则，并非无良残忍，只知有财而不用。希望人们能深辨此理。

世人用财，贵明义理。加厚于根本，虽千金不为妄费。浪用于无益，即一金已属奢侈。是以丰俭贵适其宜也。吾见有人，其待兄弟亲戚故旧也，丝毫必计，不肯少假锱铢。及争虚体面，为无益之事，以炫耀俗人耳目，则不惜无穷浪费。此全不知本末轻重，而丰俭倒施者也。人至于丰俭倒施，岂有善行足观也哉。

【译文】世人用财，贵在明义理。厚培根基，虽千金不为妄费。用于无益，虽一金也是奢侈。所以丰俭贵在用于得当处。我见有的人，对待兄弟、亲戚、故旧，丝毫必计，不肯放过一分一厘。而争虚体面，做无益事，以炫耀俗人耳目，则无穷浪费，毫不吝惜。全不知道本末轻重，而丰俭倒施。人陷入丰俭倒施，则不会有善行。

俭之一字，其益有三。安分于己，无求于人，可以养廉。减我身心之奉，以赒^①极苦之人，可以广德。忍不足于目前，留有余于他日，可以福后。

【注释】①赒（zhōu）：接济；救济。
【译文】俭有三益：安分于己，无求于人，可以养廉，此其一。其二，减我身心之奉，周济极苦之人，可以广德。其三，忍不足于目前，留有余于他日，可以福后。

凡善救人者，必先解其怒，而徐徐求其宽宥^①，然后其言易入。若人怒人不是，我却以为是，何异炎炎之火，又投膏以炽之也。

【注释】①宽宥：宽容；饶恕；原谅、饶恕的意思。

【译文】凡善于救人的人，必先解其怨，而慢慢求其宽恕谅解，然后其言才容易被接受。若人怒人不是，我却当即以人是，这样进行劝阻，等于火上加油。

王朗川《言行汇纂》

（先生名乏钺，湖南湘阴人。）

宏谋按：王君纂辑此书，采录嘉言善行，可云详备。于世教不无裨益。凡关女德者，已采入《教女遗规》。兹摘录诒谋丧葬风水三则，以补各编所未备。且以破近时流俗之惑也。

【译文】陈宏谋按：王朗川先生纂辑此书，采录嘉言善行，内容详实，于教育世人有所裨益。有关女德内容，已编入《教女遗规》。现摘录诒谋、丧葬、风水三则，以补各编所缺少。且以此破除近时流俗之惑。

诒　谋

父之于子，惟当教之道。谚曰：孔子家儿不识骂，曾子家儿不识斗，习于善则善也。

【译文】父对于子，必须教之以"道"。谚语说："孔子家儿不识骂，曾子家儿不识斗。"是由于习善则善。

养子弟，如养芝兰①。既积学以培之，更须积善以润之。

【注释】①芝兰：芷和兰，皆香草。"芝"通"芷"。

【译文】养子弟，如养芝兰。既积学问加以培养，更须积善以润泽。

人之教子，饮食衣服之爱，不可不均。长幼尊卑之分，不可不严。贤否是非之迹，不可不辨。示以均，则长无争财之患。责以严，则长无悖逆之患。教以分别，则长无匪类之患。

【译文】人教子，饮食衣服之爱，不可不均。长幼尊卑之分，不可不严。贤否是非之迹，不可不辨。示以均，则长大后无争财之患。责以严，则长大后无悖逆之患。教以分析辨别，则长大无匪类之患。

立朝不是好官人，由居家不是好处士①。平素不是好处士，由小时不是好学生。（蒙童之教，大有关系如此。）

【注释】①处士：本指有才德而隐居不仕的人，后亦泛指未做过官的士人。

【译文】立朝不是好官吏，是由于居家不是好处士。平素不是好处士，是由于小时不是好学生。（由此可见，童蒙的教育，关系重大。）

凡儿童少时，须是蒙养有方。衣冠整齐，言动端庄，识得廉耻二字，则自然有正大光明气象。

【译文】凡儿童少小时，蒙养必须有道。衣冠整齐，行动端庄，识得廉耻二字，则自然有正大光明的气度。

吾之一身，尚有少不同壮，壮不同老。吾身之后，焉有子能肖父，孙能肖祖，所可尽者，唯留好样与儿孙耳。

【译文】我的一身，尚有少不同壮，壮不同老。我死之后，不一定子能似父，孙能似祖，能够尽力做的，只有留好样给儿孙。

凡人施恩泽于不报之地，便是积阴德以遗子孙。使人敢怒而不敢言，便是损阴德处。

【译文】凡人施恩泽于不报之地，便是积阴德留给子孙。使人敢怒而不敢言，便是损阴德之处。

科第^①必须积德。故延师教子，早晚勤课，尚不足为慈。有子之后，更务立心为善，广行方便，方为大慈。

【注释】①科第：科举制度考选官吏时评定科别与等第的制度。

【译文】科第必须积德。所以请老师教子，早晚勤教诲，尚不足为慈。有子之后，更努力立心为善，广行方便，多积阴德，为子作出表率，便是大慈。

释氏云：要知前世因，今生受者是。吾谓昨日以前，而祖而父，皆前世也。要知后世因，今生作者是。吾谓今日以后，而子而孙，皆后世也。是所当发深省者。（言前世后世，便涉杳茫。祖父，本身，子孙，何等切近。此即儒释之分也。）

【译文】佛家说："要知前世因，今生受者是。"我认为昨日之前，自祖至父，都是前世。"要知后世因，今生作者是"。我认为今日以后，自子至孙，都是后世。所以这是应当发人深省的。（前世后世之说，是释教三世轮回杳茫之论，以祖父、本身、子孙及昨日、今日、明日解释切近现实。这是儒释二教之分。）

问祖宗之泽，吾享者是，当念积累之难。问子孙之福，吾遗者是，要思倾覆之易。

【译文】问祖宗的恩泽，我一生享受的就是，应当追念祖宗积累之难。问子孙的福分，我遗留的便是，要考虑倾覆之易。

胡安国[1]子弟，或出宴集。虽夜深不寝，以候其归，验其醉否。且问所集何客，所论何事，有益无益。以是为常。

【注释】[1]胡安国：1074年到1138年在世，字康侯，号青山，学者称武夷先生，后世称胡文定公。原籍福建崇安。南宋时期的著名经学家和湖湘学派的创始人之一。

【译文】胡安国子弟，出席宴集，常不及早回家。为父者便夜深不睡，等候其归来，检查是否醉酒，问所会聚的是哪些客人，讨论什么事情，从而弄清楚有益无益。已习以为常。

林退斋[1]临终，子孙长跪请训。先生曰："无他言，若等只要学吃亏。"从古英雄，只为不能吃亏，害了多少事。

【注释】[1]林退斋：宋明时期的儒学家，官至尚书。

【译文】林退斋临终时，子孙长跪请求训导。先生嘱咐道："无他言，你们只要学吃亏。"自古英雄，只因为不能吃亏，而害了多少事。

泰和[1]罗文庄公，兄弟叔侄，先后相继，咸登高第[2]。公由冢宰[3]归养，庭训甚严。仲子谒选[4]，乞书帖当路，图仕南方，以便省问。公曰：

数字不足惜，惜认义命二字欠确耳。平生训汝为何，而有是言。竟不与书。

训俗遗规

【注释】①泰和：地名，一般指泰和县（中国江西省吉安市下辖县）。②高第：科举考试中式。③冢宰：官名。即太宰。西周置，位次三公，为六卿之首。④谒选：指官吏赴吏部应选。

【译文】泰和的罗文庄公，兄弟叔侄，先后相继都做了朝廷大官。罗公由冢宰之位退休回家养老，家教很严。仲子去吏部等候选派前，请求父亲写个书帖，以图要求分配到南方任职，方便照顾家庭。罗公回答说："几个字不足吝惜，可惜的是，认命二字欠确切。平生训你为什么，而今日提出这个要求。"最终没有给写。

陆象山①当家三年，自谓于学有进。此正可想施于有政，是亦为政，全是孝友真切处。莫徒作盐米零杂细碎观也。（可见治家，原有学问。）

【注释】①陆象山：即陆九渊（1139年~1193年），号象山，字子静，书斋名"存"，世人称存斋先生，因其曾在贵溪龙虎山建茅舍聚徒讲学，因其山形如象，自号象山翁，世称象山先生、陆象山。汉族，江西抚州市金溪县陆坊青田村人。在"金溪三陆"中最负盛名，是著名的理学家和教育家，与当时著名的理学家朱熹齐名，史称"朱陆"。是宋明两代"心学"的开山祖。明代王阳明发展其学说，成为中国哲学史上著名的"陆王学派"，对近代中国理学产生深远影响。被后人称为"陆子"。

【译文】陆象山当家三年，自认为学有进步，想以此作为施政资本，当政后，全是孝亲、友弟的具体问题，等待办理。因此，施政，莫看作当家，并不是只管理盐米、零杂细碎的日常事务。（可见治家也是有学问的。）

罗一峰先生及第①，以书寄子弟。所谓好子弟者，非好田宅，好衣服，好官爵，一时夸闾里②者也。谓有好名节，与日月争光，与山岳并重，与霄壤③同久；足以安国家，足以风四维，足以奠苍生，足以垂后世。前史所载，诸名臣是也。若只求饱暖，习势利，如前所云，恶子弟，非好子弟也。此等子弟，在家也，足以辱祖宗，殃子孙，害身家；出而仕也，足以污朝廷，祸天下，负后世。岂宗祖父母之所愿哉。

【注释】①及第：指科举考试应试中选，因榜上题名有甲乙次第，故名。②闾里：里巷；民户聚居之处。③霄壤：指天与地。

【译文】罗一峰先生及第后，寄信教育子弟：所谓好子弟，不是有好田宅、好衣服、好官爵，受邻里一时夸耀。而是有好名节，与日月争光，与山岳并重，与天地同久。足以安国家，足以提倡礼、义、廉、耻，足以安定苍生，足以垂范后世。前史所载各位名臣，可以作为榜样。如果只求温饱、习势利，如前所说，是恶子弟，不是好子弟，在家足以辱祖宗、殃子孙、害身家，入仕足以污朝廷、祸天下、负后世。这不是祖宗父母的愿望。

陈眉公①曰：士君子尽心利济，使海内人少他不得，则天亦自然少他不得。即此，便是立命。（此报应至理，不是空言因果。）

【注释】①陈眉公：即陈继儒（1558年~1639年），明代文学家、书画家。字仲醇，号眉公、麋公。华亭（今上海松江）人。著有《妮古录》《陈眉公全集》《小窗幽记》。

【译文】陈眉公说：士君子尽心利物济人，使海内人少不得他，则天也自然少不得他。这就叫立命。（这是报应的真理，不是空言因果。）

李文节①云：每见士大夫一捐馆舍，其子弟往往向人称外侮。人亦为之伤世态之炎凉，叹人情之薄恶。予以为不然。君子生则人敬，死则人思。彼寂寞于生前，而荣华于身后，为人尸祝俎豆者。何人哉。人必自侮，而后人侮之。向使恃位挟势，欺凌侵夺。人无奈何，直待其子孙，方与覆算。此所谓悖出悖入，出尔反尔。而称外侮，非矣。

【注释】①李文节：即明代李廷机（1542年~1616年），字尔张，号九我，晋江新门外浮桥（今属鲤城区）人。是我国历史上少有的清官贤相，累官礼部尚书兼东阁大学士。1616年卒，谥"文节"，入祀学官。著有《四书臆说》《春秋讲章》《通鉴节要》《性理删》《燕居录》《李文节文集》等。

【译文】李文节说：每见士大夫一死，其子弟往往向人诉苦，说受外侮。人们听到后，也为世态炎凉伤感，叹人情薄恶。我以为不然。真君子生则人敬，死则人思。彼寂寞于生前，而荣华于身后，为人祭祀怀念。人必自侮，而后人受侮。在高位者一直恃位挟势，欺凌侵夺，人们无可奈何，直待死后，找其子孙算账。这就是悖出悖入出尔反尔。而并非是他们所说的"外侮"。

丧　祭

按丧礼，初终，疾病迁居正寝。既绝，乃哭。夫正寝，即今人家所居正厅也。惟家主为然，余人则各迁于其所居之室。若病势度不可起，先设床于正寝中。子弟共扶病者出居床上，东首。东首者，受生气也。既迁，则戒内外安静，毋得喧哗惊扰。仍令人坐其旁，视手足，男子不死于妇人之手，妇人不死于男子之手，恐其亵也。问病者有何言，有则书于纸，无则否。彻去旧时亵居之衣，加上新制之衣。贵者朝服，庶人深衣。加衣之时，每手足各一人持之。属纩以俟气绝。盖置新绵于口鼻之间，绵不动，则是气绝。气将绝，则铺荐席褥于地。俟气绝，则扶居其上，以衾覆之。置之于地，冀其生气复反也。始死，迁尸于床。以一箸横口中, 楔齿。恐死者口闭, 故以箸拄齿, 令开而受含也。古用角柶^①, 今以箸代之。至是男女举哀。哭擗无数。今见人家, 于病者将危之时, 便呼号哭踊, 后事不能预备, 不能尽礼。是家礼一书, 不可不于平时讲究之也。

【注释】①角柶: 古礼器。角制, 状如匙。

【译文】按丧礼, 临危之际, 疾病迁居正寝。死亡后, 长子或重孙引领全体亲人哭丧。正寝, 指今人家所居正厅, 惟家主所居, 其余人员各迁于其所居之室。若病势垂危, 先设床于正寝中, 子弟共扶病者出居床上, 头朝东。头朝东, 是受生气。迁居正寝后, 令内外安静, 不得喧哗惊扰。仍然令人坐在旁边, 注视手足, 男子不死于妇人之手, 妇人不死于男子之手, 恐其受衰。问病危者有何言, 有则及时记录在纸上, 无则不频频追问。撤去平常衰居衣服, 加上新制衣服。贵人穿朝服, 庶人穿黑色长衣。加衣时, 每只手足各一人扶持, 穿戴整齐后等候气绝。置新棉于口鼻之间, 棉花不动, 则是气绝。气将绝, 则铺席褥于地上, 等气绝, 扶睡在上面, 以衾(盖尸体的单被)覆盖(盖头、露足)。置于地, 是冀其生气复返。气绝后, 迁尸于床, 用一根竹箸横口中, 交撑牙齿, 令口开受含。古时是用角柶, 现在以竹箸替代。男女举哀(在上述各项完成以后方可)。今见人家, 在病者将危之时, 呼号哭踊, 后事不能预备, 不能尽礼。因此, 家礼一书, 不可不在平时讲究。

人子送亲, 最要紧者, 莫如棺木。平日预备者少, 临时营造者多。匆忙昏愦^①之时, 诸务托之亲友, 终非切己。又或未经谙练。倘不能如法, 一错弗能再补。板以四川花板为上, 次即婺源紫椑木, 俱取木质结练, 入土不朽。又次, 则湖广福建水杉, 未免轻松枯脆。其造作择吉期, 必寻善做老手。两墙不宜太弯, 恐不能载土, 日久陷坍。其糊缝搪里封口, 全要真正生漆, 则性黏易干, 方能坚久。棺外亦宜多加生漆为妙。钉以苏木为上，熟铁次之。

【注释】①昏愦：头脑昏乱；神志不清。

【译文】人子送亲，至关要紧的是棺木。平日预备的少，临时营造的居多。匆忙昏愦时，一切事务托付亲友代办，终究不一定如意。又或帮忙人没有经验，所做的事一旦不能如法，一错便不能再补。板以四川花板为上等木材，其次是江西婺源紫樫木。要求木质结实，入土不朽。又次则是湖广、福建水杉，未免轻松枯脆。造作当择吉日，必寻做工熟练的老手。棺木两侧不宜太弯，恐不能承载土压，日久陷坍。糊缝、搪里、封口，全要用真正生漆，则性黏易干，坚久耐用。棺外亦宜多加生漆。钉以苏木为上，熟铁次之。

入殓之时，举家哭踊①。将棺内事务，凭之仆婢，失误不小。须缓尽哀恸之情，必要亲自铺垫。手足要安舒，勿得拗曲。衣履要周正，勿令卷摺。四围多用石灰纸包，摁塞紧密，勿得虚松。久而肉化灰镕，相成一块。枕宜低平。两耳衬贴，宜紧实。庶几不致摇动。若在旅邸治丧，欲从水陆扶榇者，绞布丝棉，必不可少。羖褐最生虫蚁，切不可用。挂线盖棺，全要中正。否则将来山向，朝对不真。

【注释】①哭踊：古代丧礼。亦称"擗踊"。顿足拍胸而哭，表示极大的悲哀。

【译文】入殓时，举家哭踊。将棺内事务，交由婢仆办理，常失误不小。必须缓尽哀恸之情，亲自铺垫。手足要安舒，不得拗曲。衣服、鞋帽要周正，勿令捲摺。四周多用石灰或木炭末纸（或皮宣纸）包塞紧密，不得虚松。久则肉化灰镕，结成一体。枕宜低平，两耳衬贴紧实，尽量不致动摇。若死于外地，要从水陆扶榇还家，则绞布丝棉裹尸，必不可少。毛皮易生虫蚁，切不可用。挂线盖棺，全要中正，否则将来山向，恐怕会朝对不标准。

亡者以入土为安。攒厝①乃一时权宜。久则潮湿郁蒸于内，风日燥烁于外。数年棺朽，葬时另做新套。转换之间，手足颠倒。非其部位。细小零落，不复完全。此攒厝之大病。棺之坐向，兼年庚姓氏，内宜墓志，外宜勒石。使日后子孙，便于修葺，并知宗派。至于坟墓界址，宜将图形弓步，勒于碑背，以免坟丁侵窃盗卖之患。

【注释】①厝：停柩待葬。
【译文】亡者以入土为安。暂时安厝是一时权宜之计，久则潮湿入内，风日燥烁于外。数年后棺朽了，葬时又要另做新套。转换之间，手足颠倒，部位错乱，细小零落，不复完全。这是攒厝的大问题。棺的坐向，年庚姓氏，棺内应做墓志，棺外应勒石。使日后子孙便于修葺，并能知宗派。至于坟墓界址，宜将图形丈尺，勒于碑背。以免日后被侵窃盗卖。

今世丧家，用僧道作斋，或作水陆会①，写经造像。云为死者减罪恶，必生天堂，受种种快乐；不为，则入地狱。其者，日则孝子沿街随僧迎经，夜则破狱照星，或作人物戏具，讲经唱法；或男女夜出迎灵。法禁不能，理谕不晓。士人家亦复为此，曰未能脱俗，聊复尔尔。嗟夫，人死则形神相离，岂有复入地狱受苦痛之理。温公引唐李舟与妹书曰："天堂无则已，有则君子登。地狱无则已，有则小人入。"世人亲死而祷浮屠，是不以其亲为君子，而为积恶有罪之小人也，何待其亲之薄哉。就使积恶有罪，岂略浮屠所能免哉。曰，亲有疾，则祷于群祠，君子或为之。岂以亲死而忘之。曰，此亦人子无已之情，悦亲之意，欲其亲之生也。今乃为其死而免罪，则异矣。此事积习已久，牢不可破。细民无责也。读书知礼者，乃亦相率而为之，岂不惑哉。

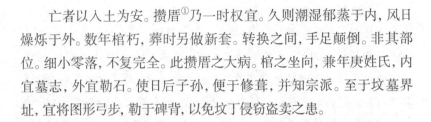

【注释】①水陆会：又称水陆道场、悲济会等，是中国佛教经忏法事中最隆重的一种。

【译文】今世丧家，请僧人、道士超度，或作水陆会，写经造像，说为死者减罪，必升天堂，受种种快乐。不这样做，则入地狱。甚者，白天孝子沿街随僧人迎经，夜晚则破狱照星。或作人物戏剧讲经唱法。或男女夜出迎灵。以上诸端法禁不能，理谕不晓，士宦人家也照此办理，美其名曰苟未脱俗。殊不知人死则形神相离，岂有再入地狱受苦之理？温公引唐李舟写给妹妹的信说："天堂无则已，有则君子登。地狱无则已，有则小人入。"世人亲死而祈祷浮屠，是不把其亲视为君子，而是视为积恶有罪的小人。岂不是薄待其亲吗？真的积恶有罪，难道贿赂浮屠就可免除吗？古人说，亲有病，则祷告寺庙，君子或许如此。岂以亲死而忘记，这是人子哀痛不已的常情，悦亲之意，希望其亲能复生。今却想为其死免罪，则是两回事。而这类做法流传已久，形成了习俗，牢不可破。不是庶民的问题。读书明理之人，也不加思考照做，岂不让人疑惑吗？

凡吊丧，只攒分共奠。或置素轴，具牲酒食桌，不必过费。以其余分付主人。至亲奠赙，不妨稍厚。若大盘蜜楼，绫锦幡幢，人物楼阁，像生飞走之类，俱属无益。

【译文】凡吊丧，只用奠币共奠。或置素轴，具牲酒食桌，不必过度耗费。其余现金交付主人。至亲的奠赙（钱物），不妨稍厚。凡纸札、高楼大厦、绫锦幡幢、婢仆、家犬禽类，俱属无益之物。

清明祭扫，岁一举行，此烝尝①巨典也。近见人家子孙，于祖父坟墓，或轮流派值，或纠分合行。甚或一家有故，彼此推诿，或畏远惮劳，时日愆期，不孝莫大焉。至于本身父母，无可推托者，不过草草一盒了事。且邀朋携友，借此游玩踏青，不敬甚矣。独不思祖父生我，原为身后之计。如族众贫乏，我可支持。即应竭力措办，相邀拜扫，使祖宗血食不缺。村邻知为某家之坟，不敢纵畜作践。茔旁多栽树木，分其疆界，以免侵占。祭享必用牲醴，佐以时鲜，盖取荐新之义，岂可苟且塞责。若谓物力艰难，试问一岁之中，请客宴会，趋炎附势，出分嬉游，不知浪费凡几。何独祖宗面上，吝此一岁两次之礼。独不念今日享用，乃系何人创立。即使祖父无遗，当揣身从何来，亦是祖宗积德所致。吾愿世之孝子顺孙，宁减己身之用度，以丰祖宗之俎豆。不可以享亲大典，视为虚应故事。至于富家大族，墓旁多置祭田，以遗子孙。轮流执管，以租设祭，使子孙人人乐为。诚法善而意深者也。

【注释】①烝尝：本指秋冬二祭。后亦泛称祭祀。

【译文】清明祭扫，每年举行，这是祭祀大典。近见人家子孙，祭扫祖宗的坟墓，或轮流派值，或纠合分行。甚至一家有故，彼此推诿。或怕路远嫌劳累，致时日过期。都是大不孝！至于自身父母，无可推脱者，不过草草一盒了事。且邀朋携友，借此游玩踏青。大不敬啊！独不思祖父生我，本也是为身后之计。如族人贫乏，我可以支持帮助的，必须竭力筹办，相邀拜扫，使祖宗血食不缺。村邻知道是某家坟墓，不敢纵放牲畜践踏。茔旁多栽树木，以分疆界，防止侵占。祭祀必用牲醴，佐以时鲜，是取荐新之义，不能随便塞责。若说物力艰难，试问一年之中，请客宴会，趋炎附势，外出嬉游，不知浪费多少，何独在祖宗面前，吝此一岁两次（清明、冬至）之礼。独不考虑今日享用，是谁创立。即使祖宗无遗，当知你身体从何来，也是祖宗积德所致。我愿世上孝子顺孙，宁减己身消费，以丰祖宗祭品，不可将享亲大典，视作虚应故事。至于富家大族，墓旁多置祭田以遗留子孙，轮流值管，以租设祭，使子孙人人乐意照办，此为法善意深之举。

君子有终身之丧，忌日是也。君子有百世之养，丘墓是也。（以丘墓为百世之养，正是追远之义。）

【译文】君子有终身之丧，是指忌日。君子有百世之养，是指坟墓。（这是追远之义。）

今人宾朋宴会，必务丰洁。至穷水陆殊品，然后为敬。乃祖宗祭享，多从苟简，甚者失时不举，晏然①自安。生而疏者结其欢，死而亲者忘其报，此之谓不知类。

【注释】①晏然：安宁、舒适的样子。
【译文】今人宾朋宴会，必务丰洁，以水陆稀有之物为敬。而祖宗祭享却多苟简，甚者失时不举行，却晏然自安。生而疏者结其欢，死而亲者忘其报，这就是忘记了自己是人。

凡服官而春秋致祭，朔望①行香。士庶之家，敬神祀祖。固曰礼在则然矣。然而精诚不属，虽三牲五鼎，登降拜跪，徒为具文。神其为我来格②来享乎。吾谓如奉神与祖也，必思所以致敬于神与祖者何意。又思我平日立心制行，果可以告无愧于神与祖者几何。如祭山川社稷也，以司其土者祀其神，报本反始之义属焉。吾奉命以守此土，果能乂安③保障，为众神灵爽所凭式乎。果能以生物为心，以养人为事，春祈秋报，足以为民请命乎。如对先圣也，则圣人为万世师表。吾辈既在纲常名教④中，果不忝居弟子之列，而对越⑤无惭乎。如对关圣也，则忠肝义胆，浩气凛然。吾果能节义自矢⑥，而不惧威灵之谴责乎。如对城隍，则彰善瘅恶⑦，昭鉴在兹。吾果能正直是凛，而不畏神目如电乎。如对诸家佛像，则色相慈悲，善气近人。吾果能善根清净，而不沦于罪孽乎。至于吾祀吾祖，则僾然忾然，洋洋如在矣。吾果能继志述事，以祖父之心为心乎。合族之兄弟子侄，疏者，则同始祖之一脉也。稍亲者，则同高曾祖之子孙也。至亲者，皆吾祖父分形同气也。吾苟不能联属而亲厚⑧之，或漠不关情，视如陌路。甚至争夺兴词。吾于对越之时，尚何面目见吾祖宗父母乎。以此思之，则告虔端拜之际，备物习仪者末也。只于一就位，一俯伏，直作神灵祖考，如在其上。吾以心相对照，求可以对神灵而不愧，质祖考而无惭。即此一时发人深省多矣。吾愿人抚心而自问也。（此是对越精义，亦见事神通于治人，原有至理，非空空陈设拜跪已也。凡有祭祀，不可不作此想。）

王朗川《言行汇纂》

【注释】①朔望：朔日与望日。即夏历每月初一和十五。②来格：来临、到来。格，至。③乂安：太平，安定。④名教：指以正名定分为主的封建礼教。⑤对越：犹对扬。答谢颂扬。⑥自矢：犹自誓。立志不移。⑦彰善瘅恶：彰，表明、显扬；瘅，憎恨。表扬善行，斥责恶行。⑧亲厚：亲爱厚待。

【译文】凡做官时春秋致祭，初一、十五敬香，士庶之家敬神、祀祖。是由于礼在则如此照做，而不一定真诚。虽三牲五鼎，登涉跪拜，徒具文疏，神真的为我而来享受祭品吗？我认为无论奉神奉祖，当思为什么要致敬于神与祖。又要想到我平日立心制行，真能说无愧于神与祖的事有几次。如祭山川社稷，以管理土地的官员主祭其神。取受恩思报、不忘本源之义。假如我奉命以守此土，果真能保障太平无事，并作为众神显灵的代表吗？果真能以生物为心，以养人为事，春祈秋报，能足以为民请命吗？如面对先圣，则圣人为万世师表。我辈在纲常名教中，真能做到居于弟子之列，而在颂扬先圣时心中不惭愧吗？若在关圣面前，效其忠肝义胆，浩气凛然，我真能守住节义，不惧威灵谴责吗？如果面对城隍，则彰善惩恶，昭鉴在兹，我真能做到正直凛然，不畏神目如电吗？如面对众佛像，则色相慈悲，平易近人，我果能善根清净，而不沦于罪孽吗？至于我祭祀我的祖宗，则一片至诚之心，洋洋如在，我果能以祖父之心为心，继承前人的志向和事业吗？合族兄弟子侄，疏者，也是同始祖之一脉；稍亲近点的，则是同一高曾祖的子孙。至亲者，是祖父的子孙辈兄弟。我如果不联系并亲厚他们，或漠不关心，如同陌路，甚至互相争讼，在祭祀时，有何面目见我的祖宗父母？以此考虑，则在虔诚拜祭之际，准备祭品、施习礼仪就属末端了。只要一到祭祀这个位置，一俯伏，都如同神灵和祖考都在上方，我以心相敬，只求对神灵不愧，对祖考无惭。就在这一刻，发人深省。我愿人人抚心自问。（这是祭祀的深意，也可见事神与治人密切相关，祭拜中有至理，并不是无意义的陈设跪拜而已。凡有祭祀，都应作此想。）

训俗遗规

风 水

卜其宅兆，葬之事也。葬乘生气，葬之理也。世乃溺于风水可致富贵，而百计营求。甚至暴露其亲，以俟善地，至终身不葬焉。殊不知人固有得地而发富贵者，苟非天与善人，或亦地遇其主而然。盖万中之一也。若心慕富贵，而不加修焉，而端谋人之地，思以致之。是欲以智力而窃夺造化之权，岂理也哉。故有诗曰：风水先生惯说空，指南指北指西东。山中定有王侯地，何不搜寻葬乃翁。

【译文】以占卜选定墓地，是葬的事务。墓地有生气为死人所乘，是葬的理。世人沉溺于风水可致富贵之说，千方百计营求吉地。甚至暴露其亲，以等待善地，甚至终身不葬。却不知人固然有因得吉地而发家致富贵者，如果不是上天赐予善人，或许是地遇其主而导致，不过万中之一而已。若心慕富贵，而不修德，一心只想谋人吉地，是想以智力而盗窃抢夺造化之权，岂有此理。所以有诗讽刺道："风水先生惯说空，指南指北指西东，山中定有王侯地，何不搜寻葬乃翁。"

吴文正公①云：德不积而求地，犹不耕而求获。《存耕录》②云：踏破铁鞋无觅处，得来全不费工夫。牛眠鹤举虽奇遇，只在方圆寸地图。

宋谦父曰：世人尽知穴在山，岂知穴在方寸间。好山好水世不欠，苟非其人寻不见。我见富贵人家坟，往往葬时皆贫贱。迨至富贵力可求，人事尽时天理变。仁人孝子，可以知所自处矣。

【注释】①吴文正公：即吴澄，字幼清，晚字伯清，学者称草庐先生，抚州崇仁（今江西崇仁县）人。宋元时期思想家、教育家。②存耕录：明末陈玉辉的著作。

【译文】吴文正公说：不积德而求地，犹如不耕种而求收获。《存耕录》中说：踏破铁鞋无觅处，得来全不费工夫。牛眠鹤举虽奇遇，只在方圆寸地图。宋谦父说：世人尽知穴在山，岂知穴在方寸间，好山好水世不欠，苟非其人寻不见。我见富贵人家坟，往往葬时皆贫贱。迨至富贵力可求，人事尽时天理变。仁人孝子，还是自我深思，自己决断为好。

世人立宅营墓，交易婚嫁，以至动一椽一瓦，出行数百里。无不占方向，择日辰，汲汲①以趋吉避凶为事。不知自己一个元吉主人，却不料理。慈湖②先训云：心吉则百事俱吉。古人于为善者，命曰吉人。此人通体是吉，世间凶神恶煞，何处干犯得他。（日吉是公共的，人吉才是自己的。）

【注释】①汲汲：形容急切的样子，表示急于得到的意思。②慈湖：即慈湖先生杨简。见前注。

【译文】世人造屋营墓、交易婚嫁，以致动一砖一瓦，出行数百里，无不找风水大师，占方向，择日辰，小心谨慎趋吉避凶。不知自己就是元吉主人，却不加料理。慈湖先训中说：心吉则百事俱吉。古人称善者是吉人，此人通体是吉，世间凶神恶煞，都不敢侵犯他。（须知日吉是公共的，人吉才是自己所有。）

人家新卜得葬地，将安厝。忽掘见棺木骨骸者，宜即与掩埋之。而权奉新枢为草舍，或即此稍远，另卜穴；或竟去此，另卜穴，亦无不可。盖论已葬与未葬，则我尚可图。论有主与无主，则彼为可悯。宁须我费事，无遽攘泉下之人，使一旦流离失所也。安知不更有真地，不更有佳地。袭穴以葬，毋乃不吉乎？若营域在近，原有坟冢者，但不逼近，亦自无妨。盖生有邻人，死有邻鬼，其理一耳。（如此存心，便是吉人，所葬必得佳地，何人多昧昧地。）

【译文】如果卜得葬地，即将安厝，忽然掘见棺木尸骨的，宜迅速掩埋。暂时搭棚遮盖灵枢，或在距此稍远处另卜新穴，或弃此地再卜新穴，亦无不可。因为若论已葬与未葬，我尚有选择；论有主与无主，则先葬者为主，可以怜悯，宁可我费事，切莫突然惊扰泉下之人，使之流离失所于一旦。怎么知道没有比这更真更佳的地。合此穴葬在旁边，难道就不吉吗？若所选墓穴旁，原来有坟，但不逼近，并无妨碍。须知生有邻人，死有邻鬼，其理一样。（如此存心，便是吉人。所葬非得佳地不可，人愚昧多从昧地开始。）

古人云：求地为致福之基，积德为求地之本。未得地，当积德以求之。既得地，当积德以培之。是以后代鼎盛绵远。李近吾《咏心地》有云："俯仰乾坤何处佳，人人有地尽英华。性由天命真龙祖，道卫吾身辅峡砂。脉到灵台方是正，穴寻华盖不曾差。须认四端①为四应，莫将虚受作虚花。若还损坏全无用，保得完时福愈加。自古只为君子宅，至今不作小人家。虽然说破无难认，一争毫发隔天涯。"（纵要讲求风水，亦当从此着想。）

【注释】①四端：指仁义礼智四种道德观念的开端、萌芽。
【译文】古人说：求地为致福之基，积德为求地之本。没有得到地，应当积德以求，既得地，当积德以培护，如此，后代鼎盛绵远。李近吾《咏心地》说："俯仰乾坤何处佳，人人有地尽英华。性由天命真龙祖，道卫吾身辅峡砂。脉到灵台方是正，穴寻华盖不曾差。须认四端为四应，莫将虚受作虚花。若还损坏全无用，保得完时福愈加。自古只为君子宅，至今不作小人家。虽然说破无难认，一争毫发隔天涯。"（讲求风水不如积德，迷于风水者当从此着想。）

若富贵是一家私物，则前富贵人久据之，不及我矣。未富贵家，原从已富贵家分来。已富贵家，仍听未富贵家分去。今地师曰，吾能使主人万代富贵。夫富贵止此数，若此家万代富贵，则彼家万代贫贱矣。地即有此理，天未必有此心。只福地本心地，则天地人不能外者也。（苟明此理，省却多少机谋争占之事。）

【译文】如果富贵是一家私物，则以前富贵人都据为己有，轮不到我。或者，未富贵家从已富贵家分来，已富贵家仍然听任未富贵家分去。今风水师说：我能使主人万代富贵。假如富贵只有这一限数，此家占据万代富贵，则彼家势必万代贫贱。地即使有此理，天未必有此心。须知福地本来是心地，天地人不会例外。（明白这一道理，人间将省却多少机谋争占之事。）

文公夫子知崇安日，有小民贪大姓之吉地，预埋石碑于其坟前。数年之后，突以强占为讼。二家争执于庭，不决。文公亲至其地观之，见其山明水秀，凤舞龙飞，意大姓侵夺之情真矣。及去其浮泥，验其故土，则有碑记，所书皆小民之祖先名字。文公遂一意断归之。后隐居武夷山，有事经过其地，闲步往观。问其居民，则备言埋石诳告罔上事。文公懊悔无及，乃曰："此地不发，是无地理。此地若发，是无天理。"祝罢而去。是夜大雨如倾，雷电交作。霹雳一声，屋瓦齐鸣。次日视之，其坟已毁成一潭，连尸棺不见矣。

【译文】文公在崇安任知县时，有小姓贪大姓的吉地，预先将刻有自家先祖姓名的石碑埋在其坟前，几年后，突然以大姓强占为由提起诉讼，两家在法庭争执不休，一时难以判决。文公亲自至其地视察，见其山明水秀，凤舞龙飞，心想大姓侵夺之情属实。当即刨去封土，堪验故土，见有碑记，碑上刻有小姓祖先姓名。文公于是一意判决小姓胜诉。此后文公隐居武夷山，有事经过此地，闲步前往观看，问其居民，都说埋石诬告欺骗县官一事。文公懊悔不及，气愤地说："此地不发，是无地理，此地若发，是无天理。"祝罢而去。当晚倾盆大雨，雷电交加，霹雳一声，屋瓦齐鸣，第二天早上前往观看，其坟已毁成泥潭，连尸棺都不见了。

孙文祥自浦城归，道经霍童乡。日暮，忽见山旁有屋，遂投宿焉。夜半闻哭声，问故。有夫妇曰，吾子不肖，鬻此屋。明旦当徙去，不禁悲伤耳。文祥曰，子虽不肖，吾当为汝谋之。至旦，视其处，乃荒冢也。候至日午，果见衣敝袍者，同豪右仆从，持畚锸^①至。文祥诘之。对曰，家贫，将祖坟迁葬，鬻地以延朝夕。文祥倾囊与之，不告姓名而去。后数夜，梦寄宿夫妇谢曰：向日厚恩莫报，今幸获二凤雏相谢。遂孕二子，先后登第。噫，观此，则毁人之茔以葬其先，断人之龙以利乎己，人谋即工，泉下人其肯瞑目乎。（可唤醒掘古墓以葬新坟者。）

【注释】①畚锸（běn chā）：亦作"畚臿"或"畚插"。畚，盛土器；锸，起土器。泛指挖运泥土的用具。亦借指土建之事。
【译文】孙文祥自浦城回家，途经霍童乡。傍晚，忽然见山旁有屋，遂投宿于此。夜半听到哭声，问其原因，有夫妇说：我儿子不肖，要出卖此屋，明天早上必须离开，所以怨伤。文祥回答：你儿子不肖，我应当为你们出主意。次日黎明，看到该处是一座荒冢。便在此等候，至中午，果然见一衣冠不整的人，同仆从持锄头，来到坟前，文祥询问。对答说：家贫，将祖坟迁葬，卖掉此地以维持生计。文祥倾囊供给，不告姓名而去。以后连续几夜，梦见寄宿处夫妇谢道："向日厚恩莫报，今幸获二凤雏相谢。"遂孕二子，先后登第。唉！由此可见，毁别人的坟墓以葬其亲，断别人龙脉以利自己。人谋虽缜密，泉下人肯瞑目吗？（谨以此唤醒掘古墓以葬新坟者。）

清明祭扫，非仅循拜墓虚文。必也剪荆棘，培松柏，茔头加土。周围仔细相视，有无倒塌漏痕，松薄拆缝之处，并狼窝獾洞，及恶树根荄蔓廷。势将侵扰穴地，应修筑，应填塞，应斩除者，上紧料理。庶以安先灵于泉下而弗替也。乃近来以挂扫为故事，藉祭馔以游春。其哀思修墓之意，概乎不讲。匆匆一拜，内返于心，安乎。偶见拜扫诗云："一年始得见儿孙，正好团圆骨肉恩。岂意到来来即去，空留细雨洒黄昏。"

【译文】清明祭扫，不仅仅是拜墓，读祭文，还必须砍尽荆棘，培植松柏，茔头加土，夯实周围倒塌漏痕，捣毁狼窝獾洞，斩断竹、木蔓廷根荄，以免侵扰地穴，使亲灵泉下能安。近来以扫墓为例行之事，借祭奠以游春，其哀思修墓之意全无，匆匆一拜，能心安吗？有拜扫诗说："一年始得见儿孙，正好团圆骨肉恩，岂意到来来即去，空留细雨洒黄昏。"

名公巨卿丘墓，内有墓志，外有丰碑。再有华表人兽，以及神道碑亭。至士庶之家，虽限于分，而志石墓碑，不在禁例。稍有力者，内志以石，或记事功，或止勒亡者生庚故葬年月，山向四至大概，附埋冢内。上树碑一通，不必过于高大，嫌于僭也。碑面照有无封赠职衔，据实开刻（考妣）某某之墓，旁书子某孙某敬立。碑阴仍将父母生庚故葬年月，并所葬坐山朝向，及坟地四至丈尺，墓田亩数，明白刊刻。庶可以示久远，以防侵占。葬远乡者，尤不可不急讲也。

【译文】公卿显贵的丘墓，内有墓志，外有丰碑、华表以及神道碑亭。士庶之家，虽限于身份，而墓碑、墓志不在禁列。稍有条件的，内将墓志刻在石板上，或记功绩，或只刻亡者生庚故葬年月、山向、坟茔四至界限。附埋冢内。上树碑一块，不必过于高大，以防有越分之嫌。碑面根据有无封赠职衔，据实刻考妣某某之墓。旁书子某、孙某敬立，碑阴将父母生卒年月，坟墓山向、坟地四界丈尺，墓田亩数，刊刻明白，以示久远，防止侵占，葬远乡者尤其要知道。

住宅坟茔，栽培树木。如人衣冠齐整，令人望之起敬。每见树木蓊郁者，多昌盛之族。而斫伐萧修，必家运陵替者也。堪舆家谓修竹茂林，可验盛衰之气象。住宅固宜，坟茔尤甚。古人恭敬，及于桑梓，重亲之植也。若先人所培植者，恣意妄伐，渐至凋零。冢内何人，任意戕贼。不独为衰败之征，其不孝为已甚矣。但族中贫富不等，富者自知爱护，贫者只顾目前。惟在富者量济之，善勉之，使之保全。若漠不关心，不为善全之计。较斫伐之罪，薄乎云耳。因占二绝，为斫伐者劝焉。满山松柏久成阴。魂魄依栖爱茂林。孝子慈孙当世守，年年瞻拜一凭临。可叹儿孙意在钱。伤心古木已参天。斧斤尽伐无余树，空使啼鸦绕墓田。（讲求风水之人，偏不留意茔树。亦是一障。）

【译文】住宅坟茔，栽培树木，如同人衣冠齐整，令人望而起敬。每见树木葱郁者，多为昌盛之族。被砍伐萧条的，必是家运衰败者。砍伐之后，必须补植。风水先生说，修竹茂林，可验盛衰气象。住宅如此，坟茔更是如此。古人恭敬，及于桑梓，注重亲自栽植。若先人所植树木，恣意妄伐，逐渐凋零。冢内先人，任意侮辱盗掘，不仅是衰败象征，其不孝已甚。但是，族中贫富不等，富者自知爱护，贫者只顾目前，只有靠富者量济、善勉贫者，使之保全。若漠不关心、不做善全考虑。这与任意砍伐相比较，其罪过不相上下。有诗告诫后人：满山松柏久成荫，魂魄依栖爱茂林。孝子慈孙当世守，年年瞻拜一凭临。可叹儿孙意在钱，伤心古木已参天。斧斤尽伐无余树，空使啼鸦绕墓田。（讲求风水之人，偏不注重培植坟茔树木，也是业障。）

熊勉庵《宝善堂不费钱功德例》

（先生名弘备，江南淮安人。）

宏谋按：世俗好资冥福而忽人事。往往佞佛修斋，迎神赛会，以为功德。虽费钱，亦有所不惜。至于利物济人，则又以无费为诿也。今语以如是之为眼前功德，而并不费钱也，有不翻然悔悟，群思为之者乎？若夫缕举斯世之人，胪列①当为之事，则尤使人无贵贱高下，随其身之所处，而皆足为功于世，积德于己也。所裨于训俗不浅矣。故终焉有取于此。

【注释】①胪列：罗列，列举。

【译文】陈宏谋按：世俗好捐资冥福而忽视人事。往往敬佛修斋，迎神赛会，以为是功德，虽然费钱却毫不吝惜。至于利物济人，则又以无钱而推诿。现在告诉他们利物济人可以获得眼前的功德而又不必花费钱财，那么还有不幡然悔悟，群起而效仿的人吗？就好像我多次提到的当世之人。这样，列出应当做的事，那么会使人觉得人没有贵贱高下之分，随身所处，都可以使自己有功于他人，积德于己。这样，对于训俗很有益处。所以，最终将会从这获得可取之处。

乡 绅

倡率义举，正己化俗。有利地方事，尽心告白官长。有害地方事，极力挽回上官。民间大冤抑，公行表白。里邻口角，公道解纷。村众逞凶，危言喝止。不说昧心人情，肯容人过，肯受逆耳之言。不评论女色，受谤不怨嗟。保护善良，公举节孝。戒人忤逆，止人奸谋。扶持风化，主持公论。严禁子弟恃势凌人，不许仆从倚势生事。不偏护子弟，冤苦乡邻。不开害人事端，不以财势，傲慢贫贱宗亲。劝止人刻薄取财，夤缘①功名。不侵占人田园，不谋买人产业，不搀搭低银。不薄本族，而妄认同宗。感化人一家好善，不包管户外事。不随淫朋游戏，不借端害人。不徇情冤人，不以喜怒作威福。止人不演淫戏。不谋夺风水，暨欺压邻傍风水损人。训子孙甥侄，仁慈一体，不怒不纵。不欺凌幼弟庶弟。不乘危下石排挤人。不图方圆适自己意，妨人便利。鼓励人苦志读书，劝人重义轻利。不揞②短人价值，不因仆从言，慢侮亲友。谕人和息词讼，为人解冤释结。不强借人财物，不强赊店货。锄强扶弱，敬老恤贫。不多娶姬妾，不畜宠童。不贪重利，将婢配匪类③残废人。奴婢婚配及时，不压良为贱④。

【注释】①夤缘：攀附上升，谓拉拢关系。②揞：压制；刁难；卡。③匪类：行为不端的人，也指强盗。④压良为贱：谓掠买平民女子为奴婢。

【译文】引导民众提倡义举，端正己身以教化民众不迷于恶俗。有利于地方的事，努力争取上级政府支持。有害于地方的事，极力劝阻上级官员。民间冤案，代理申诉，力求昭雪。邻里口角，站在公正立场解除纠纷。村众逞凶，直言喝止。不说昧心人情，肯容人过失。肯接受逆耳之言。不评论女色。受诽谤不怨恨嗟叹。保护善良，公举节孝。戒人忤逆，劝阻奸谋。扶持正气，主持公道。严禁子弟恃势凌人，不许仆从倚势生事。不偏护子弟、冤苦乡邻，不开害人事端。不以财势而傲慢贫贱宗亲。劝止人刻薄取财、攀附功名。不侵占人田园，不谋买人产业，不掺杂使假。不鄙薄本族、不妄认同宗。感化人一家行善。不包管户外事，不随淫荡朋友戏玩。不无故借端害人，不徇情冤人，不以喜怒作威作福。劝阻人不演淫戏。不谋夺风水、欺压邻傍风水。教育子孙甥侄仁慈友爱,不互生怨怒、不骄纵。不欺凌幼辈、庶辈。不落井下石排挤人。不图环境适自己意而妨人便利。鼓励人刻苦读书,劝人重义轻利。不压制他人的价值,不轻信仆从的谗言,不慢侮亲友。劝人和息词讼,为人解冤释结。不强借人财物,不强赊店货。锄奸扶弱,敬老恤贫。不重婚娶妾,不宠子孙。不贪重利,不将婢仆许配给匪类、残废人,奴婢及时婚配,不压良为贱。

士　人

忠主孝亲,敬兄信友。以名节立身,以忠孝训俗。敬奉圣贤典籍,尽心启发生徒。敬惜字纸,谨修言行。诲门人言行并重,无故不旷功课。不菲薄人为不足教,耐心教训贫家子弟。遇聪明子弟,教之诚实。遇富贵子弟,教之礼义。讲乡约律法,劝戒愚人。凡事涉闺阃者,不轻言,不落笔。凡事属阴私者,不攻发,不猜疑。不书诬揭,不写呈禀。不作离婚分别纸,不昧心党护亲朋。不扛帮打降,不传演邪淫小说。不加人诨名歌谣,编辑利济为善书。不诋毁平人,不凌虐乡愚。不妄圈文字,欺哄无知。不自负才高,轻慢同学。不讥笑人文字,不废散人书籍。不恃衣顶①呈人,不作昧心干证。遇上智,讲性理学;见愚人,说因果书。劝止人不孝不睦诸事,引导愚人敬宗睦族,传人保益身命事。

【注释】①衣顶:清代标示功名等级的衣服和顶戴。亦借指功名。
【译文】忠诚于主,孝顺双亲,恭敬兄长,诚信待友,以名节立身,以忠孝训俗。敬奉圣贤典籍,尽心启发生徒。爱惜字纸,谨慎言行。教诲门人言行并重,无故不旷功课。不轻视愚钝的学生,耐心教育贫家子弟,因材施教,教以诚实、礼义。讲乡约律法,劝诫违法。不轻言、不撰写有关闺房之事,不攻发人的隐私,不猜疑诬告。不书写离婚文书,不昧良心觉护亲朋。不传演淫邪小说，不传诨名歌谣，不编辑利济为善的书。不诋毁别人，不凌虐愚残之人。不随便圈点文字，欺哄无知。不自负才高，轻慢同学。不讥笑人文字，不废散人书籍。不因功名而自负，不作昧心伪证。遇上智之人，为其讲性理之学；见愚钝之辈，为其讲因果书。劝止人不孝、不睦等事，引导人敬宗、睦族，传授保健方法。

农家

耕作以时，照顾虫蚁，粪田不害物命。不阻断走路，填坑堑以便行人。不唆田主，谋买取方田地。不伙仆人，盗卖主人谷粟。不藉主人势，纵放六畜，残邻田禾苗。不谄奉主人，耕占邻田沟心岸界；不坪断人坟墓，左右前后风水。不耕占迷失坟墓，不撺唆主人，故意阻塞水道，掯邻田钱财。不私动主人种粮。（恐临期糁稗欺混，致损秋成。）不忌邻田禾苗茂盛，妄生残害。不借口邻田六畜残毁禾苗，唆主人诈害。不做工懈怠，荒人田亩。不以酒饭不厚，工钱短少，遂生怠惰，做假生活，填坟墓穴洞。爱惜他人车具，驴牛猪羊，食禾苗者，不轻刺戳。犁车牛路，不图超近，践人禾苗。不于戊日犁锄田土，浇灌秽粪，污触地祇①。（田家以四季戊日，皆有所犯也。抱朴子曰，燕逢戊日不啣土。）

【注释】①地祇：地神神灵。

【译文】适时耕作，保护益虫，施肥时不轻害物命。不阻断乡间道路，填坑堑方便行人。不唆使田主，谋买邻近田地。不伙同仆人，盗卖主人粮食。不倚仗主人权势，纵放牲畜践踏邻田庄稼。不谄媚奉承主人，不侵占邻田沟心岸界，不毁坏坟墓、妄动前后风水。不以耕田强占迷失无主的坟墓。不怂恿挑唆主人故意阻塞水道沟渠，卡取邻田钱财。不轻易动用种粮。（以免临到播种时劣种混杂其中，导致损害收成。）不嫉妒邻田禾苗茂盛，而妄生残害。不挑唆邻田主人关系。做工不懈怠、不荒芜田地。不因主人酒饭招待不周，或嫌工钱短少而怠惰偷懒、做假，甚至偷填坟穴。爱惜农具。牲畜侵害庄稼，不刺戮驱逐。耕田牛路，不图近而践踏别人庄稼。不在戊日犁田锄土浇粪，污触地祇。（戊日五行属土，抱朴子曰：燕逢戊不衔土。田家以四季戊日，皆有禁忌。）

百　工

雕画不亵渎圣像，造物必求坚实。不因主人酒饭简慢，辄生坏念。不作不吉利语。造作不苟且草率，不行魇魅法，不撺哄人兴造，不传播主东家常隐微。不造硗薄假物，不耽延捱工。不图带买受谢，哄买假货。不以裂破者混哄，不轻毁成物。不妄作淫污，不污损人衣物，不偷窃人材料，不轻费人材料。爱惜铺垫，遮盖物件。（以上工匠。）橛锚防蹴人足，填塞橛锚洞（恐陷人足），急流中代篙代纤，挤塞中让篙让纤。不因掯索多资，羁迟急事人登岸。（以上舟子。）

【译文】雕画不亵渎圣像。造物必求坚实。不因主人招待不周而生坏念。不说不吉利话，造作不苟且草率。不施魇魅法害人。不怂恿人兴造。不传播东家隐私，不造低劣器物，不耽延怠工，不图代买受谢，不哄买假货，不轻毁成物，不损污人衣物，不偷窃人材料。不轻费人材料。爱惜人物件。（以上是工匠应当遵守的事项。）橛锚防蹴人脚，及时填塞橛锚洞，防止陷人足。急流中代篙代纤，挤塞中让篙让纤。不为多索取运费，而耽误急事人登岸。（以上是船工应当做到的。）

商　贾

讨价不欺哄乡愚。不高抬柴米价。贫人买米，不亏升合①。不卖假货，出入不用轻重等秤，小大升斗。凡病人所需货物，不掯勒高价。（恐贫人无力措办，致病者难堪。）污秽肴馔，不可欺人不见，仍卖人用。不设计谋夺生意，不忌人生意茂盛，多方谗毁。交易公平，童叟无二。深夜买急需物者，不以寒冷不应。典铺轻减利息，当银钱，足其等色。贫人钱数分数，尤加宽恤。赎当少亏无补，谅情让免，勿使不成，致恨沉没。不齐行勒重价。贫人买夏帐棉衣被等，哀怜让价，勿使不成。

【注释】①升合：一升一合，比喻数量很小。升、合（读gě），都是古代量粮食的度量单位，相对较小。借指少许米粮。

【译文】喊价不欺哄顾客，不任意抬高柴火、大米价格。遇贫穷之人来买米，不少给一点粮食。不卖假货，买卖时不短斤少两，小斗出大斗进。凡遇病人所需货物，不坐地起价。（以免贫穷之人无力措办，导致病者难堪。）脏了的饭菜，不可欺别人没看见，仍然卖人食用。不设计谋夺他人生意，不嫉妒他人生意兴隆，而到处谗毁别人。交易公平，童叟无别。遇深夜买急需之物的，不因为天气寒冷而不应。典铺轻减利息，当银钱，要足其等色。对于贫穷之人的钱数分数，要加倍宽恤。他人赎回典当之物时少亏无补，酌情让利减免，不要使之交易不成，致恨沉没。不屯积货物高价出售。遇贫穷之人买蚊帐、棉衣、棉被等，要怜悯贫穷人让价出售，不要使之买卖不成。

医 家

施效验良方。遇急病，请致即行（迟速时刻，生死攸关）。诊脉不轻率任意，不因贵药，辄减分数；不因钱少，迟滞其往；不因错认病症下药，委曲回护；不因祈寒暑雨，惮于远赴；不因饮酒宴乐，托辞不往。耐心替贫贱人诊脉。遇贫病者，捐药救治；不用反药，迟其痊愈（病本易治，故用反药迟延，以图厚谢。外科尤甚。坏良心，丧天理，不可不戒）；不用霸道劫药，求其速效。不乘人重病险疮，揩勒厚谢；不妄惊病家，不卖假药误人病，不轻忽临危病人；不厌恶秽恶病人，不与同道水火，误及病人。不图省便，以相反药，同气浸渍（气味相反，有妨病者）。不用堕胎药。不忌时医，辄生毁谤。认病不真实，必令邀医会议。请不再邀（念在床褥者，刻不待时，速行方便），可以步行，不必舆舟费人财物。不待药资，然后发药。

【译文】施验方良方。急病急诊，生死攸关，要把握时间，诊脉不轻率。不因药贵而辄减分数。不因病家钱少而迟滞前往。不因错认病症、下错药而为自己辩护。对症施药。不因雨雪路远或赴宴而不出诊。为贫贱人治病要耐心。贫穷人贫病交加，要捐药救治。不用反药以延迟其痊愈。（本来病人的疾病很容易治愈，却故意用反药延迟，以图病人厚礼重谢。外科尤甚。这种坏良心、丧天理的行为，不可不戒。）不用峻烈药物以求速效，不乘人病重勒其厚谢。不妄惊病家。不卖假药误人病。不轻视临危病人，不厌恶污恶病人。不与同道水火不容而误及病人。不为图方便，而以相反的药，同器浸渍。（气味相反的药，有妨碍病情的可能。）不用堕胎药。不诽谤时医，重病邀同行会诊。有请不要人人一再催，随即出诊。（念在床褥者，刻不待时，速行方便。）可以步行，就不用舟车，费人财物。不可以等收到药钱再发药。

公 门
（书吏衙差之类）

随事方便。不勒讨儿卖女钱。不唆人兴讼。不无中生有索诈，不拨制官长生事。不捺案。不妄引重律。牌票招详字眼，不改轻为重。不骗诈乡愚。不生枝节，提人伺候（一夫到案，阖户不宁）。不唆盗贼扳仇家。不轻口嘈踏人。不乘危索骗。不轻败人体面。不受买嘱，妄加锁锢。不假公造语陷人。不洗补字眼入人罪，入罪不下死煞字语（笔下超生，此之谓也）。杖笞不聚人一处。不因无钱狠刑。不杖人腿湾。不浪费人茶饭。不破坏人婚姻。不叩准呈禀。不轻送签牌标判。不滥差人动众。不轻拘妇女。不重备刑具。不诬害良民。不索铺堂。不轻拿窝家①。不轻写票收人监铺。不轻票取人物。不逼病人妇女到官。不使百工经纪折本。不坏人功名性命。不离人骨肉。不惊动邻右。不献恶法横征酷比。不迎官意虐民。不使人饥饿，轸恤②狱囚，矜原③差误。已赦罪犯，勿复提起。已蠲钱粮，勿勒减销。水旱请官早报灾伤，设法赈济。批回速请发，解到速请审。事属暧昧，或关闺阃，稍可缓止，切勿送金。前件未完，勿挂后件，使人伺候。多送正风俗，兴利除害告示。失节事，无论贵贱，虽目击，必为辨解。节孝之名，不论低微，虽传闻，必为表扬。学役时常清洁圣殿两庑。常请劝修整齐。常称人节孝德行。不轻传劣迹恶款。

【注释】①窝家：即窝主。窝藏罪犯、赃物等的人或人家。②轸恤：深切顾念和怜悯。③矜原：哀怜原谅。

【译文】随事方便，不勒讨儿卖女钱。不唆人兴讼，不无中生有索诈。不挑拨是非。不捺案，不妄引重律，牌票上内容要详尽清楚，不改轻为重。不诈骗乡愚，不任意捕人到公门。（一夫到案，阖户不宁。）不唆使盗贼忘扳仇家。不轻易出口糟蹋人，不乘危索骗。不败人体面。不轻易拘押人。不假公编造语言陷害人，不添改字句使人获罪，有罪者不轻下死罪字语，能笔下超生者，尽力为其辩护。杖笞不聚在一处，不因无钱使用而施狠刑不打人腿弯。不浪费人茶饭，不破坏人婚姻。不轻送签牌标判，不随意兴师动众。不轻拘妇女。不重备刑具，不诬害良民。不索铺堂，不轻拿窝家。不轻易监禁人，不掠取人财物。不逼病人妇女到庭。不使工商人士折本。不坏人名节，不离间人骨肉，不惊动邻舍。不献恶法横征暴敛，不迎官意虐民。不使人饥饿。同情狱囚，已赦罪犯，不再收监。已益蠲免的银粮不得再勒征。水旱据实上报灾情，设法赈济灾民。

批复速发，解到速审，隐私稍缓，不株连亲属。前件未完，勿挂后件。多送正风俗、兴利除害的告示。失节事必劝解，节孝者必表扬。学役时常清洁圣殿两庑。常请劝修整齐。常称人节孝德行。不轻传劣迹恶款。

妇 女

孝敬公姑，和睦妯娌。不凌虐婢妾，不残害妾生子女。不撺分家，不拣抢美物。不嫌憎丈夫，不欺哄丈夫。不撺谋婚姻，前妻子女，一样看承。秽物秽器，勿暴露神前，及三光下。洁净厨灶，爱惜灯火。不在公姑前，搬斗是非。不厌女淹溺。不入寺院烧香，不愤气詈骂，甚及丈夫父母。不欺伯叔富有，不厌薄穷亲戚。不笑妯娌贫乏，不倚父母家财势，以傲夫家。不挑唆妯娌不和，不恃父母爱，欺凌哥嫂。不占强争胜，不卖俏弄乖。不私留饮食，不暴殄衣饰。不毒口詈骂，不言人私情。嫡庶不相容，好言周全。家中口角嫌怨，公言解释。不恃宠灭正，嫡庶不造言谗毁。子女不私心偏向。口不多言，身不出阃。常恤奴婢劳苦，看照奴婢衣食。常令奴婢爱惜子女，常令奴婢夫妻和好。

【译文】孝敬公婆，和睦妯娌。不凌虐婢妾，不虐待妾生子女。不挑拨关系提出分家，不拣抢财物。不嫌憎丈夫，不欺哄丈夫。不撺谋婚姻。同等对待前妻子女，秽物秽器不暴露神前及户外。洁净厨灶，爱惜灯火。不在公婆面前拨弄是非，不溺女婴。不入寺院烧香。不愤气詈骂丈夫、父母及他人。不欺伯叔富有，不厌穷亲，不笑妯娌贫乏。不倚仗娘家财势以傲夫家。不挑唆妯娌不和。不恃父母爱欺凌哥嫂。不逞强争胜，不卖俏卖乖。不私留饮食，不败坏衣饰。不毒口詈骂，不言人私情。和睦嫡庶，家中口角嫌怨真心公言劝解。不说谗言。子女不私心偏向。口不多言，身不出闱。怜悯奴婢，关照奴婢生活。常令奴婢夫妻和好，爱护子女。

士 卒

无事勤习武艺，有事奋勇争先，为地方巡缉奸匪。遇水火窃盗，争先救捕。出师不妄杀平民，不淫人妇女，不抢掳财帛，不乘救火抢物。不因挟财不遂，妄加殴杀。不拆毁人墙屋，不毁坏人家伙。不挖坟墓造锅灶，不斫伐坟木。不掳掠子女，不勒买货物。不欺吓乡愚，不强索酒食。不践踏人禾苗，不硬使低假银钱。不重利盘剥小民，征剿不剥人衣裳。路途不扯人负戴。

【译文】无事勤习武艺，有事奋勇争先。为地方巡缉奸匪，争先抢救水火灾害。出师不妄杀贫民，不淫人妇女，不抢劫财物，不乘救火抢物。不因挟财不遂，妄加殴杀。不拆毁人家墙屋，不毁坏家什。不挖坟墓造灶，不砍伐坟木。不掳掠子女。不勒买货物，不欺吓乡民，不强索酒食，不践踏人庄稼。不硬使假币，不盘剥小民。征剿不剥人衣裳，路途不抢人负戴。

僧 道

谨守清规，严持戒律。不窥人妇女，不说戏谑语，不说污秽语。揭卷必先盥手。不使妇人入寺院。不赌博，不饮酒，不浪费施主银钱。不苟简神前香烛，不窃用神前油烛。祈祷必虔诚斋戒。募修坏桥洼路，募施冬夏茶汤，募施棺木。留养过路病人，掩埋无主枯骨。不可常住施主之家。神案整齐洁净，不欹斜，不置秽亵器物。

【译文】谨守清规，严持戒律。不窥人妇女。不说戏谑语，不说污秽语。揭经卷必先洗手。不让妇人入寺院。不赌博，不饮酒，不浪费施主银钱。不苟简神前香烛，不窃用神前油烛。祈祷必虔诚斋戒。募修危桥洼路，募施冬夏茶水，募施棺木。留养过路病人，掩埋无主枯骨。不可常住施主之家。神案整齐洁净，不歪斜，不放置秽亵器物。

仆婢工役

小心勤慎，洁净饭肴。不搬弄是非，致主人骨肉不和。不传说主人隐事。不背主向客，不背地咒怒主家。不误主委托。不抛撒饮食，不糜费主人柴米物料。不霉烂主人衣服，损坏器皿。不偷盗财物饮食。不倚主势，强买短价。不因仇恨，激怒主人生事。不因主打骂，妄生咒咀。不因主贫懦，便生玩侮。不因衣食不敷，萌二心。不同辈撺害。不克落钱财。不欺哄幼主。不奸巧躲懒。不见利忘恩。不播扬主短。

【译文】小心勤慎，洁净饮食。不搬弄是非，致使主人骨肉不和。不传说主人隐私。不背主向客，不背地咒怒主家。不误主人委托。不浪费饮食，不浪费主人柴米物料，不霉烂主人衣服，不损坏器皿。不偷盗。不倚主势强买砍价。不因仇恨激怒主人生事。不因主人打骂，妄言咒咀。不因主人贫懦，而行玩侮。不因衣食差萌生二心。不同辈撺害，不私自克扣钱财。不欺哄幼主，不奸巧躲懒。不见利忘恩，不播扬主短。

大 众
（各种人俱在内，故曰大众。）

父母前解一怒，舒一忧。父母责怒顺受。劝父母改一过，迁一善。不暴亲短，不令老亲任劳。不厌薄老病父母举动，对亲不疾声厉色。友爱兄弟，联属亲党。存心依天理王法，作事畏天地鬼神。与人同事，不生异心。贫不思害富，富不可欺贫。不唆人离间骨肉，不轻以坏事疑人。不暴殄天物。用等出入公平。用秤不搂分量。不言人祖父卑微。不谈人闺阃。（遇他人言，及幼辈，可正言叱之。长辈等辈，则以他事阻断之。）不行使低假银。不强买计买，亏人命本。不恃乖愚拙。不毁人成功。全妇女贞节。延续人嗣。不妒富欺贫。不恃强凌弱。不挑唆搬斗。不落井下石。不讦人阴私。不因隙咒诅。不见财毒害。不妄起淫心。不污人名节。不逞志作威。不辱人求胜。不口是心非。不彰人短，炫己长。劝人邻里亲戚和好。见渔猎屠户，劝其改业。奴婢可怒不怒，且善教之。传说因果方术，传布感应善书。息人争讼。不抛弃五谷。不播扬人恶。劝人不溺子女。拾财宝还人。当欲可染不染。不用有字纸张。见播人过者止之，见扬人善者助之。见人忧患，善为劝慰。劝止人不嫖赌。不说欺诳语。不说尖酸语。不负财物寄托。不欺残疾愚痴，及老幼病人。遇急病无人料理者，即代请医调治。安贫守分，不生忮求。引过归己，推善与人。交绝不出恶声。婚姻未成者，赞助之。伉俪将乖者，劝和之。不忘人恩，不念人恶。不助人为非。不谤僧道。流水尸骸，禀官捞起掩埋。道路死人，倡募棺木。地上遗骸，收聚掩理。凡民有丧，匍匐救之。指引迷路行人。扶瞽目残疾人，过危桥险路，指引涉水浅深。剪道旁荆棘，免刺人衣。除当路瓦石，免蹶人足。泞泥中安石块，断绝处架木板。黑暗中，照人一灯。雨中借人雨具。时时察奴婢饥寒病暑。率乡里平升斗等秤。禁幼小子女，凌虐婢仆。不听妇人言，疏残骨肉。不窥人私书，不沉滞人书信。兴造顾邻人风水，受享知惭愧。赞成人好事，申雪人冤枉。禁无故宰杀，不侮弄老幼残废人。行路不践人禾稼。不埋没寄托子女姓氏。见人冢棺暴露，以土掩之。不坏人义冢，不呵骂风雨。当与人财物，不迟时。不以祖父骨骸频迁，妄希富贵。不说伤风化语。不乘火窥人妇女。不借救火携人物件。不傲慢尊长，不离间骨肉。常将不如己者，强自宽解。见诸圣像，瞻仰恭敬。不阻人为善，不助人为恶。不毁禽兽巢穴，不取鸟卵。三春不打鸟。义犬不卖屠家。（犬之有义，甚于人心。且其知觉，与人无二。）不食耕牛犬肉。不揹勒佃户。见有当救者，勉力必救。凡可从宽者，勉力必宽。不沉匿借物。不因善人失意，自己贫困，遂退善念。不见恶人富贵，遂疑报爽。糕饼药饵，必先父母而后儿孙。扶贫济困，必先本宗，而后外族。凡事肯替别人想，凡物肯替别人惜。所欲必推，所恶勿施。勿以善小而不为，勿以恶小而为之。

【译文】父母面前，解怒舒忧。父母责怒顺受，劝父母改过迁善。不说亲短，不使老亲劳苦。不厌恶老病父母举动。不疾声厉色对待父母。友爱兄弟，团结亲戚。存心遵守天理王法，做事畏天地鬼神。与人共事，不生异心。贫不害富，富不欺贫。不挑唆人离间骨肉，不轻易疑人。不残害生灵、任意糟蹋东西。不短斤少两，买卖公平。不谈论人家祖父卑微，不谈妇女闺中之事。（遇到他人谈论，对幼辈，可以正言叱责。对尊长，则可以委婉地转移话题，以阻断之。）不使用假币，不强买强卖，亏人本钱。不毁人功绩。成全妇女贞节。生儿育女，延续人嗣。不妒富欺贫，不恃强凌弱，不挑唆是非，不落井下石。不谈人隐私，不因怨咒咀。不见财毒害，不妄起淫心。不污人名节，不任性作威作福，不辱人以求胜。不口是心非。不彰人短炫己长。劝人邻里亲戚和好。见渔猎屠户，劝其改业。善教婢仆。传说因果方术，传布感应善书。息人争讼。不抛弃五谷。不播扬人短，劝人不溺子女。拾金不昧。不用字纸包物件。隐恶扬善，见人忧患，善为劝慰。劝止嫖赌。不说诳语、尖酸语。不负财物寄托，不欺残疾愚痴及老幼病人。救济无助的病人。安贫守分，不生妄求。引过归己，推善与人。绝交不出恶语。劝夫妇和好。不忘人恩，不念人恶，不助人非，不谤僧道。掩埋枯骨。凡民有丧事，尽全力去救助。指引迷路行人，扶送盲人、残疾人过危桥险路，指引涉水深浅。砍除道旁荆棘，免刺人衣，除去当路瓦石，防绊人足。泥泞处安石块，断绝处架木板，黑暗中照人一灯，雨中借给人雨具。关心婢仆饥寒疾病。率领商人校准斗秤。禁止幼小子女，凌虐婢仆。不听妇人言疏残骨肉。不偷看他人私书信件，不沉滞人书信。兴造顾及邻人风水，享受知惭愧，赞成人好事，申雪人冤屈。禁无故宰杀。不侮弄老幼残废人。不践踏人庄稼。不埋没寄托子女姓氏。不坏人义冢，见人坟墓棺木暴露以土掩埋。不呵风骂雨。当给人的财物，不拖沓。不惑于风水频迁祖坟。不说有伤风化的语言。不窥人女色。不趁火打劫。不傲慢尊长，不离间骨肉。见神像圣像，瞻仰恭敬。不阻人为善，不助人为恶。不毁鸟兽巢穴，不取鸟卵。三春不打鸟，义犬不卖屠夫。（犬之有义，甚于人心。且其知觉，与人无二。）不食牛、犬肉，不勒索佃户。救人之危。可从宽对待的人，尽力宽容。借钱物按时归还。不因善人失意，自己贫困而退善念。不见恶人富贵而生恶念。糕点果品药饵，必先父母而后儿孙。扶贫济困，必先本宗而后外族。凡事肯替别人想，凡物肯替别人惜，所欲必推，所恶不施。勿以善小而不为，勿以恶小而为之。